saur

Verzeichnis der Nobelpreisträger 1901–1987

Mit Preisbegründungen, Kurzkommentaren, literarischen Werkbibliographien und einer Biographie Alfred Nobels

2., erweiterte und aktualisierte Ausgabe

Herausgegeben von
Werner Martin

K·G·Saur
München · New York · London · Paris 1988

CIP-Titelaufnahme der Deutschen Bibliothek

Martin, Werner:
Verzeichnis der Nobelpreisträger : 1901 – 1987 ; mit Preisbegründungen, Kurzkommentaren, literar. Werkbibliogr. u.e. Biographie Alfred Nobels / hrsg. von Werner Martin. – 2., erw. u. aktualisierte Ausg. – München ; New York ; London ; Paris : Saur, 1988
ISBN 3-598-10721-8
NE: HST

K. G. Saur Verlag, München 1988
(Mitglied der internationalen Butterworths-Gruppe, London)
Printed in the Federal Republic of Germany

Druck: WS-Druckerei, Mainz
Binden: Thomas-Buchbinderei, Augsburg

ISBN 3-598-10721-8

INHALT

Die Reihenfolge der Nobelpreisträger entspricht der, wie sie Alfred Nobel in seinem Testament vorgegeben hat.

VORWORT

Die Jahr um Jahr stattfindenden Nobelpreisverleihungen erneuern ständig das kulturelle und wissenschaftliche Interesse der Weltöffentlichkeit. Diese Tatsache sollte eigentlich ihre Entsprechung in einer weiten Verbreitung der Literatur über Nobel und die Nobelstiftung finden. Scheinbar ist das aber nicht der Fall. So sucht man z.B. in vielen der zahllosen Schulbüchereien vergeblich nach derartiger Literatur. Es ist deshalb der Wunsch des Herausgebers mit der hier vorgelegten Arbeit das Interesse an Nobelliteratur und deren Verbreitung neu zu beleben. Das Manuskript dieser Arbeit hat der Nobelstiftung vorgelegen, die mir darüber am 12.10.1983 u.a. schrieb: „Die Nobelstiftung schätzt sehr die interessierte und bedeutende Arbeit, die Sie für Alfred Nobel und seine Preise geleistet haben.“ Diese Arbeit wird gegenüber ähnlichen Publikationen, die durch ihr viele Jahre zurückliegendes Erscheinen weniger aktuell sind, durch drei neue Merkmale besonders gekennzeichnet:

1. Erstmalig wird in einprägsamer Übersicht Leben und Wirken Alfred Nobels nachgezeichnet, koordiniert mit einer 100-jährigen Familiengeschichte der Nobels.
2. Die Begründung zu der jeweiligen Nobelpreisverleihung für Physik, Chemie, Medizin, Literatur, Frieden und Wirtschaftswissenschaft erfolgt in einer an die Nobelpreisträger gerichteten Laudatio. Außerdem wird diese Begründung, ausgenommen die für den Friedensnobelpreis, in einer Verleihungsurkunde durch einen einzigen lapidaren Satz zusammengefaßt, der der hier vorliegenden namentlichen Nachweisung der Nobelpreisträger unmittelbar angeschlossen wird. Die urkundliche Begründung für die Preisverleihungen in den Naturwissenschaften und der Wirtschaftswissenschaft (für Literatur siehe unter Ziffer 3), für die die schwedischen Institutionen zuständig sind, geschieht präzise unter Nennung des jeweiligen Forschungsbereiches bzw. -gegenstandes. Sie wird durch Kurzkommentare erweitert, die versuchen, den Einblick in die preisgekrönten wissenschaftlichen Arbeiten zu eröffnen, um damit dem Laien, mangels speziellen Fachwissens, zumindest ahnen zu lassen, wie sich Ernst und Größe wissenschaftlicher Arbeit präsentiert, und um ihn anzuregen, den Dingen, die ihn besonders interessieren, „näher auf den Grund zu gehen“. Da das norwegische Nobelkomitee, zuständig für die Verleihung des Friedensnobelpreises, in seinen Verleihungsurkunden die auf einen Satz zusammengefaßte Begründung fehlen läßt (sicherlich auch wegen Formulierungsschwierigkeiten), sind hier die Kurzkommentare um so notwendiger.

3. Im Gegensatz zu den urkundlichen Nobelpreisbegründungen für die Natur- und Wirtschaftswissenschaftler, sind die für die Literaturpreisträger so aussageschwach, daß damit kaum ein Einblick in Art und Umfang ihres dichrischen Schaffens eröffnet werden kann. Um dem abzuhelfen, erscheint es zwingend notwendig, das Verzeichnis der Literaturpreisträger durch deren Werkverzeichnisse zu ergänzen. Sie sind in umfangreichen selbständigen Ermittlungen zu komprimierten Grundlagen-Verzeichnissen zusammengestellt.

Der deutsche Schriftsteller H. Eulenberg (1876–1949) nannte Nobels Testament „das schönste Testament, das die Menschheit besitzt". Und so erhöht dieses Geschenk eines Schweden an die Menschheit auch die Ehre und den Ruhm der schwedischen Nation: Am 10. Dezember jeden Jahres (dem Todestag Alfred Nobels) begeht sie mit der feierlichen Verleihung der Nobelpreise das Nobelfest als nationalen Feiertag.

Ein Vorfahre Nobels, Olof Rudbeck (1630–1702), träumte in seinem geschichtlich-archäologischen Werk „Atlantika" von Schweden, das damals Großmacht war, als der Urheimat der Völker und der Wiege der antiken Kultur. An diese Feststellung knüpften Henrik Schück und Ragnar Sohlman in ihrer 1926 veröffentlichten Nobelbiographie an und schrieben: „Wie sein Vorfahre, glaubte auch Alfred Nobel an ein Atlantis. Für den einen war es das Schweden der Vorzeit, für den andern die Menschlichkeit der kommenden Zeiten. Zu diesem Traumland wollte Alfred Nobel durch seine Spende der Menschheit den Weg bereiten." So ist Nobels Testament für diese Wegbereitung eine weit in die Zukunft Schwedens hineinragende Realität. Auf eine solche „Realität" machte der deutsche Staatsmann Theodor Heuss (1884–1963) in einem 1929 geschriebenen Aufsatz besonders aufmerksam: „Allein in der Tatsache, daß Jahr um Jahr die Völker mit der Realität der Preise und mit ihren Bewertungen sich beschäftigen müssen, liegt eine bewegende Kraft . . ." So legen denn die jährlichen Nobelfeste Zeugnis dafür ab, daß sich hier eine geschichtliche Sendung Schwedens erfüllt, erfüllt durch einen seiner berühmtesten Söhne.

Der Nobelstiftung, die mir ihr Wohlwollen gegenüber meinen Nobelinteressen durch eine Einladung zu den am 10.12.1970 stattgefundenen Nobelfeierlichkeiten zum Ausdruck brachte, bin ich bei der Gestaltung der Nobelbiographie für die Benutzungsmöglichkeit der nachfolgenden von ihr autorisierten Werke
1. „Alfred Nobel" von H. Schück und R. Sohlmann, Stockholm 1926
2. „Alfred Nobel" von E. Bergengren, Stockholm 1960
zu großem Dank verpflichtet. Dasselbe gilt auch Herrn Konsul Erik Bergengren gegenüber, der mir sein Buch am 15.12.1970 mit der eigenhändigen Widmung versah: „. . . Mit den besten Wünschen für die weitere Beschäftigung

mit den Preisträgern der Nobelstiftung, die ich für sehr wertvoll und von großem öffentlichen Nutzen halte." Eine weitere Quellenunterstützung fand meine Arbeit auch durch die deutsche Ausgabe der Nobelbiographie von Schück/Sohlman (1928, Paul List Verlag Leipzig, jetzt München) und Bergengren (1965, Bechtle Verlag München), was ich mit besonderem Dank für großzügiges Entgegenkommen vermerken möchte.

Was die Kurzkommentare zu den urkundlichen Nobelpreisbegründungen betrifft, ist folgendes anzumerken: Die von der Nobelstiftung in Stockholm herausgegebenen „Les-Prix-Nobel"-Jahrbücher beinhalten u.a. die Präsentation bzw. Laudatio zum Werk des jeweiligen Laureaten, seine Biographie und seinen Nobelpreisvortrag; sie bilden die Grundlagen-Literatur der Nobelstiftung und auf ihre speziellen Angaben sind alle deutschen Nachfolgepublikationen, die sich mit dem gleichen Gegenstand beschäftigen, zum großen Teil zurückzuführen. Hierzu gehören die nachfolgenden Titel:

1. „Von der Nobelstiftung autorisierte Ausgabe aller Texte und Dokumente zum Nobelpreis für Medizin in deutscher Sprache." (1901–1972) Zürich: Coron Verlag o. J.
2. „Nobel, the man and his prizes." Stockholm: Verlag Sohlmans 1950. Deutsche Ausgabe: „Alfred Nobel, der Mann und seine Preise." Zürich: Coron Verlag o. J.
3. Wulf von Bonin: „Die Nobelpreisträger der Chemie." München: Heinz Moos Verlag 1963.
4. Erich Bagge: „Die Nobelpreisträger der Physik." München: Heinz Moos Verlag 1964.
5. Hans Hartmann: „Lexikon der Nobelpreisträger." Frankfurt/Berlin: Verlag Ullstein 1967.

Diesen fünf Quellenwerken, einschließlich den „Les-Prix-Nobel-Jahrbüchern" und dem ab 1967 aus

6. „Internationales Biographisches Archiv – Personen aktuell" im Munzinger-Archiv, Archiv für publizistische Arbeit, Ravensburg, Hans-Züricher-Weg 7;
7. „Neue Osnabrücker Zeitung", Osnabrück;
8. „dpa" – Deutsche Presse-Agentur, Hamburg;
9. „Die Welt", Hamburg;
10. „Frankfurter Rundschau", Frankfurt;
11. „Süddeutsche Zeitung", München;
12. „Die Zeit", Hamburg;
13. „Münchner Merkur", München;
14. „Oldenburgische Volkszeitung", Vechta;
15. „Wiesbadener Kurier", Wiesbaden;
16. „Handelsblatt", Düsseldorf;
17. „Stern", Hamburg;

18. „Hamburger Abendblatt“, Hamburg
19. „Sylter Rundschau“, Westerland
20. „Westdeutsche Allgemeine“, Essen
21. „BUNTE-Illustrierte“, München

gesammelten Archivmaterial habe ich Einzelangaben und kleinere Textteile entnommen, mit denen ich die Kurzkommentare zusammengestellt habe und in redaktioneller Bearbeitung miteinander integrierte. Auch für diese wohlwollend genehmigten Möglichkeiten möchte ich auf diesem Wege meinen besonderen Dank zum Ausdruck bringen.

Osnabrück, im Jahre 1984 — Werner Martin

Vorwort zur zweiten Auflage

Werner Martin hat mit seinem „Verzeichnis der Nobelpreisträger" einen wesentlichen Beitrag zur Nobel-Literatur geleistet. Erstmals hat er alle Preisträger vom Inkrafttreten des berühmten Vermächtnisses Alfred Nobels bis heute systematisch verzeichnet und durch den Abdruck der Preisbegründungen, durch Kurzkommentare und literarische Werkbibliographien ihre je spezifischen Leistungen erschlossen. Es ist dadurch nicht nur ein Nachschlagewerk im engeren Sinne entstanden. Der Leser erhält darüber hinaus auch einen Einblick in die wissenschaftliche und kulturelle Entwicklung unseres Jahrhunderts.

Die universalistische Utopie Nobels, der in seinem Testament naturwissenschaftliche und kulturelle Leistungen gleichermaßen würdigt, wurzelt im 19. Jahrhundert. Und ein Stück 19. Jahrhundert zeigt sich auch in der Familiengeschichte und der Biographie Alfred Nobels, die Werner Martin dem Verzeichnis der Preisträger voranstellt. Die Nobels waren Erfinder und Ingenieure, mit wechselndem Erfolg in ihren Geschäften, und an ihrer Biographie läßt sich vielleicht deutlicher die Situation von Technik und Naturwissenschaft ablesen, die im 19. Jahrhundert einen ungeheuren Aufschwung nahmen, aber in vielem eben noch in den Kinderschuhen steckten, als an mancher historischen Abhandlung.

Die erste Ausgabe von Werner Martins „Verzeichnis der Nobelpreisträger" ist seit einiger Zeit vergriffen. Die zweite Auflage liegt nun vor. Sie wurde gegenüber der Erstauflage nicht nur aktualisiert, so daß sie jetzt die Nobelpreisträger bis einschließlich 1987 verzeichnet, sondern darüber hinaus auch übersichtlicher gestaltet und typographisch erheblich verbessert. Wir hoffen, daß dadurch die Benutzung erleichtert wird und das Buch noch mehr als bisher zum Lesen, Blättern und ‚Herumstöbern' anregt.

München, Januar 1988 A. S.

GELEITWORT

Die übliche Darstellung der Geschichte des 19. Jahrhunderts ist zu einseitig auf die politischen Vorgänge gerichtet. Sie erzählt uns zu wenig von den großen Vorgängen, die die gesamten Daseinsbedingungen der Menschheit unwiderruflich verändert haben. So erzählt sie uns nichts davon, daß Liebigs Schaffung der künstlichen Düngung für die damalige Entwicklung Europas bedeutungsvoller war, als alle Kriege Napoleons. Sie erzählt uns erst recht nichts von der zentralen Rolle A. Nobels in der Begründung und Gestaltung des Industriezeitalters (Pascual Jordan). Hier gilt es einiges nachzuholen.

ALFRED NOBEL

Eine Biographie, koordiniert mit „100 Jahre Nobelgeschichte"

Den Quellen der Nobelstiftung nachgezeichnet von Werner Martin

Alfred Nobel, dieser Name steht nicht nur für seinen Träger, er steht auch für hundert Jahre Nobelgeschichte, die hier 1801 mit dem Geburtsjahr Immanuel Nobels d.J. beginnt und 1901 mit dem Jahr der ersten Nobelpreisverleihung beendet wird. Es ist die Geschichte eines genialen Vaters und seiner drei Söhne Robert, Ludwig und Alfred, die unter acht Geschwistern das 21. Lebensjahr überschritten. Alle drei Nobels besaßen, wenn auch in verschiedenen Graden, reiche Erfindergabe, lebhafte Phantasie, Originalität und Arbeitskraft. Bei vielen Berührungspunkten waren die drei Brüder aber auch recht verschieden voneinander. Die nachfolgende Biographie wird durch die in sich abgeschlossenen aufeinander folgenden Lebensläufen der vier Nobels dargestellt. Die linksseitig vorangestellten Jahreszahlen ermöglichen für einige bestimmte Lebensdaten ein gegenseitiges Bezugnehmen.

Alfred Nobels Vorfahren

.... Das älteste bekannte Mitglied der Familie Nobel hieß Olof Pedersen und war ein Bauer aus dem Dorfe Östra-Nöbbelöv in der Provinz Schonen.

....–1707: Per Olofsson, Sohn des Bauern Olof.

1682 Als sich P.O. an der Universität Uppsala immatrikulierte, um Jura zu studieren, latinisierte er seinen Namen und nannte sich Petrus Olavi Nobelius, nach seinem Heimatort Nöbbelöv. Später wurde er zum Richter an einem Landgericht in der Nähe Uppsalas ernannt. Seine musikalische Begabung führte ihn mit der leitenden Persönlichkeit der Universität, mit dem genialen Olof Rudbeck, zusammen, dem Schöpfer des seitdem ununterbrochen fortbestehenden Musiklebens in Uppsala. O.R. beherrschte die meisten technischen Wissenschaften seiner Zeit, war ein geschickter Architekt und ein überlegenes Verwaltungsgenie. Ruhm bei der Nachwelt erwarb er sich durch seine Entdeckung des Lymphsystems (1653) und durch sein historisch-archäologisches Werk „Atlantica" (1679–1702 Uppsala, 3 Vol.). Seine Träume von Schweden als Urheimat der Völker und als Wiege der antiken Kultur hatten viel Verlockendes für die Schweden jener Zeit, in der ihr Vaterland eine Großmacht war.

1696 heiratete Petrus Olavi Nobelius Rudbecks Tochter Wendela. Petrus und Wendela Nobelius waren also die Stammeltern der Familie Nobel. Es sieht so aus, als ob Olof Rudbecks Begabung sich auf seine Nachkommen in der Familie Nobel vererbt habe: die wissenschaftliche Tüchtigkeit im Verein mit starker Phantasie und sowohl praktischer als ästhetischer Veranlagung. Jedenfalls finden wir diese Anlagen in den hundert Jahren Nobelgeschichte (1801–1901) wieder, insbesondere bei Alfred Nobel.

1706–1760: Olof Pärsson, jüngster Sohn von Petrus Olavi und Wendal Nobelius, Miniaturmaler und Zeichenlehrer in Uppsala, ist Alfred Nobels Urgroßvater.

1757–1839: Immanuel Nobelius der Ältere, Sohn des Olof Pärsson Nobelius, Wundarzt und Kreis-Feldscher in Gävle, nördlich von Stockholm, änderte seinen Namen in Nobell ab. Er heiratete in zweiter Ehe Brita Catarina Ahlberg und ist der Großvater von Alfred Nobel.

1801 (24.3.) –1872 (3.9.): Immanuel Nobell der Jüngere, Sohn von I.N.d.Ä. und B. C. Ahlberg. Mit ihnen beginnt die eigentliche Familiengeschichte der Nobels. Sie sind Alfred Nobels Eltern. Aus dem Namen von I.N.d.Ä. verliert sich das zweite „l" (die Betonung liegt aber nach wie vor auf der zweiten Silbe), und mit dieser endgültigen Schreibweise erlangt der Name Nobel seinen späteren Weltruhm.

Immanuel Nobel der Jüngere (1801–1872)

vollbrachte auf verschiedenen Gebieten bahnbrechende Leistungen. Er besaß eine robuste Konstitution, außergewöhnliche Energie, gesunden Menschenverstand, rasche Auffassungsgabe und große schöpferische Phantasie.

1801 (24.3.) Immanuel Nobel der Jüngere in Gävle geboren.

1813–1837: Eine 112seitige Autobiographie I.N.'s mit Szenen aus seinem arbeitsreichen Leben. Die Autobiographie schrieb er in seinen späteren Jahren eigenhändig.

1815–1818: Seemann.

1818 Architektureleve in Gävle.

1819–1825: Dasselbe in Stockholm. Wurde dreimal für Arbeiten mit Preisen ausgezeichnet.

1826–1833: Bauunternehmer.

1827 Heirat mit Carolina Andriette Ahlsell (1803–1889), der Tochter eines Kämmerers. Diese Ehe wurde außerordentlich glücklich. C.A.A. war eine kluge und gute Gattin und Mutter. Sie wurde von ihren Kindern nicht nur verehrt, sondern beinahe vergöttert. Häusliche Notverhältnisse, oft über längere Zeiträume hinweg, ließen sie nie verzagen.

1828 I.N. tritt als Erfinder hervor. Am 24.3. reichte er drei Patente ein: auf eine Hobelmaschine, eine Mangelmaschine und auf ein mechanisches Triebwerk. Die junge Familie wohnte in den Vorstädten Stockholms, wo die Mieten am billigsten waren.

1829 (8.8.) Robert Nobel geboren.

1831 (27.7.) Ludwig Nobel geboren.

1833 (21.10.) Alfred Nobel geboren.

.... Aller Armut zum Trotz werden die Kinder von ihrem aufrechten, gewissenhaften und sehr temperamentvollen Vater und von ihrer gläubigen, vorbildlichen und herzensguten Mutter mit aufopfernder Liebe erzogen. Sie lebten im Kreise der Ahlsells. Dort bildeten Eintracht und Hilfsbereitschaft eine ständige Quelle der Kraft, mit der sie alles ertragen konnten, was ihr schwieriges Leben ihnen bescherte.

.... In welch ungeheurem Maße sich die finanzielle Lage der Familie Nobel bis zum Ende des Jahrhunderts gewandelt hat, ersieht man aus dem ... ... was Robert Nobel einmal als betagter Mann erzählte: „Eine meiner schrecklichsten Erinnerungen ist eine kleine Begebenheit aus dieser Zeit. Meine Mutter hatte mir ein Dreipfennigstück gegeben, um unser Abendessen einzukaufen. Ich aber hatte diese kleine Münze verloren."

. . . und was später auch Ludwig Nobel aus seiner Kindheit erzählt: „In einer besonders trostlosen Zeit mußten er und sein Bruder Robert an der Straßenecke stehen und Streichhölzer verkaufen, um ein paar Kupfermünzen zum armseligen Wirtschaftsgeld beizusteuern.“

1833–1834: Konkurs. Aus den Akten geht nicht nur Nobels spartanische Einfachheit hervor, sondern auch sein Fleiß. Er war mit einer Menge Aufträge beschäftigt, die sich beinahe auf die ansehnliche Summe von 13.000 Reichstalern Banko belief. Gleichzeitig hatte er jedoch mit einer ganzen Kette von Mißerfolgen zu kämpfen, und bei den Verlusten, die er dadurch und auch sonst noch erlitt (sein Besitz Knaperstad auf Langholmen wurde durch eine Feuersbrunst zerstört), blieb ihm kein Ausweg, er mußte im Januar 1833 Konkurs anmelden, der sich bis Juli 1834 hinzog. I.N. ließ sich aber von dem Mißgeschick nicht anfechten. Er richtete seine Energie mehr und mehr auf Erfindungen verschiedener Art.

1835 I.N. gründete Schwedens erste Gummifabrik, in der nicht nur elastische Gewebe, sondern auch chirurgische, militärisch und gewerblich wichtige Geräte hergestellt wurden.

1837 (15.12.) Da es I.N. trotz aller Arbeit schwer wurde, sich in der Heimat durchzusetzen, beschloß er, zunächst ohne seine Familie, nach Finnland überzusiedeln. In der Hoffnung auf eine baldige Vereinigung mit seiner Familie, mühte sich I.N. auch in Turku/Abo in Finnland nach Kräften als Architekt und Baumeister. Seiner Frau und ihren Kindern mußte ein bescheidenes Milch- und Gemüsegeschäft für etwa fünf Jahre ein dürftiges Auskommen sichern.

1840 I.N. fand, da Finnland offenbar nicht alle Erwartungen erfüllte, seinen eigentlichen Wirkungskreis Anfang des Jahres 1840 im zaristischen Rußland, in St. Petersburg. Hier widmete er sich mit aller Energie wieder seinen Experimenten mit Sprengminen. In Schweden hatte niemand großes Interesse dafür gezeigt, während die russische Regierung dafür sogar eine Geldprämie gewährte.

1842 Dank der Geldbelohnung, die I.N. zu Anfang der vierziger Jahre von der russischen Regierung für seine Erfindungen bekam, konnte er 1842 eine mechanische Werkstatt mit Gießerei anlegen („Ogarew & Nobel, genehmigte Gießerei und Radfabrik“), die so gut ging, daß er in kurzer Zeit für einen der tüchtigsten Ingenieure Rußlands galt. Die Fabrik entwickelte sich immer mehr. Außer den Land- und Wasserminen brachte sie eine vielbeachtete Drehbank auf den Markt, den „Radnaben-Schneider, Modell Nobel“, Lafetten und auch andere Maschinen. Erstmalig in Rußland wurden nach Nobels Entwürfen Heißwasser-Zentralheizungsrohe konstruiert.

.... Sobald I.N.'s finanzielle Lage genügend gesichert war, wurde es ihm möglich, seine Familie nachkommen zu lassen. Der zunehmende Wohlstand der Familie erlaubte es auch, daß die drei Söhne in Petersburg Privatunterricht erhielten.

1846 Neue, größere Fabrik mit eigenem Hammerwerk, aus deren Produktion (Dampfmaschinen, Rohre und Eisenwaren) I.N. den Bedarf des russischen Staates, aber auch privater Firmen befriedigt.

1853 I.N. wird die kaiserliche Goldmedaille „Für Fleiß und Kunstfertigkeit in der russischen Industrie" verliehen, eine außergewöhnliche Auszeichnung für einen Ausländer.
2. Balkankrieg, der den Krimkrieg auslöste.

1853 Nach dem von I.N. vorgelegten Plan wurde mit Hilfe seines Sohnes Robert der Finnische Meerbusen vermint. Durch diese bedeutsame Maßnahme hat sich die englische Flotte unter Admiral Napier nicht in das Innere des Finnischen Meerbusens gewagt, da er „voller Höllenmaschinen" gewesen sei, so daß ein englisch-französischer Angriff von der Seeseite her abgewendet wurde.

1854–1856: Krimkrieg.
I.N.'s Fabrik, die inzwischen schon wieder vergrößert wurde und sich nun „Fondéries & Atéliers Mecaniques Nobel & Fils" nannte, erhielt große Staatsaufträge, denn Rußland benötigte für seine Streitkräfte dringend moderne Ausrüstungen. Diese Aufträge wurden teilweise nach I.N.'s eigenen Entwürfen, mit Hilfe seiner selbstkonstruierten Werkzeugmaschinen, erfüllt.

1855 Bei seinen über Jahre ausgedehnten Experimenten mit den pulvergeladenen Minen stieß I.N. ganz von selbst auf das Problem der Erfindung eines Sprengstoffes, der wirkungsvoller sein mußte als das übliche Schwarzpulver, das bereits seit mehr als fünfhundert Jahren der einzige bekannte Sprengstoff war. Als er und sein Sohn Alfred auf die Nutzbarmachung des Nitroglyzerin zur Lösung des Problems aufmerksam gemacht wurden, experimentierten sie unbeirrt in dieser Richtung, zum Teil unabhängig voneinander und jeder auf seine eigene Weise.

1856 (Januar) I.N. schreibt an seinen Schwager Ahlsell u.a. über seine Söhne Ludwig und Alfred. (Siehe bei L. und A. Nobel / 1856.)

1856 (30.3.) Ende des Krimkrieges. Die neue Regierung unter Zar Alexander II. (Zar Nikolaus I. starb am 2.3.1855) löste unvermittelt alle bestehenden Lieferverträge, und so sahen sich die Nobel-Werke, die für eine Produktion auf breiter Basis mit über tausend Arbeiter angelegt waren, praktisch von einem Tag auf den andern rücksichtslos ihrem Schicksal überlassen. In aller Eile mußte die Produktion gedrosselt werden und blieb lediglich auf die Herstellung von Dampfmaschinen beschränkt; denn trotz der bedrängten Lage war I.N. eine weitere große Leistung gelungen: Er entwarf und produzierte die Maschinerie für die zwanzig ersten Dampfboote, die den regelmäßigen Schiffverkehr auf der Wolga und dem Kaspischen Meer aufnehmen sollten.

1858 I.N.'s Firma, die für die Industrialisierung und für die Verteidigung Rußlands eine so wichtige Rolle gespielt hatte, geriet in Zahlungsschwierigkeiten.

1859 I.N. wurde durch den Druck seiner Gläubiger zur zweiten Bankrotterklärung seines Lebens gezwungen. Arm wie vor zweiundzwanzig Jahren bei seiner Ankunft in Rußland trat er die Rückreise mit seiner Frau und dem Sohn Emil (1843–1864) in sein Heimatland an.

1861 Mit Hilfe von A.N.'s Pariser Kredit war es I.N. möglich, auf Heleneborg, einem Landgut in einem Außenviertel Stockholms, sein inzwischen eingerichtetes bescheidenes Laboratorium auszubauen.

1863 I.N. glaubte, indem er dem Schwarzpulver 10% Nitroglyzerin beifügte, ein verstärktes Sprengpulver gefunden zu haben. Er schrieb am 3.7.1863 seinem Sohn Alfred, daß „die Herstellung dieses Pulvers" eine Sache sei, „die nicht faul ist" und die „hier und im Ausland zu betreiben sei . . . Es ist deswegen nötig, daß Du so schnell wie möglich herkommst, um Deinem alten Vater zu helfen."

1864 A.N.'s Brief vom Mai 1864 hatte im Prioritätsstreit den erhofften Erfolg. I.N., in der Chemie nur ein Laie, während sein Sohn Alfred ein wissenschaftlich gebildeter Chemiker war, sah sein Unrecht ein und drang darauf, daß der Sohn als Entdecker das Patent erhalten müsse.

1864 wurde auf Heleneborg eine Fabrik gegründet. I.N. mietete ein Nebengebäude, und in diesem wurden die ersten Versuche nach A.N.'s Patent vom 15.7. vorgenommen.

1864 (3.9.) Die neue Fabrik fiel einer Explosion zum Opfer, die fünf Menschenleben kostete. Unter den Toten befand sich I.N.'s jüngster Sohn Emil. Wie nicht anders zu erwarten, hatte das Unglück im ganzen Land Schrecken und Unruhe ausgelöst. I.N.'s erprobte starke Widerstandskraft brach zusammen; er erlitt nicht lange darauf einen Schlaganfall. I.N. war zwar für den Rest seines Lebens (acht Jahre lang) zu fast dauernder Bettlägerigkeit verurteilt; aber nicht einmal in diesen Jahren fehlten ihm die unternehmenden Ideen.

1865 In Briefen vom April und Juni klagt I.N., daß es mit der Besserung so langsam ginge, „immer fehlen die Mittel zu einer zweckmäßigen Badekur“. A.N. hatte es in dieser Zeit selbst ziemlich schwer, doch nichtsdestoweniger schickte er den alten Eltern Geld, so daß sie nach Norrtälje reisen konnten.

1865–1872: I.N.'s langes Krankenlager führte zu vermehrter geistiger Tätigkeit. Drei prachtvoll illustrierte wiederentdeckte Bände im Format 40,5 x 49,5 cm beweisen die Klarheit seiner Gedanken, seine auf die Zukunft gerichteten Ideen und sein Talent, mit Tusche und Wasserfarben umzugehen. Alle diese Arbeiten befassen sich mit seiner Erfindung der Minen und ihrem Einsatz im Falle einer notwendig werdenden Landesverteidigung. Die Titel dieser Werke lauten: 1. Kostensparende Verteidigung der Straßen des Landes (Land-Minen). 2. Kostensparende Verteidigung der Inseln (Wasser-Minen). 3. Ein Vorschlag zur Landesverteidigung. Eine Neujahrsgabe an das schwedische Volk, 1871. Jeder dieser Bände enthält 50 Seiten Text und ist mit acht handgemalten Bildtafeln ausgestattet.

1868 (Februar) erhielten I. und A. Nobel zusammen den Letterstedt-Preis (Goldmedaille) der Schwedischen Akademie der Wissenschaften „für ausgezeichnete Originalarbeiten auf dem Gebiet der Kunst, Literatur oder Wissenschaft oder für wichtige Entdeckungen von praktischem Wert für die Menschheit“. (Siehe auch bei A.N.)

1870 I.N. gab ein kleines dünnes Heft heraus: „Versuch, einen Arbeitsverdienst zu schaffen, um dem jetzt aus Mangel daran aufgezwungenen Auswanderungsfieber entgegenzutreten.“ Die Broschüre enthält die Original-Idee der vielschichtigen Holzplatten, eine Erfindung, die trotz ihrer für diese Zeit hervorragenden Darstellung als reichlich phantastisch abgetan wurde. In einer wesentlich späteren Epoche hat sich diese Idee unter der Bezeichnung Sperrholz auf der ganzen Welt durchgesetzt.

1872 I.N. starb am 3.9.1872. Er wurde ohne eigentliche technische Schulung nur durch seine angeborene Begabung ein bedeutender Erfinder. Seine in den letzten Jahren ermattete Arbeitskraft ertrug er um so leichter, als er mit Stolz die Erfolge seiner Söhne mitverfolgen konnte. Dank deren Arbeit starb er nicht als verarmter Mann. In seinem letzten Brief vom 26.12.1871 schrieb er an seinen Sohn Alfred: „Unser geliebter Alfred! Dein liebevolles Telegramm haben wir bekommen . . . alle Deine Überraschungen brachte uns Liedbeck am Weihnachtsabend . . . Eine herzliche Umarmung senden Dir Deine lieben Eltern, die sich darüber freuen, solche Söhne zu besitzen, die uns nur Freude und niemals Sorge machen.“

. . . . I.N.'s Frau starb 17 Jahre später (1889) im Alter von 86 Jahren. Zwischen ihres Mannes und ihrem Tod liegt die weitere großartige Wirksamkeit ihrer Söhne als Erfinder und Industrielle.

Immanuel Nobels drei Söhne Robert (1829–1896)
Ludwig (1831–1888)
Alfred (1833–1896)
überlebten von acht Geschwistern das 21. Lebensjahr. Alle drei besaßen, wenn auch in verschiedenen Graden, reiche Erfindergabe, lebhafte Phantasie, Originalität, Energie und Arbeitskraft. – Bei vielen Berührungspunkten waren die drei Brüder auch recht verschieden voneinander.

Robert Nobel (1829–1896)

Seine Tätigkeit erstreckte sich mehr auf Detailfragen; er war auch pessimistischer als die Brüder, wozu wohl seine Kränklichkeit das ihrige beigetragen hat.

1829 (8.8.) Robert Nobel geboren.

1837 (Frühjahr) R.N.'s Aufnahme in Jacobs Höhere Apologistschule.

1842–1849: Privatunterricht. Der Unterricht war mit Ludwig und Alfred gemeinsam, obgleich zwischen jeden zwei Jahre Altersunterschied bestand. Es müssen hervorragende Lehrer gewesen sein, denn alle drei Brüder wurden hochgebildete Männer, nicht nur wissenschaftlich geschulte Ingenieure, sondern auch Männer mit humanistischen Kenntnissen und Interessen.

1850 Im Januar schrieb I. N. an seinen Schwager: „. . . Robert besorgt mit Sorgfalt und Fleiß die äußeren Geschäfte, wofür er mit Zustimmung meiner Kompagnons 100 Silberrubel monatlich bekommt . . ." Man sah Roberts Unterricht Ende 1849 für abgeschlossen an und es ist das Wahrscheinlichste, daß die drei Brüder mit dem Privatunterricht zugleich aufgehört haben.

1853 R.N. wurde vom Oberkommando, das das russische Ingenieurkorps überging, beauftragt, die Minenarbeiten nach dem von seinem Vater vorgelegten Plan auszuführen, denn die von Russen hergestellten Minen erwiesen sich als untauglich.

1859 R.N. bleibt in Petersburg. Er unterstützt seinen Bruder L.N. in seiner Tätigkeit für die Nobel-Werke, ist aber auch als Bau- und Schiffsingenieur sowie in der Ziegelbrennerei tätig gewesen.

1861 R.N. heiratet die Finnländerin Pauline Lenngrén, Tochter des ziemlich vermögenden Kaufmanns und Grundbesitzers Carl Lenngrén in Helsingfors. Die „Petersburger Geschäfte" schienen sich nicht sehr zu lohnen und vermutlich war dies einer der Gründe, daß er mit seiner Frau nach Helsingfors übersiedelte. Hier scheint er zuerst eine Ziegelbrennerei angefangen zu haben.

1863 R.N. ist Inhaber des Lampen- und Leuchtölgeschäfts „Aurora". Finanziell ging es zwar schlecht, aber auf seinen Erfahrungen im Umgang mit Petroleum bauten sich später die großen Leistungen seines Lebens auf.

1864 (Herbst) R.N. besucht Stockholm. Sein Vater und sein Bruder Alfred machen ihm das Recht zum Geschenk, für eigene Rechnung, aber in Alfreds Namen in Finnland die Erfindung des „Nobel Patent-Zünder" patentieren zu lassen (am 9.12.1864) und auszubeuten.

1865 (Frühjahr) R.N. legte eine kleinere Nitroglyzerinfabrik auf einem gemieteten Grundstück des Gutes Fredriksberg bei Helsingfors an. Die Herstellung und Lieferung von Nitroglyzerin begann im August 1865. Außer in seinem Lampengeschäft arbeitete Robert Nobel sowohl an technischen Verbesserungen ihrer Herstellung als auch daran, den Absatz des Sprengstoffes in Finnland zu erhöhen.

1866 R.N. fühlte sich in Finnland nicht recht wohl, die Geschäfte gingen flau, und er nahm deswegen ein Angebot der Nitroglyzerin-AG in Stockholm an, die Stellung eines Disponenten und geschäftsführenden Direktors zu übernehmen, was man damals als etwas Großartiges ansah. Hier arbeitete er (bis er 1870 nach Petersburg ging und in L.N.'s Geschäft eintrat) mit A.N.'s Freund A. Liedbeck zusammen. Beide waren für die Werke in Vinterviken A.N.'s zuverlässige Vertreter, insbesondere als dieser seinen ständigen Wohnsitz in Krümmel bei Hamburg nahm (1865–1873). Alarik Liedbeck war derjenige von A.N.'s Mitarbeitern, dessen Name vor allem mit der rein technischen Entwicklung von N.'s Erfindungen verknüpft ist. Dreißig Jahre lang arbeitete Liedbeck mit Nobel zusammen, zuerst als Fabrikdirektor, dann als geschickter, genialer Konstrukteur und als erfahrener, beratender Ingenieur für die verschiedenen Dynamitfabriken.

1870 R.N.'s Stellung bei der Nitroglyzerin-AG in Stockholm (1866–1870) hatte auch ihre Unannehmlichkeiten. R.N. zog daher Ende 1870 wieder nach Petersburg und trat in das Geschäft L.N.'s ein. Damit begann eine fruchtbare zehnjährige Zusammenarbeit der beiden, die freilich in ganz neuer Richtung gehen sollte.

1873 R.N. wurde, da in Kaukasien Walnußholz wuchs, von seinem Bruder Ludwig im Jahre 1873 aufgefordert, dorthin zu reisen, um das Fällen und die Lieferung geeigneten Holzmaterials zu organisieren. Dies erwies sich wegen des allzu zerstreuten Vorkommens als nicht durchführbar. R.N. wurde jedoch in Kaukasien auf das reiche Naphthavorkommen von Baku aufmerksam, das damals nur in geringem Maße und auf äußerst primitive Weise ausgebeutet wurde. Bei seiner Rückkehr nach Petersburg berichtete er seinem Bruder Ludwig von seinen Erfahrungen, und es glückte ihm, ihn dafür zu gewinnen, gemeinsam ein kleines Naphthaunternehmen zu gründen.

1875 (Herbst) R.N. kehrt nach Baku zurück. Bevor die Nobels in das Ölgeschäft „einstiegen", hatten die Ölquellen von Baku (behindert durch ein erst 1872 weggefallenes Monopol und durch den 1877 weggefallenen Ausfuhrzoll) nie eine Bedeutung für den Welthandel. ...

.... R.N. überflügelte bald durch eine Reihe technischer Verbesserungen andere Firmen. Er erzielte, seine Petroleumerfahrungen nutzend, mit neuen Erfindungen für die Destillation und Reinigung des Öls, glänzende Qualitätsresultate.

1878 (Mai) Die drei Brüder R., L. und A.N. kommen überein, die „Naphtha-Produktionsgesellschaft Gebrüder Nobel" zu gründen.

1879 Die Gesellschaftsstatuten, vom Kaiser am 15.5. genehmigt, setzten das ursprüngliche Aktienkapital auf 3.000.000 Rubel fest, in das sich nur zehn Eigentümer teilten. R.N., als dem Entdecker und Wegbereiter, wurden 100.000 Rubel in Aktien zuerkannt.

Zwischenfeststellung
zur humanitären und sozialen Anschauung der Nobels
Marvin in „The Region of eternal Fire" (1884): „Diese beiden Schweden, R. und L.N., haben die russische Ölindustrie vollständig revolutioniert ... die Brüder Nobel haben ihr Vermögen mit einer Ehrlichkeit und Großzügigkeit erworben, die selbst in dem England unserer Tage selten sind. Ihr Wohlwollen gegen die Untergebenen ist bemerkenswert. ... Es ist eine Art Gemeinschaftsprinzip eingeführt, nach dem es den Angestellten der Firma ermöglicht wird, sich mit ihrem Geld an der Firma zu beteiligen und an deren Gewinn teilzunehmen."

1880–1896: R.N.'s Ruhestand und Tod. – Seine schwache Gesundheit vertrug das Klima in Kaukasien nicht lange. Im Jahre 1879 erkrankte er sehr schwer, und nach seiner Genesung kehrte er 1880 in seine Heimat zurück, wo er sich ankaufte und auf dem Gut Getå am Bråviken wohnen blieb, bis er 1896, wenige Monate vor seinem Bruder Alfred, starb.

Ludwig Nobel (1831–1888)

Er war vor allem der geborene Organisator und Industrielle, ein „Captain of Industry“ von außergewöhnlicher Energie.

1831 (27.7.) Ludwig Nobel geboren.

1831 (Herbst) L.N.'s Aufnahme in Jacobs Höhere Apologistschule.

1842–1849: Privatunterricht. (Siehe auch bei Robert Nobel).

1850 Mitarbeit in der Fabrik des Vaters.

1854 L.N. schrieb in späteren Jahren: „Niemals wurde in einem Ingenieurbetrieb mehr Eifer und größere Vielseitigkeit an den Tag gelegt als hier während der Jahre 1854 bis 1860 . . .“

1856 I.N. über seinen Sohn Ludwig: „Eine weitere Freude für mich ist Ludwigs wiederhergestellte Gesundheit und infolge davon eine kräftige Unterstützung in den vielen und mühsamen Unternehmungen.“

1858 L.N. heiratet seine Cousine Mina Ahlsell.

1859 L.N. bleibt in Petersburg. In den Werkstätten seines Vaters hatte sich L.N. zu einem hervorragenden Maschineningenieur ausgebildet, und als I.N. 1859 nach Schweden zurückging, nahm er von den Gläubigern den Auftrag an, die Geschäfte für die „Ateliers Mécaniques Nobel & Fils“ zu führen und abzuwickeln.

1862 Mit 5000 ersparten Rubeln fing L.N. am 1. Oktober 1862 ein eigenes Geschäft an. Er übernahm eine kleine mechanische Werkstatt in Ichervod, nach Wiborg zu gelegen. Diese entwickelte sich nach und nach zu einem großen Unternehmen, das technisch nicht nur auf der Höhe der Zeit stand, sondern ihr in mancher Hinsicht voraus war. Vielseitige Fabrikation: Gewehre, Geschütze, Lafetten, Unterwasserminen, Artilleriegeschosse, Werkzeugmaschinen zum Bohren und Drechseln, Dampfhämmer, hydraulische Pressen usw. Besonders viel Mühe verwandte L.N. auf die Gewehrfabrikation.

1867–1870: In L.N.'s Werkstätten wurden 100.000 Gewehre aus Vorderladern in Hinterlader umgeändert. Sein Vorschlag zur Umänderung von Einzelladern in Magazingewehre wurde freilich nicht angenommen, dürfte aber einer der frühesten bahnbrechenden Versuche in dieser Richtung gewesen sein.

1873 L.N. brauchte ein besseres Holz für Gewehrkolben, als es in der Gegend von Petersburg zu finden war; andererseits wollte man gern von dem ausländischen Walnußholz unabhängig sein.

1875 (Dez.) L.N. schreibt seinem Bruder Alfred: „Robert ist von seiner Reise an die Ostküste (des Kaspischen Meeres) nach Baku zurückgekehrt und hat auf der Insel Tscheleken in zehn Klafter Tiefe ausgezeichnetes Naphtha gefunden; folglich ist er jetzt mit Rohmaterial versehen. Werde nun sehen, wie er sich darauf versteht, die Herstellung und den Verkauf im großen zu betreiben. Ich für meinen Teil habe getan, was ich konnte, indem ich ihm mit Geld und Rat in technischer Hinsicht zur Hand gegangen bin . . . Denk deswegen an die Reise nach Baku."

1876 L.N. schreibt nach seiner Rückkehr von einer längeren Reise nach dem Kaukasus an seinen Bruder Alfred: „In Baku stehen die Sachen so, daß die Fabrik endlich fertig ist und angefangen hat zu arbeiten . . ." Sehr bald erkannte L.N. jedoch, daß man im Wettbewerb mit anderen Naphtha-Firmen nur Schritt halten konnte durch eine auf breiter Basis angelegte Produktion und durch Rationalisierungsmaßnahmen. Doch dazu war sehr viel Geld nötig.

1877 L.N. besuchte, nachdem bereits sieben Geschäftsfreunde aus den Kreisen der technischen Unternehmer in Petersburg als Aktionäre für die Baku-Werke gewonnen waren, seinen Bruder Alfred in Paris und hatte auch ihn für das Projekt zu interessieren verstanden.

1878–1879: L.N., Teilhaber der „Naphtha-Produktionsgesellschaft Gebr. Nobel", wendet all sein Kapital auf, um die Mehrheit der Aktien für sich selbst aufkaufen zu können.

Zwischenfeststellung
zur humanitären und sozialen Anschauung der Nobels

L.N.'s Humanität und das Bewußtsein der sozialen Verpflichtung des Kapitals gegen die Arbeit, bilden den roten Faden, der durch alle seine Anschauungen über die Arbeiterfrage geht und in den von ihm geschaffenen Arbeitsbedingungen und in der Sozialfürsorge für die Arbeiter vollen Ausdruck findet. Um den Angestellten die Möglichkeit zu geben, sich vor Not zu schützen und Ersparnisse anzulegen, gründete er eine Sparkasse, die von der Gesellschaft mit bedeutenden Zuwendungen gestützt wurde. Er sorgt für die Gründung von Schulen, weil eine obligatorische, jedoch kostenfreie Schulbildung für alle Kinder die einzig richtige Lösung der Frage der Arbeiterbildung sei. Er ist aber auch für das gänzliche Arbeitsverbot für Kinder unter 12 Jahren eingetreten. – Den Arbeitstag hat er von 12 und 14 auf 10½ Stunden verkürzt.

1880 Nach R.'s Ausscheiden mußte L.N. allein die beiden großen, voneinander unabhängigen Geschäfte leiten, das in Petersburg und das in Baku.

.... Die Entwicklung der Naphthagesellschaft war nach damaligem europäischen Maßstab technisch, finanziell und administrativ unerhört und beispiellos.

1883 L.N., seiner Ausbildung und seinen ganzen Anlagen nach vor allen Dingen Ingenieur und Industrieller, ging mit Leib und Seele in dem Unternehmen auf, dem er seine Lebensarbeit widmete. Aber er hatte in geschäftlicher Hinsicht nicht dieselben Erfahrungen wie sein Bruder Alfred, und er holte in Geldfragen gern seinen Rat ein und verließ sich oft auf dessen Hilfe.

1883 (April) L.N. an seinen Bruder Alfred: „Der Mensch, der hart und entschlossen seine Pflicht erfüllt, steht über einem Geschäftsmann und einem Buchhalter ..."

1883 In einem aber waren die beiden Brüder Ludwig und Alfred gleich: (siehe bei A.N.)

1883 L.N. ging für den Schiff- und Bahntransport zu Tankschiffen und Zisternenwagen über und für die Lagerung zu Zisternenanlagen. Nach L.N.'s Idee wurde der erste wirklich brauchbare Typ eines seetüchtigen Tankschiffes von den Motala-Werkstätten in Schweden ausgearbeitet (bis 1898: 53 Petroleumtankdampfer, Laderaum: 45.000 t).

1887 Die im Laufe der Jahre aufgetretenen finanziellen Krisen wurden zwar, dank L.N.'s Energie und A.N.'s finanziellen Hilfen, immer wieder überwunden, aber sie zehrten zweifellos an L.N.'s Gesundheit. Im Laufe des Jahres 1887 zog er sich immer mehr von den Geschäften zurück und überließ die Leitung der Naphthagesellschaft seinem älteren Sohn Emanuel, während der jüngere Sohn Carl sich den Nobelschen Werkstätten in Petersburg widmete. – Sowohl die Mechanischen Werkstätten, die I.N. 1842 begründete, als auch der Ölkonzern der Söhne entwickelten sich zu riesigen Unternehmen von Weltruf.

1888 L.N. versuchte an der Riviera vergebens neue Kräfte zu gewinnen. Er stirbt am 12.4. in Cannes.

Alfred Nobel (1833–1896)

Er war der zweifellos intellektuell begabteste und hatte im höchsten Grad die Phantasie, die zu den wesentlichen Voraussetzungen für einen genialen Erfinder gehören. Er hatte nicht nur die Fähigkeit, sondern geradezu den Drang, originelle Ideen auszustreuen, und zwar sowohl während der Arbeit als auch als Gedankenspiel. Sehr viele dieser verschiedenen Ideen haben ihren Niederschlag in den vielen Patenten gefunden, ca. 355 in verschiedenen Ländern. Außer seinem Erfindergenie hatte A.N. ungewöhnliche geschäftliche Fähigkeiten, aber dafür fehlte ihm die Neigung, sich persönlich an der Verwaltung der von ihm gegründeten Unternehmungen zu beteiligen.

1833 (21.10.) Alfred Nobel geboren.

.... Der junge A.N. war schwächlich und kränkelte vom ersten Tage an. Mit 18 Jahren schreibt er in einem längeren Gedicht: „Gleich einem Totenbett war meine Wiege, und jahrelang hat meiner Mutter Pflege das zarte Flämmchen sorgenvoll gehütet." Wenige Zeilen weiter stoßen wir auf einen Aphorismus von frühreifer Klugheit: „Nicht schien das Leben eitle Bürde mir. Ich sah es an als eine edle Gabe, als Edelstein, den die Natur uns gab, daß wir ihn schleifen sollten, bis sein Funkeln für unsere Mühe endlich uns belohnt."

1841 (Herbst) A.N.'s Aufnahme in Jacobs Höhere Apologistschule.

1842 Mit dem Frühjahrssemester endete A.N.'s einzigstes „Schul"-Jahr, denn im Herbst 1842 reiste die Familie nach Petersburg. Seine Zeugnisse zeigen, daß er in allen Fächern, auch in Fleiß und Betragen, die besten Noten erhalten hatte, mit denen man außer ihm nur noch zwei seiner 82 Mitschüler auszeichnen konnte.

1842–1849 Privatunterricht. (Siehe auch bei Robert Nobel)
Der gemeinsame Unterricht deutet an, daß der Jüngste, Alfred, an Kenntnissen seinen älteren Brüdern gleichstand. Familienkorrespondenz zeigt uns ihn als kränklichen Jungen, der eifrig und in brennendem Wissensdurst jeden Lehrstoff begierig in sich hineingesogen hat.

1850–1852: Studienreisen in Schweden, Deutschland, Italien, Frankreich und Nordamerika, um sich weiter als Ingenieur auszubilden und gleichzeitig seine Sprachkenntnisse zu bereichern. – Bei der Heimkehr (spätestens Juli 1852) erhielt er, wie die beiden Brüder, eine Anstellung in der Fabrik des Vaters.

1851 „A Riddle" (Ein Rätsel) ist ein autobiographisches Gedicht A. Nobels. Es ist das längste unter den wenig erhaltenen von Shelley beeinflußten Dichtungsversuchen in anerkannt gutem Englisch. Man kann zwar bei A.N. von keinem großen schriftstellerischen Talent sprechen, ihn aber als unbegabt abzuwerten wäre sicher ebenso unzutreffend. ...

1851 . . . Seine spätere umfangreiche Korrespondenz enthält häufig dichterische Vergleichsbilder und ist eine Fundgrube für dem Leben dichterisch nachempfundene Aphorismen. Davon abgesehen, handelt es sich bei seiner reinen schriftstellerischen Tätigkeit nur um „Kurzperioden", von denen später noch eine zweite und dritte (1862 und 1895) anzuführen sein wird.

1854 Da A.N. ziemlich kränklich war, mußte er im Sommer nach Franzensbad reisen. Er fuhr über Stockholm und blieb eine Weile bei der Familie Ahlsell. Danach erfahren wir aus einem Brief an den Onkel: „Seit dem 4. September bin ich endlich in Eger und habe meine Bade- und Kneippkur angefangen." – Später hatte A.N. seine vielen Reisen häufig mit einem Erholungsaufenthalt in einem der wohlbekannten Kur- und Heilbäder verbunden.

1855 hatten, wie A.N. selbst mitteilt, zwei russische Chemiker, die Professoren Sinin (einst A.N.'s Chemielehrer) und Trapp in Petersburg, die Aufmerksamkeit I. und A.N.'s auf Nitroglyzerin als möglicherweise brauchbaren, kräftigen Sprengstoff gelenkt.
Nitroglycerin wurde von dem italienischen Chemiker Ascanio Sobrero (1812–1888) gegen Ende 1846 und Anfang 1847 entdeckt und „piroglycerina" genannt. Es blieb aber zunächst eine wissenschaftliche Merkwürdigkeit, die auf Grund ihrer Gefährlichkeit für den praktischen Gebrauch nahezu als tabu galt. Ganz unbeirrt davon experimentierten Vater und Sohn zum Teil unabhängig voneinander und jeder auf seine eigene Weise.

1856 I.N. über seinen Sohn Alfred: „Gott gebe, daß ich meinen lieben und fleißigen Alfred auch erst wieder mit seiner Gesundheit so auf den Beinen hätte wie Ludwig. Das wäre für uns alle eine innige Freude, denn sowohl die Eltern wie auch seine Brüder schätzen ihn sehr hoch wegen seiner Kenntnisse und seiner unermüdlichen Arbeitskraft, die unersetzlich ist."

1858 Der sprachbegabte A.N. wird nach London und Paris geschickt, um die Finanznot der Nobel-Werke zu beheben. Sein Versuch, dafür Bank-Kredite zu erhalten, blieb erfolglos.

1859 A.N. bleibt in Petersburg. Er ist oft krank, arbeitet teilweise mit seinen Brüdern zusammen, scheint sich sonst aber völlig den mechanischen und chemischen Experimenten gewidmet zu haben. Die ersten sichtbaren Ergebnisse bestanden in seinen ersten drei Patenten: 1857 ein Gas-Meßgerät sowie 1859 ein Flüssigkeitsmesser und ein verbessertes Barometer oder Manometer. Allerdings konnte keines dieser Patente größere Bedeutung erlangen.

1861 A.N. reist noch einmal nach Paris, um Kredit zu beschaffen. Die Société Générale de Credit Mobilier (J. und I. Periere) gewährte ihm ein Darlehen von 100.000 Francs zur Erforschung des Nitroglyzerin. Es mußte mit zwei Hauptproblemen gerungen werden: Methode zur sicheren Auslösung der Detonation des Sprengöls und diesen Stoff in die Form zu bringen, die die größtmöglichste Sicherheit garantierte, ohne die Sprengkraft merklich zu beeinträchtigen.

1862 Zweite schriftstellerische Kurzperiode: Novellen-Fragment „In Lightest Africa" (Im hellsten Afrika) und Roman-Fragment „The Sisters" (Die Schwestern), in dem er sich über gesellschaftliche Reformen und religiöse Ideen aussprach.

1863 A.N. folgte dem Ruf seines Vaters vom 3. Juli 1863 nach Stockholm und arbeitete intensiv in dem Laboratorium auf Heleneborg. Dies geschah allerdings, wie es in einem Brief A.N.'s vom Mai 1864 (der den Prioritätsstreit zwischen Vater und Sohn über die Nutzbarmachung des Nitroglyzerin betraf) zurückschauend heißt, mit dem Entschluß, sich „nicht mehr am Gängelband leiten zu lassen, sondern einen anderen Ausweg zu suchen", denn „es stellte sich heraus, daß diese (seines Vaters) Sache . . . wenig ausgearbeitet war und die Resltate höchst schwankend". So kommt A.N. auf eigenen Wegen zu „Verbesserungen bei der Herstellung von Sprengpulver". Hierzu er selbst: „Das in meinem Patentgesuch vom 14.10.1863 angeführte Verfahren, Pulver mit Nitroglyzerin oder einem analogen Stoff zu mischen, zielt hauptsächlich auf dessen augenblickliche Erwärmung auf die Temperatur hin, bei der es explodiert."

1864 (Mai) A.N.'s Brief im Prioritätsstreit mit seinem Vater ist sehr scharf, aber männlich und ehrlich und überschreitet niemals die Grenze kindlicher Pietät. Später schrieb ihm seine über alles geliebte Mutter: „Die Frage wäre immer noch nicht gelöst, wenn du sie nicht in die Hand genommen hättest. Aber mein kleiner Alfred findet wohl, daß Alterchens Kränklichkeit die Hauptursache für seine manchmal überreizte Laune ist."

1864 (15.7.) Zur Weiterentwicklung seines Patentes vom 14.10.1863 schreibt A.N. in Fortsetzung der bei 1863 zitierten Textstelle: „Seitdem bin ich aus theoretischen Gründen zu dem Schluß gekommen, daß, wenn die Wärme des Pulvers dem Nitroglyzerin mit der Schnelligkeit mitgeteilt werden kann, die zur Explosion erforderlich ist . . ." Die Experimente zu jenen theoretischen Gründen führten zu dem Patent-Ergebnis vom 15.7.1864: „Verbesserung bei der Herstellung und Anwendung von Sprengstoff durch Zündhütchen."

.... Zu dieser ersten epochemachenden Erfindung von „Nobels Patent-Zünder" erklärte noch 1955 F.D. Miles in „A History of Research in the Nobel Division of ICI": „Die Anwendung des Zündhütchens zur Auslösung der Explosion ist gewiß die größte Entdeckung, die je bezüglich des Prinzips und der Anwendung von Sprengstoffen gemacht wurde."

1864 A.N. setzt seine ganze Energie ein, das zerstörte Fabrikunternehmen (siehe Immanuel Nobel/3.9.1864, Seite 7) zu retten. Er überzeugte unter anderem die Baubehörde der Staatlichen Eisenbahngesellschaft davon, daß die Sprengkraft seines Nitroglyzerinöls die des gewöhnlichen Schwarzpulvers weit übertraf. „Nobels Patent-Sprengöl" wurde offiziell anerkannt und in Gebrauch genommen. So wurde es auch nach dem Explosionsunglück vom 3.9. weiter produziert. Es geschah mit unvorstellbar primitiven Apparaten auf einem überdeckten, auf dem Mälar-See verankerten Prahm, ganz weit jenseits des dicht bebauten Stadtgebietes von Stockholm. – In dem reichen Stockholmer Kaufmann J.W. Smitt (1821–1904) fand A.N. einen aufgeschlossenen und weitblickenden Helfer. Schon am 22.10. konnte eine „Nitroglyzerin AG" gegründet werden.

1865 (März) Die „Nitroglyzerin-AG" errichtete an dem einsam gelegenen Flecken Vinterviken in der Nähe von Stockholm eine Fabrik, die älteste eigentliche Nitroglyzerinfabrik der Welt. Zum Mitarbeiter und Miterbauer berief A.N. einen Freund aus seiner Kindheit, den Ingenieur Alarik Liedbeck (1834–1912), was der Auftakt zu einer langen fruchtbaren Zusammenarbeit war. Bei sich ständig vergrößernder Produktion (sie begann im März 1865) lieferte dieses Werk für mehr als 50 Jahre Nobelsche Sprengstoffe und Sprengpulver der verschiedensten Art. – Mit dem festen Glauben an seine Erfindung und deren Zukunft strebte A.N. nun nach internationaler Auswertung.

1865 (Juni) A.N. begab sich zuerst nach Deutschland und gründete dort seine erste Auslandsgesellschaft. Am 21. Juni 1865 wurde die Firma „Alfred Nobel & Co." im Hamburger Handelsregister eingetragen. Seit 25. Juli 1876 nannte sie sich „Dynamit-AG vormals Nobel & Co. Hamburg". In ihr war A.N.'s bewährter Freund, Dr. G. Aufschläger (1853–1934), Vorstandsmitglied und später (1889–1926) Generaldirektor. Nach mancherlei Syndikatsbildungen führt die nach dem Ende des Zweiten Weltkrieges zielbewußt weiterarbeitende Stammgesellschaft heute den Namen „Dynamit Nobel AG", mit Sitz in Troisdorf, dem jetzigen Standort der bedeutendsten Produktionsstätten der Gesellschaft. Die „Geburts-Stätte" zu Troisdorf war eine Nitroglyzerinfabrik, zu der am 18.11. 1865 die Baugenehmigung „auf dem Krümmel" im Gute Gülzow bei Geesthacht an der Elbe erteilt wurde.

1865–1873: A.N. wohnte, wenn er nicht auf Reisen war, in seinem sehr bescheidenen Heim in Krümmel, wo er auch sein privates Laboratorium hatte. Die Geschäftsräume der Gesellschaft befanden sich jedoch in Hamburg.

1866 (April–Juni) A.N.'s dreimonatiger Amerika-Aufenthalt diente der Beschaffung von Kapital für das Werk Krümmel; gleichzeitig war es notwendig, die Prioritätsrechte seiner Erfindung in Amerika persönlich zu verfechten.

1866 A.N. begründete zusammen mit New Yorker Aktionären die „United States Blasting Oil Co.". Wegen zweifelhafter Manipulationen übertrug A.N. die Patentrechte für das gesamte Gebiet der USA einer neuen Gesellschaft in San Francisco, der „Giant Powder Co.". Das Resultat weiterer Streitigkeiten war eine neue Gesellschaft, „The Atlantic Giant Powder Co.", die sämtliche Rechte der „United States Blasting Oil Co." übernahm, und in die die ursprüngliche „Giant Powder Co." als Teilhaber eintrat. Für die große Schießpulver-Gesellschaft „Du Pont de Nemours & Co.", in die nach A.N.'s Tod die „Atlantic Giant Powder Co." eingegliedert wurde, gilt diese heute noch als „der erste Schritt zu unserer weiten Ausbreitung auf dem Gebiet der Sprengstoffe, der auf das von Nobel erstmals in den USA eingeführte Nitroglyzerin zurückgeht". A.N.'s Meinung über Amerika geht aus einem Brief hervor: „Auf die Dauer finde ich das Leben in Amerika alles andere als angenehm. Die übertriebene Jagd nach Geld . . . die der menschlichen Begegnung viel von ihrem Angenehmen raubt und das Gefühl für Ehre zerstört . . ." Schließlich bleibt A.N. nur skeptischer, stiller Aktionär bis zum Jahre 1885, wo er seine ganzen amerikanischen Aktien zu Geld macht.

1866 (Mai) Die Serie der Unfälle, die in verschiedenen Weltgegenden vielfach zu Lasten der mangelhaften Kenntnisse im Umgang mit Nitroglyzerin gehen, erreichte ihren Höhepunkt, als eine Explosion das Werk Krümmel zerstörte. Bei seiner Rückkehr aus Amerika im August 1866 fand A.N. ein Chaos vor. Wieder einmal mußte der körperlich schwächliche Erfinder die Kraft seines Geistes beweisen, indem er allen finanziellen und technischen Schwierigkeiten zum Trotz sein Unternehmen (auch nach einer zweiten Explosion im Jahre 1870) wieder hochbrachte. Auch bot er seine ganze Energie auf, um herauszufinden, auf welche Weise man die Gefährlichkeit des Nitroglyzerin vermindern und damit seine Transportsicherheit erhöhen könne, ohne daß seine Explosivkraft irgendeine Einbuße erleidet.

1867 Nach geglückten Vorführungen in deutschen Bergwerken, die alle unter der persönlichen Leitung des Erfinders vonstatten gegangen waren, ließ dieser sich am 7.5.1867 seinen neu erfundenen Sprengstoff „Dynamit oder Nobels Sicherheitspulver" patentieren. In einer gedruckt vorliegenden Ansprache vor Fachleuten erklärte Nobel: „Der neue Sprengstoff, das sogenannte Dynamit, ist nichts anderes als Nitroglyzerin in Verbindung mit einem sehr porösen Silikat. Wenn ich ihm einen neuen Namen gegeben habe, so geschah das, um die neue Form seiner explosiven Eigenschaften kenntlich zu machen, die sich von der früheren sehr unterscheidet.

In der populären Auffassung gilt A.N. vor allem als der Erfinder des Dynamits. Aber in Wirklichkeit sollte seine Erfindung von Sprengkapseln und Initialladungen für Sprengstoffe vom rein prinzipiellen Erfinderstandpunkt und wegen der technischen Wichtigkeit und Bedeutung entschieden über die des Dynamits gestellt werden.

1867–1877: Während der 10 Jahre, die auf die Entdeckung des Dynamits folgten, führte A.N. ein rastloses Leben. Es verging kein Tag, an dem nicht lebenswichtige Fragen zu lösen waren: Finanzierung und Aufbau seiner Gesellschaften, Wahl vertrauenswürdiger Partner für die Verwaltung und für die Produktion. Diese Jahre legten den Grundstein zu seinem Erfolg und zu seinem Vermögen, sie zehrten aber auch an seiner Gesundheit. Er betonte immer wieder, daß diese Art zu arbeiten ihm kein Vergnügen bereite, da er bemerke, wie sie ihn allzusehr von seinen Forschungen abhalte.

1867–1873: Die schweren Unglücksfälle im Jahre 1866 erregten in England ein starkes Mißtrauen, und es kostete A.N. eine jahrelange Arbeit, ehe es ihm gelang, dieses Mißtrauen zu beseitigen. Er traf 1871 mit J. Downie ein Übereinkommen über den Verkauf seiner Patente an die neugegründete „The British Dynamite Co." in Glasgow. Die Errichtung einer Dynamitfabrik in Ardeer an der Westküste von Schottland (die sich zu einer der größten der Welt entwickeln sollte) und die Anfänge der Fabrikation am 13.1.1873 wurden A. Liedbeck anvertraut. Die Gründungsgesellschaft wurde, nachdem A.N. im Jahre 1875 die Sprenggelatine erfand, in die neue „Nobel's Explosives Co." eingegliedert. (1886 wurde dann die „Nobel Dynamite Trust Co." gebildet, und zwar zur Übernahme sämtlicher Aktien von „Nobel's Explosives Co.", sowie der Aktienmajorität einer Anzahl deutscher und anderer Sprengstoffabriken. Siehe auch bei 1873–1890.)

1868 (Februar) Die Schwedische Akademie hatte es für richtig befunden, den Letterstedt-Preis „Herrn I. Nobel und seinem Sohn, Herrn A. Nobel, gemeinsam zuzuerteilen, dem ersteren für seine Verdienste um die Anwendung des Nitroglyzerin im allgemeinen, dem letzteren besonders für seine Erfindung des Dynamits". (Siehe auch bei I.N.)

1868–1871: A.N. bemühte sich, seine Erfindung auch in Frankreich unterzubringen. 1868 trat er mit der Firma „Barbe, Père et Fils, et Cie." bei Nancy in Verbindung. Es gelang ihm besonders den Sohn Paul, der ein fähiger Ingenieur und Organisator war, für sein Dynamit zu interessieren. Im Mai 1868 wurde eine Interessengemeinschaft gebildet, die nach und nach auf immer größere Gebiete erweitert wurde und bis zu P. Barbes Tod (1890) bestand.

Als 1870/71 Frankreich im deutsch-französischen Krieg sah, wie auf deutscher Seite erfolgreich Dynamit angewendet wurde, gab es seinen aus staatlichen Monopolgründen geleisteten Widerstand gegen eine französische Dynamitfabrikation auf und rief Paul Barbe nach Paris. Mit einer Staatsgarantie (Vertrag vom 31.10.1870) richtete man in großer Hast eine Fabrik in Paulilles in Südfrankreich ein und begann im März 1871 mit der Produktion. Zwar war es für den Krieg zu spät, aber nach dem Waffenstillstand arbeiteten Barbe und Nobel energisch darauf hin, Dynamit als Sprengstoff bei technischen Unternehmungen, wie Eisenbahnbauten, Gruben und Steinbrüchen einzuführen.

1872–1882: Nachdem das Dynamit den Weltmarkt erobert hatte, konnten Unternehmungen von höchster Wichtigkeit für Industrie, Bergbau und Verkehr in Angriff genommen werden; so die St.-Gotthard-Bahn mit ihren Tunnels von Göschenen nach Airola: 15 km durch Granit! Ende der 1860er Jahre trug sich die Schweiz mit dem Gedanken, diese Bahn zu bauen. A.N. und Barbe hatten für diese Arbeiten (1872–1882) die Schweizer „Société Dynamite Nobel", mit einem Werk in Isleten bei Flüelen, gegründet. Der Tunnelbau machte, als man Sprenggelatine (Erstpatent 1875) an Stelle von Schießpulver verwendete, rasche Fortschritte und war weniger kostspielig. Gleichzeitig mit dem Werk in Isleten entstand in Sobreros Heimatstadt Avigliana bei Turin eine Dynamitfabrik. A.N. berief Sobrero (siehe auch unter 1855 bei A.N.) als Berater in seine Schweizerisch-Italienische Gesellschaft, wo er mit einem guten Gehalt verblieb, bis er 1888 starb.

1873–1890: A.N. siedelte nach Paris über, als er mit seinem französischen Partner Barbe viele gemeinsame Unternehmungen, besonders im westlichen Teil Europas plante. . . .

.... Die Nobelgesellschaften standen damals in scharfem Konkurrenzkampf mit anderen Firmen, die N.'s Sprengstoffe in etwas geänderter Form nachgeahmt und in den Handel gebracht hatten. Außerdem hatte sich unter den Nobel-Gesellschaften selbst eine unangebrachte Absatz-Rivalität gezeigt. So war A.N. zwischen 1873 und 1885 ununterbrochen damit beschäftigt, gute Zusammenarbeit zu erreichen und die gesamte Organisation zu straffen. Die Bemühungen zum größtmöglichen Schutze und zur Koordinierung der Interessen gipfelten 1886 im Aufbau zweier umfassender Trustgesellschaften: Der englisch-deutsche Trust und der der romanischen Länder, in die die Gründungsgesellschaften aufgingen. Sie waren die ersten ihrer Art in Europa. In dem begrenzten Rahmen dieser Übersicht muß ihre weitere Verflechtung und Entwicklung unbeobachtet bleiben. Auf das hier Vermerkte und Ausgelassene bezieht sich in gleicher Weise: Zu Ehren des weitgespannten kosmopolitischen Werkes des schwedischen Erfinders wurde der Name Nobel ein historisch-traditioneller Aktivposten, auf den manche Gesellschaften bis auf den heutigen Tag ungern oder überhaupt nicht verzichten.

Als A.N. seinen Aufenthalt in Paris genommen hatte, richtete er sich dort ein privates Versuchslaboratorium ein und stellte als Assistenten den jungen französischen Chemiker M. Georg Fehrenbach an. Dieser blieb, treu und vertrauenswürdig, achtzehn Jahre lang in seiner Stellung, das heißt, bis A.N. im Jahre 1890 gezwungen wurde, seine Tätigkeit in Frankreich einzustellen und mit seinen Versuchen nach San Remo überzusiedeln. Das Pariser Laboratorium war anfangs in einem Teil von Nobels Wohnhaus, Avenue Malakoff 59, untergebracht, wurde aber 1881 von dort auf sein Besitztum verlegt, das Nobel vor Paris, in Sévran-Livry, erworben hatte. In den siebziger und achtziger Jahren fuhr A.N. nun systematisch mit seinen Versuchen auf verschiedenen technischen Gebieten fort, wobei er sein Augenmerk besonders auf die Verbesserung der Sprengstoffherstellung und die Ausarbeitung neuer Sprengstofftypen richtete.

A.N. lebte in Paris sehr zurückgezogen und verkehrte fast nur bei der bekannten Madame Juliette Adam, deren Salon damals der hervorragendste literarische Salon von Paris war. Aus Briefen geht hervor, daß er auch einige Male bei Viktor Hugo eingeladen war. Im Mannesalter scheint er weder Zeit noch Lust gehabt zu haben, sich mit Dichten zu beschäftigen. Aber er verfolgte aufmerksam die schwedische wie die ausländische Literatur. Am meisten scheint er sich für englische Literatur interessiert zu haben. Er bevorzugte Shelley (1792–1822) und Lord Byron (1788–1824). Doch hat A.N. auch die nordische Literatur verfolgt. ...

.... Über Ibsens „Peer Gynt“ schreibt er in einem Brief beinahe eine Rezension, und von Bj. Björnsons Schriften, wenn auch nicht von dessen Person, war er begeistert. Unter den schwedischen Dichtern fühlte er sich vor allem von Viktor Rydberg (1828–1895) und Selma Lagerlöf (1858 bis 1940) angezogen. Er schrieb über S.L.'s „Gösta Berling“: „Das Buch ist höchst originell, und der Stil bezaubernd und kann nicht genug gerühmt werden.“ Ebenso fühlte er sich natürlich von Rydbergs hohem Idealismus angezogen. Selbst Idealist, mißbilligte er auf das schärfste Emile Zola und die ganze naturalistische Richtung. Dagegen gehörte der skeptische, elegante Maupassant zu seinen Lieblingsschriftstellern.

1875 A.N. verfolgte in den Briefen seines Bruders Ludwig, mit dem er damals eine Interessengemeinschaft in den russischen Dynamitgeschäften hatte (L.N. darf das Verdienst für sich in Anspruch nehmen, dem Dynamit den russischen Markt geöffnet zu haben), die schrittweise Entwicklung der Baku-Werke.

Vor der „Society of Arts“ in London hielt A.N. am 21.5.1875 einen der Form nach eleganten, inhaltlich interessanten Vortrag. Er wurde veröffentlicht unter dem Titel „On Modern Blasting Agents“ im Verlag Maclehouse & Macdougall, Glasgow. Diese Veröffentlichung von 1875 wird u.a. in der einzigen etwa 12 Druckzeilen (!) umfassenden „Autobiographie“ A.N.'s erwähnt: „. . . Gedruck herausgegeben: Nur ein Vortrag in englischer Sprache, der mit einer silbernen Medaille belohnt wurde.“ (A.N. wurde 1893 Ehrendoktor der Philosophie an der Universität in Uppsala, und war als solcher verpflichtet, eine Selbstbiographie einzusenden.)

1875 war auch das denkwürdige Jahr, in dem A.N. die Erfindung der Sprenggelatine glückte. Sie erwies sich in vieler Hinsicht als idealer Explosivstoff: Seine Wirkung war beträchtlich höher als die des reinen Nitroglyzerin und war mehr oder weniger unempfindlich gegen Erschütterungen und widerstandsfähig gegen Feuchtigkeit.

1876 A.N. „. . . sucht eine sprachenkundige Dame . . . als Sekretärin und zur Aufsicht des Haushalts“. Gräfin Bertha Kinsky (1843–1914) bewirbt sich, um einer erwiderten aber mit Schwierigkeiten verbundenen Zuneigung zu Baron von Suttner zu entsagen, fährt nach Paris und wird engagiert. B.v.K.: „Ungefähr eine Woche nach meiner Ankunft mußte Herr Nobel nach Schweden reisen . . . Da er hielt ich zwei Depeschen. Die eine aus Stockholm: ‚Glücklich angekommen, bin in acht Tagen wieder in Paris‘, und die andere aus Wien: ‚Kann ohne Dich nicht leben (v. Suttner)‘ . . . am nächsten Tag schrieb ich nach Stockholm, daß es mir . . .

.... doch unmöglich sei, die Stelle anzutreten, aber ich müsse zurück nach Wien.“ So reist sie noch vor A.N.’s Rückkehr nach Wien, um im Juni 1876 Baron v. Suttner zu heiraten. – B.v.S. und A.N. empfanden Bewunderung füreinander und daraus entstand eine freundschaftliche Korrespondenz. Sie kamen noch zweimal zusammen, 1887 in Paris und 1892 (siehe dort) in Zürich.

1877 A.N. gewinnt durch den Besuch seines Bruders Ludwig in Paris (Frühjahr 1877) Interesse an den Baku-Werken, für die R.N. die Aufbauarbeit geleistet und L.N. den weiteren Ausbau zu betreiben hatte.

1878–1879: A.N., Teilhaber der „Naphtha-Produktionsgesellschaft Gebrüder Nobel“, steuert den dreißigsten Teil des Aktien-Kapitals bei.

Zwischenfeststellung
zur humanitären und sozialen Anschauung der Nobels

A.N. schreibt (1879), seiner Zeit weit voraus: „Eines Tages, wenn die Zivilisation der Welt Wirklichkeit geworden ist, werden die, die noch nicht arbeiten können, die Kinder, und die, die nicht mehr arbeiten können, die Alten, ohne Zweifel eine staatliche Pension erhalten. Dies wäre nicht mehr als recht und billig und die Durchführung zweifellos leichter, als man sich vorzustellen vermag.“

Einem Testamentzeugen gegenüber hatte A.N. geäußert (29.9.1896): „Ich halte große ererbte Vermögen für ein Unglück, das nur dazu beitragen kann, Menschen stumpfsinniger zu machen. Wer im Besitz eines großen Vermögens ist, sollte es nur zu einem kleinen Teil auf seine Verwandten übergehen lassen (was A.N. in seinem Testament vollzog). Sogar wenn Kinder da sind, halte ich es für falsch, ihnen größere Geldsummen in die Hand zu geben, die sie nicht selbst verdient haben; denn das hieße, nur die Faulheit unterstützen und die gesunde Entwicklung der Fähigkeit des Individuums behindern, sich selbst eine unabhängige Stellung zu schaffen.“

Bertha von Suttner zitiert eine Äußerung A.N.’s, die in einem Brief an einen Freund steht: „Aufklärung verbreiten ist soviel wie Wohlstand verbreiten – ich meine den allgemeinen Wohlstand, nicht individuellen Reichtum ...“

1883 (März) A.N. besuchte zum erstenmal seit seinen Jugendjahren seinen Bruder Ludwig auf eine Woche in Petersburg, um finanzielle Schwierigkeiten auszuräumen. Es war eine neue, größere Aktienemission der Naphthagesellschaft beschlossen worden.

.... Auch in den folgenden Jahren trug A.N. zur Sicherung des finanziellen Fundaments der Gesellschaft bei, sowohl durch Darlehen, als auch dadurch, daß er der Gesellschaft ihm gehörende russische Staatsobligationen lieh (als Sicherheit für die Einzahlung von Steuern), sowie ihm gehörende Obligationen der Gesellschaft selbst, gedacht als Hypotheken für Wechselkredit bei der russischen Reichsbank.

1883 A.N. an seinen Bruder Ludwig: „Das einzige, worin unsre Ansichten auseinandergehen, ist, daß Du zuerst aufbaust und Dich danach erst um die Finanzierung kümmerst, während ich der Meinung bin, daß es eine bessere Basis für die Zukunft bietet, erst das Geld zu beschaffen und es dann anzulegen."

1883 In einem aber waren die beiden Brüder Alfred und Ludwig Nobel gleich: Sie liebten nicht das Geld um seiner selbst willen. Sie liebten die Arbeit, aber ihr Ertrag war ihnen nur insoweit wichtig, als er Kapital in zweckvollem Umlauf hielt oder zur Finanzierung brauchbarer Projekte dienen konnte. Ihre Art, mit Geldern umzugehen, war ungewöhnlich und untadelig, wie es Marvin in „The Region of eternal Fire" 1884 lobend hervorhob und wie es bei R.N. in der „Zwischenfeststellung" nach 1879 vermerkt ist.
A.N.'s Hilfe beschränkte sich nicht nur auf das finanzielle Gebiet. Wo sich Gelegenheit bot, arbeitete er auch Möglichkeiten zur technischen Verbesserung der Firma aus. So war die ursprüngliche Anregung, man solle das Öl in einer Pipeline von den Ölquellen im Bakugebiet am Kaspischen Meer bis zum Verschiffungshafen Batumi am Schwarzen Meer befördern, seine Idee, ebenso wie die verschiedenen Verbesserungsvorschläge zur Verfeinerung und Destillierung des Rohöls und zur Nutzbarmachung des Paraffins zu Beleuchtungszwecken auf seinen Patenten basierten.

1887 Nach achtjähriger Forschungsarbeit erfand A.N. ein rauchschwaches Pulver: Ballistit (Erstpatent: 28.11.1887). Die Erfindung erregte alsbald größtes Interesse bei verschiedenen Regierungen, die ja befürchten mußten, daß ihr Kriegspotential dadurch unterlegen sein könnte. Die französische Schießpulver-Monopol-Gesellschaft, der A.N. als erster sein Patent anbot, wies es zurück mit dem Hinweis, sie sei schon mit ihrem eigenen Produkt (das Prof. Vieille 1884 erfand) eingedeckt. So kam es, daß die erste Regierung, die das Ballistit einführte, die italienische war. 1889 erteilte sie dem Nobelwerk in Avigliana einen Regierungsauftrag über 300.000 kg Ballistit und bald darauf erwarb sie selbst die Herstellungsrechte für Ballistit. Diese Tatsache konnte nicht ohne Folgen bleiben, da A.N. ja in Frankreich arbeitete und damit eine Konkurrenz für ...

. . . . das französische rauchschwache Pulver bestand. Verleumdungen, Verbot des weiteren Besitzes von Feuerwaffen, des Experimentierens und der Herstellung des Ballistit, Durchsuchung und Versiegelung seines Laboratoriums, das alles zwang A.N. seine Konsequenzen zu ziehen und Paris 1831 zu verlassen.

1888 Die Prof. Abel und Dewar, die mit A.N. schon länger in Verbindung standen, baten diesen, als Mitglieder des von der englischen Regierung 1888 eingesetzten „Explosivkomitees", ihnen vertraulich und so vollständig wie möglich über seine Pulvererfindung und deren Weiterentwicklung laufend (Herbst 1888–Herbst 1859) zu berichten. In unredlicher Auswertung dieser Kenntnisse ließen sie sich ein modifiziertes Nitroglyzerin-Nitrozellulosepulver (Cordit) patentieren.

1888 (12.4.) A.N.'s Bruder stirbt in Cannes. Zu ihm hat er ein Leben lang engste Beziehungen unterhalten und in seine Unternehmungen einen großen Teil seines eigenen Vermögens investiert.

1889 A.N.'s Mutter starb, 86jährig, am 7.12.1889. Sie war die große Liebe seines Lebens und hatte mit ihrer Umgebung eine der Hauptstützen seines Lebens gebildet. Er besuchte sie, so oft es seine Zeit erlaubte, fast immer aber an ihrem Geburtstag. „Läge Stockholm nicht so schrecklich weit entfernt, ich würde zu Weihnachten hineilen und meinen Teller hinhalten, um meinen Anteil der Weihnachtsgrütze, so wie früher immer, zu bekommen", schrieb er einmal als Fünfzigjähriger.
Der Tod seines Bruders Ludwig 1888 und seiner Mutter 1889 ließen ihn sein Alleinsein mehr denn je empfinden.

1891 A.N. war ein gequälter und erschöpfter 58jähriger, als er 1891 Paris verließ, in dem so viele Lebensnerven seines großen Unternehmens zusammenliefen, wo er auf verschiedenen Gebieten und in enger Berührung mit dem kulturellen Leben mit vielen großen Geistern seiner Zeit zusammenkam. Die letzten Pariser Jahre zeigen aber gleichzeitig, wieviel ein Mensch erdulden und tapfer durchzustehen vermag, trotz einer angegriffenen Gesundheit.

1891 A.N. siedelte von Paris nach San Remo an die Riviera di Ponte über und ließ auf dem Grundstück seiner Villa ein Laboratoriumsgebäude auffüh┐ren, das außer einem großen Laboratoriumssaal mit Bibliothek und Wägezimmer, einen Maschinenraum enthielt, der u.a. mit elektrischen Generatoren für elektrolytische Versuche ausgerüstet war. Als Nachfolger Fehrenbachs, der Paris nicht verlassen wollte, stellte A.N. den Engländer G.H. Beckett an, und zwei Jahre darauf den Schweden R. Sohlman.

1892–1895: Cordit-Prozeß. – Als die „Nobel's Explosives Co.", die Nobels Ballistit-Patent erwarb, dieses dem Kriegsministerium anbot, kamen die ganzen Abel-Dewar-Machenschaften ans Licht, und es wurde offenbar, auf welche Weise Cordit dem 1887 von Nobel erfundenen Ballistit „nach-erfunden" wurde. Die Gesellschaft sah darin natürlich einen Patenbruch und entschloß sich, diese Angelegenheit vor Gericht zu bringen. Die Verhandlung, die 1892 vor dem Kanzleigericht, später vor dem Berufungsgerichtshof und 1895 vor dem Oberhaus stattfand, zog sich sehr in die Länge. Das Ergebnis war, daß alle Instanzen die Klage verwarfen. Während des Prozesses wurde jedoch von verschiedenen Seiten anerkannt, daß A.N.'s Arbeit bahnbrechend und von großer Bedeutung gewesen sei. Einer der Richter, Lord Justice Kay vom Appellationsgericht, gab seinem starken Zweifel an der materiellen Gerechtigkeit des gerichtlichen Urteils, dem er jedoch aus mehr formellen Gründen beizustimmen sich verpflichtet fühlte, einen sehr bezeichnenden Ausdruck: „Es ist ganz natürlich, daß ein Zwerg, dem es geglückt ist, auf die Schulter eines Riesen zu klettern, etwas weiter sehen kann, als der Riese selbst."

1892 Im August 1892 trat ein Friedenskongreß in Bern zusammen. Unter den führenden Persönlichkeiten war Bertha von Suttner, die 1889 ihren pazifistischen Roman „Die Waffen nieder" veröffentlichte. In 16 Sprachen übersetzt, wurde er ein Welterfolg und machte den Namen B.v.S. zu einem Friedensbegriff. Leo Tolstoi schrieb ihr: „Gott gebe, daß die Abschaffung des Krieges das Verdienst ihres Buches sein möge." Bertha von Suttner hatte A.N. geschrieben, an dem Friedenskongreß teilzunehmen, erhielt aber keine Antwort. A.N. kam jedoch von Zürich nach Bern herüber, aber nur für ein paar Stunden, nahm aber am Kongreß nicht teil. Nach diesem besuchte B.v.S. Nobel in Zürich und führte mit ihm eingehende Friedensgespräche, denen einige Briefaussprachen vorangegangen waren und auch noch folgten.

A.Nobels Ideen zur Erhaltung des Friedens eilten seiner Zeit weit voraus. Sie decken sich (in Briefen an B.v.S. vom Okt. 1831, Nov. 1892 und Jan. 1893) weitgehend mit denen, die später zu Grundprinzipien des Völkerbundes und der UNO wurden, sowie mit den Friedenspreis-Bestimmungen seines Testaments von 1895.

1892 Bertha von Suttner, die 1905 den Friedens-Nobelpreis erhielt, hat Nobels Interessen an Friedensfragen zwar stark beeinflußt, aber ihr Einfluß kann nicht „Grund legend" genannt werden. Das gleiche gilt auch (noch vor B.v:S.) vom Einfluß Shelleys als Pazifist. Beide waren keine Verursacher, wohl aber einflußreiche Mitbeweger von Nobels Friedensinteressen, die als ursprüngliches Merkmal seiner Persönlichkeit anzusehen sind.

.... Für dieses ihm sozusagen angeborene Merkmal sprechen Briefe und Äußerungen seit seiner Jugend. So dachte er auch daran, „einen Stoff oder eine Maschine schaffen zu können von so fürchterlich massenhaft verheerender Wirkung, daß dadurch Kriege überhaupt unmöglich werden".

1893 engagierte A.N. für sein Laboratorium in San Remo auch noch einen Sprengstoffchemiker. Es war der Schwede Ragnar Sohlman (1870 bis 1948), der eben erst von technischen Arbeiten in den USA nach Europa zurückgekehrt war. Dies sollte sich als äußerst bedeutungsvoll für die Zukunft erweisen. Der talentvolle, aufrechte und bescheidene Sohlman wurde später zum obersten Testamentsvollstrecker A.N.'s. So ist er einer von den Leuten, die es sich zur persönlichen Ehre anrechnen dürfen, daß dieses Testament, das der ganzen Menschheit zugute kommen sollte, erfüllt wurde.

1893 Die Universität Uppsala ernannte A.N. zum Ehrendoktor der Philosophie, und er war als solcher verpflichtet, eine Selbstbiographie einzusenden. Sie lautete: „Unterzeichneter ist am 21. Oktober 1833 geboren, hat sich seine Kenntnisse im Privatunterricht erworben, ohne eine höhere Schule durchzumachen; er hat sich besonders auf dem Gebiet der angewandten Chemie betätigt durch Ausarbeitung von Sprengstoffen, die unter den Namen Dynamit, Sprenggummi und rauchloses Pulver (Ballistit und C 89 genannt) bekannt sind. Ist seit 1884 Mitglied der Königlich Schwedischen Akademie der Wissenschaften, ferner Mitglied der Royal Institution in London und der Société des Ingenieurs in Paris. Ist seit 1880 Ritter des Nordstjärneordens. Hat den Offiziersrang der Ehrenlegion. Gedruckt herausgegeben nur ein Vortrag in englischer Sprache, der mit einer silbernen Medaille belohnt wurde." A.N.'s einzige und unumgängliche Selbstbiographie wurde so knapp wie möglich, weil er eine Abneigung gegen Biographien überhaupt hatte.

1894–1896: Seine geschäftliche Tätigkeit zwang A.N., sehr viel auf Reisen zu sein, und wenn er einige Zeit „daheim" war, war dieses „Heim" kaum etwas anderes als sein Laboratorium, wo er den ganzen Tag verbrachte, in Anspruch genommen von neuen Erfindungen, an denen sein Gehirn unaufhörlich arbeitete. 1865–1873 war dieses Heim in Krümmel, 1873–1890 in Paris und ab 1891 in San Remo in Italien. Aber im Jahre 1894 schaffte er sich noch ein anderes Heim an.
Er kaufte das Eisenwerk Bofors bei Karelskoga in Värmland und ließ sich den alten Herrensitz Björkborn einrichten, um dort einen Teil des Jahres, vorzüglich die Sommermonate zuzubringen, wogegen er aus klimatischen und gesundheitlichen Gründen im Winter San Remo vorzog.

. . . . Und nun erhob sich bei seinem Tod die Frage, wo war er wohnhaft gewesen: in Frankreich, in Italien oder in Schweden? Das Problem wurde so gelöst, daß Bofors als sein eigentlicher Wohnsitz angesehen wurde. Hinter dieser Auffassung steckte – ganz abgesehen von juristischen Gründen – eine ideelle und psychologische Wahrheit. A.N. hielt sich für einen Kosmopoliten, doch ohne daß er eigentlich selbst darüber nachgedacht hätte, war er im Grunde ein sehr guter Schwede, der trotz aller Weltbürgerschaft in der Erde seines Vaterlandes wurzelte und sich eben deshalb im Ausland heimatlos fühlte.
Erfinder sein war für ihn nicht Beruf, sondern unaufhörlich Berufung. So setzte er sich denn, im Gegensatz zu seinem Bruder Robert, trotz seiner angegriffenen Gesundheit auch in Schweden nicht zur Ruhe. Er betrieb den Ausbau der erworbenen Bofors-Werke und errichtete ein Laboratorium in Björkborn mit R. Sohlman als Vorsteher. Es war größer als das in San Remo und wurde so eingerichtet, daß man darin Versuchsarbeiten in halbindustriellem Maßstab ausführen konnte. A.N.'s letzte Erfindung auf pulvertechnischem Gebiete war das sogenannte progressive rauchschwache Pulver und auf vielen Experimenten, die Nobel zwischen 1894 und 1896 auf Grund seiner eigenen Ideen ausführte, basierten nach A.N.'s Zeit bedeutende Entdeckungen. Außerdem unterstützte A.N. in einer Reihe von Fällen als Geldgeber die Ausarbeitungen von Erfindungen. Wissenschaftliche Erkenntnisse aller Art zu fördern, um dadurch die kultivierte Menschheit vollkommener und glücklicher zu machen, war das große Ideal seiner letzten Lebensjahre und schien ihm unter allen Umständen Ermutigung zu verdienen. Er schrieb u.a.: „. . . und damit will ich auch der Sache des Friedens dienen, denn jede neue Entdeckung hinterläßt in den Gehirnen der Menschheit Spuren, die es ermöglichen, neue Gedanken auf kulturellem Gebiet aufzugreifen." Sein Testament verdeutlichte es.

1895–1896: Dritte schriftstellerische Kurzperiode: „The Patent Bacillus" (1895), unveröffentlichtes Manuskript, Skizzen zu einer englisch geschriebenen Komödie, in der sich A.N. über die Justiz und Bürokratie im allgemeinen und über den Cordit-Prozeß (1892–1895) im besonderen lustig macht. „Ein Opfer der Phantasie" (1895), unveröffentlichtes Dramen-Fragment, in dem bezeichnenderweise von einem Bankier „Goldmann" die Rede ist. „Nemesis" (März 1896), eine Tragödie in vier Akten, die er in Paris drucken ließ, von der aber nur drei Exemplare erhalten geblieben sind. A.N. an B.v.S.: „... während meiner Krankheit habe ich eine Tragödie geschrieben. Den Stoff habe ich der ergreifenden Geschichte von Beatrice Cenci entnommen, aber anders als es Shelley getan . . ."

1895 A.N. schrieb bereits unterm 3.3.1889 an einen Freund in Stockholm: „Würdest Du so gut sein, bei Gelegenheit einen schwedischen Advokaten zu ersuchen, mir ein passendes Muster für mein Testament aufzusetzen. Ich bin grauhaarig, innerlich abgeschabt und muß bedacht sein, Vorbereitungen für den Fall zu treffen, daß ich ausgekehrt werde." A.N.'s Herzbeschwerden und sonstige „Abschabungen" traten häufiger auf und seine testamentarischen Absichten beschäftigten ihn immer mehr; sie führten schließlich zu dem am 27.11.1895 in Paris unterzeichneten und bei einer Bank in Stockholm deponierten Testament, in dem A.N. ausdrücklich erklärt: „Dies Testament ist nunmehr das einzig gültige und hebt alle meine früheren testamentarischen Bestimmungen auf ..."

1896 A.N.'s letzter Brief lautete: „San Remo, den 7.12.1896. Herrn R. Sohlman, Bofors. Die gesandten Proben sind besonders schön. Das reine n/c-Pulver (Nitrocellulosepulver) kommt mir ausgezeichnet vor. Leider ist meine Gesundheit wieder so schlecht, daß ich mit Mühe einige Zeilen schreiben kann, aber ich komme, so bald ich kann, auf den Gegenstand, der uns interessiert, zurück. Freundschaftlich zugetan A. Nobel." Diesen Augenblick durfte er nicht mehr erleben. Schon einige Stunden darauf traf ihn ein Schlaganfall, und am 10. Dezember 1986 um 2 Uhr morgens starb er.

Einer seiner neuerworbenen Freunde, der junge Legationspastor in Paris und spätere Erzbischof von Schweden, Nathan Söderblom (1866–1931. – 1930: Friedens-Nobelpreis), fuhr nach San Remo, um dem Toten, in Gegenwart der ebenfalls herbeigeeilten beiden Neffen Emanuel und Hjalmar und auch Sohlmans, den letzten Gruß zu bringen. Dabei sagte er: „Es gehörte zweifellos zu dem seinem Leben zugemessenen Inhalt an Einsamkeit und Leiden, in den Augen der Leute zuviel als der reiche und merkwürdige Mann zu gelten und zu wenig als Mensch ... Sein Sinn gehörte nicht zu denen, die das Gold kalt macht oder der Erfolg verhärtet oder die Einsamkeit verbittert und verschließt. Er war gefühlvoll und warm bis zum Ende."
Von San Remo wurde seine Asche nach Schweden gebracht, und in der Storkyrka in Stockholm fand am 29. Dezember das feierliche Begräbnis statt. Seinen Ruheplatz fand er nach seinem Wunsch auf dem Nördlichen Kirchhof in dem Familiengrab, wo schon vor ihm seine Eltern und sein Bruder ruhten.

DAS TESTAMENT

Testament

Jag undertecknad Alfred Bernhard Nobel förklarar härmed efter moget betänkande min yttersta vilja i afseende å den egendom jag vid min död kan efterlemna vara följande:

Öfver hela min återstående realiserbara förmögenhet förfogas på följande sätt: Kapitalet, af utredningsmännen realiseradt till säkra värdepapper, skall utgöra en fond hvars ränta årligen utdelas som prisbelöning åt dem som under det förlupne året hafva gjort menskligheten den största nytta. Räntan delas i fem lika delar som tillfalla: en del den som inom fysikens område har gjort den vigtigaste upptäckt eller uppfinning; en del den som har gjort den vigtigaste kemiska upptäckt eller förbättring; en del den som har gjort den vigtigaste upptäckt inom fysiologiens eller medicinens domän; en del den som inom literaturen har producerat det utmärktaste i idealisk rigtning; och en del åt den som har verkat mest eller bäst för folkens förbrödrande och afskaffande eller minskning af stående armeer samt bildande och spridande af fredskongresser. Prisen för fysik och kemi utdelas af Svenska Vetenskapsakademien; för fysiologiska eller medicinska arbeten af Carolinska Institutet i Stockholm; för literatur af Akademien i Stockholm samt för fredsförfäktare af ett utskott af fem personer som väljas af Norska Stortinget. Det är min uttryckliga vilja att vid prisutdelningarne intet afseende fästes vid någon slags nationalitetstillhörighet sålunda att den värdigaste erhåller priset antingen han är Skandinav eller ej.

Detta testamente är hittills det enda giltiga och upphäfver alla mina föregående testamentariska bestämmelser om sådane skulle förefinnas efter min död.

Slutligen anordnar jag såsom varande min uttryckliga önskan och vilja att efter min död pulsådrorna uppskäras och att sedan detta skett och tydliga dödstecken af kompetenta läkare intygats liket förbrännas i så kalladt crematorium.

Paris den 27 November 1895

Alfred Bernhard Nobel

TESTAMENT
(Übersetzung)

„Ich, der Unterzeichnete, Alfred Bernhard Nobel, erkläre hiermit nach reiflicher Überlegung, daß mein letzter Wille hinsichtlich des Eigentums, das ich bei meinem Tode hinterlassen kann, folgender ist:

Über mein übriges (1), realisierbares Vermögen wird auf folgende Weise verfügt: Das Kapital, vom Testamentvollstrecker in sicheren Wertpapieren realisiert, soll einen Fonds bilden, dessen jährliche Zinsen als Preise denen zuerteilt werden, die im verflossenen Jahr der Menschheit den größten Nutzen gebracht haben. Die Zinsen werden in fünf gleiche Teile geteilt, von denen zufällt: ein Teil dem, der auf dem Gebiete der Physik die wichtigste Entdeckung oder Erfindung gemacht hat; ein Teil dem, der die wichtigste chemische Entdeckung oder Verbesserung gemacht hat; ein Teil dem, der wichtigste Entdeckung auf dem Gebiet der Physiologie oder Medizin gemacht hat; ein Teil dem, der in der Literatur das Ausgezeichnetste in idealistischer Richtung hervorgebracht hat; ein Teil dem, der am meisten oder besten für die Verbrüderung der Völker gewirkt hat, für die Abschaffung oder Verminderung der stehenden Heere sowie für die Bildung und Verbreitung von Friedenskongressen (2). Die Preise für Physik und Chemie werden von der Schwedischen Akademie der Wissenschaften verteilt; die für physiologische oder medizinische Arbeiten vom Karolinischen Institut in Stockholm, die für Literatur von der Akademie in Stockholm und die für Friedensvorkämpfer von einem Ausschuß von fünf Personen, die vom Norwegischen Storthing gewählt werden. Es ist mein ausdrücklicher Wille, daß bei der Preisverteilung keine Rücksicht auf die Zugehörigkeit zu irgendeiner Nation genommen wird, so daß der Würdigste den Preis erhält, ob er nun Skandinavier ist oder nicht.

Dies Testament ist nunmehr das einzig gültige und hebt alle meine früheren testamentarischen Bestimmungen auf, wenn sich solche nach meinem Tod vorfinden sollten.

Schließlich ordne ich als meinen ausdrücklichen Wunsch und Willen an, daß mir nach meinem Tod die Pulsadern geöffnet werden, und daß, nachdem dies geschehen und von kompetenten Ärzten deutliche Anzeichen des Todes festgestellt worden sind, meine Leiche in einem sogenannten Krematoriumofen verbrannt wird.

Paris, den 27. November 1895 Alfred Bernhard Nobel"

---

(1) Ein Ersteil war als Legat zugunsten von Verwandten und alten Freunden bestimmt.
(2) Seit 1969 wird außerdem der Nobel-Gedenkpreis für hervorragende Leistungen auf dem Gebiete der Wirtschaftswissenschaft verliehen. Er wird, von der Schwedischen Reichsbank anläßlich ihres 300jährigen Bestehens gestiftet, in der jeweiligen Höhe der anderen Preise durch die Schwedische Akademie der Wissenschaften vergeben.

1897 (Januar) **Eröffnung von A.N.'s Testament.**

Hierüber hatte A.N. vorsorglich folgendes bestimmt: „Zur Vollstreckung dieser meiner testamentarischen Verfügung bestimme ich Herrn Ragnar Sohlman und Herrn Rudolf Lilljequist." Beide Testamentvollstrecker waren auf juristischem Gebiet völlig unbewandert, so daß ein Fachmann hinzugezogen werden mußte. Sie fanden ihn in Carl Lindhagen (1860–1945), dem späteren Oberbürgermeister von Stockholm. Die Realisierung aller Nobelschen Vermögenswerte, Erbstreitigkeiten, Ausführung der nicht eindeutigen testamentarischen Bestimmungen und anderes mehr ergaben für die Testamentvollstrecker eine erdrückende Fülle an Arbeit, die viel Geschick und langjährige Geduld erforderte.

1898–1900: Eine wesentliche Hilfe für die Testamentvollstrecker ergab sich, als bei einer Zusammenkunft mit Dr. Emanuel Nobel, dem Sohn von Ludwig Nobel, am 11.2.1898 protokolliert werden konnte: „Herr Nobel erklärte, daß er die im Testament seines Onkels ausgesprochenen Absichten und Wünsche respektieren wolle. Er wolle daher an dem Testament nichts aussetzen. Um die hochsinnigen Absichten des Testators zu verwirklichen, seien jedoch zweifellos Änderungen und Zusatzbestimmungen erforderlich . . ."

Nach wiederholten Verhandlungen zwischen den klageführenden Erben und den Testamentvollstreckern wurden am 29.5. und 5.6.1898 Vergleiche geschlossen, worauf erstere das Testament ebenfalls anerkannten.

Nun konnten die endgültigen Beratungen über die Gründungsstatuten der Nobelstiftung stattfinden. Diese wurden in einem Komitee geführt, das aus den Vertretern der zur Verteilung der Preise eingesetzten Institutionen und der Nobelfamilien sowie aus den Testamentvollstreckern bestand. Die Beratungen des Komitees in den Jahren 1898 und 1899 erbrachten den „Vorschlag für die Gründungsstatuten der Nobelstiftung", der von der Regierung in Stockholm am 23.6.1900 genehmigt wurde. Eine Gesamtdarstellung der Testamentvollstreckung hat R. Sohlman in seinem 1950 posthum erschienenen Buch „Ett testamente" gegeben.

1901 Fünf Jahre nach A.N.'s Tod und hundert nach dem Geburtsjahr seines Vaters erfolgte am 10.12.1901, dem Todestag A.N.'s, die erste Verleihung der Nobelpreise:

Physik: W. C. Röntgen (1845–1923) / Deutschland
für die Entdeckung der Röntgenstrahlen

Chemie: J. H. van 't Hoff (1852–1911) / Niederlande
für die Entdeckung der Gesetze chemischer Dynamik und osmotischen Druckes

Medizin: E. A. von Behring (1854–1917) / Deutschland
für seine Arbeit über Serumtherapie, besonders bei der Anwendung gegen Diphtherie

Literatur: Sully Prudhomme (1839–1907) / Frankreich
für seine Dichtungen, die eine seltene Vereinigung von Herz und Geist bezeugen

Frieden: Henri Dunant (1828–1910) / Schweiz
als Gründer des Roten Kreuzes

Frédéric Passy (1822–1912) / Frankreich
als Gründer der ersten Friedensgesellschaft in Frankreich

DIE TESTAMENT-ERFÜLLUNG

Die Gründungsstatuten der Nobelstiftung, die die schwedische Regierung am 29.6.1900 genehmigte, sind eigentlich nichts anderes als die Ausführungsbestimmungen zu Nobels Testament, soweit dies die Stiftung betrifft. Ähnlich wie die Statuten der Stiftung eine Ergänzung des Nobel-Testaments darstellen, sind die Sondersatzungen der preisverleihenden Körperschaften, eine solche der Stiftungsstatuten. Sie wurden wie diese ebenfalls am 29.6.1900 vom König unterzeichnet, während die der Verleihung des Friedens-Nobelpreises dienende Sondersatzung vom Norwegischen Parlament am 5.11.1897 genehmigt wurde. Alle diese Satzungen regeln die Modalitäten der Nobelpreis-Verleihungen, die Verwaltung des Spezialfonds und die Organisation der Nobel-Institute.

Die Körperschaften, die gemäß den Statuten der Nobelstiftung gebildet wurden, sind folgende:

1. Die eigentliche Nobelstiftung selbst mit ihren Bevollmächtigten der Preisverteiler und ihrem Verwaltungsrat.
2. Die vier preisverteilenden Körperschaften:
   (1) Die Königliche Akademie der Wissenschaften für Physik, Chemie und (seit 1969) Wirtschaftswissenschaft.
   (2) Das Königlich Karolinische Medico-Chirurgische Institut für Physiologie oder Medizin.
   (3) Die Schwedische Akademie für Literatur.
   (4) Das Nobel-Komitee des norwegischen Parlaments (Storting) für den Friedenspreis.
3. Sechs Nobel-Komitees für je ein Preisgebiet.
4. Vier Nobel-Institute für jede preisverteilende Körperschaft. (Die Nobel-Institute hatten ursprünglich die Aufgabe, den preisverteilenden Körperschaften bei den Nachforschungen behilflich zu sein, die vor der Preisverteilung erforderlich sind. Sie entwickelten sich jedoch zu wertvollen wisschaftlichen Forschungsstationen innerhalb der Physik, Chemie, Medizin und Wirtschaftswissenschaft, sowie zu Bibliotheken für Literatur in Stockholm und Friedensfragen in Oslo.

Die Vorschläge der Preiskandidaten müssen schriftlich durch qualifizierte Personen, die in den Nobelstatuten genau nominiert sind, bis zum 1. Februar jeden Jahres eingebracht werden. Sie sind den folgenden sechs Nobel-Komitees einzureichen, die als vorbereitende und beratende Instanzen für die entsprechenden preisverteilenden Körperschaften fungieren:

1. Nobel-Komitee für Physik in Stockholm.
2. Nobel-Komitee für Chemie in Stockholm.
3. Nobel-Komitee des Karolinischen Institutes für Physiologie oder Medizin Stockholm.
4. Nobel-Komitee der Schwedischen Akademie für Literatur in Stockholm.
5. Norwegisches Nobel-Komitee für Frieden in Oslo.
6. Preis-Komitee für Wirtschaftswissenschaft bei der Königlich Schwedischen Akademie der Wissenschaften in Stockholm.

Die Nobelpreise werden jedes Jahr am 10. Dezember, dem Todestag Alfred Nobels, vergeben. Verständlicherweise kommt neben der Verleihung des Friedens-Nobelpreises in Oslo der Verleihung der übrigen fünf Nobelpreise in Stockholm die zentralere Bedeutung zu. In einem großen feierlichen Festakt werden die Preisträger in Gegenwart der königlichen Familie, der Regierungsmitglieder, des Diplomatischen Korps, bereits gewählter Nobelpreisträger, von Persönlichkeiten der Wissenschaft, Kunst und Literatur und anderer besonders geladener Gäste geehrt. Aus der Hand des Königs erhalten sie die Verleihungsurkunde, die goldene Nobel-Medaille und die Anweisung über die Preissumme, die 1982 für jeden der sechs Preise mit ca. 390.000 DM dotiert war. Die sich damit ergebende Gesamtsumme der fünf Preise (den Nobel-Gedenkpreis für Wirtschaftswissenschaft als sechsten Preis stiftet jeweils die Schwedische Reichsbank) mit ca. 1.950.000 DM resultiert zusammen mit all den erheblichen Verwaltungskosten der Nobelstiftung aus dem Zinsertrag des in sicheren Werten angelegten Stiftungs-Kapitals.

Bei der Verleihungsfeierlichkeit am Nachmittag und dem am Abend sich anschließenden großen Bankett sind etwa 1000 geladene Gäste vereinigt. Für Schweden ist dieses alljährliche Nobelfest ein Nationalfeiertag, eingedenk dessen, daß einer seiner größten Söhne durch sein Testament zur Ehre und zum Ruhm seines Landes beigetragen hat, beigetragen auch zu einer geschichtlichen Sendung Schwedens im Sinne beispielhafter Friedensbemühungen und einer größeren Menschlichkeit kommender Zeiten.

Jede neue Entdeckung setzt im Gehirn des Menschen Keime, die es möglich machen, daß die Zahl großer Geister in den kommenden Generationen immer größer wird, die fähig sind, umfassende wissenschaftliche Begriffe zu bewältigen. *(Alfred Nobel)*

DIE NOBELPREISTRÄGER

Nobelpreisträger für Physik

Das Recht, Vorschläge zu unterbreiten für die Verleihung der Preise, basierend auf dem Prinzip der Kompetenz und der Vielseitigkeit, sollen für Physik, den Statuten der Nobelstiftung gemäß, die Folgenden in Anspruch nehmen können:

1. Schwedische und ausländische Mitglieder der Königlichen Akademie der Wissenschaften.
2. Mitglieder des Nobel-Komitees für Physik.
3. Nobelpreisträger für Physik.
4. Ständige und aktive Professoren der Physik an den Universtiäten und Instituten für Technologie in Schweden, Dänemark, Finnland, Island und Norwegen und am Karolinischen Institut in Stockholm.
5. Inhaber entsprechender Lehrstühle an wenigstens sechs Universitäten oder Universitäts-Colleges, ausgewählt durch die Akademie der Wissenschaften im Hinblick darauf, eine angemessene Verteilung zwischen verschiedenen Ländern und den Lehrstühlen zu gewährleisten.
6. Andere Wissenschaftler, die die Akademie für qualifiziert hält, Vorschläge einzubringen.

Die Vorschläge sind jeweils bei dem auf Seite 39 genannten entsprechenden Nobel-Komitee einzureichen.

1901 **Röntgen, Wilhelm Conrad** (1845–1923) / Deutschland
„als Anerkennung des außerordentlichen Verdienstes, das er sich durch die Entdeckung der nach ihm benannten Strahlen erworben hat".

Röntgen, obgleich ein vielseitiger Forscher, wurde insbesondere durch seine 1895 erfolgte Entdeckung der Röntgenstrahlen weltberühmt. Er selbst nannte sie X-Strahlen, während man sehr bald von Röntgenstrahlen sprach, ein Terminus, der auch von der Nobelstiftung übernommen wurde, und der zum unveränderlichen Bestandteil des wissenschaftlichen Wortschatzes gehört. Die Bedeutung der Röntgenstrahlen beruht darauf, daß sie u.a. für das Muskelgewebe der menschlichen Organismen durchdringlich sind, während ein in ihm befindlicher Fremdkörper, weil undurchdringlich, auf der Photoplatte als Schatten erscheint. Damit ergeben sich für die ärztliche Behandlung eines Durchleuchteten wichtige Befunde.

1902 **Lorentz, Hendrik Antoon** (1853–1928) / Niederlande
Zeeman, Pieter (1865–1943) / Niederlande
„als Anerkennung des außerordentlichen Verdienstes, das sie sich durch ihre Untersuchungen über den Einfluß des Magnetismus auf die Strahlungsphänomene erworben haben".

Lorentz gelang es, die Maxwell'sche Theorie der elektromagnetischen Erscheinungen weiter zu entwickeln, und zwar durch seine Auffassung von den elektrisch geladenen Teilchen (Elektronen), die, kleiner als die Atome, deren Bestandteile bilden. Gleichzeitig gelang es Zeeman, bei seinen Untersuchungen über die Beziehungen zwischen Magnetismus und Lichtstrahlung, 1896 die Aufspaltung der Spektrallinien in einem Magnetfeld nachzuweisen.

1903 **Becquerel, Antoine Henri** (1852–1908) / Frankreich
„als Anerkennung des außerordentlichen Verdienstes, das er sich durch die Entdeckung der spontanen Radioaktivität erworben hat".

Curie, Pierre (1859–1906) / Frankreich
Curie, Marie, geb. Sklodowska (1867–1934) / Frankreich
„als Anerkennung des außerordentlichen Verdienstes, das sie sich durch ihre gemeinsamen Arbeiten über die von H. Becquerel entdeckten Strahlungsphänomene erworben haben".

Unter dem Titel „Entdeckung der Radioaktivität und der vom Uran ausgesandten Strahlen" beschrieb Henri Becquerel seine das Atomzeitalter einleitende Entdeckung, die ihm im Jahre 1986 gelang. Trotz gewisser

Ähnlichkeiten mit den Röntgenstrahlen handelt es sich um eine neue Energiequelle. Die von Becquerel entdeckte Radioaktivität wurde später von dem Ehepaar Curie weiter erforscht und führte zur Entdeckung des „Polonium“ und „Radium“, deren Strahlung beträchtlich stärker als die des Uraniums war.

1904 **Rayleigh, Lord** (1842–1919) / Großbritannien
„für seine Untersuchungen über die Dichte der wichtigsten Gase und seine im Zusammenhang damit gemachte Entdeckung des Argons“.

Rayleigh's hauptsächliche Untersuchungen galten der vor ihm noch wenig erforschten Dichte der Gase und führten, gemeinsam mit W. Ramsay (NP/Ch 1904), zur Entdeckung des Argons, eines bisher unbekannten mit Stickstoff vermischten Edelgases. Seine Forschungen insgesamt erweiterten in beachtlichem Maße unsere Kenntnisse über den Zustand der Materie.

1905 **Lenard, Philipp Eduard Anton von** (1862–1947) / Deutschland
„für seine Arbeiten über die Kathodenstrahlen“.

Die 1858 von dem Physiker Plücker (1801–1868) entdeckten Kathodenstrahlen, bei denen unter bestimmten Umständen freie, nicht mehr an das Atom gebundene Elektronen entstehen, bildeten das Hauptarbeitsfeld Lenard's. Er untersuchte die magnetische Ablenkung der Kathodenstrahlen und ihre elektrostatischen Eigenschaften. Seine Forschungen bildeten u.a. eine Grundlage für Funktechnik und Übermikroskopie.

1906 **Thomson, Joseph John** (1856–1940) / Großbritannien
„als Anerkennung des großen Verdienstes, das er sich durch seine theoretischen und experimentellen Untersuchungen über den Durchgang der Elektrizität durch Gase erworben hat“.

Die Leistung Thomson's besteht in der Aufklärung der Natur der Kathodenstrahlen, die er als Ströme freier Elektronen nachwies. Seine Untersuchungen über die Entladung der Elektrizität in Gasen und über die chemische Analyse mit Hilfe von positiv-elektrischen Strahlen hatten epochemachende Bedeutung. In der Laudatio wurde u.a. besonders hervorgehoben, daß Thomson einen Weg fand, um die Elektrizitätsmenge zu berechnen, die von jedem Atom mitgeführt wird, und daß die Zahl der Moleküle in einem Kubikzentimenter berechnet werden könne. Das sei vielleicht die fundamentalste Naturkonstante in der materiellen Welt.

1907 **Michelson, Albert Abraham** (1852–1931) / USA
„für seine optischen Präzisionsinstrumente und seine damit ausgeführten spektroskopischen und metrologischen Untersuchungen".

Michelson's erste größere wissenschaftliche Arbeit galt der genauen Messung der Lichtgeschwindigkeit. Bereits 1878 konnte er die Lichtgeschwindigkeit auf 299.910 km pro Sekunde festlegen, mit einer Toleranz von 60 km. 1881 stellte er den sog. Michelsonversuch an, der die Unabhängigkeit der Lichtgeschwindigkeit von der Erdbewegung bewies, was auch in Einstein's Relativitätstheorie eine gewisse Rolle spielt. Später, 1925–27, bei ständiger Verbesserung der Methoden, konnte er die Lichtgeschwindigkeit so genau bestimmen, daß für mögliche Fehler nur mehr ein Spielraum von etwa 1/100.000 übrig blieb. Von größter Bedeutung für die Astronomie wurde eine 1923 von Michelson entwickelte Methode, die unter genialer Ausnützung optischer Interferenzerscheinungen (Interferenz = Überlagerung mehrerer Wellen im gleichen Raumbereich) eine absolute Bestimmung des Durchmessers von Fixsternen ermöglicht.

1908 **Lippmann, Gabriel** (1845–1921) / Frankreich
„für seine auf dem Interferenzphänomen begründete Methode, Farben photographisch wiederzugeben".

Das Nobelkomitee sah Lippmann's Hauptverdienst in der von ihm 1891 erfundenen Farbphotographie, ohne daß damit übersehen werden kann, daß man ihm auch zahlreiche andere Arbeit auf verschiedenen Gebieten der Physik und Chemie verdankt. Zur Entdeckung der Farbphotographie kam Lippmann durch ein nach ihm benanntes Verfahren, das auf dem Interferenzphänomen (über Interferenz siehe 1907/Michelson) beruht. Die Lippmann'sche Methode, sinnreich und eindrucksvoll zu ihrer Zeit, ist von dem heutigen Farbphotographieverfahren völlig verschieden, ohne daß damit L.'s Verdienste jemals abgewertet würden.

1909 **Marconi, Guglielmo** (1874–1937) / Italien
Braun, Ferdinand (1850–1918) / Deutschland
„als Anerkennung ihrer Verdienste um die Entwicklung der drahtlosen Telegraphie".

Marconi entwickelte mit den von H. Hertz (1857–1894) nachgewiesenen elektromagnetischen Schwingungen die drahtlose Telegraphie. 1899 richtete er, über den Ärmelkanal hinweg, die drahtlose Verbindung zwischen England und Frankreich ein. 1901 gelang ihm dann die drahtlose Verbindung über den Atlantischen Ozean hinweg, und das über eine

Entferung von 3100 km. Wesentliche Erfindungsgedanken waren: der abgestimmte Schwingungskreis und die abgestimmte, gekoppelte Antenne. – Braun entdeckte 1874 den Gleichrichter-Effekt (Gleichrichter = läßt den Strom in einer Richtung durch, in der anderen sperrt er ihn) bei den Halbleitern (Halbleiter = Stoff mit hohem spezifischen elektrischen Widerstand, der mit abnehmender Temperatur zunimmt). Dies war die Voraussetzung für die allerdings erst später einsetzende Entwicklung von Transistoren. Braun's wichtigste Leistung war die Erfindung der Braun'schen Röhre, eine Elektronenröhre zum Sichtbarmachen schneller elektrischer Schwingungen auf einem Schirmbild. Sie wurde zur Voraussetzung für das gesamte Fernsehen.

1910 **Van der Waals, Johannes Diderik** (1837–1923) / Niederlande
„für seine Arbeiten über die Zustandsgleichung der Gase und Flüssigkeiten".

Als van der Waals 1873 seine preisgekrönte Zustandsgleichung realer Gase aufstellte, die (als eine einheitlich für Flüssigkeiten und Gase gültige) Druck, Volumen und Temperatur miteinander verknüpft, war ein weiterer großer Fortschritt auf dem Gebiete des Druck- und Temperaturverhaltens der Gase erzielt. Von v.d.W.'s sonstigen Forschungsarbeiten sind zwei als besonders wichtig hervorzuheben: „Molekulartheorie einer Substanz, die aus zwei verschiedenen Arten von Materie zusammengesetzt ist" (1880) und „Die thermodynamische Theorie der Kapillarität" (1890). (Kapillarität = das Verhalten von Flüssigkeiten in engen Röhren).

1911 **Wien, Wilhelm** (1864–1928) / Deutschland
„für seine Entdeckungen betreffend die Gesetze der Wärmestrahlung".

Wien arbeitete ab 1890, seit dem Wegfall einschränkender familiärer Verpflichtungen, besonders intensiv an theoretischen wie experimentellen Untersuchungen über die Gesetze der Wärmestrahlung und an Versuchen zur Messung hoher und tiefer Temperaturen. Sein 1893 gefundenes Verschiebungsgesetz war ein Höhepunkt seiner Forschertätigkeit. Es besagt, daß sich das Intensitätsmaximum der von einem schwarzen Körper ausgesandten Temperaturstrahlen mit steigender Temperatur zu immer kürzeren Wellenlängen verschiebt. Sein Versuch von 1896, die spektrale Energieverteilung der schwarzen Strahlung auszurechnen, gelang ihm nicht, was dann aber 1900 Planck (NP/Ph 1918) gelungen ist.

1912 **Dalén, Gustav** (1869–1937) / Schweden
„für seine Erfindung selbstwirkender Regulatoren, die in Kombination mit Gasakkumulatoren zur Beleuchtung von Leuchttürmen und Leuchtbojen verwendet werden".

Unter den zahlreichen Erfindungen Dalén's sind zwei besonders hervorzuheben, die viele Menschen vor tödlichen Gefahren bewahrten. Er erfand 1901 einen pneumatischen Akkumulator (Druckgassammler) für Azetylen unter Verwendung einer porösen Füllmasse, die mit einem Stoff getränkt ist, der verflüssigend wirkt und dadurch Explosionen verhütet. 1906 erfand er das für die Beleuchtung von Leuchttürmen und Leuchtbojen verwendete Dalén-Blinklicht, bei dem durch abwechselndes selbstwirkendes Öffnen und Schließen der Gaszufuhr zum Brenner Lichtblitze (1/10 Sek. hell, 9/10 Sek. dunkel) erzeugt werden.

1913 **Kamerlingh-Onnes, Heike** (1853–1926) / Niederlande
„aus Anlaß seiner Untersuchungen über die Eigenschaften von Körpern bei niedrigen Temperaturen, die unter anderem zur Darstellung von flüssigem Helium führten".

Die von Kamerlingh-Onnes intensiv verfolgten Versuche und selbst unternommenen Anfangs-Untersuchungen über die Verflüssigung der Gase bei tiefen Temperaturen, brachten ihn zu dem Entschluß, in Leiden ein eigenes Kälte-Laboratorium (kryogenes L.) einzurichten, das zu internationalem Ruf gelangte. 1907 konnte K.-O. die Zustandsgleichung der Gase bei tiefer kritischer Temperatur angeben. 1908 gelang ihm die Darstellung des flüssigen Heliums, der in den folgenden Jahren bedeutsame Forschungen mit Helium folgten. 1911 fand K.-O. nahe dem absoluten Nullpunkt (-273°C) die Supraleitfähigkeit des Quecksilbers, Bleis und anderer Metalle. Hierbei handelt es sich darum, daß in einem auf sehr tiefe Temperaturen abgekühlten Metall die elektrische Stromleitung widerstandslos erfolgt.

1914 **Laue, Max von** (1879–1960) / Deutschland
„für seine Entdeckung der Beugung von Röntgenstrahlen beim Durchgang durch Kristalle".

Bis M. v. Laue wissenschaftlich zu arbeiten begann, bestand unter den Physikern wenig Hoffnung, die Wellenlänge der Röntgenstrahlen jemals messen zu können, weil die Herstellung genügend feiner hierzu erforderlicher Gitter technisch undurchführbar erschien. Es war 1912 L.'s Idee, diejenigen feinen Gitter zu benutzen, die die Natur selbst in den Kristallen anbot. M.v.L.'s wissenschaftlicher Verdienst, der ihn berühmt machte, beruht deshalb vor allem darauf, daß er an den Kristallen Beugungserscheinungen der Röntgenstrahlen nachwies und die exakte Bestimmung der Wellenlänge der Röntgenstrahlen erreichte. – Bald nach Einsteins Publikation über die spezielle Relativitätstheorie beschäftigte sich L. intensiv mit dieser und schrieb die erste zusammenfassende Darstellung darüber (1911), die in vielen Auflagen erschien, ins Französische übersetzt und 1921 in zwei Bänden umgearbeitet wurde.

1915 **Bragg, William Henry** (1862–1942) / Großbritannien
Bragg, William Lawrence (1890–1971) / Großbritannien
„für ihre Verdienste um die Erforschung der Kristallstrukturen mittels Röntgenstrahlen".

W. H. Bragg's Interesse galt zunächst der neuen Elektronenforschung, festgehalten in den „Studies in Radio-Activity". Aber sogleich nach dem Bekanntwerden von Laue's epochemachender Entdeckung über die Beugungserscheinungen der Röntgenstrahlen an Kristallen, begann er diese zusammen mit seinem Sohn W. L. Bragg sorgfältig zu untersuchen. Sie entwickelten die sogenannte „Drehkristallmethode", die nicht nur die Messung der Wellenlänge der Röntgenstrahlen ermöglichte, sondern auch neue Erkenntnisse über den Aufbau der Kristalle brachte. Mit ihren Forschungsergebnissen den Grundstein für die Weiterentwicklung der Röntgenstrukturanalyse der Kristalle gelegt und der modernen Mineralogie ein wertvolles Hilfsmittel in die Hand gegeben zu haben, ist ihr großes Verdienst.

1916 (nicht verliehen)

1917 (verliehen 1918)
Barkla, Charles Glover (1877–1944) / Großbritannien
„für seine Entdeckung der charakteristischen Röntgenstrahlung der Elemente".

Barkla studierte zunächst die Fortpflanzungsgeschwindigkeit in Drähten und schrieb 1901 darüber. 1905 entdeckte er die sogenannte „Eigenstrahlung" der Elemente. Er fand heraus, daß von Röntgenstrahlen getroffene Metalle in der von ihnen sodann ausgehenden, sogenannten sekundären Röntgenstrahlung, Strahlung von ganz bestimmter Härte enthalten, die mit wachsendem Atomgewicht zunimmt, so daß diese „Eigenstrahlen" für die versch. chemischen Grundstoffe nicht weniger charakteristisch sind als deren optische Spektren.

1918 (verliehen 1919)
Planck, Max (1858–1947) / Deutschland
„als Anerkennung des Verdienstes, das er sich durch seine Quantentheorie um die Entwicklung der Physik erworben hat".

Planck gelangte 1900 bei seinen hauptsächlich betriebenen Untersuchungen der Strahlungsvorgänge zur Aufstellung einer Formel für die Temperaturstrahlung des absolut schwarzen Körpers, die den Zugang zu seiner berühmten „Quantentheorie" geliefert hat, der Theorie des physikalischen Verhaltens mikrophysikalischer Gebilde (Atome, Moleküle, Elementarteilchen). Die theoretische Begründung jener Formel führte auf die Vorstellung, daß die Atome Strahlungsenergie nicht stetig in jeder beliebigen Größe, sondern nur stoßweise in bestimmten Quanten (Energieelementen) aussenden oder aufnehmen. Max Planck's Quantentheorie stellte sich als eine universelle Naturkonstante für alle atomaren Vorgänge heraus; auf ihr basierten bald die Theorien und Entwicklungen einer ganzen Reihe von Physikern von Einstein bis Heisenberg.

1919 **Stark, Johannes** (1874–1957) / Deutschland
„für seine Entdeckung des Doppler-Effekts bei Kanalstrahlen und der Zerlegung der Spektrallinien im elektrischen Feld".

Stark ist einer der hervorragendsten Experimentalphysiker seiner Zeit. Ihm gelang 1905 der Nachweis des Doppler-Effekts an Kanalstrahlen. 1913 entdeckte er den nach ihm benannten Stark-Effekt, d.i. die Aufspaltung von Spektrallinien durch ein elektrisches Feld. Der Stark-Effekt erwies sich als eine der glänzendsten Bestätigungen der modernen Quantentheorie des Atoms. Beide Entdeckungen haben seinen Namen berühmt gemacht und die Nobelpreis-Verleihung speziell begründet. Das umfassende Forschungsgebiet des Laureaten dokumentiert sich in seinen Publikationen wie „Elektrizität in Gasen", „Die elektrischen Quanten", „Die elementare Strahlung", „Elektrische Spektralanalyse chemischer Atome" und „Die Elektrizität im chemischen Atom".

1920 **Guillaume, Charles Edouard** (1861–1938) / Frankreich
„als Anerkennung des Verdienstes, das er sich durch die Entdeckung der Anomalien bei Nickelstahllegierungen und die Präzisionsmessungen in der Physik erworben hat".

Guillaume entdeckte in jahrelanger Entwicklungsarbeit eine Stahl-Nickel-Legierung von äußerst geringer Wärmeausdehnung, die den Namen Invar erhielt. Auch lernte er, noch störende Alterungserscheinungen dieser Metalle technisch beherrschen, so daß seine Stahl-Nickel-

Legierungen für sehr lange Zeit völlig unverändert bleiben. Guillaume erwarb sich durch die Entwicklung dieser neuen, für die Feinmeß- und Uhrentechnik als ideal anzusprechenden Werkstoffe, große Verdienste. In Anerkennung dieser Verdienste wurde er 1915 Direktor des Internationalen Büros für Maße und Gewichte. Dieses in Paris gegründete „Bureau International des Poids et Mesures" hat die Aufgabe, das metrische System der Maße und Gewichte zu überwachen und seine Einheiten fortzubilden.

1921 (verliehen 1922)
Einstein, Albert (1879–1955) / Deutschland
„für seine Verdienste um die theoretische Physik, besonders für seine Entdeckung des Gesetzes des photoelektrischen Effekts".

Obgleich es in der Laudatio u.a. heißt: „Am meisten besprochen ist seine Relativitätstheorie" – wird diese R. in der Nobelpreisbegründung nicht extra benannt. Die Begründung hebt lediglich „besonders seine Entdeckung des Gesetzes des photoelektrischen Effekts" hervor, was aber nur als eine der beiden größten Leistungen E.'s anzusprechen ist. Mit jenem Gesetz wurde, wie es im Schlußsatz der Laudatio heißt, die Max Plancksche „Quantentheorie in hohem Grade vollendet. Einsteins Gesetz ist die Grundlage der quantitativen Photochemie geworden". Ohne diesen Verdienst zu schmälern – der Relativitätstheorie jedoch verdankt E. seinen Weltruhm. Für diese R. lassen sich vier Stufen feststellen. 1905: Die spezielle R. mit der neuen Auffassung des Wesens von Raum und Zeit und daß Masse und Energie identisch sind. 1915: Die allgemeine R., die eine neue Auffassung über das Wesen der Gravitation (Schwerkraft, Anziehungskraft) brachte. 1917: Abermals erweiterte R. mit der Folgerung, daß unser Weltall ein endliches Volumen und eine endliche Masse haben müsse. 1929: Einstein gibt seiner R. eine besonders allgemeine Fassung, die die Theorie der Elektrizität und der Gravitation zu einer einheitlichen Feldtheorie verschmilzt. Über seine wissenschaftlichen Verdienste hinaus trat E. leidenschaftlich für alle der Völkerversöhnung und Friedensbewegung dienenden Bestrebungen ein.

1922 **Bohr, Niels** (1885–1962) / Dänemark
„für seine Verdienste um die Erforschung der Struktur der Atome und der von ihnen ausgehenden Strahlung".

Bohr schuf 1913 durch Verbindung der Quantentheorie von Planck (NP/Ch 1918) mit dem Atommodell Rutherfords (NP/Ch 1908) die Grundlage der modernen Atomtheorie. Aufgrund der Vorstellung, daß in den Atomen die Elektronen nur solche Bahnen beschreiben können, die bestimmten Quantenbeziehungen genügen, gelangte Bohr zu einer richtigen Deutung des Wasserstoffspektrums. Das beseitigte alle Zweifel an der Zulässigkeit der Quantenvorstellungen im atomaren Bereich. Durch diese wissenschaftlichen Ergebnisse wurde der Name Bohr weltberühmt. Von seinen weiteren Forschungsergebnissen ist besonders das Korrespondenzprinzip als das von B. erkannte grundlegende Prinzip der Quantentheorie hervorzuheben, nach dem die Gesetze der Quantentheorie für große Quantenzahlen in die Gesetze der klassischen Physik übergehen.

1923 **Millikan, Robert Andrews** (1868–1953) / USA
„für seine Arbeiten über die elektrische Elementarladung sowie den photoelektrischen Effekt".

R.A. Millikan wurde dadurch berühmt, daß es ihm 1909 erstmals gelang, mit der von ihm entwickelten Öltröpfchenmethode (der Verlangsamung oder Beschleunigung des Falls eines mikroskopischen Tropfens unter dem Einfluß der Elektrizität) die Größe des elektrischen Elementarquantums, der elementaren Einheit der Elektrizitätsmenge, trotz ihrer ungeheuren Kleinheit, mit einer Genauigkeit von 1/1000 zu bestimmen. Weitere Untersuchungen betrafen den photoelektrischen Effekt und ermöglichten ihm eine äußerst genaue Bestimmung des elementaren Wirkungsquantums. Die große Bedeutung von Millikan's Forschertätigkeit wurde zusammenfassend am Schluß der Laudatio ausgesprochen: „... wenn diese Untersuchungen von Millikan ein anderes Resultat ergeben hätten, das Gesetz von Einstein wäre ohne Wert und die Theorie von Bohr ohne Stütze".

1924 (verliehen 1925)
Siegbahn, Karl Manne Georg (1886–1978) / Schweden
„für seine röntgenspektroskopischen Entdeckungen und Forschungen".

Siegbahn arbeitete ab 1914 speziell an der Erforschung der Röntgenstrahlen mittels zu diesem Zweck geschaffener Instrumente. Er entdeckte eine große Anzahl neuer Serien innerhalb der charakteristischen Röntgenstrahlung der Elemente und konnte auch die Art ihrer Absorption (Abnahme der Intensität einer Strahlung, z.B. Licht, beim Durchgang durch Materie) bestimmen. Das Absorptionsspektrum der Röntgenstrahlen erlaubte es, quantitative Daten zur Struktur der Elektronenwolken der Atome und über die Gesetze zu erhalten, die die Änderungen der Energiezustände, die der Aussendung der Strahlen zugrunde liegen, regeln. Im Jahre 1924 war es Siegbahn und seinen Mitarbeitern erstmals gelungen, die Brechung der Röntgenstrahlen in einem Prisma nachzuweisen. In der Laudatio wurden vor allem S.'s Meßmethoden gerühmt, die in ihrer großen Exaktheit einen bisher nicht erfüllten Traum der Physiker verwirklicht haben und für die Zukunft von Bedeutung bleiben werden.

1925 (verliehen 1926)
Franck, James (1882–1964) / Deutschland
Hertz, Gustav (1887–1975) / Deutschland
„für ihre Entdeckung der Gesetze, die bei dem Zusammenstoß eines Elektrons mit einem Atom herrschen".

Der Begriff „Elektronenstoß" bringt J. Franck's und G. Hertz' gemeinsame Hauptleistungen am einfachsten zum Ausdruck; entsprechend ist auch die Nobelpreisbegründung formuliert. Im Verlauf ihrer Untersuchungen über den Einfluß von Elektronenstößen auf Atome und Moleküle bestätigen sie einige Grundvorstellungen von Bohr's (NP/Ph 1922) Atomtheorie. Das Studium der „Elektronenstöße" geht zwar auf bahnbrechende Versuche von Lenard's (NP/Ph 1905) zurück, „aber Franck und Hertz haben", der Laudatio zufolge, „Lenard's Methode so ausgebildet und verfeinert, daß sie zu einem Werkzeug für die Erforschung der Struktur der Atome, Ionen, Moleküle und Molekülgruppen geworden ist ... Sie haben auf einem Gebiet, das ununterbrochen von dem Sturzsee der Hypothesen überspült wird, einen festen Punkt, einen sicheren Boden für die zukünftige Forschung geschaffen."

1926 **Perrin, Jean Baptiste** (1870–1942) / Frankreich
„für seine Arbeiten über die diskontinuierliche Struktur der Materie, besonders für seine Entdeckung des Sedimentationsgleichgewichts".

J. Perrin beschäftigte sich eingehend mit der Theorie der Brown'schen Bewegung, einer eigentümlich zitternden Bewegung, die sehr kleine in einer Flüssigkeit aufgeschwemmte Teilchen (Suspensionen) ausführen. Diese Bewegung beruht darauf, daß die Wärmebewegung der diese Teilchen umgebenden Flüssigkeitsmoleküle fortwährend unregelmäßige Stöße auf dieselben abgibt. Die Entdeckung, die Perrin vor allem berühmt gemacht hat, war, daß sich in jenen Suspensionen unter dem doppelten Einfluß der Schwere und molekularen Bewegung derart ein Sedimentationsgleichgewicht (Sedimentation = das Absetzen von in einer Flüssigkeit schwebenden Teilchen infolge der Schwerkraft) einstellt, daß aus der Höhenverteilung der Dichte die wirkliche Größe der Atome berechnet werden konnte. – Unter P.'s Publikationen ist „Les Atomes" (1913) als sein Hauptwerk anzusehen. Es hatte bis 1967 seine 29. Auflage erlebt und war auch ins Deutsch übersetzt.

1927 **Compton, Arthur Holly** (1892–1962) / USA
„für die Entdeckung des nach ihm genannten Effekts".

Wilson, Charles Thomson Rees (1869–1959) / Großbritannien
„für die Entdeckung der Methode, durch Dampfkondensierung die Bahnen elektrisch geladener Partikel wahrnehmbar zu machen".

A. H. Compton beschäftigte sich in der Hauptsache mit der Erforschung von Röntgenstrahlen. Seine theoretischen und experimentellen Studien führten 1922/23 zu zwei wesentlichen Ergebnissen. Das erste war die Entdeckung des nach ihm genannten Compton-Effekts: C. streute Röntgenstrahlen an Elektronen und beobachtete mit der Ablenkung zugleich eine Frequenzänderung der Strahlung, wie sie für Quanten theoretisch gefordert wurde. So war bewiesen, daß die Röntgenstrahlen ebenso wie das Licht quantenhaften Charakter besitzen. Das zweite Ergebnis war die Entdeckung der totalen Reflektion von Röntgenstrahlen und ihre Beugung durch Gitter, die zu einer direkten Methode für die Messung von Wellenlängen bei Röntgenstrahlen führte. – Nachdem bekannt geworden war, daß die Elektrizität durch Gase mittels der Ionen geleitet wird und daß diese Ionen unter dem Einfluß der Röntgenstrahlen oder radioaktiver Substanzen gebildet werden, gelang es Wilson 1911/12 die Spuren ionisierter Teilchen zu photographieren. Er ließ dazu die von radioaktiven Substanzen ausgesandten Teilchen einen Raum (Nebelkammer) passieren, der mit übersättigtem Dampf gefüllt war (Dampfkondensation). Die Wilsonsche Nebelkammer wurde zu einem der wichtigsten Forschungshilfsmittel der Ultrastrahlungsphysik überhaupt.

1928 (verliehen 1929)
Richardson, Sir Owen (1879–1959) / Großbritannien
„für seine Arbeiten über die Phänomene an Thermo-Ionen und besonders für die Entdeckung des nach ihm genannten Gesetzes".

O. W. Richardson stellte 1902 das nach ihm benannte R.'sche Gesetz für die Temperaturabhängigkeit der Glühemission bei dem Austritt von Elektronen aus erhitzten Metalloberflächen auf. Er baute die „Thermo-Ionik" (seit 1909 von R. eingeführter Terminus) zu einem exakten Wissenszweig aus. Das R.'sche Gesetz war für die Entwicklung der Glühkathodenröhren, und damit für die auf ihnen aufbauende Funktechnik und Elektronik, von ganz fundamentalter Bedeutung. R.'s wissenschaftliche Untersuchungen reichen weit über das Gebiet der Thermo-Ionik hinaus, was hier nur in einer Aufreihung von Stichworten angedeutet werden kann: Gyromagnetischer (kreiselmagnetischer) Effekt, Photo-Elektrik, Spektroskopie, Röntgenstrahlen-Forschung u.a.

1929 **De Broglie, Prince Louis-Victor** (1892–1987) / Frankreich
„für die Entdeckung der Wellennatur der Elektronen".

In seiner Dissertation „Recherches sur la théorie des quanta" von 1924 und ihrer Weiterführung in „Ondes et mouvements" (Wellen und Bewegungen) entwickelte de Broglie seine Theorie der Materiewellen. Er ging davon aus: Wird in der Theorie der Strahlungsquanten angenommen, daß diese unveränderliche, von der Frequenz oder der Wellenlänge der Strahlung bestimmte Energien besitzen, dann sollte es möglich sein, einen ähnlichen Dualismus auch auf die Teilchen der Materie anzuwenden. Die Theorie der sogenannten Brogliewellen wurde zum Ausgangspunkt der Wellenmechanik.

1930 **Raman, Chandrasekhara Venkata** (1888–1970) / Indien
„für seine Arbeiten über die Diffusion des Lichtes und die Entdeckung des nach ihm benannten Effekts".

Ch. V. Raman entdeckte 1928 den von Adolf G. Smekal 1923 theoretisch vorausgesagten Raman-Effekt, der darin besteht, daß bei der Streuung von Licht einheitlicher Wellenlänge in einer festen, flüssigen oder gasförmigen Verbindung das Spektrum des gestreuten Lichts außer der Linie des einfallenden Lichts noch die schwachen Raman-Linien enthält. Diese entstehen dadurch, daß das einfallende Licht durch die Schwingungen und Rotationen der Moleküle geändert wird. Das Studium des Raman-Effekts gestattet es, die verschiedenen Energiezustände festzustellen, die das Molekül im Laufe seiner Dispersion (Abhängigkeit der Fortpflanzungsgeschwindigkeit der Wellen von der Wellenlänge) erfährt.

1931 (nicht verliehen)

1932 (verliehen 1933)
Heisenberg, Werner (1901–1976) / Deutschland
„für die Begründung der Quantenmechanik, deren Anwendung zur Entdeckung der allotropen Formen des Wasserstoffs geführt haben".

W. Heisenberg begründete 1925 mit Born (NP/Ph 1954) und Pascual Jordan die Quantenmechanik bzw. die Mechanik der Atomelektronen, die den Erfordernissen der Quantentheorie, d.h. des physikalischen Verhaltens mikrophysikalischer Gebilde (Atome, Moleküle, Elementarteilchen) Rechnung trägt. H.'s Quantenmechanik, auf das Studium der Eigenschaften der Spektren von Atomen und Molekülen angewandt, führte zur Entdeckung der allotropen (Allotropie = Eigenschaft chemischer Elemente, in verschiedenen Zuständen, den allotropen Modifikationen, aufzutreten) Formen des Wasserstoffs. Des Weiteren erkannte H., daß die Atomkerne aus Protonen und Neutronen bestehen. Außerdem erreichte er eine Systematisierung der Spektren der Atome. Aufgrund seiner unermüdlichen und bedeutungsvollen Forschungsarbeiten berief man ihn 1958 zum Leiter des Max-Planck-Instituts für Physik und Astrophysik in München.

1933 **Schrödinger, Erwin** (1887–1961) / Österreich
Dirac, Paul Adrien Maurice (1902–1984) / Großbritannien
„für die Entdeckung neuer produktiver Formen der Atomtheorie".

Schrödinger entwickelte 1926 die Wellenmechanik, eine auf de Broglie's (NP/Ph 1929) Wellenvorstellung von 1924 aufbauende atomphysikalische Theorie, die die Zustände der Elektronen im Atom und die zugehörigen Energiewerte durch Lösung der nach Sch. benannten Differentialgleichung zu berechnen gestattet. Diese ist mathematisch völlig gleichwertig mit der abstrakten Quantenmechanik, ist jedoch durch ihre Anlehnung an gewohnte mathematische Methoden der Physik viel leichter zu handhaben als jene. – Aus Sch.'s weiterem wissenschaftlichen Schaffen ist hervorzuheben, daß er die Farbenlehre förderte und sich um die Fortentwicklung der allgemeinen Relativitätstheorie zur einheitlichen Feldtheorie bemühte. – Dirac entwickelte 1928 eine relativistisch-quantenmechanische Theorie der Elektronen. Er war in der Lage, auf quantenmechanische Weise die Eigenrotation der Elektronen, den „Spin" (Gesamtdrehimpuls des Atomkerns, der sich aus den S. und Bahndrehimpulsen aller Nukleonen [Atomkernbausteinen] zusammensetzt) zu beschreiben. Dirac's Theorie wurde wegweisend für die Theorie der Elementarteilchen. Sie trugen den von der Relativitätstheorie vorausgesetzten Effekten Rechnung, war aber nicht in den Theorien Heisenberg's u. Schrödinger's enthalten.

1934 (nicht verliehen)

1935 **Chadwick, James** (1891–1974) / Großbritannien
„für die Entdeckung des Neutrons".

Chadwick, ein Schüler und Mitarbeiter Rutherford's (NP/Ch 1908), erinnerte sich an eine Vermutung R.'s aus dem Jahre 1921, daß in Atomen ungeladene Teilchen vorhanden sind; der Begriff „Neutron" tauchte hier schon auf. Seine Entdeckung gelang Ch. 1932. Das Neutron, ein Elementarteilchen, ist neben dem Proton einer der beiden Bausteine der Atomkerne. Die Neutronen tragen keine elektrische Ladung und dringen daher bei genügender Geschwindigkeit ungehindert in Atomkerne ein, wo sie im allgemeinen Umwandlungsvorgänge verursachen. Die Entdeckung des Neutrons sollte für die weitere Entwicklung der Kernphysik von entscheidender Bedeutung sein. Sie eröffnete die aufregende Möglichkeit, alle Atomkerne bis zu den schwersten umzuwandeln.

1936 **Hess, Viktor Franz** (1883–1964) / Österreich
„für die Entdeckung der kosmischen Strahlung".

Anderson, Carl David (1905– . . . .) / USA
„für die Entdeckung des Positrons".

Hess entdeckte 1913 die kosmische Ultrastrahlung, auch Höhenstrahlung genannt. Sie wurde von in großen Höhen erfolgten Ballonflügen aus festgestellt. Da sie bei steigender Höhe immer stärker wurde, konnte sie nicht von der Erde kommen. Die kosmische Strahlung, aus sehr energiereichen Protonen und leichteren Atomkernen bestehend, tritt aus dem Weltraum in die Erdatmosphäre ein, durchsetzt diese zum Teil nach mannigfachen Umwandlungen und dringt sogar in die feste Erdrinde und ins Meer ein. Für die physikalische Grundlagenforschung ist die kosmische Ultrastrahlung von größter Bedeutung, weil in ihr Elementarprozesse auftreten, die Entscheidendes über die Struktur der Elementarteilchen aussagen. – Anderson entdeckte 1932 bei der Untersuchung der Höhenstrahlung in der Wilson'schen Nebelkammer das Positron, das positiv geladene Gegenstück zum Elektron. Es ist zwar stabil, kann aber frei nur kurze Zeit existieren, da es die Neigung hat, sich mit einem Elektron unter Zerstrahlung zu vereinigen. In der Laudatio wurde besonders hervorgehoben, daß durch Anderson die enorme Energie und Geschwindigkeit der Weltraumstrahlen festgestellt wurde, die von allen Seiten aus dem Universum auf die Erde treffen.

1937 **Davisson, Clinton Joseph** (1881–1958) / USA
Thomson, George Paget (1892–1975) / Großbritannien
„für ihre experimentelle Entdeckung der Beugung von Elektronen durch Kristalle".

Im Jahre 1927 konnten Davisson und Thomson, unabhängig voneinander, bei der Durchstrahlung dünner kristalliner Schichten mit Elektronen Beugungs- und Interferenzerscheinungen nachweisen, und lieferten damit eine experimentelle Bestätigung der Broglie'schen Theorie der Materiewellen. Aber nicht nur dies: die Methode der Elektronenstrahlen eröffnete neue Anwendungsmöglichkeiten im Bereich der physikalischen und chemischen Forschung. Davisson widmete sich ab 1930 der Theorie der Elektronenphysik und ihren Anwendungen auf bestimmte technische Probleme. Unter den Publikationen Thomson's ist das allgemeinverständlich geschriebene Buch „Das Atom" hervorzuheben.

1938 **Fermi, Enrico** (1901–1954) / Italien
„für die Bestimmung von neuen, durch Neutronenbeschuß erzeugten radioaktiven Elementen und die in Verbindung mit diesen Arbeiten durchgeführte Entdeckung der durch langsame Neutronen ausgelösten Kettenreaktionen".

Etwa 1932 verwendete Fermi als erster Neutronen zur Umwandlung schwerer Atomkerne (Uran). Verlangsamte man die Neutronen (indem man sie eine Substanz von hohem Wasserstoffgehalt passieren ließ), konnte man die Fähigkeit der Neutronen, nukleare Reaktionen auszulösen, verhundertfachen. F.'s Erfahrungen erlangten fundamentale Bedeutung, besonders was die Probleme der Freisetzung atomarer Energie betraf. F. emigrierte 1939 nach Amerika und konnte dort 1942 den unter seiner Leitung zu Versuchszwecken gebauten ersten Kernreaktor in Betrieb nehmen.

1939 **Lawrence, Ernest Orlando** (1901–1958) / USA
„für die Erfindung und Entwicklung des Zyklotrons und die dadurch erzielten Ergebnisse, insbesondere im Hinblick auf künstliche radioaktive Elemente".

Lawrence baute 1930 ein erstes Modell des „Zyklotrons", verbesserte es ständig und stellte damit erstmals eine große Anzahl künstlich radioaktiver Stoffe her. Mit seinem Apparat war es ihm gelungen einen neuartigen Beschleuniger für Elementarteilchen zu entwickeln. Bei ihm werden die Teilchen durch ein Magnetfeld auf Kreisbahnen gehalten, während sie bei jedem Umlauf von einem elektrischen Hochfrequenzfeld beschleunigt werden. Das Zyklotron wurde ein außerordentlich wirkungsvolles Hilfsmittel zur Auslösung künstlicher Kernprozesse.

1940 (nicht verliehen)
1941 (nicht verliehen)
1942 (nicht verliehen)

1943 (verliehen 1944)
Stern, Otto (1888–1969) / USA
„für seine Beiträge zur Entwicklung der Molekularstrahlmethode und die Entdeckung des magnetischen Moments des Protons".

Die kinetische Gastheorie ist die Lehre, daß alle Gase aus kleinsten Teilchen, den Molekülen, bestehen, die sich unabhängig voneinander mit einer Durchschnittsgeschwindigkeit bewegen, die von der Temperatur des Gases abhängt. O. Stern begann 1920 zur Prüfung dieser Theorie Versuche zu unternehmen, die Geschwindigkeitsverteilung der Moleküle eines Gases zu messen. Er entwickelte dazu die sogenannte Molekularstrahlmethode. Damit gelang es ihm 1933 erstmals, das magnetische Feld des Protons zu bestimmen.

1944 **Rabi, Isidor Isaac** (1898– . . . .) / USA
„für die von ihm zur Aufzeichnung der magnetischen Eigenschaften von Atomkernen entdeckte Resonanzmethode".

Die Stern'sche Molekularstrahlenmethode wurde durch Rabi in der Folgezeit ganz erheblich verbessert. Er arbeitete eine auf der Resonanz beruhende Theorie aus, die hundertmal exaktere Messungen gestattete. Mit seiner geistreichen Resonanzmethode konnte er sogar die magnetischen Momente vieler anderer Atomkerne mit hoher Präzision erfassen.

1945 **Pauli, Wolfgang** (1900–1958) / Österreich
„für die Entdeckung des als 'Pauli-Prinzip' bezeichneten Ausschlußprinzips".

W. Pauli arbeitete über Relativitäts- und Quantentheorie und stellte 1925 das nach ihm benannte Ausschließungsprinzip auf, ein Prinzip, das zu einem Grundbegriff des heutigen atomaren Weltbildes wurde. Nach diesem Prinzip kann jeder durch eine Kombination von Quantenzahlen definierte Energiezustand der Elektronenhülle bestenfalls zwei Elektronen tragen, deren „Spins" (Spin: siehe 1933 bei Dirac) einander entgegengesetzt gerichtet sein mußten. Zustände, die im Widerspruch zu dieser Forderung stehen, sind auszuschließen.

1946 **Bridgman, Percy Williams** (1882–1961) / USA
„für die Erfindung eines Apparates zur Erzeugung von extrem hohen Drücken und für seine Entdeckungen, die er mit diesem auf dem Gebiet der Hochdruckphysik machte".

Bridgman beobachtete bereits als Student die Zustandsänderung der Materie bei hohen Drücken. Die Kompression dieser Substanzen in ausgebohrten Zylindern, in die ein Kolben hineingestoßen wird, fand zunächst bei 3000 Atmosphären ihre Grenze. Nachdem sich die von B. für seine Versuche verwendete Apparatur zerstörte, ersann er ein neues und sich selbst verbesserndes Dichtungsverfahren für den Kolben. Mit dieser Methode konnte er im Laufe der Zeit Drucke bis zu 425 000 Atmosphären herstellen. Damit entdeckte er neuartige Festkörpermodifikationen, von denen man bis dahin nichts wußte. Es wurden auch die elektrischen Eigenschaften der Metalle, die Viskosität der Flüssigkeiten und die Wärmeleitfähigkeit von Gasen unter hohem Druck untersucht. – Bemerkenswert ist, daß B. wichtige Verbindungslinien zwischen Technik, Theorie der Wissenschaft und Philosophie zog.

1947 **Appleton, Edward Victor** (1892–1965) / Großbritannien
„für seine Forschungen auf dem Gebiet der Physik der oberen Schichten der Atmosphäre, insbesondere für die Entdeckung der nach ihm genannten ionisierten Schicht".

Appleton vermutete, wie andere Forscher auch, daß sich in der Ionosphäre, auch Thermosphäre genannt, die für Rundfunktechnik bedeutsamen elektrisch leitenden, ionisierten Schichten befinden (in einer Höhe von etwa 80–400 km). Bei der Untersuchung dieser Ionosphäre entdeckte A. nicht nur eine, sondern mehrere solcher Schichten; die Kennelly-Heaviside-Schicht bei ungefähr 90 km und die nach ihm benannte Appleton-Schicht bei ungefähr 230 km. Die A.'sche Meßmethode bestand darin, die verschiedenen Ionosphäreschichten mit Funksignalen auszuloten. Sie hat in der Radartechnik eine praktische und für die Schiffahrt und Flugnavigation wichtige Anwendung gefunden.

1948 **Blackett, Patrick Maynard Stuart** (1897–1974) / Großbritannien
„für die Weiterentwicklung der Anwendung der Wilsonschen Nebelkammer und seine damit gemachten Entdeckungen auf dem Gebiete der Kernphysik und der kosmischen Strahlung".
P. M. St. Blackett erfand 1932 mit Occhialini, einem jungen italienischen Wissenschaftler, die erste zählrohrgesteuerte Wilson'sche Nebelkammer, mit der sie die Energieverteilung der Ultrastrahlungspartikel messen und

in der die kosmischen Strahlen ihre eigenen Photos herstellen konnten. Die durch B. und O. etwa 1933 eigens für die Erforschung der kosmischen Strahlen gegründete Schule bzw. Forschungsgemeinschaft, wurde nach dem Zweiten Weltkrieg weiter entwickelt. Hier wurde besonders die Radarforschung der Meteorspuren betrieben und der Ursprung des Magnetismus der Erde und der Himmelskörper untersucht. In der Laudatio wurde u.a. besonders hervorgehoben, daß mit der von Blackett verbesserten Wilson'schen Nebelkammer ein Apparat eingeführt sei, ohne den die Atomforschung nicht weitergekommen wäre.

1949 **Yukawa, Hideki** (1907–1981) / Japan
„für seine auf der Theorie der Kernkräfte beruhende Vorhersage der Existenz der Mesonen".

H. Yukawa widmete sich von Anfang an der Theorie der Elementarteilchen. Er vertrat eine neue Feldtheorie der Nuklearkräfte und hatte 1935 die Existenz von Teilchen von zweihundertfacher Elektronenmasse theoretisch postuliert (Postulat: unbewiesene aber denknotwendige Voraussetzung, Forderungssatz), um damit die Ursache für das Zustandekommen der Kernkräfte erklären zu können. Die Partikel erhielten den Namen Mesonen (die Mittleren). Es sind unbeständige Elementarteile, die bei energiereichen Elementarprozessen entstehen und in bestimmter Weise wieder zerfallen. Die Laudatio besagt u.a., daß Y.'s Theorie doch viele neue und wesentliche Ergebnisse über die Nukleonen (Bausteine der Atomkerne: Protonen und Neutronen) gebracht hat und auch für die Erforschung der kosmischen Strahlen von großem Wert war, auch wenn eine endgültige Theorie der Nukleonenkräfte noch nicht gefunden wurde.

1950 **Powell, Cecil Frank** (1903–1969) / Großbritannien
„für die Entwicklung der photographischen Methode zur Untersuchung der Kernvorgänge und die damit verbundene Entdeckung der Mesonen".

Powell entdeckte 1947 die Pi-Mesonen, die mit den von Yukawa vorausgesagten Pi-Mesonen, wie heute allgemein angenommen wird, identisch sind. Die Entdeckung der Pi-Mesonen hängt eng zusammen mit einer zwischen 1935 und 1947 eingeführten Technik zur Erforschung der kosmischen Ultrastrahlung: ihre Beobachtung in den Emulsionen von photographischen Platten. Man hatte festgestellt, daß die Ultrastrahlung in den lichtempfindlichen Schichten von Photoplatten Kernzertrümmerung auszulösen vermag. Powell gelang es, diese Beobachtungstechnik weiter zu entwickeln und konnte schließlich 1947 die Entdeckung der

Pi-Mesonen verbuchen, viele ihrer wichtigsten Eigenschaften erkennen und gleichzeitig eine Erhöhung der Empfindlichkeit photographischer Emulsionen ermöglichen.

1951 **Cockcroft, John Douglas** (1897–1967) / Großbritannien
Walton, Ernest Thomas Sinton (1903– . . . .) / Irland
„für ihre Pionierarbeit auf dem Gebiet der Atomkernumwandlung durch künstlich beschleunigte atomare Partikel".

Angesichts der relativen Rohstoffarmut an radioaktiven Substanzen war man bestrebt, Methoden zur Auslösung nuklearer Reaktionen ohne Verwendung radioaktiven Materials zu entwickeln. So konstruierten C. und W. 1932 einen Hochspannungsapparat (Beschleunigungsanlage) von 700.000 Volt, mit dessen Hilfe sie Protonen bis zu einem solchen Grad beschleunigten, daß diese in die Kerne leichter Elemente eindrangen. Durch diese Methode wurde eine Entwicklung eingeleitet, bei der es darum geht, durch geeignete Beschleunigungsanlagen zu immer höheren Energien der atomaren Geschosse zu kommen. Ihre weiteren Versuche, auch die mit schwerem Wasserstoff, führten, so hob die Laudatio u.a. hervor, zu neuen, bis dahin unbekannten Atomkernen und beschleunigte die Entwicklung der Kernforschung, wobei das Zyklotron (siehe 1939 bei Lawrence) und andere Beschleuniger große Bedeutung gewannen.

1952 **Bloch, Felix** (1905–1983) / USA
Purcell, Edward Mills (1912– . . . .) / USA
„für ihre Entwicklung verfeinerter und vereinfachter Methoden zur Messung magnetischer Kraftfelder im Atomkern".

Bloch und Purcell entwickelten, der Nobelpreisbegründung zufolge, Methoden zur äußerst genauen Messung der magnetischen Eigenschaften der Atomkerne im festen, flüssigen und gasförmigen Zustand der Materie, und dies bei geringsten Mengen. Diese Resonanzmethode (siehe 1944 bei Rabi) erlaubte es, die Intensität magnetischer Felder zu bestimmen und die Existenz kleinster Feldstörungen nachzuweisen, was beides von großer technischer Bedeutung war. Beide Laureaten haben ihre preisgekrönten wissenschaftlichen Erkenntnisse in ihren Nobelpreisvorträgen nachgewiesen, obgleich sich damit keineswegs ihre wissenschaftliche Gesamtleistung erschöpft.

1953 **Zernike, Frits** (1888–1966) / Niederlande
„für die von ihm angegebene Phasenkontrastmethode, im besonderen für seine Erfindung des Phasenkontrastmikroskops".

Zernike wurde vor allem durch sein 1932 erfundenes Phasenkontrastmikroskop und seine mittels der Phasenkontrastmethode angestellten Untersuchungen berühmt. Seine Erfindung bewies, daß sich die klassische Theorie des Mikroskops erweitern ließ. Mit Hilfe dieser Erfindung gelang es erstmals farblose durchsichtige Mikroorganismen im lebenden Zustand zu beobachten. Das Phasenkontrastverfahren beruht darauf, daß das an einer Metalloberfläche reflektierte Licht unterschiedliche Phasenverschiebungen in Abhängigkeit von Einfallswinkel und Material erleidet.

1954 **Born, Max** (1882–1970) / Großbritannien
„für seine grundlegenden Forschungen in der Quantenmechanik, besonders für seine statistische Interpretation der Wellenfunktion".

Bothe, Walther (1891–1957) / Deutschland
„für seine Koinzidenzmethode und seine mit deren Hilfe gemachten Entdeckungen".

Born studierte die Relativitätstheorie, über die er eines der Standardwerke (1963 erschienen) schrieb. Er habilitierte sich mit einer Arbeit über die Anwendung der Relativitätstheorie auf die neue Atomtheorie: „Das relativistische Elektron". Bei seinen Arbeiten über die Grundlagen der Quantenmechanik (1925) trug er wesentlich zu der mathematischen Formel bei, die eine angemessene Beschreibung der von Werner Heisenberg entwickelten Quantenmechanik (Matrix-Mechanik = Beschreibung beobachtbarer physikalischer Größen durch quadratische Matrizen) darstellt und die ihr zugrunde liegenden Gleichungen in ihrer statistischen Bedeutung für die Physik erschließt. – Walther Bothe konnte im Jahre 1929 mit Hilfe des Geiger-Müller-Zählrohres und der von ihm selbst ausgedachten Koinzidenz-Methode den Partikelcharakter der Ultrastrahlungsteilchen nachweisen. Die Koinzidenzmethode ist ein Verfahren zur Ermittlung längerer Bahnen atomarer Teilchen, z.B. in der Atmosphäre durch Erzeugung praktisch gleichzeitiger Stromstöße in zwei oder mehreren in gerader Bahn liegenden an einen gemeinsamen Verstärker angeschlossenen Zählrohren. Bothe bediente sich dieser Koinzidenzmethode auch zum Studium des Compton'schen Effekts (s. 1927 bei Compton) und anderer Probleme, wobei er auch Fortschritte auf dem Gebiet der kosmischen Strahlung erzielen konnte.

1955 **Lamb, Willis Eugene** (1913– . . . .) / USA
„für seine Entdeckungen über die Feinstruktur des Wasserstoffspektrums".

Kusch, Polykarp (1911– . . . .) / USA
„für seine genaue Bestimmung des magnetischen Moments im Elektron".

Lamb studierte die optische Strahlung des Wasserstoffs. Es gelang ihm, unter Verwendung der neuen Resonanzmethode (siehe 1944 bei Rabi und 1952 bei Bloch) bestimmte leichte Abweichungen in der beobachteten Feinstruktur des Wasserstoffspektrums von der Theorie Diracs (NP/Ph 1933) zu klären und es wurde notwendig, dessen Theorie zu revidieren und zu vervollständigen. – Kusch beobachtete, daß das magnetische Moment des Elektrons etwas stärker war, als es die Dirac-Theorie hätte vermuten lassen. So fand man bei der Überprüfung der Dirac-Theorie schnell heraus, daß eine solche Diskrepanz von der Wechselwirkung zwischen Elektron und elektromagnetischem Feld abhing, analog dem Einfluß der Luft auf die Frequenz, mit der ein Seil im luftleeren Raum bzw. in der Luft vibriert. In der Laudatio für beide Laureaten wurde u.a. festgestellt: Die extrem winzigen Vorgänge, die L. und K. durch die Theorie der Wechselwirkungen bei Elektronen und elektromagnetischen Stadien nachweisen konnten, erhielten durch sie eine ganz neue Gestalt, und damit schufen die beiden die sog. Quantenelektrodynamik.

1956 **Shockley, William** (1910– . . . .) / USA
Bardeen, John (1908– . . . .) / USA
Brattain, Walter Houser (1902–1987) / USA
„für ihre Untersuchungen über Halbleiter und ihre Entdeckung des Transistoreffekts".

Im Jahre 1948 wurde von der amerikanischen Forschungsgemeinschaft Shockley/Bardeen/Brattain eine sensationelle Entdeckung gemacht, die nachweisen konnte, daß, wenn man halbleitende Schichten auf besondere Weise mit einigen Elektroden in Verbindung brachte, sich Ströme und Spannungen nicht nur gleichrichten, sondern auch verstärken ließen. Man nannte diese Erfindung „Transistor". Mit ihm ist ein elektronisches Steuer- und Schaltelement entstanden, das bei sehr viel geringerem Leistungsverbrauch und einem räumlichen Volumen, das sich nach Kubikmillimeter bemißt, die Elektronenröhren weitgehend zu ersetzen vermag. Damit setzt eine völlig neuartige Entwicklung ein; es ist die Technik der Miniaturisierung, durch die es möglich ist, auf kleinstem Raum die kompliziertesten elektronischen Schaltungen unterzubringen.

1957 **Yang, Chen Ning** (1922– . . . .) / China
Lee, Tsung-Dao (1926– . . . .) /China
„für ihre grundlegenden Forschungen über die Gesetze der sogenannten Parität, die zu wichtigen Entdeckungen über die Elementarteilchen führten“.

Die experimentellen Untersuchungen des spontanen Zerfalls der Mesonen, z.B. des Zerfalls der K-Mesonen, führten zu verneinenden Ergebnissen in bezug auf die allgemein geteilte Auffassung, daß in den grundlegenden Naturgesetzen bis in den atomaren und nuklearen Bereich das Prinzip der Parität, d.h. der durchgehend herrschenden Symmetrie erhalten bleibt. Diese Situation veranlaßten Yang und Lee tiefgehende Untersuchungen anzustellen, die die Erhaltung der Parität keineswegs bestätigte. Damit wurde unter den Physikern eine lebhafte Debatte ausgelöst, die auch heute noch nicht beendet ist, da immer wieder neue Versuche bekannt werden, die sich im Gegensatz zu Y. und L. befinden. Ob und wann das Problem, das für das Weltbild außerordentlich wichtig ist, endgültig gelöst werden wird, bleibt abzuwarten.

1958 **Čerenkov, Pavel Aleksejvič** (1904– . . . .) / UdSSR
Frank, Il'ja Michajlovič (1908– . . . .) / UdSSR
Tamm, Igor Jevgen'evič (1895–1971) / UdSSR
„für die Entdeckung und Interpretation des Čerenkov-Effekts“.

Čerenkov entdeckte 1934 den Č.-Effekt bzw. die Č.-Strahlung, die als ein sehr schwaches blaues Licht auftritt und von schnellen Elektronen ausgelöst wird. Seine Landsleute Frank und Tamm lieferten 1937 eine theoretische Erklärung dieses Effekts. Die Strahlung wird ausgesandt, sobald eine geladene Partikel ein Kristall oder eine flüssige Substanz mit einer Geschwindigkeit durchläuft, die größer ist als die des Lichtes in der betreffenden Substanz. Der Vorgang ist dem Überschallflug einer Düsenmaschine sehr ähnlich. So wie sich diese schneller durch die Luft bewegt als der Schall, durchdringt das geladene Teilchen mit Überlichtgeschwindigkeit die betreffende Substanz. Nach Č.'s Effekt konstruierte man ein Instrument, das den Durchgang eines einzigen Partikel registrieren konnte. Es erwies sich als sehr nützlich für die Kernphysik bei hohen Energien und spielte eine große Rolle bei der Entdeckung des Antiprotons (1955), des negativen Wasserstoffkerns. Es gehört zu den allerwichtigsten Instrumenten in den Atomlaboratorien, in denen Elementarteilchen zu extrem hohen Geschwindigkeiten beschleunigt werden.

1959 **Segrè, Emilio Gino** (1905– . . . .) / USA
Chamberlain, Owen (1920– . . . .) / USA
„für ihre Entdeckung des Antiprotons“.

Seit es Anderson (NP/Ph 1936) 1932 gelungen war, das positiv geladene Gegenstück zum Elektron, das Positron, zu finden, suchten viele Physiker auch nach einem entgegengesetzt geladenen Partner zum Proton. Erst als 1954, mit dem sogenannten „Bevatron“, der erste große Beschleuniger für Protonen bis 6 Milliarden Elektronenvolt in Betrieb genommen wurde, gelang es Segrè und Chamberlain das Antiproton (den positiven Kern des Wasserstoffs) nachzuweisen. Diese Entdeckung bedeutet einen sehr wichtigen Schritt zur Abrundung unseres physikalischen Weltbildes. Soviel wir heute wissen, gibt es in dieser uns bekannten Welt nur zwei wirklich stabile Elementarteilchen, aus denen alle Weltmaterie aufgebaut ist. Das eine ist das elektrisch negativ geladene Elektron, und das andere ist das 1836x schwerere elektrisch positiv geladene Proton.

1960 **Glaser, Donald A.** (1926– . . . .) / USA
„für die Erfindung der Blasenkammer“.

Zum Studium der nuklearen Phänomene der Partikel mit höheren Ladungen, wie es heute in den großen Beschleunigern möglich ist, eignen sich weder die Technik der Wilson'schen Nebelkammer noch jene der photographischen Emulsion. Die 1952 von Glaser erfundene Blasenkammer ermöglichte dieses Studium. In dieser Blasenkammer, die eine überhitzte Flüssigkeit enthält (beispielsweise flüssiger Wasserstoff), bilden sich entlang der Bahn der Teilchen Blasen, deren Spuren sich photographieren lassen.

1961 **Hofstadter, Robert** (1915– . . . .) / USA
„für seine bahnbrechenden Studien über elektrische Schwingungen im Atomkern und für die dabei erzielten Entdeckungen über die Struktur der Nukleonen“.

Mössbauer, Rudolf Ludwig (1929– . . . .) / Deutschland
„für seine Forschungen über die Resonanzabsorption der Gamma-Strahlung und seine damit verbundene Entdeckung, die den Namen ‚Mössbauer-Effekt‘ trägt“.

Hofstadter ist einer der Pioniere, die den Schalenaufbau des Atomkerns erforschten. Entgegen der bisherigen Annahme, daß der Atomkern eine einfache Zusammensetzung von Protonen (Wasserstoffkernen) und

Neutronen sei, zeigte es sich, daß er viel komplizierter aufgebaut ist, und zwar in Schichten oder Schalen. H. beschäftigte sich besonders mit der partiellen Erklärung der Struktur der seit langem wohlbekannten Wasserstoffverbindung. Seine Studien über photoelektrische Leitfähigkeit in Willemitkristallen führten zur Entdeckung komplizierter, erwärmender Ströme, die die Existenz von Schalenzuständen in Kristallen bewiesen. 1948 entdeckte er das Sodiumjodid, das, durch Thallium aktiviert, einen ausgezeichneten Szintillationszähler ergab. (Szintillation: feines Aufblitzen beim Auftreffen von Alpha- und anderen Strahlen auf bestimmte Minerale; durch Auszählung der Lichtblitze mit Szintillationszählern kann die Stärke der Strahlung bestimmt werden.) – Mössbauer führte um 1957 die ersten Experimente über die rückstoßfreie Kernresonanzabsorption durch, entdeckte den nach ihm benannten Effekt und entwickelte ein Verfahren für die Untersuchung der Hyperfeinstruktur von Linien angeregter Kerne. Mössbauer-Effekt, d.i. die Emission (Ausstrahlung) extrem schmaler Gamma-Spektrallinien durch Atomkerne bei sehr tiefen Temperaturen. Wärmebewegung und Rückstoßeffekte wirken sich bei solchen Temperaturen wegen quantentheoretischer Gesetzmäßigkeiten nicht mehr am einzelnen Atomkern, sondern am ganzen Kristallverband aus, in dem der Kern sitzt.

1962 **Landau, Lev Davidovič** (1908–1968) / UdSSR
„für seine bahnbrechenden Theorien über kondensierte Materie, besonders das flüssige Helium".

Landau befaßte sich mit allen Zweigen der theoretischen Physik, von der Mechanik der Flüssigkeiten bis zur Quantenfeldtheorie. Zusammen mit seinem Schüler J. M. Lifschitz hat er eine sechsbändige Enzyklopädie der theoretischen Physik verfaßt, die in der Fachwelt als hervorragend gilt. Nach Kapitsas (NP/Ph 1978) Entdeckung des suprаflüssigen Heliums stellte er umfangreiche Untersuchungen an, die ihn zu einer vollständigen Theorie der „Quantenflüssigkeiten" bei sehr niedrigen Temperaturen führte. Der Laudatio zufolge sind seine Leistungen deshalb so bedeutend, weil sie dazu dienen, die Eigenschaften der Flüssigkeiten ebenso vollständig festzustellen, wie es bei denen der Kristalle und Edelgase gelungen ist.

1963 **Wigner, Eugene P.** (1902– . . . .) / USA
„für seine Beiträge zur Theorie des Atomkerns und der Elementarteilchen, besonders durch die Entdeckung und Anwendung fundamentaler Symmetrie-Prinzipien".

1963 **Goeppert-Mayer, Maria** (1906–1972) / USA
Jensen, J. Hans D. (1907–1973) / Deutschland
„für ihre Entdeckung der nuklearen Schalenstruktur".

Die lapidare Nobelpreis-Begründung erhält vorerst für den Fachmann eine umfassende Fundierung durch das Thema von Wigner's Nobelpreisvortrag „Ereignisse, Naturgesetz und Invarianz-Prinzipien" (Ereignisse im Einsteinschen Sinne als Sammelbegriff für alles, was in der Natur in einzelnen Augenblicken geschieht, bis hinein in die größten und kleinsten Dimensionen). In seinem Vortrag untersucht W. tiefgründige Begriffe wie „Initialbedingung" (auslösende Bedingung für jedes Ereignis). Er wendet dieses Prinzip an etwa auf das Planetensystem, wobei er v. Weizsäcker anführt. Den Chinesen Yang (NP/Ph 1957) zitiert er für die Vielfalt der Typen von Wechselwirkungen. Den Begriff der Invarianz klärt und verfeinert er unter Verwendung des Begriffs „angenäherte Invarianzen", wozu er auch den Mathematiker Hilbert (1862–1943) anführt. – Maria Goeppert-Mayer machte 1930 ihr Doktorat in theoretischer Physik. Die Prüfung erfolgt durch die drei Nobelpreisträger Born (NP/Ph 1954), Franck (NP/Ph 1925) und Windaus (NP/Ch 1928). 1946 kam sie nach Chicago und wurde Prof. am Institut für Nuklearforschung. Seit 1948 arbeitete sie an den „magischen Zahlen", mit denen man den Atomaufbau und das Geschehen darin erfassen konnte. Sie erläuterte diese Zahlen in ihrem Nobelpreisvortrag über das „Schalenmodell" des Atomkerns. – Jensen's Nobelpreisvortrag „Zur Geschichte der Theorie des Atomkerns" zeichnet einen langen Weg bis zur Gegenwart, von Chadwick's (NP/Ph 1935) Entdeckung des Neutrons bis hin zu den „magischen Zahlen" Goeppert-Mayer's, die mit ihm den Nobelpreis erhielt. Sein Vortrag bringt auch wichtige Hinweise auf seine eigene Leistung. Diese fand keine uneingeschränkte Zustimmung. Man begegnete ihr mit Skepsis, trotz Förderung durch Bohr (NP/Ph 1922). Oppenheimer (1904–1967) sagte: G.-M. und J. erklären das Magische durch Wunder ("magic by miracles"). Auch Wigner, der sich mit ihm den Nobelpreis teilte, äußerte sich ähnlich. Jedoch, daß sich Jensen durchsetzte, bekundet der Nobelpreis.

1964 **Townes, Charles Hard** (1915– . . . .) / USA
Basov, Nikolai Gennadievič (1922– . . . .) / UdSSR
Prochorov, Aleksandre Mikhailovič (1916– . . . .) / UdSSR
„für grundlegende Arbeiten auf dem Gebiet der Quantenelektronik, die zur Konstruktion von Oszillatoren und Verstärkern auf der Basis des Maser-Laser-Prinzips führten".

Townes stellte sich die Frage, warum man nicht kürzere Mikrowellen erzeugen kann als die bekannten, indem man die molekulare und atomare Aktivität dafür einsetzt, und hatte Erfolg. Er erfand 1951 den „maser“ (Molekularverstärker), ein Gerät, durch das Atome und Moleküle veranlaßt werden, Energie abzugeben und ein Radiosignal zu verstärken. Im Unterschied von dem konventionellen Radioverstärker entstehen dabei sehr geringe Geräusche und extreme Empfindlichkeit. T. entwickelte Maser unter Anwendung des Lichts weiter zu Laser, das in stark erhöhtem Maße optisch wirksam ist. Basow und Prochorov experimentierten gemeinsam, bevorzugt über molekulare Oszillatoren (schwingendes physikalisches System) unter Verwendung von Ammoniakstrahlen. 1955 entwickelten beide die „negative Absorption“, dann den Maser. 1958 schuf Prochorov einen Laser zur Erzeugung bestimmter infraroter Wellen. Dabei entsteht ein neuer Typ von Hohlräumen. Festkörperlaser erweckten sein Hauptinteresse, insbesondere ihre Anwendung auf Mehrquantenprozesse. 1964 fertigte Basow Laser mit elektronischer Anregung an. – Mit Maser und Laser haben die drei Laureaten neue physikalische Bereiche erschlossen, denen gleich hohe Bedeutung zukommt, wie die Forschungen, die zu Radar und Fernsehen führten.

1965 **Tomonaga, Sin-Itiro** (1906–1979) / Japan
Schwinger, Julian (1918– . . . .) / USA
Feynman, Richard P. (1918– . . . .) / USA
„für ihre fundamentale Leistung in der Quantenelektrodynamik, mit tiefgehenden Konsequenzen für die Elementarteilchenphysik“.

Das Arbeitsgebiet der drei Laureaten ist die Quantenelektrodynamik, das ist die dritte Stufe in der Entwicklung der Quantenlehre, die ursprünglich erst die Atomforschung und das Atomzeitalter ermöglichte. Die erste Stufe ist die Quantentheorie, über deren Entstehung und erste Entwicklung Planck (NP/Ph 1918), der das Tor zur Atomforschung eröffnete, 1920 seinen Nobelpreisvortrag hielt. Bald danach wurde die Quantenmechanik von Heisenberg (NP/Ph 1932), Schrödinger (NP/Ph 1933) und andere geschaffen und mit dem Gedanken der Materiewellen von de Broglie (NP/Ph 1929) verbunden. Dann wurde es nötig, die elektromagnetischen Vorgänge im Atom zu einem gesonderten Forschungsbereich zu machen. Daraus entstand die Quantenelektrodynamik. Die drei Laureaten klärten die Wechselbeziehungen zwischen elektrisch geladen Teilchen und elektromagnetischen Feldern. Für alle drei gilt gleicherweise, daß Feyman seinen Nobelpreisvortrag mit der Frage schloß, was aus der alten Quantentheorie wurde, in die er sich in seiner Jugend verliebt habe. Sie sei inzwischen eine alte Frau geworden, die nicht mehr viel Verlockendes für die Jugend hat. Aber das Beste, was man von einer alten Frau sagen kann, gilt auch hier: Sie ist eine sehr gute Mutter, und die, denen sie das Leben schenkte, sind sehr gute Kinder.

1966 **Kastler, Alfred** (1902–1984) / Frankreich
„für die Entdeckung und Entwicklung der optischen Methoden beim Studium der Hertz-Resonanzen in Atomen".

Kastler's Methoden schufen die Voraussetzungen für das in den fünfziger Jahren gefundene Laser-Prinzip. Ein Grundbegriff bei dieser Forschung ist das „optische Pumpen". Darunter versteht man die Änderung der Besetzungsverhältnisse der einzelnen Energiestufen der Atome durch Bestrahlung mit Licht. Kastler ging so vor: Er bestrahlte den „aufzurichtenden Damm" (also die Herstellung einer bevorzugten Richtung, ähnlich der Kanalisation eines unregelmäßigen Wasserlaufs) mit zirkular polarisiertem Resonanzlicht. Dabei wird das Drehmoment vom Licht auf die Atome übertragen. Infolge der Orientierung der Atome sinkt ihre Absorptionsfähigkeit für das Licht ab. Ferner verändert sich auch die Intensität und die Polarisation des vom Dampf ausgesandten Resonanzlichts. Dadurch können die verschiedenen Grade der Polarisation nachgewiesen werden. Man spricht hier von atomaren „Doppel-Resonanzen" (Resonanz = s. 1944 bei Rabi). Kastler fand also den „Strahlungsschlüssel" für die Schwingungszustände und Massenresonanzen normaler und „angeregter" Atome. Laser- und Maser-Technik beruhen mit auf seinen Forschungen.

1967 **Bethe, Hans Albrecht** (1906– . . . .) / USA
„für seinen Beitrag zur Theorie der Kernreaktionen, insbesondere seine Entdeckungen über die Energieerzeugung in den Sternen".

Bethe hat in seinem Gesamtwerk (Arbeiten zur Elektronentheorie der Metalle, über Absorptionsspektren von Kristallen, über die Bremsung von Elektronen durch Metalle, über Atomspektren, zur Quantenelektrodynamik und insbesondere zur Kernphysik), wie C. F. von Weizsäcker im November 1967 in einem Interview erklärte, „nicht nur eine Spitzenleistung vollbracht, sondern ein ganzes Gebirge dahingestellt, ein Gebirge mit vielen hohen Gipfeln". 1933 verfaßte Bethe als erste von seinen größeren Arbeiten im Handbuch der Physik den Artikel über „Ein- und Zweielektronenprobleme". 1938 veröffentlichte er auf dem Gebiet der Astrophysik Forschungsergebnisse von fundamentaler Bedeutung. Durch sie wurde erstmals eine Erklärung dafür gefunden, aus welchen

Kernprozessen die Fixsterne die von ihnen ausgestrahlten ungeheuren Energiemengen beziehen. Von 1943–1946 war Bethe als Direktor der Abteilung für theoretische Physik in Los Alamos (im Staat New Mexico/ USA) maßgeblich an der Entwicklung der Atombombe (später auch der Wasserstoffbombe) beteiligt, obgleich er dabei in große Gewissensnot geriet. 1959 wurde Bethe von Eisenhower beauftragt, ihn über die Grundlagen für eine Einstellung der Kernwaffenversuche zu beraten, für deren Verbot er sich schließlich unbeirrt eingesetzt hat.

1968 **Alvarez, Luis W.** (1911– . . . .) / USA
„für seinen entscheidenden Beitrag zur Elementarteilchenphysik, insbesondere seine Entdeckung einer großen Anzahl von Resonanzzuständen, ermöglicht durch seine Entwicklung von Techniken mit der Wasserstoffblasenkammer und Datenanalyse“.

Alvarez entdeckte durch eine von ihm entwickelte Methode der Benutzung von Wasserstoffblasenkammern und einer neuartigen Meßdatenanalyse unterschiedliche Resonanzzustände der subatomaren Elementarteilchen. Als Forschungspionier der University of Chicago auf dem Gebiet der Atomenergie, half er auch bei der Entwicklung des Radars, der Atombombe und des Zyklotrons. Er erfand auch ein elektronisches System zur Hilfe bei Landungen von Flugzeugen unter außergewöhnlichen Bedingungen.

1969 **Gell-Mann, Murray** (1929– . . . .) / USA
„für seine Beiträge und Entdeckungen betreffend der Klassifizierung der Elementarteilchen und deren Wechselwirkungen“.

Gell-Mann erregte in der Welt der Physik Aufsehen, als er begann, die Elementarteilchen der Atome in Klassen einzuordnen. Er versuchte die Einteilung der Elementarteilchen nach ihren gemeinsamen Eigenschaften und Reaktionen auf dem entgegengesetzten Weg wie der deutsche Physiker W. Heisenberg. Während Gell-Mann von den Eigenschaften und Reaktionen der Teilchen ausging, und diese nach Gemeinsamkeiten einordnete, versuchte Heisenberg auf rein mathematischer Grundlage eine „Weltformel“ zu finden, in der die Elementarteilchen eine Ordnung finden. Unabhängig von Gell-Mann arbeitete der israelische Physiker Yugal Ne'Eman auf dem gleichen Gebiet. Auf Grund ihrer Vorhersagen konnten Physiker 1961 das „Omega-Minus-Teilchen“ finden. Die Theorie der „Quarks“ (ein Phantasiename für Urteilchen der Materie, den Gell-Mann dem Roman von J. Joyce „Finnegans Wake“ entnahm) brachte in jüngster Zeit heiße Diskussionen.

1970 **Alfvén, Hannes** (1908– . . . .) / Schweden
„für seine grundlegenden Leistungen und Entdeckungen in der Magneto-Hydrodynamik mit fruchtbaren Anwendungen in verschiedenen Teilen der Plasmaphysik".

Néel, Louis (1904 – . . . .) / Frankreich
„für seine grundlegenden Leistungen und Entdeckungen betreffend des Antiferromagnetismus und des Ferrimagnetismus, die zu wichtigen Erkenntnissen in der Festkörperphysik geführt haben".

Alfvén's großes Forschungsgebiet sind das Plasma und die Plasmaphysik. Untersuchungen der magnetischen Stürme und des Nordlichts stellten ihn vor die grundsätzliche Frage, wie Plasma sich bewegt. Plasma ist das nach außen im Durchschnitt neutrale Gemisch aus Elektronen, Ionen, Lichtquanten und Molekülen im Entladungsrumpf einer Gasentladung. Néel erhielt den Preis für seine Verdienste auf dem Gebiet des Antieisenmagnetismus (Antiferromagnetismus) und des Eisenmagnetismus (Ferrimagnetismus).[1] – Neue Ferrite und ähnlich aufgebaute magnetische Stoffe werden in der Telegraphie und Telephonie, bei Rundfunk und Fernsehen verwendet, wenn sie „magnetisch weich" sind. „Magnetisch hart" werden sie als Dauermagneten in Motoren, Lautsprechern, Daten-Verarbeitungsmaschinen und anderen Geräten gebraucht.

1971 **Gabor, Dennis** (1900–1979) / Großbritannien
„für seine Erfindung und Entwicklung der holographischen Methode".

Das holographische Verfahren entwickelte Gabor bereits 1947. Es beruht auf der Verwendung von sogenanntem kohärenten (im Gleichtakt schwingendem) Licht, das bei der Verwendung herkömmlicher Lichtquellen in Lichtbündeln sehr geringer Intensität hergestellt oder, besser, herausgefiltert werden kann. Mit der Entdeckung des Lasers, der monochromatisches (einfarbiges) und kohärentes Licht extrem hoher Intensität zu erzeugen vermag, eröffneten sich der holographischen Methode neue und vielfältige Möglichkeiten im Bereich der Wissenschaft und Technik. Im Gegensatz zur Photographie, die lediglich die Helldunkeltöne des auf eine Fläche projizierten Objekts wiedergibt, lassen sich mit dem Hologramm raumgetreue, dreidimensionale Bilder herstellen.

1972 **Bardeen, John** (1908– . . . .) / USA
Cooper, Leon N. (1930– . . . .) / USA
Schrieffer, J. Robert (1931– . . . .) / USA
„für ihre gemeinsam entwickelte Theorie des Supraleitungsphänomen, auch BCS-Theorie genannt".

---

1) S.oben: Urkundliche Nobelpreisbegründung und Brockhaus (dtv) – Auskunft: „Ferrimagnetismus, Eigenschaft von Stoffen, die zwar antiferromagnetisch sind (→ Antiferromagnetismus), wegen ihres besonderen Gitteraufbaues aber nach außen ferromagnetisch erscheinen. Die wichtigsten Stoffe mit F. sind die Ferrite."

Die BCS-Theorie der Supraleitung, benannt nach den Anfangsbuchstaben der drei Nobelpreisträger, erklärt das Verschwinden des Widerstandes in elektrischen Leitern bei extrem tiefen Temperaturen. Strom fließt dann in elektrischen Leitern unbehindert. Supraleitende Magnete verheißen jetzt vor allem neue, bessere elektrische Maschinen. Die Probleme ihrer praktischen Nutzung der Supraleitfähigkeit liegen u.a. darin, die Supraleitung mit geeigneten Stoffen bei günstigen, nicht so tiefen Temperaturen zu erreichen. Die von BCS entwickelte Theorie, so heißt es in der Begründung der Akademie, sei sehr erfolgreich in der Erklärung „eines beträchtlichen Teiles der Eigenschaften von Supraleitern". Sie haben eine intensive Tätigkeit der theoretischen und experimentellen Forschung auf diesem Gebiet ermöglicht, die neue Forschungsbereiche eröffnet haben.

1973 **Esaki, Leo** (1925– . . . .) / USA
Giaever, Ivar (1929– . . . .) / USA
„für ihre experimentellen Entdeckungen betreffend das Tunnel-Phänomen in Halb- bzw. Supraleitern".

Josephson, Briand (1940– . . . .) / Großbritannien
„für seine theoretische Vorhersage von Eigenschaften bei einer Suprаströmung durch eine Tunnel-Barriere, insbesondere jene Phänomene, die allgemein als Josephson-Effekt bekannt sind".

Mit Esaki, Giaever und Josephson wurden drei Wissenschaftler auf einem Gebiet der Elektronik ausgezeichnet, das in der Zukunft eine Reihe von praktischen Anwendungen verspricht. Der Josephson-Effekt gibt die Möglichkeit, mit einer extremen Empfindlichkeit Magnetfelder zu messen, außerordentlich schnell Schaltungen herzustellen und sehr genau physikalische Einheiten für elektrische Spannung festzulegen. Mit Hilfe dieses Effektes ist es möglich, die magnetische Wirkung der Herztätigkeit festzulegen. Giaever und Esaki gehören in die „Ahnen-Galerie" des Josephson-Effekts. Esaki war es 1958 gelungen, in Halbleitern den Übergang einzelner Elektronen von einem Material in ein anderes durch eine „verbotene Zone" nachzuweisen. Die Elektronen wandern sozusagen durch einen Tunnel, durch „einen Bereich verbotener Energie, wo das Teilchen eigentlich nicht sein darf", in das andere Material. Giaever übertrug diesen Effekt der „Esaki-Diode" auf die Supraleitung und zeigte, daß auch hier ein „Bereich verbotener Energie" besteht.

1974 **Ryle, Martin** (1918–1984) / Großbritannien
Hewish, Antony (1924 – . . . .) / Großbritannien
„für ihre bahnbrechenden Arbeiten in der Radioastrophysik: Ryle für seine Beobachtungen und Erfindungen, besonders in der Öffnung technischer Synthesen und Hewish für seine entscheidende Rolle in der Entdeckung von Pulsare“.

M. Ryle, während des Krieges an der Entwicklung des Radars beteiligt, nutzte seine Erfahrungen für die Verbesserungen der technischen Mittel der Radioastronomie, die in den letzten Jahren die wichtigsten Entdekkungen im Weltall brachte. Mit Hilfe der Laufzeit von Funkwellen zwischen zwei Antennen, der sog. „Interferenz“, schaffte er es, mit mehreren kleinen Empfangsanlagen die gleichen Ergebnisse zu erzielen, die nur eine riesige Antenne bringen könnte, die kaum zu finanzieren und technisch erst in Jahrzehnten zu verwirklichen wäre. – Antony Hewish verdankt seine Entdeckung eigentlich einem Zufall. Ende 1967 fielen ihm bei Untersuchungen Funksignale auf, die regelmäßig, wie von einer Atomuhr, wiederkehrten. Anfängliche Vermutungen, sie stammten von intelligenten Lebewesen, wurden bald widerlegt. Ihre Quelle sind sterbende Sterne, sogenannte Neutronensterne, die sich unvorstellbar schnell drehen und dabei pulsartig Signale aussenden: Pulsare.

1975 **Bohr, Aage** (1922– . . . .) / Dänemark
Mottelson, Ben (1926– . . . .) / Dänemark
Rainwater, James (1917– . . . .) / USA
„für die Entdeckung der Verbindung zwischen kollektiver und Teilchen-Bewegung in Atomkernen und die Entwicklung der Theorie von der Struktur der Atomkerne basierend auf dieser Verbindung“.

Nachdem man das Atom als Ganzes zu verstehen glaubte, begann man den Atomkern genauer zu studieren. Niels Bohr (NP/Ph 1922), der Vater Aage Bohrs, stellte sich den Kern als Wassertropfen vor (Tröpfchen-Modell). Eine jedoch viel besser mit der Wirklichkeit übereinstimmende Theorie wurde mit dem sogenannten Schalenmodell von Jensen und Maria Goeppert-Mayer (NP/Ph 1963) vorgestellt. Nach Vorarbeiten Rainwaters erschien im Jahre 1953 die entscheidende Arbeit von Aage Bohr und Mottelson. In ihrem Modell versuchen die Physiker, die Vorstellungen vom Atomkern als Tropfen sowie von der Schalenstruktur miteinander zu vereinen. Schon Rainwater hatte den Begriff des „deformierten Kerns“ vorgeschlagen. Dieser deformierte Kern, ein Ellipsoid, kann als Ganzes rotieren und auch seine Oberfläche kann in Schwingungen geraten. In dem Kern bewegen sich die einzelnen Bestandteile, Protonen und Neutronen, sozusagen unabhängig voneinander. Auch nach 1953 haben die Laureaten noch wichtige ergänzende Arbeiten zum Verständnis der Atomkerne veröffentlicht.

1976 **Richter, Burton** (1931– . . . .) / USA
Ting, Samul C. C. (1936– . . . .) / USA
„für ihre führenden Leistungen bei der Entdeckung eines schweren Elementarteilchens neuer Art".

Richter und Ting entdeckten 1974, getrennt voneinander, neue Elementarteilchen, die ganz ungewöhnliche Eigenschaften besaßen. Sie zeichneten sich durch außergewöhnliche Schwere und Langlebigkeit aus. Die meisten Teilchen innerhalb des Atomkerns sind sehr kurzlebig, so daß die neuen Teilchen eine gänzlich unerwartete Struktur innerhalb der Kerne bedeuten. Nach der Theorie waren die Eigenschaften nur erklärbar, wenn die Grundbausteine der Materie, die drei von dem Amerikaner Gell-Mann (NP/Ph 1969) vorhergesagten „Quarks", um ein viertes erweitert werden, das „Charm-Quark". Als seine Existenz im Sommer 1976 am Deutschen Elektronen-Synchroton (Desy) in Hamburg bewiesen wurde, war damit nicht nur der vierte Grundbaustein bestätigt, sondern auch das ganze Weltbild der Physik über die kleinsten Teilchen der Materie seiner Rechtfertigung einen entscheidenden Schritt näher.

1977 **Anderson, Philip W.** (1923– . . . .) / USA
Mott, Nevill F. (1905– . . . .) / Großbritannien
Van Vleck, John H. (1899–1980) / USA
„für die grundlegenden theoretischen Leistungen zur Elektronenstruktur in magnetischen und ungeordneten Systemen".

Die drei Laureaten sind Theoretiker in der Festkörper-Physik und haben dieser Theorie grundlegende Begriffe zugeführt, die es ermöglicht haben, eine Reihe neuer experimenteller Ergebnisse zu verstehen. So haben die Ideen van Vleck's eine zentrale Rolle für die Entwicklung des Laser gespielt. Die gegenwärtige technische Entwicklung von Materialien wie Glas wäre ohne die Beiträge von Mott und Anderson undenkbar. Van Vleck ist der „Vater des modernen Magnetismus" genannt worden. Er hat erforscht, wie ein fremdes Ion oder Atom in einem Kristall auftritt und welche Auswirkungen dieser Vorgang hat. Mott und Anderson haben wesentliche Beiträge zu unserer Kenntnis von ungeordneten Systemen gegeben.

1978 **Kapiza, Peter Leonidovitch** (1894–1984) / UdSSR
„für seine grundlegenden Erfindungen und Entdeckungen in der Tieftemperaturphysik".

Penzias, Arno A. (1933– ....) / USA
Wilson, Robert W. (1936– ....) / USA
„für ihre Entdeckung der kosmischen Mikrowellen-Hintergrundstrahlung".

Kapiza habe während vieler Jahrzehnte eine führende Rolle in der Tieftemperatur-Physik gespielt, heißt es in der Würdigung. Schon 1934 habe er mit dem Helium-Verdichter eine Maschine zur Herstellung flüssigen Heliums konstruiert und damit eine neue Epoche der gesamten Tieftemperatur-Physik eingeleitet. Kapiza habe 1938 gezeigt, daß „Helium 2" mit seiner enormen Beweglichkeit als „Superflüssigkeit" anzusprechen ist und später durch Experimente nachgewiesen, daß „Helium 2" eine Quantenflüssigkeit null Entropie, d.h. mit Atomen im niedrigst möglichen Energiezustand war. –
Penzias und Wilson widmeten sich dem Studium jener Strahlung, die verschiedene Objekte im Weltraum in Form von Radiowellen aussenden, eine Tatsache, die bereits früher entdeckt wurde. Die Entwicklung der letzten Jahre hat gezeigt, daß die Strahlung nicht ganz gleichmäßig verteilt ist, sondern daß deren Intensität eine gewisse Richtungsabhängigkeit hat. Dies kann als eine Wirkung der Bewegung der Erde und des Sonnensystems im Verhältnis zur Strahlung gedeutet und zur Messung dieser Bewegung verwendet werden. Da die Verteilung der Strahlung die Verteilung der Materie im Weltall spiegelt, verschafft dies eine seit langem gesuchte Möglichkeit, eine Form von „absoluter" Bewegung im Weltraum zu definieren. Nach Darstellung der Akademie der Wissenschaften legt der Nachweis der kosmischen Hintergrundstrahlung (im Radiobereich) die Vermutung nahe, daß es sich „um einen fossilen Rest von der Geburt des Universums" handelt. (Siehe auch bei Hewish (NP/Ph 1974) und bei Fowler (NP/Ph 1983).)

1979 **Glashow, Sheldon L.** (1932– ....) / USA
Salam, Abdus (1926– ....) / Pakistan
Weinberg, Steven (1933– ....) / USA
„für ihre Mitwirkung an der Theorie der Vereinigung schwacher und elektromagnetischer Wechselwirkung zwischen Elementarteilchen, einschließlich u.a. die Voraussage von schwacher neutraler Strömung".

Die drei Laureaten haben unabhängig voneinander zu neuen Erkenntnissen in der Elementarteilphysik beigetragen, die sich als Teil der theoretischen Physik mit der Struktur der Materie und ihren Bausteinen befaßt. Sie haben ein mathematisches Modell entwickelt, mit dem versucht wurde, zwei der vier Grundkräfte der Natur zu vereinigen. Während die starke Wechselwirkung die Bestandteile des Atomkerns (Protonen und Neutronen) zusammenhält, verursacht die schwache Wechselwirkung die sogenannte Beta-Radioaktivität beim Zerfall von Atomkernen. Als weitere Grundkräfte der Natur gelten die elektromagnetische Wechselwirkung und die Schwerkraft.

1980 **Cronin, James W.** (1931– . . . .) / USA
Fitch, Val L. (1923– . . . .) / USA
„für die Entdeckung von Verletzungen fundamentaler Symmetrieprinzipien im Zerfall von neutralen K-Mesonen".

In einem grundlegenden Experiment erzeugten die beiden Laureaten im Labor mit Hilfe eines Protonenbeschleunigers einen Strahl sogenannter neutraler Elementarteilchen. Bei dem radioaktiven Zerfall dieser subatomaren Partikel, den sie sehr genau messen konnten, fanden sie ein Prinzip heraus, mit dem man absolut zwischen Materie und deren Gegenwelt, der Antimaterie, unterscheiden kann. Die neuen Erkenntnisse können auch Einfluß auf die Vorstellung über die Entstehung des Kosmos haben. Man versucht zu begreifen, wie es möglich war, daß Materie und Antimaterie sich nicht gegenseitig sofort vernichteten. Die von Cronin und Fitch durchgeführten Experimente mit K-Mesonen, die aus winzigen Elementarteilchen (Quarks) bestehen, haben neue Ergebnisse gebracht, die aber noch weiter erforscht werden müssen.

1981 **Bloembergen, Nicolaas** (1920– . . . .) / USA
Schawlow, Arthur L. (1921– . . . .) / USA
„für ihren Beitrag zur Entwicklung der Laserspektroskopie".

Siegbahn, Kai (1918– . . . .) / USA
„für seinen Beitrag zur Entwicklung der hochauslösenden Elektronenspektroskopie".

Die spektroskopischen Forschungen der drei Laureaten beruhen auf Erkenntnissen der deutschen Wissenschaftler Planck (NP/Ph 1918), Einstein (NP/Ph 1921) und Hertz (NP/Ph 1925). Einstein erkannte bereits 1917, daß es drei Arten von Strahlungsprozessen gibt: 1. die Absorption, bei der Strahlungsenergie aufgenommen wird; 2. die spontane Emission, bei der ein System ohne äußere Beeinflussung Strahlung aussendet; 3. die sogenannte stimulierte Emission, bei der die Strahlung angeregt wird. Anfang der fünfziger Jahre begann man damit, die stimulierte Emission zu benutzen, um schwache Mikrowellensignale zu verstärken. Die weiteren Forschungen führten 1960 zur Konstruktion des ersten funktionierenden Laser. Die Arbeiten der drei Laureaten haben nicht nur Bedeutung für die Grundlagenforschung, etwa bei der Aufklärung von Molekülstrukturen, sondern eröffnen auch ein weites Spektrum praktischer Anwendungen.

1982 **Wilson, Kenneth G.** (1936– . . . .) / USA
„für seine Theorie über kritische Phänomene bei Phasenumwandlungen".

Phasenumwandlungen kommen in der Physik in einer ganzen Reihe von Systemen vor. Solche Übergänge vollziehen sich, indem man z.B. den Druck oder die Temperatur ändert: Eine Flüssigkeit wird gasförmig, wenn man sie erwärmt, eine Metall schmilzt bei einer bestimmten Temperatur. Ebenso können Magnete bei „kritischen Punkten" ihre Fähigkeit zur Magnetisierung verlieren. Der Laudatio zufolge ist es Wilson gelungen, „durch einen hervorragenden theoretischen Einsatz einen Weg zur Lösung des Problems zu finden". Er habe eine Methode entwickelt, mit der die Fragestellung „in einer Sequenz von Teilproblemen" aufgelöst werde, die einzeln lösbar seien. Diese „Renormalisierungs-Gruppentheorie" wurde bereits in den 50er Jahren entwickelt. Wilsons „Theorie der kritischen Phänomene" habe jedoch eine vollständige Beschreibung des Verhaltens nahe den „kritischen Punkten ergeben".

1983 **Chandrasekhar, Subrahmanyan** (1910– . . . .) /USA
„für seine theoretischen Studien der physikalischen Prozesse, die für die Struktur und Entwicklung der Sterne von Bedeutung sind".

Fowler, William A. (1911– . . . .) / USA
„für theoretische und experimentelle Studien der Kernreaktionen, die für die Bildung der chemischen Elemente im Weltall von Bedeutung sind".

Chandrasekhar's und Fowler's Arbeiten sind zu sehen vor dem Hintergrund des gemeinsamen Bemühens von Astronomen und Elementarteilchenphysikern, die Entstehung der Welt physikalisch zu begründen. Ch. hat sich vor allem durch seine Studien über die Entwicklung der Sterne einen Namen gemacht. Er befaßte sich vor allem mit den „weißen Zwergen". Dies sind sehr alte Sterne, die am Ende ihres Lebens zu materiedichten Himmelskörpern zusammengestürzt sind. Die Elemente sind dabei nach Darstellung der Experten so zusammengeballt worden, daß ein Kubikzentimeter etwa ein Kilogramm wiegt. – Fowler's Arbeiten behandeln die Kernreaktionen, die in den Sternen während ihrer Entwicklung stattfinden. Bei diesen Vorgängen werden große Energiemengen abgestrahlt. Außerdem sind sie deswegen von Bedeutung, weil sie die Bildung der chemischen Elemente aus dem Wasserstoff zur Folge haben. F. hat neben theoretischen Überlegungen experimentelle astrophysikalische Studien betrieben. So entwickelte er in den 50er Jahren eine vollständige Theorie der chemischen Elemente im Weltall.

1984 **Rubbia, Carlo** (1934– . . . .) / Italien
Van der Meer, Simon (1925– . . . .) / Niederlande
„für ihre entscheidenden Einsätze bei dem großen Projekt, das zur Entdeckung der Feldpartikel W und Z, Vermittler schwacher Wechselwirkung, geführt hat".

Unter der Leitung der Nobelpreisträger registrierten im Vorjahr am Europäischen Kernforschungszentrum CERN über 100 Wissenschaftler die seit langem gesuchten Teilchen „W-Plus", „W-Minus" und „Z-Null". Diese Partikel gehören zu den Überträgerteilchen der schwachen Kraft, die für den radioaktiven Zerfall und für die Energieproduktion der Sonne verantwortlich ist. Die schwache Wechselwirkung ist eines der vier fundamentalen Kraftfelder des Universums. Dazu gehören noch die elektromagnetische Kraft, sie bestimmt die Wechselwirkung elektrisch geladener Teilchen, die starke Kraft, die die Teile des Atomkerns zusammenhält und die Schwerkraft, die für die Bewegungen und Positionen aller Objekte zueinander auch im Bereich der Sterne verantwortlich ist. Ende Juni dieses Jahres warteten die CERN-Forscher mit „mehreren konkreten Hinweisen auf die Existenz eines neuen Elementarteilchens" auf, dem aus theoretischen Gründen schon lange postulierten „Top" oder „T-Quark", dem 24. und letzten noch fehlenden Mosaiksteinchen auf dem Wege zum modernen Weltbild der Physiker.
Die Jagd nach den Urbausteinen der Materie und die sie zusammenhaltenden Kräfte ist übrigens nicht unumstritten. Von einigen Experten als „Königin der modernen Naturwissenschaften" apostrophiert, wird sie von anderen für die Staatshaushalte wegen explosionsartig anwachsender Kosten als untragbar angesehen. CERN allein verschlingt z.Z. jährlich 600 Millionen Mark. Ebenso wird angezweifelt, ob die weitere Suche nach experimentellen Beweisen für das moderne physikalische Weltbild überhaupt eine Zukunft hat, weil die Konstruktion der dazu notwendigen Riesenmaschinen bald an eine Grenze stoßen wird. Ob vor solchen Grenzen der Forschergeist jemals kapituliert, das ist die Gegenfrage.

1985 **Klitzing, Klaus von** (1943– . . . .) / Deutschland
„für die Entdeckung des sogenannten 'quantisierten Hall-Effektes'".

Nach Auffassung der Akademie der Wissenschaften in Stockholm, die den Nobelpreis zu vergeben hat, hat Klitzings Entdeckung Entwicklung und Produktion in der Halbleiterelektronik entscheidend vorangebracht. Der schon 1879 nachgewiesene Hall-Effekt bedeutet, daß ein Magnetfeld auf bewegte Elektronen eine Kraft ausübt und so eine Spannung erzeugt. Schon 1977 fand dann Klitzing Hinweise darauf, daß diese Spannung unter bestimmten Bedingungen stufenförmig ansteigt. In Grenoble, wo ein Hochfeldmagnet des Max-Planck-Instituts für Festkörperforschung Kräfte bis zum 200.000fachen der Erdanziehung erzeugen kann, untersuchte Klitzing des Problem näher. Ihm war klar geworden, daß hinter der mit der Magnetfeldstärke stufenförmig ansteigenden Hall-Spannung ein physikalisches Prinzip steht. Der quantisierte Hall-Effekt (QHE), dann auch Klitzing-Effekt genannt, war gefunden. Er ist eine objektive Grundform für das Ohm als Maßeinheit für elektrischen Widerstand. Jahrzehntelang suchten Physiker nach Stoffen, die den Strom auch durch haarfeine, auf Computerchips aufgedampfte Schichten leiten. Ihre Suche war immer danach ausgerichtet, möglichst solche Materialien zu finden, die einen bestimmten Stromwiderstand haben. Nur sie können die komplizierten elektrischen Vorgänge auf den Chips steuern. Mit Klitzings Entdeckung ist diese Suche nun viel einfacher. Mit seiner Formel läßt sich der Widerstand jedes Materials exakt bestimmen. Fachleute prophezeien, daß mit der Klitzing-Formel schon bald noch kleinere Mikrochips mit noch größerer Kapazität gebaut werden können, d.h. für die Computer der Zukunft.

1986 **Ruska, Ernst** (1906 – . . . .) / Deutschland
„für sein fundamentales Werk in der Elektronen-Optik und für die Konstruktion des ersten Elektronenmikroskops".
Binnig, Gerd (1947– . . . .) / Deutschland
Rohrer, Heinrich (1933– . . . .) / Schweiz
„für ihre Konstruktion des Rasterelektronenmikroskops".

Munzingers Archiv, das alle berühmten Leute biographisch verzeichnet, war mit dem resignierenden Eintrag versehen „Ruska, Ernst . . . der Nobelpreis blieb ihm versagt". Nun hat er ihn doch noch bekommen, der Achtzigjährige, für eine Erfindung, die ihm im Alter von 25 Jahren gelungen war. – Das Elektronenmikroskop wird von dem Nobelkomitee als eine der wichtigsten Erfindungen dieses Jahrhunderts bezeichnet. Die Entwicklung hatte mit den Arbeiten begonnen, die Ernst Ruska Ende der 20er Jahre als junger Student an der Technischen Hochschule

(TH) in Berlin ausführte. Ruska fand heraus, daß eine Magnetspule als Linse für Elektronen (sie bilden die Hülle des Atomkerns) fungieren kann, und daß man mit einer solchen Linse das Bild eines Gegenstandes erhält, der mit Elektronen bestrahlt wurde. Ruska setzte zwei solcher Linsen zusammen und hatte damit ein primitives Mikroskop gebaut. Sehr rasch verbesserte er verschiedene Einzelheiten, so daß er 1933 das erste Elektronenmikroskop bauen konnte, das den herkömmlichen Lichtmikroskopen deutlich überlegen war. Bereits Ende 1939 wurde das erste serienmäßige Elektronenmikroskop von Siemens in Betrieb genommen. – Die Elektronenmikroskopie habe sich durch technische Verbesserungen und durch neue Konstruktionen, wie das von Binnig und Rohrer 1981 konstruierte Rasterelektronenmikroskop, weiter entwickelt, heißt es außerdem in der Begründung des Nobelkomitees.

Nobelpreisträger für Chemie

Das Recht, Vorschläge zu unterbreiten für die Verleihung der Preise, basierend auf dem Prinzip der Kompetenz und der Vielseitigkeit, sollen für Chemie, den Statuten der Nobelstiftung gemäß, die Folgenden in Anspruch nehmen können:

1. Schwedische und ausländische Mitglieder der Königlichen Akademie der Wissenschaften.
2. Mitglieder des Nobel-Komitees für Chemie.
3. Nobelpreisträger für Chemie.
4. Ständige und aktive Professoren der Chemie an den Universitäten und Instituten für Technologie in Schweden, Dänemark, Finnland, Island und Norwegen und am Karolinischen Institut in Stockholm.
5. Inhaber entsprechender Lehrstühle an wenigstens sechs Universitäten oder Universitäts-Colleges, ausgewählt durch die Akademie der Wissenschaften im Hinblick darauf, eine angemessene Verteilung zwischen verschiedenen Ländern und den Lehrstühlen zu gewährleisten.
6. Andere Wissenschaftler, die die Akademie für qualifiziert hält, Vorschläge einzubringen.

Die Vorschläge sind jeweils bei dem auf Seite 39 genannten entsprechenden Nobel-Komitee einzureichen.

1901 **Van 't Hoff, Jacobus Henricus** (1852–1911) / Niederlande
„als Anerkennung des außerordentlichen Verdienstes, das er sich durch die Entdeckung der Gesetze der chemischen Dynamik und des osmotischen Druckes in Lösungen erworben hat".

Hoff's Arbeit galt zunächst der Entwicklung der Stereochemie (Lehre von der räumlichen Anordnung der Atome im Molekül), zu deren Begründer er durch seine Lehre vom asymmetrischen Kohlenstoffatom wurde. Als eine zweite Epoche darf man seine grundlegenden Arbeiten zur chemischen Kinetik (Lehre von der Bewegung durch Kräfte) bezeichnen, bei der er einfache, ursprünglich aus der Mechanik und Thermodynamik stammende Prinzipien anwandte. Damit wurde er zum Mitbegründer der physikalischen Chemie. Als dritter wichtiger Schaffensabschnitt wäre die Beschäftigung mit den Gesetzen des osmotischen Druckes (Kraft, mit der Wasser oder andere Lösungsmittel durch eine halbdurchlässige Membran eindringen) und der damit zusammenhängenden Gefrierpunkterniedrigung bei Lösungen, zu nennen, deren große Bedeutung für Physiologie und Medizin in der Laudatio hervorgehoben wurde. Wichtig ist auch die Erforschung der Zustände in Lösungen, denn die chemischen Reaktionen erfolgen vorzugsweise gerade in Lösungen und die Lebensfunktionen der Organismen werden durch Stoffwechselprozesse aufrecht erhalten, die in Lösungen vor sich gehen.

1902 **Fischer, Hermann Emil** (1852–1919) / Deutschland
„als Anerkennung des außerordentlichen Verdienstes, das er sich durch seine synthetischen Arbeiten auf dem Gebiet der Zucker- und Puringruppen erworben hat".

Der Schwerpunkt von Fischer's wissenschaftlicher Tätigkeit lag auf dem Gebiet der synthetischen organischen Chemie, deren Ergebnisse ebenso bahnbrechend geworden sind, wie die seines Lehrers Adolf von Baeyer (NP/Ch 1905). Fischer stellte u.a. den Aufbau der Zuckerarten fest, stellte Traubenzucker synthetisch her und ist als Hauptschöpfer der Eiweißforschung anzusehen. Fischer's Arbeiten erschlossen außer neuen Synthesewegen die Zusammenhänge innerhalb des Stoffwechsels der lebenden Substanz. Sie führten die Zucker und Proteine auf ihre chemischen Bauprinzipien zurück. Außerdem gelang es F., die Zusammensetzung einer großen Anzahl von Substanzen der Harnsäuregruppe nachzuweisen, von denen viele größte Bedeutung haben, wie Koffein und Theobromin. Mit Joseph Freiherr von Mering (1849–1908) zusammen entdeckte er eine neue Klasse von Schlafmitteln, darunter das bekannte Arzneimittel Veronal.

1903 **Arrhenius, Svante August** (1859–1927) / Schweden
„als Anerkennung des außerordentlichen Verdienstes, das er sich durch seine Theorie über die elektrolytische Dissoziation um die Entwicklung der Chemie erworben hat".

Arrhenius erkannte, seiner Theorie der elektrolytischen Dissoziation zufolge, bei seinen Forschungsarbeiten den Zerfall gelöster Elektrolyte (Säuren, Basen, Salze) in Ionen. Diese Theorie wurde ursprünglich mit Mißtrauen aufgenommen; heute stellt sie in einer verbesserten Form eine der Grundlagen der physikalischen Chemie dar. Arrhenius beschäftigte sich auch mit großem Interesse mit astrophysikalischen Problemen. 1903 erschien von ihm das „Lehrbuch der kosmischen Physik", dem dann die zum Teil populär gehaltenen und darum viel gelesenen Bücher „Das Werden der Welten", „Die Vorstellung vom Weltgebäude im Wandel der Zeiten" und „Das Schicksal der Planeten" folgten. In seinem Lehrbuch berichtet er u.a. über die Gesetze des Lichtdruckes zur Erklärung der Kometenerscheinungen, der Sonnenkorona (Strahlenkranz um die Sonne) und des Zodiakallichts (Tierkreislicht).

1904 **Ramsay, William** (1852–1916) / Großbritannien
„als Anerkennung des Verdienstes, das er sich durch die Entdeckung der indifferenten gasförmigen Grundstoffe in der Luft und die Bestimmung ihres Platzes im periodischen System erworben hat".

Ramsay entdeckte in Zusammenarbeit mit Rayleigh (NP/Ph 1904) ein gasförmiges neues Element, das keinerlei chemische Verbindung einging und nannte es Argon. Im weiteren Verlauf seiner Forschungen gelang es R. 1885 ein zweites Edelgas nachzuweisen, das Helium. Man wußte zwar, daß Helium in der Sonne existierte, nun aber wurde es erstmals in der atmosphärischen Luft festgestellt. 1898 fand dann R. auch die übrigen in geringen Mengen vorhandenen Edelgase auf: Neon, Krypton und Xenon. Von großer Bedeutung war auch, daß er die Entwicklung des Heliums aus Radium durch den Atomzerfall nachweisen konnte. Seither galt sein Hauptinteresse der Radioaktivität.

1905 **Von Baeyer, Adolf** (1835–1917) / Deutschland
„als Anerkennung des Verdienstes, das er sich um die Entwicklung der organischen Chemie und der chemischen Industrie durch seine Arbeiten über die organischen Farbstoffe und die hydroaromatischen Verbindungen erworben hat".

Baeyer's hauptsächliche Forschungsarbeiten galten der organischen Chemie. Es gelang ihm u.a. Indigo zu synthetisieren. Indigo war ein um die Jahrhundertwende begehrter Farbstoff, der in einem sehr komplizierten und teuren Verfahren aus einer subtropischen Pflanze in uneinheitlicher Qualität gewonnen wurde. Die Indigosynthese hat B. weit über wissenschaftliche Kreise hinaus berühmt gemacht. Der natürliche Indigo verschwand sehr bald vom Markt, denn der synthetische Indigo konnte ab 1897 in industriellem Maßstab produziert werden. Baeyer wurde damit zum Mitbegründer und Förderer der deutschen Farbstoffindustrie. B. entdeckte auch die Phthaleine, eine weitere wichtige Farbstoffklasse, beschäftigte sich außerdem mit Kohlenwasserstoffen und dem Problem der Photosynthese. Insgesamt schuf er die Voraussetzungen, die Ende der zwanziger Jahre mit der Aufklärung und Synthese des Blutfarbstoffes zu einem Höhepunkt der Naturstoffchemie führte.

1906 **Moissan, Henri** (1852–1907) / Frankreich
„Als Anerkennung des großen Verdienstes, das er sich durch seine Untersuchung und Isolierung des Elements Fluor sowie durch die Einführung des nach ihm benannten elektrischen Ofens in den Dienst der Wissenschaft erworben hat".

Moissan's bedeutendste Leistungen waren, daß er 1886 das im Flußspat vorhandene Element Fluor abscheiden und seine Eigenschaften feststellen konnte, sowie daß er 1893 den elektrischen Ofen einführte, mit welchem er Temperaturen von 3500°C erreichte. Dadurch konnte er Forschungen über Verbindungen zahlloser Elemente mit Kohlenstoff, Bor und Silizium anstellen. Er benutzte den elektrischen Ofen ferner dazu, um den in Eisen oder Silber gelösten Kohlenstoff nach rascher Abkühlung unter hohem Druck zur Kristallisation zu bringen und so künstliche Diamanten herzustellen. Dies geschah jedoch in so verschwindend geringer Menge, daß eine praktische Auswertung von vornherein ausgeschlossen war. Immerhin wurde dadurch die Entstehung des Diamanten zum ersten Mal wissenschaftlich erklärt.

1907 **Buchner, Eduard** (1860–1917) / Deutschland
„für seine biochemischen Untersuchungen und die Entdeckung der zellfreien Gärung".

Buchner's hervorragendste Leistungen gehören in das Gebiet der Gärungschemie. Sein Hauptverdienst ist es, nachgewiesen zu haben, daß die alkoholische Gärung des Zuckers nicht von der Lebenstätigkeit der

Hefezellen abhängt, sondern durch ein in diesen enthaltenes abtrennbares Enzym. Indem B. Hefezellen auspreßte, konnte er mit dem zellfreien Saft ebenfalls Gärungsprozesse durchführen, ja, es gelang ihm sogar, aus dem Preßsaft ein Produkt zu isolieren, das als Gärungsenzym angesehen werden mußte. Er nannte es Zymase. 1893 berichtete B. über die „Zerreißung von Hefezellen", 1897 über „Alkoholische Gärung ohne Hefezellen" und 1903 verfaßte er zusammen mit seinem Bruder Hans das Werk „Die Zymasegärung", das die abschließende Darstellung seiner Forschungen beinhaltet.

1908 **Rutherford, Ernest** (1871–1937) / Großbritannien
„für seine Untersuchungen über den Zerfall der Elemente und die Chemie der radioaktiven Stoffe".

In der 1908 gehaltenen Laudatio wurde hervorgehoben, daß man durch R. weiß: Die Wandlungen der Elemente finden bei den radioaktiven Stoffen nicht in den Molekülen, sondern im einzelnen Atom statt. Die Atome haben also nicht die Eigenschaft fester, unveränderlicher Urbestandteile im Aufbau der Welt. Rutherford konstruierte 1911 sein berühmtes Atommodell, wonach das Atom aus einem positiv elektrischen Atomkern und ihn umgebenden negativ geladenen Elementarteilchen, den Elektronen, zusammengesetzt erscheint. Dieses Modell diente allen späteren Entwicklungen der Kernphysik als Grundlage. 1919 gelang R. die erste künstliche Atomkernumwandlung.

1909 **Ostwald, Wilhelm** (1853–1932) / Deutschland
„als Anerkennung für seine Arbeiten über die Katalyse sowie für seine grundlegenden Untersuchungen über chemische Gleichgewichtsverhältnisse und Reaktionsgeschwindigkeiten".

Ostwald, insbesondere für seine Arbeiten über die Katalyse mit dem Nobelpreis ausgezeichnet, hatte entdeckt, daß der Säure- oder Alkaligehalt einer Lösung eine hervorragende Rolle bei der Beschleunigung bestimmter chemischer Reaktionen spielt, zumal die Ionen des Wasserstoffs als Katalysatoren fungierten oder, mit anderen Worten, die Reaktion beschleunigten, ohne unmittelbar an ihr teilzunehmen. Die Katalyse spielt eine wichtige Rolle bei Prozessen in lebenden Organismen. Bedeutendes leistete O. ferner auf dem Gebiet der „Farbenlehre" und in der Organisation der naturwissenschaftlichen Forschung. Auf die Entwicklung der physikalischen Chemie hat er nachhaltig eingewirkt durch sein Lehrbuch (1884–1887) und seinen Grundriß (1889) der allgemeinen Chemie. Er ist der Begründer der Energetik, einer umstrittenen Philosophie, die glaubt, alles Sein und Werden (auch in der Kulturwelt) auf Energien zurückführen zu können.

1910 **Wallach, Otto** (1847–1931) / Deutschland

„als Anerkennung des Verdienstes, das er sich um die Entwicklung der organischen Chemie und der chemischen Industrie durch seine bahnbrechenden Arbeiten auf dem Gebiet der alicyklischen Verbindungen erworben hat".

Wallach beschäftigte sich insbesondere mit den sog. ätherischen Ölen und hatte festgestellt, daß die meisten dieser Aromastoffe miteinander eng verwandt sind und zur Gruppe der Terpene (zu welchen auch der Kampfer und einige andere Substanzen zählen) gehören. Sie sind aus gesättigten Kohlenstoffringen aufgebaut und unterscheiden sich nur durch die Zahl der im Molekül enthaltenen Ringe, bzw. deren Seitengruppen. Diese Befunde wurden Anlaß zu großem Interesse, als sich zeigte, daß das Isopren ein Grundbaustein der Terpene ist. Isopren ist ein zweifach ungesättigter Kohlenwasserstoff mit fünf Kohlenstoffatomen und kommt ebenfalls als Grundbaustein des Kautschuks vor. Die Bedeutung der von Wallach erzielten Resultate beschränkt sich nicht nur auf die Wissenschaft allein: sie wurden zum Anstoß einer gewaltigen industriellen Entwicklung der ätherischen Öle und Riechstoffe.

1911 **Curie, Marie** geb. Sklodowska (1867–1934) / Frankreich

„als Anerkennung des Verdienstes, das sie sich um die Entwicklung der Chemie erworben hat durch die Entdeckung der Elemente Radium und Polonium, durch die Charakterisierung des Radiums und dessen Isolierung in metallischem Zustand und durch ihre Untersuchungen über die Natur und die chemischen Verbindungen dieses wichtigen Elements".

Marie Curie arbeitete zunächst über die magnetischen Eigenschaften des gehärteten Stahls. Dann arbeitete sie mit dem 1895 geheirateten Physiker P. Curie an den neu entdeckten radioaktiven Stoffen. Sie entdeckten gemeinsam die radioaktiven Elemente Radium und Polonium; dem letzteren Element gab Marie Curie diesen Namen nach ihrer polnischen Heimat. Als P. Curie 1906 durch einen Verkehrsunfall starb, übernahm sie dessen gesamte Funktionen an der Universität Paris, ab 1908 als ordentliche Professorin. Es gelang ihr metallisches Radium zu isolieren sowie Polonium in konzentrierter Form zu gewinnen. Dann erforschte sie dessen Eigenschaften. Sie trug wesentlich dazu bei, daß die Lehre von der Radioaktivität und all ihren Phänomenen Gegenstand eines eigenen Wissenschaftszweiges wurde.

1912 **Grignard, Viktor** (1871–1935) / Frankreich
„für das von ihm aufgefundene sog. Grignard'sche Reagenz, das in den letzten Jahren in hohem Grad den Fortschritt der organischen Chemie gefördert hat".

Sabatier, Paul (1854–1941) / Frankreich
„für seine Methode, organische Verbindungen bei Gegenwart fein verteilter Metalle zu hydrieren, wodurch der Fortschritt der organischen Chemie in den letzten Jahren in hohem Grad gefördert worden ist".

Grignard hat sich mit seinen metall-organischen Synthesen, nach der seinen Namen tragenden „Grignard'schen Reagenz", große Verdienste um die organische Chemie erworben. Besagtes Reagenz besteht aus einer Lösung von Magnesiumhalogeniden in Äther und hat den Vorteil, leicht mit einer großen Anzahl verschiedener organischer Verbindungen zu reagieren, d.h., Reaktionen auszulösen, in deren Verlauf Kohlenstoff an Kohlenstoff gebunden wird, womit eine echte organische Synthese stattfindet. – Sabatier begann mit thematisch verschiedenen umfangreichen Forschungen auf dem Gebiet der physikalischen Chemie. Seine bedeutendsten Leistungen sah das Nobelkomitee aber darin, daß er eine allgemeine Methode für die katalytischen Hydrierungen (Anlagern von Wasserstoff an chemische Elemente oder Verbindungen) von Kohlenstoffverbindungen unter Kontakt mit fein verteilten Metallen erfand. Diese Methode findet eine weitverbreitete Verwendung in der Industrie (z.B. für Tempera-Ölfarben).

1913 **Werner, Alfred** (1866–1919) / Schweiz
„auf Grund seiner Arbeiten über die Bindungsverhältnisse der Atome im Molekül, wodurch er ältere Forschungsgebiete geklärt und neue erschlossen hat, besonders im Bereich der anorganischen Chemie".

Werner's erste wissenschaftliche Arbeit, in der er an seine Habilitationsdissertation („Über die räumliche Anordnung der Atome in stickstoffhaltigen Molekülen"/1890) anknüpft, ist die „Stereochemie (der räumliche Bau) der stickstoffhaltigen Moleküle". Damit hat Werner die von van 't Hoff (NP/CH 1901) durch seine Theorie von symmetrischen Kohlenstoffatom begründete Stereochemie in die anorganische Chemie eingeführt. W.'s bedeutendste wissenschaftliche Leistung ist die 1893 aufgestellte Koordinationslehre (Lehre vom räumlichen Aufbau der Verbindungen höherer Ordnung) mit den Begriffen der Koordinationszahl, der Neben-Valenz (Neben-Wertigkeit) und der direkten und indirekten Bindung. Sie ist heute in modifizierter Form Grundlage des Verständnisses komplizierter organischer Komplexverbindungen, zu denen neben den Blutfarbstoffen z.B. auch das Vitamin B_{12} gehört.

1914 (verliehen 1915)
Richards, Theodore William (1868–1928) / USA
„als Anerkennung seiner genauen Bestimmungen des Atomgewichts von zahlreichen chemischen Elementen".

Etwa die Hälfte seiner Lebenszeit widmete Richards der exakten Feststellung von Atomgewichten (bei 21 Atomarten). Bereits 1886 (mit 18 Jahren!) begann er mit der Feststellung von Atomgewichten bei Sauerstoff und Kupfer. 1909 erschien auf deutsch sein Sammelbericht „Untersuchungen über Atomgewichte". Außerdem arbeitete er noch an zahlreichen Problemen der physikalischen Chemie, so u.a. über Spektren, Elektrischer Widerstand, Wärmeexpansion von Gasen, Entstehung und Wachstum von Kristallen, Zusammendrückbarkeit der Atome.

1915 **Willstätter, Richard Martin** (1872–1942) / Deutschland
„für seine Untersuchungen der Farbstoffe im Pflanzenreich, vor allem des Chlorophylls".

Willstätter's erste Arbeiten galten der Strukturbestimmung und Synthese von Pflanzenalkaloiden (Alkaloid: eine chemische Verbindung pflanzlicher Herkunft), wie Atropin, Kokain; hierauf untersuchte er die Chinone (stark gefärbte organische Verbindungen, die aus den aromatischen Kohlenwasserstoffen durch Einwirkung von Sauerstoff entstehen) und chinonartige Verbindungen, welche den Farbstoffen zugrunde liegen. Seine nächste Arbeit galt der Untersuchung pflanzlicher und tierischer Pigmente (Farbstoffe). Von 1912–1914 konnte er in Berlin seine Untersuchungen über Chlorophyll, über den Blutfarbstoff sowie über die Farbstoffe der Blüten und Früchte durchführen. Da das Chlorophyll in den grünen Pflanzen die Bildung von Zucker und Stärke ermöglicht, ist es ein Grundstoff für den Gesamthaushalt der Natur. Man darf W. als den Hauptbegründer der Pflanzenchemie bezeichnen.

1916 (nicht verliehen)
1917 (nicht verliehen)

1918 (verliehen 1919)
Haber, Fritz (1868–1934) / Deutschland
„für die Synthese von Ammoniak aus dessen Elementen".

Haber entdeckte das Verfahren, Stickstoff und Wasserstoff durch Anwendung hoher Drucke, hoher Temperaturen und bestimmter Katalysatoren zu Ammoniak zu vereinigen. Ammoniak wurde zur Grundlage der weltweiten Produktion künstlicher Düngemittel und Haber leistete damit im vorbildlichen Sinne Nobel's einen Beitrag zum Wohle der Menschheit, indem er mithalf, der elementarsten Sorge der Menschheit, dem Hunger, entgegenzutreten. Hier zeigt es sich, daß die Verleihung des Nobelpreises keineswegs nur eine Interpretation aus der Sicht der wissenschaftlich fachlichen Leistung zuläßt.

1919 (nicht verliehen)

1920 (verliehen 1921)
Nernst, Walther Hermann (1864–1941) / Deutschland
„als Anerkennung für seine thermochemischen Arbeiten".

Nernst ist einer der Begründer der physikalischen Chemie. Er ist besonders hervorgetreten durch das sog. Nernst'sche Wäremtheorem (Theorem: Lehrsatz), den neuen 3. Hauptsatz der Thermodynamik (Lehre von den physikalischen und chemischen Erscheinungen, bei denen Arbeits- und Wärmewirkungen auftreten), der auf der Annahme beruht, „daß in der Nähe des absoluten Nullpunktes die Wärmeentwicklung ein Maß der chemischen Verwandtschaft ist". Aus der die Verdienste N.'s würdigenden Laudatio sei u.a. hervorgehoben: „Mit Hilfe des von Ihnen gefundenen Wärmesatzes ist es möglich, aus den Wärmetönungen bei chemischen Umsätzen und den spezifischen Wärmen einerseits die chemische Verwandtschaft und die höchste mögliche Arbeitsleistung bei chemischen Umsetzungen, andererseits das Gleichgewicht bei noch nicht untersuchten Reaktionen zu berechnen . . . Das große Ziel, aus den thermochemischen Voraussetzungen die chemische Verwandtschaft berechnen zu können, war also erreicht."

1921 (verliehen 1922)
Soddy, Frederick (1877–1956) / Großbritannien
„für seine Beiträge zur Kenntnis der Chemie der radioaktiven Stoffe und seine Untersuchungen über das Vorkommen und die Natur der Isotopen".

Entscheidend für die chemischen Eigenschaften eines Elements ist die Ladung seines Kerns, weil diese die Anzahl der Elektronen des Atoms und die chemischen Eigenschaften der Elektronenhülle bestimmt. Atomkerne von gleicher Ladung haben oftmals eine verschiedene Anzahl von Neutronen: diese verschiedenen Typen von Atomen eines Elements nennt man Isotope. Die Vorstellungen zur Elementenumwandlung durch

Aufnahme oder Abstrahlung von positiv geladenen Alpha-Teilchen führten Soddy zur Entdeckung der Isotope. Er erkannte, daß es theoretisch möglich war, durch Kombination geeigneter Umwandlungsschritte ein bestimmtes chemisches Element auf verschiedenen Wegen aus anderen Elementen herzustellen. Die auf diesen verschiedenen Wegen hergestellten Atome sollten einerseits im Periodensystem der Elemente den gleichen Platz einnehmen, wären also chemisch identisch, hätten andererseits jedoch verschiedene Gewichte, wären also physikalisch gesehen uneinheitlich.

1922 **Aston, Francis William** (1877–1945) / Großbritannien
„für seine Entdeckung einer großen Zahl von Isotopen in mehreren nicht radioaktiven Elementen mit Hilfe seines Massenspektrographen sowie für seine Entdeckung des sogenannten Gesetzes der Ganzzahligkeit".

In unmittelbarem Zusammenhang mit der theoretischen Begründung und der experimentellen Stützung des Isotopiebegriffes durch Soddy stehen die bereits ein Jahr später preisgekrönten Arbeiten F.W. Aston's. Er erfand 1919 den für die Geschichte der Physik und Chemie wichtigen Massenspektrographen. Ähnlich wie durch ein Prisma weißes Licht in seine verschiedenfarbigen Komponenten zerlegt werden kann, ließ sich mit dem Massenspektrographen nunmehr ein Element in seine Isotope, d.h. chemisch gleichartige Atome verschiedenen Gewichts, zerlegen. Aston hatte in kurzer Zeit an 30 Elementen nachweisen können, daß sie aus Atomen verschiedenen Gewichts zusammengesetzt seien. Diese Befunde zeigten nun, in Verbindung mit der Auffindung der Atombausteine Neutron und Proton, daß sämtliche Atomgewichte gradzahlige Vielfache einer kleinsten Einheit, des Wasserstoffatoms, sein müßten. Da aber die chemisch gefundenen Atomgewichte nur Durchschnittswerte der natürlichen Isotopengemische sein konnten, brauchten sie also kein gradzahliges Vielfaches des Wasserstoffatoms zu sein. Es war vor allem die experimentelle und theoretische Klärung dieser Gedankengänge, für die A. ausgezeichnet wurde.

1923 **Pregl, Fritz** (1869–1930) / Österreich
„für die von ihm entwickelte Mikroanlayse organischer Substanzen".

Die Verleihung des Chemie-Nobelpreises 1923 geschah nicht für eine „Entdeckung", sondern zur Belohnung der Verbesserung einer schon bestehenden von Liebig und seinen Zeitgenossen ausgearbeiteten Methode. Indem Pregl neue Vorrichtungen schuf und Spezialapparate konstruierte, vervollkommnete er die analytischen Methoden zur Untersuchung zahlloser Elemente soweit, daß die zur Analyse notwendige Menge an Substanz stark (teilweise auf ca. 1/50) vermindert werden konnte, ohne daß die Analyse im geringsten an Exaktheit einbüßte. Er schuf damit die Möglichkeit, auch kostbare Präparate, die nur in Milligrammengen verfügbar waren, zu analysieren. Das ist für die reine Wissenschaft wie auch für Zwecke der Industrie von gleich hohem Wert. Die P.'schen Methoden der quantitativen mikro-chemischen Analyse stellen den größten Fortschritt seit der Erfindung der organischen Elementaranalyse überhaupt dar.

1924 (nicht verliehen)

1925 (verliehen 1926)
Zsigmondy, Richard Adolf (1865–1929) / Deutschland
„für die Aufklärung der heterogenen Natur kolloidaler Lösungen sowie für die dabei angewandten Methoden, die grundlegend für die moderne Kolloidchemie sind".

Zsigmondy begann seine wissenschaftliche Forscherarbeit mit der praktisch-technischen Herstellung von Lüsterfarben für Glas und Porzellan. Die Beobachtungen, die er dabei an der Färbung der Glührückstände machte, führten ihn zu seinem Hauptarbeitsgebiet, der Kolloidchemie. Kolloide sind feinverteilte Stoffe bzw. Gebilde mit Teilchengrößen zwischen 1/1.000 und 1/1.000.000 Millimeter. Diese Teilchen, die mikroskopisch nicht mehr zu beobachten waren, konnten durch das von Z. (und H. Siedentopf) 1903 konstruierte Ultra-Mikroskop sichtbar gemacht werden. Dieses Instrument, das Z. 1913 weiter zum Immersions-Ultramikroskop verfeinern konnte, ist das wichtigste Werkzeug für die Kolloidforschung geworden. Die Chemie verdankt Zsigmondy noch weitere praktische Erfindungen: so konnte er durch den von ihm geschaffenen Sterndialysator die Dialyse (chem. Trennungsmethode) und durch seine Membranfilter (1918) und Ultrafeinfilter (1922) die Ultrafiltration verbessern. Von seinen Publikationen sei besonders das Buch „Kolloidchemie" (1912) hervorgehoben, das in vielen Auflagen, auch überarbeitet, erschien.

1926 **Svedberg, The (Theodor)** (1884–1971) / Schweden
„für seine Arbeiten über disperse Systeme".

Das von Zsigmondy konstruierte Ultra-Mikroskop war auch das Instrument, mit dem Svedberg die Brown'sche Molekularbewegung experimentell erfolgreich bearbeiten konnte. Bereits ein Jahr später als Z. erhielt er den Nobelpreis. Hinter der nur aus sechs Wörtern bestehenden Nobelpreisbegründung verbirgt sich vor allem eine Ehrung für seine Entwicklung der Ultrazentrifuge, mit deren Hilfe er einen neuartigen und in der Folgezeit zu großer Bedeutung gelangten Weg der Molekulargewichtsbestimmung beschritt. Das Verfahren ist inzwischen ein unentbehrliches Hilfsmittel zur Untersuchung von Eiweißen und anderen hochmolekularen Naturstoffen geworden, da es schnell arbeitet und unter Bedingungen, bei denen die empfindlichen Substanzen, etwa Serumeiweiße, nicht verändert werden.

1927 (verliehen 1928)
Wieland, Heinrich Otto (1877–1957) / Deutschland
„für seine Forschungen über die Zusammensetzung der Gallensäure und verwandter Substanzen“.

Wieland's Gallensäureforschung wurde zur Grundlage für die gesamte Chemie der Sexualhormone, ferner zur Auffindung des bald weltbekannten Cortisons, des Heilmittels für rheumatische Krankheiten. Die Gallensäuren bilden auch das Gerüst des antirachitischen Vitamins D, das sein Freund und Mitlaureat A. Windaus in enger Zusammenarbeit mit ihm synthetisch darstellen konnte. So ist Wieland auch an diesem für die Menschheit so segensreichen Medikament beteiligt.

1928 **Windaus, Adolf Otto Reinhold** (1876–1959) / Deutschland
„für seine Verdienste um die Erforschung des Aufbaus der Sterine und ihres Zusammenhanges mit den Vitaminen“.

Windaus hat in mühseliger Arbeit die Verwandtschaft des Cholesterins (einer Sterine genannten Gruppe organischer Verbindungen zugehörig) zu den Gallensäuren festgestellt, und das bildete wiederum die Grundlage für seine bahnbrechenden Vitaminforschungen. In Zusammenarbeit mit H. Wieland gelang es ihm, das Vitamin D-haltige Präparat „Vigantol“ herzustellen, das die insbesondere bei Kindern auftretende Rachitis heilbar und ihn zum Wohltäter an unzähligen Menschen machte.

1929 **Harden, Arthur** (1865–1940) / Großbritannien
Von Euler-Chelpin, Hans Karl August Simon (1873–1964) / Schweden
„für ihre Forschung über die Zuckervergärung und deren Anteil der Enzyme an diesem Vorgang“.

Harden beschäftigte sich frühzeitig mit der chemischen Wirkung der Bakterien und seit 1903 hauptsächlich mit der alkoholischen Gärung. 1905 machte er die wichtige Feststellung, daß Buchner's (NP/Ch 1907) Entdeckung des zellfreien Hefesaftes, die Zymase, eigentlich aus zwei Komponenten besteht, aus der eigentlichen Zymase und einer Cozymase, die unbedingt notwendig ist, damit die Zymase arbeiten kann. Dadurch war zum ersten Male der komplexe Charakter der Zymase festgestellt, so daß es später möglich wurde, zu zeigen, daß eine solche Aufteilung in Ferment und Coferment auch in anderen Fällen vorkommt, besonders dort, wo zymaseähnliche zuckerspaltende Enzyme in anderen Zellen, so in Bakterien und tierischen Zellen, tätig sind. Harden fand auch heraus, daß die Gärung sich durch Zuführung anorganischer Phosphate steigern läßt und klärte die Zusammensetzung der Zuckerphosphorsäureverbindung. – Von Euler-Chelpin, der sich wie Harden auch mit der Frage der Vitamine eingehend beschäftigte, brachte namentlich die von H. klargelegten Vorgänge bei der Zuckergärung und die Gärungssteigerung in Einklang mit den Lehren und der Methodik der physikalischen Chemie. Es gelang ihm auch, die vielfach bezweifelte Existenz der Cozymase festzulegen.

1930 **Fischer, Hans** (1881–1945) / Deutschland
„für seine Arbeiten über den strukturellen Aufbau der Blut- und Pflanzenfarbstoffe und für die Synthese des Hämins".

Fischer's wissenschaftliche Arbeiten betrafen die Konstitution von Blut-, Gallen- und Blattfarbstoffen sowie die Chemie der Pyrrole im allgemeinen. F. konnte u.a. nachweisen, daß das Hämin als Farbkomponente des Eiweißkörpers Hämoglobin aus einem Porphyrin-Ringsystem besteht, in dessen Zentrum sich ein Eisenatom befindet. Er entdeckte, daß dieses sehr stabile Ringsystem aus wiederum vier miteinander verknüpften Ringen, und zwar verschieden substituierten Pyrrolringen aufgebaut ist. Nun war es die Aufgabe, die verschiedenen Pyrrol-Ringe in der richtigen Reihenfolge zu dem höheren Porphyrin zu verknüpfen, um zum natürlichen Hämin zu kommen. F. synthetisierte alle möglichen Kombinationen und verglich die erhaltenen Produkte mit natürlichem Hämin. Auf diese Weise gelang ihm gleichzeitig Strukturaufklärung und Synthese des natürlichen Blutfarbstoffes, als er 1929 die richtige Kombination gefunden hatte. In der Laudatio hieß es: „Durch Ihre analytischen und synthetischen Arbeiten über die Farbstoffe des Blutes und des Blattes und anderer verwandter Körper haben Sie eine Leistung vollbracht, die nicht anders als eine chemische Großtat zu bezeichnen ist und die sich zweifellos in den verschiedenen Zweigen der Naturwissenschaft erfolgreich auswirken wird.

1931 **Bosch, Karl** (1874–1940) / Deutschland
Bergius, Friedrich (1884–1949) / Deutschland
„für ihre Verdienste um die Entdeckung und Entwicklung der chemischen Hochdruckverfahren".

Die preisgekrönten Arbeiten von Bosch und Bergius bewiesen einmal mehr, daß die technische Vervollkommnung ein unentbehrliches Hilfsmittel der Wissenschaft ist. Haber (NP/Ch 1918) hatte zwar das Problem der Ammoniaksynthese aus Stickstoff und Wasserstoff gelöst, doch die technische Nutzung seiner Erkenntnisse gelang mit Erfolg erst, als Bosch geeignete Reaktionsgefäße entwickelt hatte, um bei 500°C mit 200 Atü Wasserstoff arbeiten zu können. Damit hatte Bosch nicht nur die technischen Möglichkeiten des mit seinem Namen verbundenen Haber-Bosch-Verfahrens geschaffen, sondern gleichzeitig die Voraussetzungen der technischen „Kohlenverflüssigung". – Bergius hatte herausgefunden, daß sich Kohle unter Wärmeabgabe mit Wasserstoff zu Kohlenwasserstoff umsetzen läßt, ein Prozeß, der zu hochwertigen Ölen und Treibstoffen führt. Aus diesem Grund war in einer Zeit, zu der in Europa das Erdöl noch nicht die heutige Rolle spielte, das Interesse an der Kohlenverflüssigung sehr groß. Vor allem war es wichtig, außer der technischen Apparatur auch geeignete Katalysatoren zu finden, die die Kohlehydrierung zu technisch brauchbaren Geschwindigkeiten beschleunigten. Bosch fand einen derartigen Katalysator und ermöglichte damit die Produktion synthetischer Treibstoffe in großem Maßstab. Bosch und Bergius gemeinsam durch den Nobelpreis zu ehren, beruht also darauf, daß beide zusammen die Schöpfer der Hochdruckmethodik waren.

1932 **Langmuir, Irving** (1881–1957) / USA
„für seine Entdeckungen und Forschungen im Bereich der Oberflächenchemie".

Langmuir untersuchte unter besonderer Beherrschung der Vakuum-Erscheinungen und der Vakuum-Technik die atomaren und molekularen Mechanismen chemischer und physikalischer Phänomene an der Oberfläche und gelangte zu grundlegenden Erkenntnissen über die Eigenschaften adsorbierender (adsorbieren = Gase oder gelöste Stoffe an der Oberfläche fester Körper anlagern) Felder an den Oberflächen und über die Natur der elektrischen Entladungen im Hochvakuum und in Gasen bei niedrigen Drücken. Er wurde der Hauptschöpfer eines neuen Bereiches der physikalischen Chemie, der „Oberflächenchemie", die auch das Thema seines sehr ausführlichen Nobelpreisvortrages war.

1933 (nicht verliehen)

1934 **Urey, Harold Clayton** (1893–1981) / USA
„für seine Entdeckung des schweren Wasserstoffes".

Urey befaßte sich vor allem mit den Grenzgebieten zwischen Chemie und Physik. 1930 publizierte er sein Buch „Atome, Moleküle, Quanten". 1932 konnte er die Existenz des schweren Wasserstoffes (Deuterium) experimentell nachweisen, indem er das Isotop bei sehr tiefer Temperatur (– 250° C) destillativ anreicherte und außerdem elektrolytisch als „schweres Wasser" isolierte. Seine weiteren Forschungen erstreckten sich auf die thermodynamischen Eigenschaften des schweren Wasserstoffes, besonders den Dampfdruck der beiden Wasserstoffarten und die Gleichgewichtskonstante der Austauschreaktionen.

1935 **Joliot, Frédéric** (1900–1958) / Frankreich
Joliot-Curie, Irène (1897–1956) / Frankreich)
„für ihre gemeinsam durchgeführten Synthesen von neuen radioaktiven Elementen".

Irène Curie heiratete 1926, als Tochter von Pierre und Marie Curie (NP/Ph 1903, M. Curie: NP/Ch 1911), den Atomphysiker Frédéric Joliot. Das Ehepaar Joliot-Curie führte zum allergrößten Teil seine Forschungsarbeiten gemeinsam durch, wie es auch ausdrücklich die Nobelpreisbegründung bestätigt. Sie entdeckten 1934, daß beim Beschuß von Atomkernen mit Alpha-Teilchen nicht nur stabile Isotope schwerer Elemente, wie im Falle des Sauerstoffs, zu entstehen brauchten. Sie erhielten durch Beschuß von Bor und Aluminium mit Alpha-Teilchen radioaktiven Stickstoff und radioaktiven Phosphor. Diese und andere auf analogem Wege hergestellten radioaktiven Elemente hatten Halbwertszeiten von wenigen Sekunden bis zu einigen Tagen, Monaten oder auch Jahren. Die künstlich radioaktiven Isotope dieses Typs haben große Bedeutung als Indikatoren (Stoff, der durch Farbwechsel das Ende einer chemischen Reaktion anzeigt), und einige von ihnen sind in die Radiotherapie (Heilbehandlung durch Bestrahlung) eingeführt worden.

1936 **Debye, Peter** (1884–1966) / Niederlande
„für seine Beiträge zu unserer Kenntnis der Molekularstrukturen durch seine Forschungen über Dipolmomente, über die Beugung von Röntgenstrahlen und an Elektronen in Gasen".

Der Nobelpreisbegründung zufolge sind Debye's wissenschaftliche Leistungen ungewöhnlich vielseitig. Debye wies nach, daß sich nahezu alle Moleküle und Ionen gegenseitig beeinflussen, daß sie sich in ganz bestimmter Struktur zueinander anordnen und daher Röntgenstrahlen nach ganz definierten Gesetzmäßigkeiten beugen. Debye konnte in seinen Arbeiten zeigen, daß viele Moleküle den Charakter von elektrischen Dipolen haben. Die Dipolbildung beruht darauf, daß sich die elektrische Ladung innerhalb eines Moleküls ungleichmäßig auf die einzelnen Atome und Baugruppen verteilt und so zu Beeinflussungen der Bindungsabstände und Valenzwinkel der Atome führt. Die Messungen der Dipolmomente werden immer mehr neben anderen Untersuchungen als unentbehrliches Hilfsmittel bei Konstitutionsbestimmungen herangezogen.

1937 **Haworth, Walter Norman** (1883–1950) / Großbritannien
„für seine Forschungen über Kohlehydrate und Vitamin C".

Karrer, Paul (1889–1971) / Schweiz
„für seine Forschungen über die Karotinoide und Flavine sowie über die Vitamine A und B_2".

Nach und nach gelangten die Chemiker zu der Überzeugung, daß die Anordnung der Zuckermoleküle nicht in einer offenen Kohlenstoffkette, sondern in geschlossenen Ketten besteht. Haworth lieferte, sich neuer Forschungsmethoden bedienend, detaillierte Informationen über die zyklischen Moleküle der Kohlehydrate, und zwar nicht nur über jene der einfachen Zucker, sondern auch über jene der Disacharide, des Amids und der Zellulose. Vor allem lieferte er Informationen über die Struktur der Ascorbinsäure (Vitamin C). – Karrer beschäftigte sich zunächst mit den gelb bis rot gefärbten Pflanzenfarbstoffen, wie sie etwa in den Karotten als Karotinoide vorkommen. Er konnte die Struktur dieser Stoffklasse aufklären und fand, daß einer ihrer Vertreter, das Karotin, die Vorstufe des schon seit 1906 medizinisch bekannten Vitamins A darstellt. Karrer hat auch die Struktur der Flavine untersucht. Flavine sind in der Tierwelt verbreitete stickstoffhaltige Farbstoffe, z.B. das Laktoflavin der Milch (Vitamin B_2), das Ovoflavin der Eier.

1938 (verliehen 1939)
Kuhn, Richard (1900–1967) / Deutschland
„für seine Arbeiten über Karotinoide und Vitamine".

Richard Kuhn hat, im Anschluß an die Forschungen Paul Karrer's (NP/Ch 1937), in hervorragendem Maße zur Vermehrung unserer Kenntnisse über die Vitamin B-Gruppe beigetragen. Er entdeckte nicht weniger als acht neue Karotinoide, bereitete sie im reinen Zustand auf und konnte ihren Aufbau bestimmen. Er stellte die große physiologische und biologische Bedeutung des Karotins fest, insbesondere als Wuchsstoffe für das Wachstum höherer Tiere und besonders für die Erhaltung des normalen Zustandes der Schleimhäute. Er isolierte außerdem als erster das Riboflavin und untersuchte seine Zusammensetzung. Er isolierte auch ein anderes Mitglied der Familie der Vitamine B, das Antidermatovitamin B_6, das Hautkrankheiten verhütet.

1939 **Butenandt**, Adolf Friedrich Johann (1903– . . . .) / Deutschland
„für seine Arbeiten über Sexualhormone".

Ružička, Leopold (1887–1976) / Schweiz
„für seine Arbeiten an Polymethylenen und höheren Terpenen".

Butenandt isolierte 1929 aus mehr als 1000 Litern Urin von Schwangeren wenige Milligramm eines weiblichen Geschlechtshormons, das Follikulin (= Östron). Entsprechend wurden bald darauf aus Männerharn männliche Geschlechtshormone isoliert. B. konnte weitere Sexualhormone isolieren und im reinen Zustand aufbereiten, wie die weiblichen Östriole und Progesterone und die männlichen Androsterone. Es gelang ihm, ihre chemische Zusammensetzung, ihr Verhältnis zu den Gallensäuren und den Stereolen zu bestimmen und in bestimmten Fällen sogar ihre Synthese durchzuführen. Butenandt's neuere Forschungen brachten auch bei den Sexual-Lockstoffen beträchtliche Erfolge. –
Ružička, aufbauend auf den Arbeiten Wallach's (NP/Ch 1910), erkannte das Isopren (flüssiger Kohlenwasserstoff, aus der Steinkohle gewonnen) als universellen Naturbaustein und formulierte dieses Bauprinzip in seiner Isoprenregel. R. beschäftigte sich hauptsächlich mit den höheren Terpenen, deren Ringe er durch Vergleich mit den gut bekannten aromatischen Verbindungen identifizierte. Es gelang ihm, Zusammenhänge zwischen zunächst so verschiedenartig erscheinenden Gebieten wie der ätherischen Öle und der Sexualhormone aufzufinden.

1940 (nicht verliehen)

1941 (nicht verliehen)

1942 (nicht verliehen)

1943 (verliehen 1944)
De Hevesy, George (1885–1966) / Ungarn
„für seine Arbeiten über die Anwendung der Isotope als Indikatoren bei der Erforschung chemischer Prozesse".

Hevesy erfand, unter Auswertung der chemischen Übereinstimmung zwischen den Isotopen eines Elements, eine Methode zum Studium der chemischen Prozesse, die sich auf die Indikatorelemente stützte. Er „verunreinigte" ein nicht strahlendes Blei mit geringsten Mengen des strahlenden Bleiisotops Radium D. Da beide Komponenten chemisch nicht getrennt werden können, ist jetzt die strahlende Verunreinigung ein ausgezeichnetes Nachweismittel für das gesamte Blei und ermöglicht es, seinen Verbleib bei chemischen Reaktionen zu verfolgen. Auf dieser Grundkonzeption aufbauend, gelang es H., neue Wege zur Erforschung von Reaktionsmechanismen zu beschreiben und den Verbleib sowie die Bahn von Nährstoffen in lebenden Organismen zu verfolgen. Er erschloß ein reiches Neuland auf dem Gebiet der denkbar friedlichsten Ausnutzung der Atomchemie.

1944 (verliehen 1945)
Hahn, Otto (1879–1968) / Deutschland
„für seine Entdeckung der Kernspaltung von Atomen".

Der Aufbau von Transuranen, d.h. der Aufbau von neuartigen Elementen mit höherer Ordnungszahl als Uran, war das Ziel der Arbeiten von Otto Hahn und Lise Meitner. Sie wählten die schon von Fermi (NP/Ph 1938 angewandte Methode und beschossen Uranatome mit Neutronen. Da Neutronen elektrisch neutral sind, können sie bei ihren Zusammenstößen mit den Atomen in engeren Kontakt mit den Atomkernen treten. Hahn stellte in Zusammenarbeit mit Strassmann 1938 fest, daß beim Beschuß von Uranatomen mit Neutronen Barium entsteht und berichtete 1939 über „Experimente, die allen vorherigen Resultaten der Kernphysik widersprechen". Das Bild der Uranzertrümmerung stellt sich so dar: Das Uranatom mit dem Atomgewicht 235 nimmt ein Neutron auf, wobei das Uran 236 gebildet wird. Dieses ist stabil und zerfällt unter unvorstellbarer Energieabgabe in zwei große Bruchstücke, etwa Barium und Jodisotope. Solche Isotope können selbst wieder instabil sein und unter Ausstoßung von insgesamt mindestens zwei Neutronen abermals zerfallen, ein Prozeß, der sich unter Umständen mehrmals in Gestalt ganzer Zerfallsreihen wiederholen kann. Damit erwuchs der Menschheit aus der Wissenschaft eine Bedrohung von ungeheurem Ausmaß. Die Möglichkeit, in einer kriegerischen Auseinandersetzung die ganze Erde zu zerstören und die Menschheit auszulöschen, war bisher noch nie gegeben, heute, da dieser Kommentar geschrieben wird, ist sie zur Gewißheit geworden, gegen die alle guten Kräfte (nicht zuletzt die Kirchen) mobilisiert werden müssen. Wie aber ist unter diesem Aspekt die Preisverleihung u.a. an O. Hahn, der sich entschieden gegen die Verwendung der Atomenergie zu Kriegszwecken wandte, zu sehen? Es war nicht nur die Erkenntnis der ungeheuren Möglichkeiten, die der Menschheit bei friedlicher Nutzung der Atomkraft an die Hand gegeben wurden, es war nicht nur die Bewahrung des internationalen, prinzipiell völlig unpolitischen neutralen Charakters der Naturwissenschaften, es war sicher auch die auf Alfred Nobels zurückgehende Überzeugung, daß nunmehr Kriege sinnlos seien, d.h., weil wahr werden sollte, was von dem Erfinder des Dynamit überliefert ist: „An dem Tage, da zwei Armeekorps einander in einer Sekunde vernichten können, ist zu hoffen, daß alle zivilisierten Nationen vom Kriege zurückstehen werden".

1945 **Virtanen, Artturi Ilmari** (1895–1973) / Finnland
„für seine Untersuchungen und Entdeckungen auf dem Gebiet der Agrikultur- und Nahrungsmittelchemie, insbesondere für seine Methode der Konservierung von Futtermitteln und Futterpflanzen".

Virtanen gab seinem Chemie- und Physikstudium biologische Ziele und studierte auch Bakteriologie. Virtanen hat eine Anzahl für die Landwirtschaft höchst wichtiger Forschungen durchgeführt. Die Grundlagen dafür boten die Sondergebiete: Enzyme, Aminosäuresynthesen, Karotine und Vitamine, naturgemäß auch Wachstumshormone, Bakterienwirksamkeit in den Pflanzen und in der Erde. V. hat insbesondere ein System erarbeitet, um den Futtermitteln deren ganzen Nährwert zu erhalten, indem er ihnen angemessene Mengen von Chlorwasserstoff und Schwefelsäuren beimengte, die jeden Gärungsprozeß unterbrechen.

1946 **Sumner, James Batcheller** (1887–1955) / USA
„für seine Entdeckung der Kristallisierbarkeit von Enzymen".

Northrop, John Howard (1891–1987) / USA
Stanley, Wendell Meredith (1904–1971) / USA
„für ihre Darstellung von Enzymen und Virus-Proteinen in reiner Form".

Sumner konnte erstmals 1926 ein Enzym im reinen kristallinen Zustand herstellen, die Urease nämlich, die den Harnstoffzerfall auslöst. Er führte das Experiment durch Pulverisierung einer an diesem Enzym reichen Pflanze (Canavalia ensiformis) in flüssigem Azeton durch. Die Kristalle zeigten sich, sobald die Lösung abgekühlt war, und Sumner konnte die Rekristallisation durchführen, ohne daß die Reaktionsfähigkeit schwand. Dieses Enzym erwies sich als ein Protein. – Northrop, angeregt durch Sumner's Ergebnisse, nahm mit dem Pepsin (aus der Magensäure) und dem Tripsin (aus der Bauspeicheldrüse) ähnliche Reinherstellung anderer Enzyme vor. Sie waren sämtlich Proteine. –

Stanley hat die Viruspartikeln chemisch untersucht, die viele Krankheiten verursachen: Pocken, Kinderlähmung, Grippe, Maul- und Klauenseuche, Tabakmosaik-Krankheiten. Im Mikroskop kann man sie nicht sichtbar machen. Als Stanley mit seinen Forschungen begann, konnte man sie nur an den Symptomen der betreffenden Krankheit identifizieren. Beim Tabakmosaik-Virus erzielte er den ersten Erfolg. Er konnte aus vom Tabakmosaik befallenen Tabakblättern eine kristalline Substanz herauslösen, die alle Eigenschaften des Proteins besaß. Sie war der Krankheitserreger.

1947 **Robinson, Robert** (1886–1975) / Großbritannien

„für seine Untersuchungen über biologisch wichtige Pflanzenprodukte, insbesondere Alkaloide".

Robinson trug zum Fortschritt der Wissenschaft auf dem Gebiet der Sexualhormone, der synthetischen Medikamente gegen die Malaria und des Penicillins bei, aber vor allem wußte er das schwierige Problem der Anordnung der Atome in den Molekülen des Morphiums und des Strychnins zu lösen und klärte einige Aspekte der Struktur vieler anderer Alkaloide. Alkaloide sind basische Pflanzenstoffe, meist giftige Stickstoffverbindungen wie Nikotin, Kokain, Koffein, Morphin, Chinin, Atropin. R. war vielfach Berater in der Industrie (Pharmazeutik, Farbstoffe und Erdölprodukte). 1951 gelang ihm die Synthese des Cholesterins.

1948 **Tiselius, Arne Wilhelm Kaurin** (1902–1971) / Schweden

„für seine Arbeiten über die Analyse mit Hilfe von Elektrophorese und Adsorption, insbesondere für seine Entdeckungen über die komplexe Natur von Serum-Proteinen".

In der Hauptsache galten Tiselius' Forschungen der Chemie der Proteine. Er entwickelte dazu die Methoden der Elektrophorese weiter und verbesserte sie entscheidend. Elektrophorese ist ein Analyseverfahren, das die verschiedenen Wanderungsgeschwindigkeiten von isolierten Stoffgemischen (z.B. Aminosäuren oder Kolloiden wie Eiweiß) im elektrischen Feld mit Filterpapier als Träger zur Trennung und Bestimmung ausnutzt. Die Laudatio rühmte die Vielseitigkeit T.'s, die im Gegensatz zu den häufig anzutreffenden einseitigen Spezialisten in der Wissenschaft stehe. Er beherrsche nicht nur physikalische Chemie und Biochemie, sondern auch weite Gebiete der Physik und Medizin.

1949 **Giauque, William Francis** (1895–1982) / USA
„für seinen Beitrag zur chemischen Thermodynamik, insbesondere für seine Untersuchungen über die Eigenschaften bei extrem tiefen Temperaturen".

Giauque interessierte sich besonders für den 3. Hauptsatz der Thermodynamik, den Nernst (NP/Ch 1920) aufgestellt hatte. Er arbeitete dazu experimentell an den relativen Entropien der Glyzerin- und Glaskristalle. An diesen konnte er beweisen, daß der Nernst'sche Wärmelehrsatz ein Grundgesetz in der Natur ist. G. entdeckte die Sauerstoff-Isotope 17 und 18 in der Erdatmosphäre. Dann untersuchte er die Wirkung von Magnetfeldern auf die Entropie paramagnetischer Substanzen, und er entwickelte die adiabatische Entmagnetisierungsmethode, um Temperaturen fast bis zum absoluten Nullpunkt zu erzeugen (– 273,16 Grad). Adiabatisch nennt man eine Zustandsänderung ohne Wärmezufuhr oder -abgabe, dabei tritt beim Zusammendrücken Erwärmung, beim Entspannen Abkühlung ein.

1950 **Diels, Otto Paul Hermann** (1876–1954) / Deutschland
Alder, Kurt (1902–1958) / Deutschland
„für ihre Entdeckungen und die Entwicklung der Dien-Synthese".

Die Dien-Synthese, für die an Diels und Alder der Nobelpreis vergeben wurde, ist wahrscheinlich die vielseitigste Synthese der neueren organischen Chemie. Die Dien-Synthese, Anlagerung eines Diens (Kohlenwasserstoff mit zwei in Konjugation stehenden Doppelbindungen) an ein „dienophiles" ungesättigtes System, hat die Möglichkeit zur Synthese wertvoller Insektizide (insektentötende Mittel) gegeben. Die Dien-Synthese gewann für viele Zweige der chemischen Industrie große Bedeutung, sie machte verschiedene Naturstoffe (Alkaloide, Riechstoffe u.a.) der synthetischen Erzeugung zugänglich. Weitere wichtige Forschungsgebiete Diel's sind: Kohlensuboxyd, Steroidforschung, besonders die Dehydrierung des Cholesterins, Selen-Dehydrierung. Bei Alder wäre noch hervorzuheben: Polymerisation (chem. Verfahren zur Herstellung von Kunststoffen) des Butadiens allein oder in Verbindung mit Sterinen, was zum synthetischen Kautschuk (Buna) führte.

1951 **McMillan, Edwin Mattison** (1907– . . . .) / USA
Seaborg, Glenn Theodore (1912– . . . .) / USA
„für ihre Entdeckungen in der Chemie der Transurane.

Transurane sind radioaktive Elemente mit einer höheren Ordnungszahl als der des Urans (92), künstlich gewonnen durch Beschießen der Kerne von Elementen hoher Ordnungszahl mit Neutronen, Protonen, Deuteronen, Helium-, Alpha-Teilchen oder hochbeschleunigten Kernen des Kohlenstoffs und Stickstoffs. 1934 wandte sich McMillan der Kernphysik zu. Er beteiligte sich an der Konstruktion des Zyklotrons und anderer Apparate. 1939 und 1940 leistete er seine preisgekrönten Arbeiten. Er hatte die Idee der „Phasenstabilität", die zur Entwicklung des Zyklotrons führte. Dadurch konnte die hohe Spannung (Hunderte von Milliarden Volt) erreicht und die Forschung erweitert werden. Obgleich es sich bei McMillan und Seaborg grundsätzlich um physikalisch fundierte Arbeiten handelt, erhielten sie den Nobelpreis für Chemie, was sich somit auf die außerordentlich diffizile chemische Erforschung der zunächst nur in ultrageringen Mengen zugänglichen neuen Elemente bezog. Beide Laureaten entdeckten gemeinsam das Transuran 93 (Neptunium) und 94 (Plutonium). Seaborg entdeckte unter Mitarbeit anderer, die Transurane 95 (Americium), 96 (Curium), 97 (Berkelium), 98(Californium) und 99–103. Die Nobelpreisvorträge der beiden Preisträger ergänzten sich. McMillan sprach über „Die Transuranium-Elemente: Frühgeschichte" und Seaborg über „Die Transuranium-Elemente: gegenwärtiger Stand".

1952 **Martin, Archer John Porter** (1910– . . . .) / Großbritannien
Synge, Richard Laurence Millington (1914– . . . .) / Großbritannien
„für ihre Erfindung der Verteilungs-Chromatographie".

Unter Chromatographie versteht man ein Verfahren der chemischen Analyse, durch das sich Gemische chemischer Verbindungen, auf Grund ihres verschiedenen Vermögens, an bestimmten Adsorptionsmitteln (z.B. Aluminiumoxyd, Zinkoxyd) zu haften, in ihre Bestandteile zerlegen lassen. Bei der Papierchromatographie, von Martin und Synge 1944 entwickelt und angewandt, verwendete man Filterpapier als Adsorptionsmittel. In der Laudatio wurde besonders die Konsequenz hervorgehoben, mit der beide Laureaten an der Entwicklung der verschiedenen Stufen der chromatographischen Vorgänge arbeiteten und darauf hingewiesen, welch große Bedeutung diesen Techniken zukommt, um die Struktur der Riesenmoleküle zu erkennen. Dies wirkt sich sowohl in der Technik wie auch in der Archäologie aus. Die Trennung von chemisch sehr komplizierten Gattungen sehr ähnlicher Substanzen und die Identifizierung jedes Teilbestandes erlaubt es den Archäologen, Schlüsse auf die ursprünglichen Moleküle und damit auf die Baustoffe zu ziehen.

1953 **Staudinger, Hermann** (1881–1965) / Deutschland
„für seine Entdeckungen auf dem Gebiet der makromolekularen Chemie".

Staudinger's Hauptleistung war die Entdeckung und ständig erweiterte Erforschung der Makromoleküle. Als Staudinger etwa 1920 die Existenz von Makromolekülen postulierte, stieß er zunächst überall auf Widerspruch. Man war gewohnt, mit definierten Molekülen relativ geringer Größe zu operieren und konnte sich keine Molekeln vorstellen, die Molgewichte in der Größenordnung von Millionen haben sollten. Gerade das aber ist z.B. bei Kautschuk der Fall. Staudinger's Vorstellungen begannen sich erst in den dreißiger Jahren langsam durchzusetzen. Makromoleküle bilden sich, wenn sich zwei Enden atomarer Ketten nur schwer vereinigen können und sich somit zwei atomare Ketten aneinander lagern. Beobachtungen, die mit Hilfe der Röntgenkristallographie angestellt wurden, erwiesen die Richtigkeit der Staudinger'schen Hypothese. Diese Entdeckung trug in höchstem Grade zur Entwicklung der Industrie plastischer Kunststoffe bei.

1954 **Pauling, Linus Carl** (1901– . . . .) /USA
„für seine Forschungen über die Natur der chemischen Bindung und ihre Anwendung zur Aufhellung der Struktur komplexer Substanzen".

Pauling verdanken wir grundlegende Studien zur Struktur der Kristalle und Moleküle; in denselben kam er zu dem Schluß, daß es drei wesentliche Typen chemischer Verbindungen gebe: 1. die Ionenverbindung, die zumindest teilweise durch elektrostatische Kräfte gekennzeichnet ist; 2. die konvalente Verbindung, in der zwei Elektronenzustände, für jedes der Atome eines, zusammenwirken; 3. die metallische Verbindung, die als eine Art Wiederholung einer konvalenten Verbindung in allen möglichen Punkten des Atomgitters zu erklären wäre. Pauling's kristallographische Forschungen wie auch seine mittels der Elektronenstreuung angestellten Studien gestatten es, die Atomabstände zu berechnen und die Strukturen einer großen Anzahl wichtiger Substanzen zu bestimmen. Pauling zweites Hauptinteresse galt der Vorsorge für den Weltfrieden. Er erhielt 1963 den Friedens-Nobelpreis.

1955 **Du Vigneaud, Vincent** (1901–1978) / USA
„für seine Arbeiten der biochemisch bedeutsamen Schwefelverbindungen, besonders für die erste Synthese eines Polypeptidhormons".

Du Vigneaud widmete sich insbesondere dem Studium der organischen Schwefelstoffverbindungen, z.B. des Insulins, der Methioninpeptide (peptisch = verdauungsfördernd) und des Biotins, eines für das Wachstum notwendigen Elements. Aber seine größten Leistungen erzielte er auf dem Gebiete der Hormone und der Zirbeldrüse (eine Drüse mit innerer Sekretion im Zwischenhirn). Es gelang ihm, Licht in die Zusammensetzung zweier Hormone zu bringen: des Oxytocins, das die Uteruskrämpfe insbesondere zu Ende der Schwangerschaft hervorruft, und des Vasopressins, das den arteriellen Druck erhöht und die Hemmung der Urinausscheidung auslöst. Diese zwei Hormone sind Polypeptide und jedes von ihnen enthält eine Kette von acht Aminosäuren, die in einem Punkt durch Schwefelatome zum Ring geschlossen wird. Du Vigneaud gelang es auch die Synthese des Oxytocins durchzuführen: erstmals war mit einem polypeptischen Hormon ein solches Experiment geglückt, was besonders in der Nobelpreisbegründung hervorgehoben wird.

1956 **Hinshelwood, Cyril Norman** (1897–1967) / Großbritannien
Semenov, Nikolaj Nikolajevič (1896–1986) / UdSSR
„für ihre Forschungen über die Mechanismen chemischer Reaktionen".

Im Verlauf der vor 1956 liegenden letzten Jahre sind große Fortschritte auf dem Gebiet der Kinetik (Lehre von der Bewegung der Kräfte) chemischer Reaktionen erzielt worden, auf einem Sektor, dessen heutige Bedeutung gar nicht größer sein könnte, sowohl vom Gesichtspunkt der Chemie als auch von der technischen Anwendung aus, so z.B. die Krafterzeugung in Verbrennungsmotoren. Hinshelwood und Semenov haben unabhängig voneinander auf besondere Weise zu diesem Fortschritt beigetragen. So entdeckten sie, daß eine große Anzahl chemischer Prozesse, darunter die Explosionen, Kettenreaktionen sind, was bedeutet, daß außer den zuletzt erhaltenen Produkten im Verlauf der Reaktion einige instabile Mittlersubstanzen entstehen, welche reagieren können, ohne daß besondere Bedingungen geschaffen werden müßten, und derart eine Kettenreaktion auslösen.

1957 **Todd, Alexander R.** (1907– . . . .) / Großbritannien
„für seine Arbeiten über Nukleotide und Co-enzymnukleotide".

Todd war auf vielen Gebieten der Chemie tätig, vor allem in der Chemie der Naturstoffe, soweit diese biologische Bedeutung haben. Es handelt sich dabei hauptsächlich um Nukleotide und nukleotide Enzyme, ferner um die Chemie der Vitamine B_1, B_{12} und E, um eine besondere Hanfart, Insektenfarbstoffe und mehrere Schimmelstoffe. Die Nukleotide sind höchst bedeutsame Substanzen vom physiologischen Gesichtspunkt aus und enthalten Phosphorsäure, sauerstoffhaltige und reduzierte Ribose und einige Stickstoffbasen. Todd und seine Mitarbeiter haben die für die Bildung der Polynukleotide bestimmenden Prinzipien restlos aufgeklärt, indem sie einige bekannte Substanzen synthetisierten und sie hierauf den Zerfallsprodukten der Nukleinsäuren gegenüberstellten. Todd hat wesentlichen Anteil an der Auffindung der Nukleotidketten (mit ihren nur vier verschiedenen Basen), und in einem Makromolekül mit Tausenden angelagerter Moleküle kommt dann eine unheimlich hohe Zahl von Kombinationsmöglichkeiten zustande. Daß unter diesen ungeheuer vielen Möglichkeiten gerade die richtige Kombination eintritt, darauf beruht das Leben jedes einzelnen Individuums.

1958 **Sanger, Frederick** (1918– . . . .) / Großbritannien
„für seine Arbeiten über die Struktur der Proteine, besonders des Insulins".

Seit 1943 widmete Sanger seine Kraft hauptsächlich der Strukturbestimmung der Proteine. Man wußte zwar, daß die Proteine aus Ketten von Aminosäureresten bestanden, aber die Reihenfolge, in welcher die Moleküle angeordnet waren, hatte man vorerst nicht erschließen können. Dieses schwierige Problem wurde von Sanger gelöst. Er behandelte die Proteine (Eiweißstoffe) mit Dinitrofluorbenzol, das mit Aminosäuren die sog. DNS-Verbindungen bildet. Indem er sich zur Trennung und Identifizierung der aus der Proteinzersetzung mittels Säuren oder Enzymen erhaltenen Verbindungen der modernen Methoden der Elektrophorese und der Chromatographie bediente, konnte er feststellen, daß das Molekül des Insulins aus zwei durch Schwefelatombrücken verbundene Ketten mit verschiedenen Endgruppen besteht. Beide Ketten konnten vollständig wieder hergestellt werden. Hier ist zum ersten Male, das ist das Bedeutungsvolle, die Strukturbestimmung einer Substanz gelungen, die zu den Proteinen gehört. Diese Bedeutung wird noch dadurch gesteigert, daß Sanger's Methoden mit Erfolg ganz allgemein zur Strukturaufklärung von Proteinen verwandt werden. Es sind hier, so die Laudatio, ständig neue Ergebnisse über die Rolle der Proteine als Schlüsselsubstanz im chemischen Prozeß des Lebens zu erwarten. (Siehe auch NP/Ch 1980/Sanger)

1959 **Heyrovský, Jaroslav** (1890–1967) / Tschechoslowakei
„für seine Entdeckung und Entwicklung der polarographischen Methode der Analyse.

Bereits um etwa 1923 entwickelte J. Heyrovský sein polarographisches Analysenverfahren zur simultanen Schnellanalyse verschiedener Metallionen. Jedoch erst 1959, als seine elektrolytische Analysenmethode bereits erfolgreich auf organische Substanzen und sogar Gase angewendet wurde, erhielt er den Nobelpreis. H.'s Methode war einfach und genau: aus einem Quecksilberbehälter ließ er durch eine kapillare (haarfeine) Glasröhre mit dicken Wänden 20–40 Tropfen pro Minute in die zu untersuchende Lösung fallen. Diese befand sich in einer Glasampulle, deren Grund von einer Quecksilberschicht überzogen war. Mittels eines Platinfadens war das Quecksilber im Glasbehälter an den positiven Pol einer Batterie angeschlossen, während der negative Pol mit dem durch die Glasröhre fließenden Quecksilber verbunden war. H. Konnte beobachten, daß die Stromstärke zunahm, sobald auch nur kleinste Konzentrationen einer Substanz, die an der Oberfläche der Quecksilbertropfen eine Reaktion bewirken konnten, in der Lösung vorhanden waren. Die zur Auslösung der Reaktion notwendige Spannung ist für jede Substanz charakteristisch, so daß die Methode zugleich zu erkennen gibt, welche Substanz sich in der Lösung findet und in welcher Menge sie darin vorhanden ist. Der Laudatio zufolge ist H. der Urheber der wichtigsten heutigen Methoden in der chemischen Analyse.

1960 **Libby, Willard Frank** (1908–1980) / USA
„für seine Methode der Anwendung von Kohlenstoff 14 zur Altersbestimmung in Archäologie, Geologie, Geophysik und anderen Zweigen der Wissenschaft".

Kohlenstoff 14 ist ein Element, das sich in der oberen Atmosphäre unter der Einwirkung kosmischer Strahlen auf Stickstoff bildet, rasch oxydiert und zu Kohlendioxid wird. Wenn man in Betracht zieht, daß die Intensität der kosmischen Strahlung im Laufe der letzten Jahrtausende konstant geblieben ist, dann ist die mittlere Lebensdauer des Kohlenstoffs 14, die ungefähr 8000 Jahre beträgt, lang genug, um die Herausbildung eines stationären Konzentrationsgleichgewichts dieses Isotops zu gewährleisten, nicht nur in der Atmosphäre und den Meeren usw., sondern auch bei den Lebewesen. Das wird anders, sobald der Organismus stirbt: der Austausch mit der Umwelt findet ein Ende und die Atome des Kohlenstoffs 14 bleiben in großen Molekülen biologischer Substanz gefangen, um dort im bekannten Rhythmus zu zerfallen. Libby gelang es, eine Technik (Radiokarbonmethode) zu entwickeln, die eine exakte Messung des Verhältnisses aktiven Kohlenstoffs zu inaktivem Kohlenstoff gestattete, von dessen Wert man auf das Alter geologischer und historischer Gegenstände aus ehemals organischem Stoff (Holz, Kohle und dergl.) schließen konnte.

1961 **Calvin, Melvin** (1911– . . . .) / USA
„für seine Forschungen über die Kohlensäure-Assimilation der Pflanzen".

Die Aufgabe des Chlorophyll (Blattgrün) ist der Einbau des Kohlenstoffes aus dem Kohlendioxyd der Luft in den Pflanzenkörper unter Mithilfe des Sonnenlichts (Kohlensäureassimilation, Photosynthese). Es ist ein Prozeß, der zur Bildung von Zuckern, Zellulose, Amiden, Fetten und anderen Verbindungen führt, die eine grundlegende Bedeutung für die Erhaltung des Lebens haben. Man wußte wohl, daß sich die Reaktion unter Lichteinfluß vollzog (Photosynthese), aber was sich dabei im wesentlichen abspielt, das klärte Calvin durch „seine Forschungen über die Kohlensäure-Assimilation der Pflanzen". Die Ergebnisse, zu denen er gelangte, konnten dank der von Martin und Synge (NP/CH 1952) entwickelten chromatographischen Trennung erzielt werden. Calvin bewies, daß das Kohlendioxyd zunächst dem 1,5 Ribulosediphosphar einverleibt wird, das hierauf in eine Verbindung aus sechs Kohlenstoffatomen übergeführt wird, welche spontan in zwei Moleküle Glycerophosphorsäure (3) zerfällt. Er erschloß viele Wege, um das Ribulosedisphosphat zu regenerieren und wies auch die Bedeutung nach, die in diesem Prozeß einigen anderen Substanzen zukommt.

1962 **Perutz, Max Ferdinand** (1914– . . . .) / Großbritannien
Kendrew, John Cowdery (1917– . . . .) / Großbritannien
„für ihre Studien über Strukturen der Globulinproteine".

Mit dem Chemie-Nobelpreis an H. Fischer im Jahre 1930 wurde eine Forschung ausgezeichnet, der es gelungen war, die Urzeichen höheren Lebens, das grüne Blatt und das rote Blut chemisch zu entziffern und einer gemeinsamen Handschrift zuzuordnen. Wie unverändert wach das Interesse an diesem Problem ist, da ein ungeahnter Aufschwung der technischen Möglichkeiten vertiefte Einblicke in den Aufbau der Materie gestattet, zeigt die Vergabe des Nobelpreises an Perutz und Kendrew. Perutz interessierte sich besonders für das Hämoglobin, das dem von seinem Mitlaureaten Kendrew erforschten Myoglobin ähnlich ist. Nur haben sie verschiedene Absorptionsstreifen und das Hämoglobin hat eine geringere Affinität zum Sauerstoffmolekül. Er veröffentlichte 1938 eine Arbeit über Röntgenstrahlenbeugung an Kristallen des Hämoglobins und des Chymotripsins. P. beschränkte sich jedoch besonders auf das Hämoglobin und konnte seine Struktur vollständig aufklären. Der Kern von Kendrews Forschungen über die Struktur der Proteine bestand in der Röntgenstrahlenanalyse des Myoglobins. (Das Myoglobinmolekül mit etwa 2600 Atomen ist viermal kleiner als das Hämoglobinmolekül). Dies führte 1957 zur Aufstellung eines dreidimensionalen Modells des Myoglobins in der Größenordnung von 6 Ångström in analytischer Form und als fast vollständige Strukturformel 1960. Anknüpfend an die eingangs erwähnten technischen Möglichkeiten: K. untersuchte 110 Kristalle und hatte die Intensitäten von etwa 250.000 Röntgenstrahlreflexionen gemessen. Das war nur mit Hilfe eines Computers möglich.

1963 **Ziegler, Karl** (1898–1973) / Deutschland
Natta, Giulio (1903–1979) / Italien
„für ihre Entdeckungen auf dem Gebiet der Chemie und der Technologie der Hochpolymeren".

Von Ziegler's vielseitigen Forschungsleistungen sei u.a. besonders angeführt: seine intensiven Arbeiten an Synthesen und Reaktionen aus der Chemie der aluminiumorganischen Verbindungen und seine vollzogene Synthese des Niederdruck-Polyäthylens. Polyäthylen ist ein thermoplastischer Kunststoff, chemikalienbeständig, elektrisch isolierfähig, auch zu Fasern verarbeitbar. Diese synthetischen Kunststoffergebnisse sind neben Polyvinylchlorid, Polystyrol, künstliche Kautschuke und Polyamide einige der in der Nobelpreisbegründung genannten Hochpolymere bzw. hochpolymere Verbindungen – das sind Verbindungen aus Makromolekülen, die häufig aus kleineren Bestandteilen, den Monomeren, kettenförmig aufgebaut sind (Kettenmoleküle). Organische hochpolymere Verbindungen sind Eiweiß, Zellulose, Kautschuk, Stärke, Pflanzengummi. – Natta begann mit Studien über Festkörper mit Hilfe von Röntgenstrahlen- und Elektronenbeugung. Mit gleichen Methoden erforschte er Katalysatoren (Stoffe, die eine Reaktion auslösen oder in ihrem Verlauf bestimmen) und die Struktur einiger organischer Hochpolymeren. 1938 begann er mit dem Studium der Produktion des synthetischen Gummis in Italien. Dann schwenkte er in die Forschungsrichtung Zieglers ein und dehnte sie auf stereospezifische Polymerisation aus; dabei entdeckte er neue Gruppen von Polymeren.

1964 **Hodgkin, Dorothy Crowfoot** (1910– . . . .) / Großbritannien
„für ihre Strukturbestimmung biologisch wichtiger Substanzen mit Röntgenstrahlen".

Dorothy C. Hodgkin verband kurze Zeit archäologische und chemische Forschungen. Ihr vorübergehendes Interesse für Metallforschung löste sie ab durch die Erforschung der Sterine, bei der sie hervorragende Leistungen erzielte. Sterine sind eine Klasse von organischen Verbindungen, deren bekanntester Vertreter das Cholesterin ist. Zu den Abkömmlingen der Sterine (Steroise) gehören die Geschlechtshormone, die Hormone der Nebennierenrinde, das Vitamin D, zahlreiche Herzglykoside, das Krötengift Bufotoxin, die Gallensäuren. Das Lebenswerk der Laureatin ist die Erforschung biologisch wichtiger Moleküle, unter ihnen auch Insulin, Penicillin, Vitamin B. Ihr Nobelpreisvortrag trug den Titel „Die Röntgen-Analyse komplizierter Moleküle“.

1965 **Woodward, Robert Brund** (1917–1979) / USA
„für seine Arbeiten auf dem Gebiet der Naturstoffsynthesen“.

Die Nobelstiftung verzeichnet in „Les Prix Nobel en 1965“ auf Seite 122 Woodward's hauptsächliche wissenschaftliche Leistungen, von denen besonders hervorgehoben sei: Synthese des Chinins (1944), des Strychnins (1954), des Chlorophylls und der C-Tetracycline (1960) sowie die Konstitution des Wehrstoffes der japanischen Kugelfische und des Nervengiftes Tefrodotoxin (1964).

1966 **Mulliken, Robert S.** (1896–1986) / USA
„für seine grundlegenden Arbeiten über die chemischen Bindungen und die Elektronenstruktur der Moleküle mit Hilfe der Orbital-Methode“.

Mulliken ging in seinen über 40 Jahre währenden Forschungen von dem physikalisch-chemischen Begriff der Molekülbahnen aus. Von diesen spricht man, wenn zwei Atome ein Elektronenpaar gemeinsam haben. Das ist ein physikalisch-chemischer Vorgang. Dabei überlagern sich die beiden Elektronen zu einer neuen Schwingung zusätzlich zu den bereits vorhandenen Schwingungen. Sie bilden eine gemeinsame Elektronenwolke. Dadurch gehören die beiden Elektronen gleichzeitig den beiden Ausgangsatomen an, die nun fest miteinander verbunden sind. Mulliken fand mit seiner Arbeit einen Weg, um mit theoretischen Gedankengängen Aufbau und Funktion der Mikromoleküle zu verstehen, die wegen ihrer Kleinheit der experimentellen Forschung unzugänglich sind. Es gelang ihm, Zwischenformen chemischer Reaktionen zu erkennen sowie Struktur und Verhalten von Molekülen, die für die Weltraumforschung wichtig sind.

1967 **Eigen, Manfred** (1927– . . . .) / Deutschland
Norrish, Ronald George Wreyford (1897–1978) / Großbritannien
Porter, George (1920– . . . .) / Großbritannien
„für ihre Untersuchungen von extrem schnellen chemischen Reaktionen, die durch Zerstörung des Gleichgewichts durch sehr kurze Energieimpulse ausgelöst werden“.

Das Problem dieser preisgekrönten Untersuchungen war nicht so sehr die Messung kurzer Zeiten (tausendstel Sekunden und noch viel kürzer) mit Hilfe eines Oszillographen (Schwingungsschreiber), als die Frage: Wie löst man eine schnelle Reaktion genügend schnell aus. Die beiden englischen Preisträger Norrish und Porter haben dieses Problem mit Lichtblitzen sehr hoher Energie gelöst. Lichtblitze haben für viele Moleküle den gleichen Effekt wie der Zündfunke im Motor eines Autos: Sie bringen die Moleküle zum Zerplatzen, und die Bruchstücke reagieren miteinander zu neuen Molekülen. Im Institut von Professor Eigen wurden andere Vorgänge zur Erzeugung des Startschusses benutzt: vorübergehende Druckerhöhungen, ein elektrisches Feld, das ein- und sehr schnell wieder ausgeschaltet wird, eine kurzzeitige Erhöhung der Temperatur oder Schallwellen. Diese Vielfalt der Methoden ermöglichte es, auch solche Reaktionen zu untersuchen, die in biologischen Systemen eine Rolle spielen.

1968 **Onsager, Lars** (1903–1976) / USA
„für die Entdeckung der nach ihm benannten reziproken Beziehungen, die grundlegend für die Thermodynamik der irreversiblen Prozesse sind".

Onsager entdeckte den nach ihm benannten „vierten Satz der Thermodynamik" (vergl. Nernst NP/Ch 1920). Das von O. gefundene Gesetz beschreibt im einzelnen, was geschieht, wenn Wärme oder Wärmeelektrizität in mehr als einer Richtung zur selben Zeit, etwa in einem Draht oder in der Atmosphäre, fließt. Bei Onsagers Entdeckung handelt es sich, der Laudatio zufolge, um eines der wichtigsten Grundgesetze der Natur. Sie könne z.B. zur Entsalzung des Meerwassers genutzt werden. Onsager's Entdeckung hat eine bedeutende Rolle in der Entwicklung der theoretischen Thermodynamik gespielt. Sie hat auch in weitem Maße die experimentelle Erforschung der irreversiblen (nicht umkehrbaren) Prozesse innerhalb der Physik, der Chemie und der benachbarten Wissenschaften, besonders der Biologie, angeregt. Onsager's Gesetz wurde angewandt auf verschiedene Diffusionsprozesse, die Kinetik der chemischen Reaktionen, elektromechanische und magnetische Phänomene sowie technische und biologische Prozesse.

1969 **Barton, Derek H. R.** (1918– . . . .) / Großbritannien
Hassel, Odd (1897–1981) / Norwegen
„für ihre Arbeiten in der Entwicklung des Konformationsbegriffes und dessen Anwendung in der Chemie".

Hassel untersuchte in seinen Arbeiten das Aussehen und Verhalten komplizierter organischer Moleküle. An Hand des Kohlenwasserstoffes „Zyklohexan“ erforschte der Wissenschaftler die Zusammensetzung und Bewegung der Atome in Ringmolekülen. Durch Verdrehen, Zwirbeln oder Beugen der in sich geschlossenen Kette der Kohlenstoffatome können die Ringe verschiedene Formen annehmen, von denen einige durch die Energiesituation innerhalb der Moleküle begünstigt sind. Hassel zeigte am „Zyklohexan“, das aus einem Ring von 6 Kohlenstoffatomen besteht, welche Wirkungen schwere Atome bei einem Ringmolekül untereinander und nach außen haben. Barton baute auf den Ergebnissen Hassel's auf. Es gelang ihm, durch die genaue Kenntnis der Zusammensetzung und der Bewegungen komplizierter organischer Moleküle, der „Konformation“, natürlich vorkommende Verbindungen, u.a. Sexualhormone und Cholesterin, präparativ herzustellen, die eine große Rolle in der chemischen Forschung spielen.

1970 **Leloir, Luis F.** (1906– . . . .) / Argentinien
„für Entdeckung der Zucker-Nukleotide und ihrer Funktion in der Biosynthese von Kohlehydraten“.

Leloir's erste Schriften galten der Medizin. Später konzentrierte er sich auf bio-chemische Probleme und betrieb entsprechende Studien an biochemischen Instituten Englands und der USA. Leloir, der als Franzose die argentinische Staatsbürgerschaft erhielt, ist außerordentlicher Professor für medizinische Forschung und Chef der Abteilung für Biochemie an der Nationaluniversität Buenos Aires. Die preisgekrönten Untersuchungen Leloir's haben wesentlich dazu beigetragen, die bei der Biosynthese der Polysacchariden ablaufenden Reaktionen verstehen zu lernen. Polysaccharide entstehen durch Zusammenlagerung zahlreicher Moleküle einfacher Zucker unter Wasserabspaltung. Zu ihnen gehören besonders Stärke, Zellulose, Inulin, Pentosane und Glykogen. In der Stärke und im Glykogen wird Traubenzucker gespeichert, ein für den Organismus sehr wichtiges Stärkungsmittel.

1971 **Herzberg, Gerhard** (1904 – . . . .) / Kanada
„für seine Arbeiten über die Elektronenstruktur und die Geometrie bei den Molekülen, insbesondere freier Radikaler“.

Herzberg gelang es, genaue Angaben über die Energieverhältnisse in Molekülen, über deren Dreh- und Vibrationsbewegungen sowie über die Elektronenstrukturen zu machen. Damit kann man auch die geometrische Form der Moleküle sowie den Abstand der Atome in einem Molekül mit hoher Präzision berechnen. In den fünfziger Jahren begann Herzberg mit einer langen Untersuchungsserie über „freie Radikale", das sind Bruchstücke von Molekülen, die wesentlich bei chemischen Reaktionen wirken. Für diese Untersuchungen nutzte Herzberg die blitzphotolytische Methode, für die Eigen, Norrish und Porter 1967 den Nobelpreis erhielten. Herzberg's Untersuchungen über das Wesen, die Form und die Veränderung von Molekülen haben die wissenschaftliche Entwicklung auf fast allen Gebieten der Chemie beeinflußt.

1972 **Anfinsen, Christian B.** (1916– . . . .) / USA
„für seine Arbeiten über Ribonuklease, insbesondere die Verbindung zwischen Aminosäurereihen und biologisch wirksamen Konformationen".

Moore, Stanford (1913–1982) / USA
Stein, William H. (1911–1980) / USA
„für ihren Beitrag zum Verständnis der Verbindung zwischen chemischer Struktur und katalytischer Tätigkeit des aktiven Zentrums der Ribonuklease-Moleküle".

Die drei Wissenschaftler haben besonders erfolgreich über das Enzym Ribonuklease gearbeitet. Anfinsen's Arbeiten haben Antwort auf die wichtige Frage gegeben, auf welche Weise das aktive Enzym in der lebenden Zelle gebildet wird. Moore und Stein untersuchten prinzipielle Wirkungsweisen, die mit der biologischen Aktivität des Enzyms zusammenhängen. Enzyme sind in der lebenden Zelle erzeugte besondere Eiweißstoffe, die als Katalysatoren chemische Reaktionen auslösen und mit als Schlüsselsubstanz des Lebens zu betrachten sind.

1973 **Fischer, Ernst Otto** (1918– . . . .) / Deutschland
Wilkinson, Geoffrey (1921– . . . .) / Großbritannien
„für ihre bahnbrechenden unabhängig voneinander geleisteten Arbeiten über die Chemie der metallorganischen sogenannten Sandwich-Verbindungen".

Die beiden Nobelpreisträger untersuchten die Verbindung von Metallatomen mit organischen Molekülen. Nach dem Aussehen der Strukturformeln dieser Verbindungen erhielten sie den Namen „Sandwich-Verbindungen". Fischer gelang zum ersten Male die Darstellung von Sandwich-Verbindungen aus Chrom und Benzol-Molekülen, die eine unerwartete Stabilität zeigten. Die wissenschaftliche Diskussion darüber, meint die schwedische Akademie in ihrer Würdigung, habe neue Impulse für die Vorstellungen über metallorganische Verbindungen gebracht.

1974 **Flory, Paul J.** (1910–1985) / USA
„für seine grundlegenden Leistungen, sowohl theoretisch als auch experimentell, in der physikalischen Chemie der Makromoleküle".

Mit dem Chemie-Nobelpreis wurde die Fortsetzung der Arbeiten des deutschen Nobelpreisträgers von 1953, Prof. H. Staudinger, des 1965 gestorbenen „Vaters der Makromoleküle", geehrt. Flory legte Anfang der 50er Jahre die theoretische Basis für die experimentellen Ergebnisse Staudinger's. Er ordnete die vielen unübersichtlichen und verwirrenden Phänomene der Makromoleküle. Die Arbeiten Flory's haben die Entwicklung der Kunststoffindustrie wesentlich gefördert, denn alle heute gebräuchlichen Kunststoffe bestehen aus den Riesenmolekülen der Polymere. Durch seine theoretischen Grundlagen war es möglich, Zusammenhänge etwa zwischen der Elastizität eines Kunststoffes und dem Aufbau seiner Moleküle zu erkennen und danach bewußt „Kunststoffe nach Maß" zu konstruieren, die heute in alle Lebensbereiche eingedrungen sind.

1975 **Cornforth, John Warcup** (1917– . . . .) / Australien
„für seine Arbeiten über die Stereochemie von Enzym-Katalyse-Reaktionen".

Prelog, Vladimir (1906– . . . .) / Schweiz
„für seine Forschungen in der Stereochemie organischer Moleküle und Reaktionen".

Die räumliche Anordnung der Moleküle zu verstehen ist Aufgabe der Stereochemie. In der Natur wird der Verlauf chemischer Reaktionen durch Enzyme gesteuert. Solche Enzymreaktionen untersuchte der seit seinem 17. Lebensjahr taube Cornforth. Prelog hat ein Klassifizierungssystem (die sogenannte RS-Nomenklatur) entwickelt, das es erlaubt, Moleküle voneinander zu unterscheiden, die spiegelbildlich gleich sind, sich also nur in ihrer räumlichen Orientierung unterscheiden. Als großes Verdienst der beiden Preisträger würdigte die schwedische Akademie ihre grundlegenden Forschungen über die Bildung sogenannter „Chirale", organischer Moleküle, die in zwei spiegelbildlichen Formen vorkommen können, die sich voneinander unterscheiden wie rechte und linke Hand. Beiden Forschern gelang es vor allem, die Vorgänge bei der Bildung dieser „Chirale" durch Enzyme zu klären.

1976 **Lipscomb Jr., William N.** (1919– . . . .) / USA
„für seine Arbeiten über die Struktur der Borane und der damit zusammenhängenden Probleme betr. der Natur chemischer Bindungen".

Lipscomb bestimmte allein eine aktuelle chemische Entwicklung. Er klärte die Verbindungen des Elements Bor mit Wasserstoffatomen auf. Diese „Borane" sind erstaunlich fest. L. zeigte durch genaue Untersuchungen dieser Elektronenmangelverbindungen, wie Bor und Wasserstoff sich so fest zusammenbinden können. Damit wurde ein weiter Bereich der Borchemie erschlossen, die wegen der besonderen Eigenschaften des Elementes Bor (große Hitzebeständigkeit und enorme Härte) heute auch immer breitere technische Anwendung findet. Es gelang, Kunststoffe zu entwickeln, die gegen höchste Temperaturen beständig sind.

1977 **Prigogine, Ilya** (1917– . . . .) / Belgien
„für seinen Beitrag zur irreversiblen Thermodynamik, insbesondere zur Theorie der „dissipativen Strukturen".

Zu den irreversiblen Prozessen in der Thermodynamik gehören viele der wichtigsten und interessantesten Vorgänge in der Natur, z.B. in lebenden Organismen, die Nahrung in Form von chemischer Energie zu sich nehmen, Bewegungsarbeit verrichten und Abfallstoffe sowie Wäreme an die Umgebung abgeben, ohne selbst verändert zu werden. Der erste, der eine Methode entwickelte, derartige Probleme exakt zu behandeln, war Lars Onsager, der dafür mit dem Nobelpreis 1968 belohnt wurde. Als großen Einsatz Prigogine's bezeichnete es die Akademie, daß es ihm gelungen sei, die Thermodynamik auf das Gebiet außerhalb des Gleichgewichts auszudehnen, wodurch er Systeme weit weg vom thermodynamischen Gleichgewicht habe studieren können. Dies sei außerordentlich interessant, da man dort große Verschiedenheiten erwarten könne. Prigogine habe gezeigt, daß neue geordnete Strukturen unter derartigen Umständen entstehen können und ihnen den Namen „Dissipative Strukturen" gegeben.

1978 **Mitchell, Peter** (1920– . . . .) / Großbritannien
„für seinen Beitrag zum Verständnis biologischer Energieübertragung durch Entwicklung der chemiosmotischen Theorie".

Seine Forschung betrifft ein Gebiet der Biochemie, das in den vergangenen Jahren oft „Bioenergetik" genannt wurde. Es sind die chemischen Prozesse, die der Energieversorgung lebender Zellen zugrunde liegen. Wie die schwedische Akademie der Wissenschaften hervorhebt, wird die „Chemiosmotische Theorie" von Mitchell jetzt allgemein als ein fundamentales Prinzip der Bioenergetik akzeptiert. Der Begriff der biologischen Energieübertragung biete eine Grundlage künftiger Studien des

Energieaustausches in Zellen. Diese Übertragung-„Protizität", wie sie von Mitchell seit kurzem analog mit der Elektrizität genannt werde, spiele auch eine Rolle bei anderen energieintensiven zellularen Prozessen. Mitchell's Entdeckungen könnten nicht nur für das Verständnis der biologischen Energieübertragung, sondern auch in der Energie-Technologie interessant und wertvoll werden.

1979 **Brown, Herbert C.** (1912– . . . .) / USA
Wittig, Georg (1897–1987) / Deutschland
„für ihre Entwicklung von Bor- bzw. Phosphorverbindungen in wichtigen Reagenzien innerhalb organischer Synthesen".

Die Forschungsergebnisse von Brown und Wittig haben völlig neue Möglichkeiten der Synthese organischer Stoffe eröffnet. Die organische Chemie sei, der Laudatio zufolge, in der Lage, Atome zu Wirkstoffen zu kombinieren, die nicht in der Natur vorkämen. Damit sei es z.B. möglich, Arzneimittel, Vitamine und Aminosäuren herzustellen, die für die Versorgung der Menschheit wesentlich seien. Brown hat Reagenzien (Stoffe, die zum Hervorrufen von Umsetzungen, Lösungen und dergl. benutzt werden) entwickelt, denen Borverbindungen zugrunde liegen. Diese Stoffe gehören heute zu den meistgebrauchten Substanzen der organischen Chemie. – Wittig gilt als einer der hervorragendsten Wissenschaftler in der organischen Chemie in der Welt und „genialer Neuerer", der einer nicht abschätzbaren Zahl von Wissenschaftlern bedeutende Impulse gegeben hat. Wittig hat bei seinen jahrzehntelangen Forschungen, die sich vorwiegend mit der metallorganischen Chemie befaßten, eine Reihe wichtiger Reaktionen entdeckt. Eine davon trägt seinen Namen: die „Wittig-Reaktion" wird bei Vitamin-Synthesen genutzt. Der 82jährige emeritierte Professor zeigte sich „völlig überrascht" von der Auszeichnung. Er habe die nach ihm benannte Synthese bereits vor 30 Jahren entwickelt, und nicht mehr mit einem Preis gerechnet.

1980 **Berg, Paul** (1926– . . . .) / USA
„für seine grundlegenden Arbeiten über Nukleinsäuren-Biochemie, unter besonderer Berücksichtigung von Hybrid-DNS".

Gilbert, Walter (1932– . . . .) / USA
Sanger, Frederick (1918– . . . .) / Großbritannien
„für ihre Beiträge die Bestimmung von Basissequenzen in Nukleinsäuren betreffend".

Berg, Gilbert und Sanger untersuchten die Struktur der Nukleinsäuren, aus denen die Desoxyribonukleinsäure (DNS) als Trägerin unserer Erbinformationen besteht. Der Laudatio zufolge haben die Laureaten Methoden entwickelt, die es ermöglichten, Struktur und Funktion der DNS im einzelnen zu erfassen. Berg hat erstmals ein Hybrid-Molekül hergestellt, das aus DNS-Teilen verschiedener Arten (Bakterien und Viren) besteht. Sanger und Gilbert entwickelten Methoden zur genauen Bestimmung der Nukleinsäure-Sequenz. Die DNS besteht aus den vier Bestandteilen Adenin, Guanin, Thymin und Cytosin.

1981 **Fukui, Kenichi** (1918– . . . .) / Japan
Hoffmann, Roald (1937– . . . .) / USA
„für ihre unabhängig voneinander entwickelten Theorien über den Verlauf chemischer Reaktionen".

Fukui und Hoffmann erkannten fast gleichzeitig und unabhängig voneinander bestimmte Gesetzmäßigkeiten bei der Reaktion von Molekülen. Die Modelle der beiden Forscher werden seit Anfang der 70er Jahre in vielen Zweigen der Chemie, u.a. bei der Herstellung neuer Arzneimittel, verwendet. Der Laudatio zufolge: „Die Theorie Fukuis und Hoffmanns sind Meilensteine in der Entwicklung unseres Verstehens des Ablaufs chemischer Reaktionen. Sie haben u.a. Inspirationen zu neuen Entwicklungslinien gegeben."

1982 **Klug, Aaron** (1926– . . . .) / Großbritannien
„für die Entwicklung kristallographischer Verfahren zur Entschlüsselung biologisch wichtiger Nukleinsäure-Protein-Komplexe".

Klug hat, auf zahlreichen Vorarbeiten fußend, Methoden entwickelt, die es erlauben, wichtige Molekülverbindungen mit scharfer Bildtrennung zu erkennen. Der Laureat untersuchte vor allem Komplexe zwischen Nukleinsäuren, den Schlüsselbausteinen des Lebens, und Proteinen (Eiweißstoffen). Die Desoxyribonukleinsäure (DNS) ist die Trägerin der Erbanlagen in den Chromosomen des Zellkerns und bindet dort große Einheiten mit speziellen Eiweißstoffen. Die biochemischen Strukturuntersuchungen K.'s haben ein genaueres Bild der Zusammensetzung des Komplexes aus DNS und Eiweißstoffen ermöglicht.

1983 **Taube, Henry** (1915– . . . .) / USA
„für seine Arbeiten über die Reaktionsmechanismen der Elektronenübertragung, insbesondere bei Metallkomplexen".

Taubes Vorstellungen von der Elektronenübertragung haben nicht nur eine systematische Basis für das Verständnis des dynamischen Verhaltens anorganischer Verbindungen entwickelt, sondern gehen über die anorganische Chemie hinaus und haben Einfluß auf die Biochemie. Seine Untersuchungen zeigten, daß die mit Sauerstoff verbundene Atmung ebenfalls mit der Elektronenübertragung verknüpft ist.

1984 **Merrifield, Robert Bruce** (1921– . . . .) / USA
„für seine einfache und geniale Methode zur Herstellung von Peptiden und Proteinen".

Merrifields Arbeiten haben in „hohem Grade zu Fortschritten in der Biochemie, Molekularbiologie, Pharmakologie und Medizin" angeregt. Seine Methodik zur chemischen Synthese an fester Matrix ist heute Standard in zahlreichen Laboratorien der Organo-Chemiker. M. erarbeitete bereits 1962 seine Technik zur vereinfachten Synthese von Eiweißstoffen (Polypeptiden) aus ihren Bausteinen, den Aminosäuren. Um diese Aminosäuren der gewünschten Reihenfolge nach mit jeweils den richtigen Enden einander zu Großmolekülen zu verbinden, hat M. zunächst eine Aminosäure mit einem Ende (der sog. Carboxylgruppe) an einen unlöslichen „polymeren Träger" (Kunststoffkügelchen) gebunden. Vom freien Ende her wurde dann die Polypeptidkette schrittweise aufgebaut und anschließend vom Träger her durch Filtrieren gelöst. Auf diese Weise kann man bis etwa zwanzig Aminosäuren zusammenknüpfen. Aus mehreren so gewonnenen Stücken kann man dann Eiweiße mit fast 200 Aminosäuren aufbauen. Die Merrifield-Synthese wird vor allem auch in der Genetik genutzt. Hier kann man Erbmaterial, die Gene, aus ihren Bausteinen, den Nukleinsäuren, zusammensetzen.

1985 **Hauptman, Herbert A.** (1917– . . . .) / USA
Karle, Jerome (1918– . . . .) / USA
„für ihre hervorragenden Leistungen in der Entwicklung direkter Methoden zur Bestimmung von Kristallstrukturen".

Die Arbeit der zwei Wissenschaftler, so die Stockholmer Preisbegründung, hat zur Entwicklung von Geräten geführt, mit denen sowohl in der anorganischen als auch in der organischen Chemie und dabei auch in der Chemie von Naturerzeugnissen die Struktur von Molekülen bestimmt werden könne. In der Begründung für die Preisverleihung wurde als ein wichtiges Gebiet für die Anwendung der Forschungsarbeiten von Hauptman und Karle die Erforschung biologischer Vorgänge genannt. Die Arbeit der Wissenschaftler ermöglicht es, chemische Reaktionen auf molekularer Ebene zu untersuchen und zu beobachten, wie Moleküle ihre Beschaffenheit unter verschiedenen Bedingungen verändern. Die Arbeit spiele schon eine große Rolle in der Chemie und werde das in Zukunft in noch höherem Maße tun. Die Methoden Hauptmans und Karles seien zu „praktisch funktionierenden Werkzeugen" der Strukturbestimmung von Molekülen geworden.

1986 **Herschbach, Dudley** (1932– . . . .) / USA
Lee, Juan (1936– . . . .) / USA
Polanyi, John Charles (1929– . . . .) / USA
„für ihre Mitwirkung betreffend der Dynamik chemischer Elementarprozesse".

Die an amerikanischen Universitäten arbeitenden drei Wissenschaftler haben, so heißt es in der Begründung der Akademie der Wissenschaften, durch ihre Forschungen detaillierte Kenntnisse über den Ablauf von chemischen Reaktionen erzielt. Herschbach (in Kalifornien geboren) hat die Methode der gekreuzten Molekülstrahlen entwickelt, die heute Standard in der Grundlagenforschung ist und mit der er chemische Reaktionen sehr genau untersuchen konnte. Außerdem hat er die Dynamik grundlegender Reaktionstypen erklärt. Lee (in Hsinchu/Taiwan geboren) hat mir Herschbach zusammen die Methode der gekreuzten Molekülstrahlen so weiter entwickelt, daß sie generell zur Untersuchung von Reaktionssystemen eingesetzt werden kann. Polanyi (in Berlin geboren) entwickelte eine Methode der infraroten Chemielumineszenz und ist gewissermaßen der geistige Vater des chemischen Lasers, ein Werkzeug, das einem neuen chemischen Mikroskop gleichkommt. Solche „chemischen Mikroskope" sind heute bereits im Dienst des Umweltschutzes, etwa zur Überwachung der Fluor- und Chlor-Emissionen von Aluminium-Hütten.

Nobelpreisträger für Physiologie oder Medizin

Das Recht, Vorschläge zu unterbreiten für die Verleihung der Preise, basierend auf dem Prinzip der Kompetenz und der Vielseitig, sollen für Physiologie oder Medizin, den Statuten der Nobelstiftung gemäß, die Folgenden in Anspruch nehmen können:

1. Mitglieder der Nobel-Gesellschaft des Karolinischen Instituts.
2. Schwedische und ausländische Mitglieder der medizinischen Klasse der Königlichen Akademie der Wissenschaften.
3. Nobelpreisträger für Physiologie oder Medizin.
4. Mitglieder des Nobel-Komitees des Karolinischen Institutes in Ergänzung jener unter 1. Erwähnten.
5. Ständige und aktive Professoren der Medizin an den medizinischen Universitäten und Instituten in Schweden, Dänemark, Finnland, Island und Norwegen.
6. Inhaber entsprechender Lehrstühle an wenigstens sechs Universitäten oder Universitäts-Colleges, ausgewählt durch die Nobel-Gesellschaft im Hinblick darauf, eine angemessene Verteilung zwischen verschiedenen Ländern und den Lehrstühlen zu gewährleisten.
7. Andere Wissenschaftler, die die Gesellschaft für qualifiziert hält, Vorschläge einzubringen.

Die Vorschläge sind jeweils bei dem auf Seite 39 genannten entsprechenden Nobel-Komitee einzureichen.

A. Nobel bestimmte in seinem Testament, daß von den fünf Preisen einer dem zufällt, „der die wichtigste Entdeckung auf dem Gebiete der Physiologie oder Medizin gemacht hat". Wie kommt nun die Physiologie (Lehre von den Lebensvorgängen) zu dieser besonderen Betonung, die sie einerseits von der übrigen Medizin abhebt, sie aber andererseits verbindet? – Nobel war an der experimentellen Physiologie besonders interessiert. „Physiologie" stand für ihn für experimentelle theoretische Medizin allgemein, d.h. als besonderer Teil der, wie soeben formuliert, „übrigen Medizin". Die Interpretation der Nobelbestimmung „Physiologie oder Medizin" dürfte deshalb zutreffen, wenn man damit „alle theoretischen und praktischen medizinischen Wissenschaften" meint. (Nach Robert Herlinger in „Die Nobelpreisträger der Medizin", München 1963). – Zusammenfassend und einfach formuliert, kann man sagen: Es handelt sich bei der Vergabe der Preise für „Physiologie oder Medizin" um

Auszeichnungen auf dem Gebiete der Medizin im weitesten Sinne". Dadurch wird es verständlich, daß sehr oft, selbst in Buchtiteln, die alleinstehende formale Verwendung des Wortes „Medizin" anzutreffen ist, der sich selbst die Nobelstiftung (bei Indexen u.a.) nicht entzieht.

1901 **Behring, Emil Adolf von** (1854–1917) / Deutschland
„für seine Arbeiten über Serumtherapie und besonders für deren Anwendung gegen Diphtherie, mit denen er der medizinischen Wissenschaft neue Wege erschloß und dem Arzt eine erfolgreiche Waffe im Kampf gegen Krankheit und Tod gegeben hat".

Die Menschheit dankt Behring wichtige Leistungen zum Schutz gegen Infektionskrankheiten, vor allem die Darstellung des Diphtherieserums. Ebenso ist die Immunisierung der Rinder gegen die Tuberkulose und eine Verbesserung der Milchernährung der Säuglinge sein Verdienst. Was wir heute von der Entstehung der Infektionskrankheiten und über Immunität wissen, beruht hauptsächlich auf Behring's Untersuchungen seiner ätiologischen (an den Ursachen ansetzenden) oder Blutserumtherapie, die er bereits 1890 begründete. Das Blutserum, ein von Formbestandteilen freier nicht mehr gerinnender antikörperreicher Blutteil, dient zur Vorbeugung und Behandlung von Infektionskrankheiten. In der Auswahl von Behring's hauptsächlichen Schriften spiegeln sich seine Verdienste: 1892 „Die Blutserumtherapie"; 1893 „Die Geschichte der Diphtherie"; 1898 „Allgemeine Therapie der Infektionskrankheiten"; 1903 „Die Tuberkulosebekämpfung"; 1904 „Ätiologie und ätiologische Therapie des Tetanus" (Wundstarrkrampf); 1912 „Einführung in die Lehre von der Bekämpfung der Infektionskrankheiten".

1902 **Ross, Ronald** (1857–1932) / Großbritannien
„für seine Arbeiten über Malaria, durch die er nachwies, wie die Krankheit in den Organismus gelangt, und damit den Grundstein legte für eine erfolgreiche Erforschung dieser Krankheit und ihrer Behandlungsmethoden".

R. Ross ist der erfolgreichste Forscher des Sumpffiebers, der Malaria. Er wurde als solcher zu einem der mit dem Nobelpreis ausgezeichneten Wohltätern der Menschheit. 1894 konnte er den Lebensablauf der Moskitos (Stechmücken) bei verschiedenen Arten feststellen. Dabei bewies er, daß durch den Stich der weiblichen Anopheles-Mücke die Malaria übertragbar wird. Sie ist in ihrem Auftreten an die Verbreitungsgebiete der Fiebermücke gebunden (sumpfige wärmere Gegenden) und an solche, die hygienisch und landwirtschaftlich unterentwickelt sind. Die Malaria-Erreger sind Plasmodien (Sporentierchen), die beim Stich der Fiebermücke krankheitsbildend in die Blutbahn des Menschen gelangen. Durch solche und andere Malaria-Erkenntnisse wurde die segensreiche Bekämpfung der Malaria möglich.

1903 **Finsen, Niels Ryberg** (1860–1904) / Dänemark
„in Anerkennung seines Beitrags zur Behandlung von Krankheiten, insbesondere von Lupus vulgaris, mittels konzentrierter Lichtstrahlen, durch die er der medizinischen Wissenschaft einen neuen Weg erschloß".

Finsen wurde zum Begründer der modernen Licht-Therapie, indem er es unternahm, die biologische Rolle zu untersuchen, welche das Licht im Leben und für die Gesundheit der Menschen spielt. Bis zu seinem frühen Tode (er starb im Alter von 44 Jahren) machte ihm viele Jahre eine chronische Herz- und Leberkrankheit sehr zu schaffen, sie wurde aber zugleich ein leidenschaftlicher Anreger für die Intensität seiner Forschungen. F. bediente sich sehr konzentrierter Strahlung der Sonne oder einer von ihm konstruierten Lampe (Finsenlampe), eine an ultraviolettem Licht reiche Kohlenbogenlampe, durch die er einen viel besseren Effekt und hervorragende Resultate bei der Behandlung des Lupus vulgaris (Hauttuberkulose) erzielen konnte.

1904 **Pavlov, Ivan Petrovič** (1849–1936) / Rußland
„in Anerkennung seiner Arbeit über die Physiologie der Verdauung, die das Wissen über wesentliche Aspekte dieses Bereichs verbessert und erweitert hat".

Pavlov's Nobelpreisauszeichnung betrifft erstmals die reine Physiologie (Bezug: die allgemeine Bemerkung über „Physiologie oder Medizin" auf Seite 121). Die Formulierung der Nobelpreisbegründung betrifft alle Forschungen über Magensäfte, die Wechselbeziehung zwischen der Zusammensetzung der Speisen und die Menge und Eigenschaften der Magensäfte; im näheren: die ausscheidende Tätigkeit der Drüsen, die Abscheidung des Magensaftes und die Verdauung selbst. P. erarbeitete auch neue Erkenntnisse zur Nervenversorgung des Herzens; im allgemeinen: er erforschte die Funktion des Gehirns.

1905 **Koch, Robert** (1843–1910) / Deutschland
„für seine Untersuchungen und Entdeckungen auf dem Gebiet der Tuberkulose".

Die Nobelpreisbegründung bezieht sich ausschließlich auf einen relativ frühen Teil (1882 entdeckte er den Tuberkelbazillus) seiner umfangreichen Studien. Bereits 1878 erregte er Aufsehen durch seine Schrift „Untersuchungen über die Ätiologie (Lehre von den Ursachen) der Wundinfektionskrankheiten". Sein Hauptverdienst war die grundlegende Methodik für Züchtung von Bakterienreinkulturen auf festen Nährböden, was ihn in die Lage versetzte, für eine ganze Reihe von Infektionskrankheiten den bakteriellen Erreger nachzuweisen. 1884 entdeckte er den Erreger der asiatischen Cholera, den sog. Kommabazillus. Er erforschte ferner die Schlafkrankheit und Malaria.

1906 **Golgi, Camillo** (1843–1926) / Italien
Ramon y Cajal, Santiago (1852–1934) / Spanien
„in Anerkennung ihrer Arbeiten über die Struktur des Nervensystems".

Golgi hatte eine Methode zur Färbpräparation von Nervensystemen entwickelt, durch die er die Teile des Nervengewebes getrennt beobachten und mit dieser „Golgi'schen Färbung" wichtige Arbeiten über den Bau des Zentralnervensystems durchführen konnte. Außerdem gelangen Golgi bedeutsame Entdeckungen über die parasitischen Erreger der Malaria. Ramon y Cajal entwickelte die von Golgi entdeckte Silberimprägnationsfärbung des Nervensystems weiter. Er schuf die Grundlagen zu unseren heutigen Kenntnissen von den feinen Strukturen des Nervensystems.

1907 **Laveran, Charles Louis Alphonse** (1845–1922) / Frankreich
„in Anerkennung seiner Arbeiten über die Bedeutung der Protozoen als Krankheitserreger".

Beim Studium der von der Malaria betroffenen Personen beobachtete Laveran die Existenz von einzelligen Mikroorganismen der Gruppe der Protozoen (Urtierchen). Zu den Protozoen gehören Wurzelfüßer, Geißeltierchen, Sporentierchen und Wimpertierchen. Das regelmäßige Vorhandensein dieser später Plasmoden der Malaria genannten Organismen in dieser oder einer anderen Form im Blut des Kranken, ihr Verschwinden nach einer Behandlung mit Chinin und ihre Abwesenheit im Blut Gesunder führten zu dem bald weitgehend bestätigten Schluß, daß sie unmittelbar Ursache der Malaria waren. Der weiteren Erforschung der Malaria galt L.'s andauerndes Interesse. Seine Forschungen galten insbesondere auch der afrikanischen Schlafkrankheit.

1908 **Mečnikov, Il'ja Iljič** (1845–1916) / Rußland
Ehrlich, Paul (1854–1915) / Deutschland
„als Anerkennung ihrer Arbeiten über die Immunität".

I. I. Mečnikov entdeckte die „Phagozyten" (Freßzellen) bei den niederen Tieren. Dadurch fand er den Übergang zu den Infektionskrankheiten bei Menschen und zur Frage des besten Schutzes des Organismus gegen dieselben. Mit seiner 1884 veröffentlichten Theorie bewies er vor allem, welche Bedeutung der Verhütung und Heilung ansteckender

Krankheiten durch die Blutleukozyten oder weißen Blutkörperchen zukommt. Ehrlich befaßte sich zunächst mit der Hämatologie, der Wissenschaft vom Blut. Sodann wandte er sich speziell dem Studium der Immunität zu, d.h. der angeborenen oder erworbenen Unempfänglichkeit gegenüber Infektionskrankheiten bzw. ihren Giften. Es gelang ihm, den Körper gegen gewisse Pflanzengifte zu immunisieren, die auf der Bildung spezifischer Antitoxine (Gegengifte) beruht. Er ist der Begründer der Chemotheraphie und schuf damit ein neues Forschungsgebiet, auf dem ihm (zusammen mit dem Japaner Hata) nach 1908 die Herstellung des Salvarsan gelang, wodurch er weltberühmt wurde, denn mit Salvarsan hatte man ein Heilmittel gefunden, das den Erreger der Syphilis, ohne Schaden des Gesamtorganismus, vernichtete.

1909 **Kocher, Emil Theodor** (1841–1917) / Schweiz
„für seine Arbeiten über Physiologie, Pathologie und Chirurgie der Schilddrüse".

Kocher, der als einer der hervorragendsten Chirurgen seiner Zeit den größten Ruf besaß, rechtfertigte diesen auch durch die umfassende Weite seines Arbeitsgebietes: Vorgänge bei der Blutstillung, Theorie der Krankheiten des männlichen Geschlechtsorgans, Verletzungen der Wirbelsäule (als Beitrag zur Physiologie des menschlichen Rückenmarks), die traumatische Epilepsie, Gehirnverletzungen und -erschütterungen, Operationen an von Krampf befallenen Muskeln usw. sowie seine berühmten Arbeiten über den Kropf und die Erkrankungen der Schilddrüse. Der Laudatio zufolge haben Kocher's Erkenntnisse auf dem Gebiet der Physiologie der Schilddrüse das Verständnis der pathologischen Prozesse maßgeblich erweitert und bis dahin rätselhafte Krankheitsbilder (Kretinismus, Myxödem, Basedow-Krankheit) geklärt.

1910 **Kossel, Albrecht** (1853–1927) / Deutschland
„in Anerkennung des Beitrages, den seine Arbeiten über Eiweißstoffe einschließlich der Nukleine für unsere Kenntnis der Chemie der Zelle geleistet haben".

Die Nobelpreisbegründung erfaßt einen Bereich, für dessen Ausgangspunkt sich die Laudatio zunächst auf den schwedischen Chemiker J. J. Berzelius (1779–1848) beruft, der, nach seinen eigenen Worten, der Hoffnung nachstrebte „Anhaltspunkte für die chemische Beschaffenheit des lebenden Organismus aus den chemischen Erkenntnissen in unseren Laboratorien zu finden und, wenn möglich, die Zusammenhänge und die sich daraus ergebenden Phänomene herzustellen, aus denen sich das

Leben und dessen Kontinuität zusammensetzen". Einem solchen Vorhaben widmete sich ganz besonders A. Kossel, der neben Fischer (NP/CH 1902) u.a. als einer der Väter der Zellchemie und der Eiweißchemie gilt. Ende der siebziger Jahre erkannte er bereits einiges Wesentliche über den Aufbau der Zelle. Im weiteren Verlauf seiner Forschungen handelte es sich um Proteine aus Frischmilch mit verhältnismäßig einfachen Bestandteilen, die für bestimmte Umwandlungsprodukte der Zelle charakteristisch sind, oder um sog. Histone, ein Mittelding zwischen Protaminen und „gewöhnlichem Eiweiß"; hinzu trat die Erforschung wichtiger und sehr komplizierter Eiweißkörper in der Zelle.

1911 **Gullstrand, Allvar** (1862–1930) / Schweden
„für seine Arbeiten über die Dioptrik des Auges".

Dioptrik ist die Brechkrafteinheit (der reziproke Wert der im metrischen System gemessenen Linsenbrennweite). Gullstrand begann die Forschung auf seinem Spezialgebiet, der geometrischen und optischen Physiologie, als Autodidakt. Seine Doktorarbeit „Beiträge zur Theorie des Astigmatismus" (Brennpunktlosigkeit infolge abnormer Wölbung der Hornhaut) enthielt bereits die Grundlagen seiner Lebensarbeit. Sie umfaßt ein minuziöses Studium des im Auge stattfindenden Phänomens der optischen Abbildung, Forschungen, die zur Entdeckung der intrakapsulären Anpassung des Kristallkörpers führten. Diese Beobachtung erhielt eine besondere Bedeutung vom physiologischen Gesichtspunkt aus und trug Früchte auf der Ebene der Ophthalmologie (Lehre von den Augenkrankheiten), indem sie die Konstruktion neuer Instrumente, wie des Ophthalmoskops ohne Reflexion, der Schlitzlampe und anderer erlaubte.

1912 **Carrel, Alexis** 1873–1944) / Frankreich
„als Anerkennung seiner Arbeiten über die Gefäßnaht sowie über Gefäß- und Organtransplantationen".

Carrel's Forschungsarbeiten befaßten sich zur Hauptsache mit der experimentellen Chirurgie und der Transplantation von Geweben und Organen, was bis dahin fast unbekannt war. Er war bemüht, die besten Nähte für Blutgefäße zu finden und wies 1910 nach, daß Blutgefäße über lange Zeiträume kalt konserviert werden können, bevor sie als Transplantate in der Chirurgie Verwendung finden. Zuvor (1908) hatte er Methoden zur Transplantation ganzer Organe entwickelt. Die Laudatio hob besondere Einzelheiten hervor, u.a. daß Carrel den runden Einschnitt bei der Operation von Blutgefäßen durch einen Dreieckschnitt erweiterte und dadurch die Erfolgsmöglichkeiten steigerte. Der Nobelpreisvortrag Carrel's über „Gefäßnaht und Organtransplantation" beweist seine souveräne Kenntnis dieser neuen chirurgischen Möglichkeiten, ihre Gefahren und Heilungsaussichten.

1913 **Richet, Charles Robert** (1850–1935) / Frankreich
„für seine Arbeiten über Anaphylaxie".

Richet's Hauptverdienst ist die Erforschung der Anaphylaxie. In seinem Nobelpreisvortrag erklärt er eingangs den von ihm benannten Terminus: „Phylaxis bedeutet auf Griechisch Schutz. Die Anaphylaxie bedeutet somit das Gegenteil; aufgrund seines etymologischen Ursprungs bezeichnet der Ausdruck daher den Zustand eines Organismus, indem er auf etwas überempfindlich reagiert, anstatt dagegen geschützt zu sein"; mit anderen Worten: Die gesteigerte Empfindlichkeit des Körpers gegen artfremdes Eiweiß, indem sich dabei krankhafte Erscheinungen zeigen. Richet's Anaphylaxie spielt in der ganzen Pathologie eine wichtige Rolle: der „anaphylaktische Versuch" zeigte sich als das empfindlichste diagnostische Hilfsmittel zum Nachweis verschiedener pflanzlich und tierischer Eiweißstoffe ganz besonders geeignet. Richet gehört zu den Pionieren der vergleichenden Physiologie, die die normalen und pathologischen Vorgänge miteinander in Verbindung bringt und unter einheitlichen Gesichtspunkten betrachtet.

1914 **Bárány, Robert** (1876–1936) / Ungarn
„für seine Arbeiten über Physiologie und Pathologie des Vestibularapparates".

Bárány hat auf dem Gebiet der Ohrenheilkunde zahlreiche und wichtige Arbeiten veröffentlicht, von denen sich die meisten mit der Erforschung der Physiologie und Klinik des als Organ für den Gleichgewichtssinn dienenden Bogengangapparates, des sog. Vestibularapparates, im inneren Ohr des Menschen befassen. 1906 legte er seine wichtige Entdeckung der kalorischen Reaktion des Inneren Ohres dar und gab die erste Darstellung einer exakten Funktionsprüfung des Bogengangapparates. Diese Untersuchungen führten dazu, daß es in der Praxis möglich wurde, Eiterungen im Labyrinth rechtzeitig zu diagnostizieren. 1909 gelang es ihm, eine neue Methode zur Untersuchung der Beziehungen zwischen Vestibularapparat, Kleinhirn, Großhirn und Rückenmark aufzufinden.

1915 (nicht verliehen)

1916 (nicht verliehen)

1917 (nicht verliehen)

1918 (nicht verliehen)

1919 (verliehen 1920)
Bordet, Jules (1870–1961) / Belgien
„als Anerkennung ihrer Arbeiten über die Immunität".

Bordet's Studien umfaßten ausführliche Analysen der Bakteriolyse und der Bildung von Antikörpern. Schon früh zeigte er, daß das Antimikrobenserum zwei aktive Stubstanzen hat, eine, die vor der Immunisierung existiert, und die andere als spezifischen Antikörper, der durch die Impfung geschaffen wird. Durch die Komplementbindungsprobe gelang es z.B., den Vorgang der Immunisierung, also der Erzeugung von Unempfindlichkeit gegenüber Infektionen oder Giften, weitgehend zu klären und damit die vorher unmögliche Frühdiagnose von schweren Krankheiten (Cholera, Typhus, Syphilis) zu ermöglichen. In Zweifelsfällen ließ sich feststellen, ob eine schwere Infektion oder nur ein harmloser Erreger eine Störung verursacht hat. Er schuf die Methode, die Mikroben durch die Sera zu diagnostizieren, also zu identifizieren. Bordet entdeckte u.a. den Keuchhusten-Bazillus und 1898 hämolytische (blutspaltende) Sera. Im Verlauf seiner vieljährigen Forschung gewann er die Erfahrung: „Ein durch Infektion oder Impfung in seinen Abwehreigenschaften gesteigertes Serum vermag Mikroorganismen und artfremde rote Blutkörperchen aufzulösen."

1920 **Krogh, August** (1874–1949) / Dänemark
„für die Entdeckung des kapillarmotorischen Regulationsmechanismus".

Krogh beantwortete die Frage, wie der arbeitende Muskel in ausreichendem Maße mit Sauerstoff versorgt wird, indem er nachwies, daß der erhöhte Bedarf nicht allein durch einen größeren Blutzufluß befriedigt wird, weil der in einem jeden Kubikzentimeter Blut enthaltene Sauerstoff bei der Arbeit mehr beansprucht ist, als wenn der Körper ruht. Die plausibelste Erklärung ist, daß sich bei Inangriffnahme einer Arbeit eine größere Anzahl von Kapillaren (Haargefäß, kleinstes Blutgefäß; Haarröhrchen) öffnet, um die Sauerstoffzufuhr zu erleichtern. Dies wurde von Krogh bewiesen. Er schuf den in die Wissenschaft eingegangenen Begriff des kapillarmotorischen Regulationsmechanismus. In der Darlung der im allgemeinen wenig bekannten kapillaren Zustände wurden, der Laudatio zufolge, eine Anzahl wichtiger medizinischer Probleme aufgeworfen: Testverfahren, pathologische Erscheinungen, Serum-Elektrophorese. Die Krogh'schen Versuche haben neue Zugänge zu solchen Fragen geöffnet.

1921 (nicht verliehen)

1922 (verliehen 1923)
Hill, Archibald Vivian (1886–1977) / Großbritannien
„für seine Entdeckungen auf dem Gebiet der Wärmeerzeugung der Muskeln“.

Meyerhof, Otto Fritz (1884–1951) / Deutschland
„für seine Entdeckung des Verhältnisses zwischen Sauerstoffverbrauch und Milchsäureproduktion im Muskel“.

Hill und Meyerhof haben unabhängig voneinander über die Physiologie der Muskelkontraktion gearbeitet. Hill analysierte mit Hilfe einer eleganten thermoelektrischen Methode die zeitlichen Beziehungen der Wärmeproduktion im Muskel. Meyerhof erforschte mittels chemischer Methoden den Sauerstoffverbrauch des Muskels sowie die Umwandlung von Kohlehydraten und Milchsäure im Muskel. Hill wies nach, daß bei der Zusammenziehung (Kontraktion) eines Froschmuskels nur ein Teil der in diesem enthaltenen Wärme frei wird, während ein wesentlicher Teil erst ein paar Minuten nach der Kontraktion festzustellen ist. Anscheinend war diese Phase an die Gegenwart des Sauerstoffs gebunden: Es gab demnach zwei Phasen – eine während der Anstrengung, eine zweite während der folgenden Erholungspause. Die Beobachtungen eines Menschen bei der Arbeit lieferte die gleichen Resultate. Meyerhof entdeckte, daß sich die Milchsäure während einer ohne Sauerstoffzufuhr gemachten Anstrengung anhäufte, um sich dann in Gegenwart des Sauerstoffs zu verlieren. Es gelang ihm, eine Verbindung zwischen seinen eigenen Entdeckungen und den Hill'schen herzustellen, indem er von der Annahme ausging, daß sich das Glykogen, eine komplexe Substanz, mit deren Hilfe die Kohlehydrate im Körper gespeichert werden, als ein Teil des Kontraktionsprozesses in Milchsäure auflöst und daß in der folgenden Erholungsphase eine weitere Synthese vor sich geht, in deren Rahmen Milchsäure wieder zu Glykogen (Leberstärke) wird.

1923 **Banting, Frederick Grant** (1891–1941) / Kanada
Macleod, John James Richard (1876–1935) / Kanada
„für die Entdeckung des Insulin“.

Banting untersuchte seit 1921 mit großem Erfolg die innere Sekretion der Bauchspeicheldrüse und namentlich das Wesen und die Wirkung des Insulins, das den Blutzuckergehalt vermindert und, aus der tierischen Bauchspeicheldrüse gewonnen, als Heilmittel gegen Zuckerkrankheit angewendet wird. Diese Entdeckung gelang ihm zusammen mit J. J. R. Macleod und dem Physiologen Ch. H. Best (1899–1978). Sie kamen zu ihrem Resultat durch Experimente mit Tieren, deren Pankreasdrüse sie zuvor so präpariert hatten, daß diejenigen Zellen vernichtet wurden, die proteinzersetzende Enzyme produzierten. Das erhaltene Hormon konzentrierten sie. Der Wert des Insulins für die Behandlung der Symptome der Diabetes (Zuckerharnruhr, Zuckerkrankheit) wurde durch den Nobelpreis anerkannt. Dabei dürften allerdings die in der Laudatio einschränkenden Feststellungen nicht übersehen werden: „Man darf sich nicht vorstellen, daß Insulin den Diabetes heilen kann. Aber das Insulin gibt uns die Möglichkeit, die Krankheit zu mildern und so dem hoffnungslosen Patienten seine Leistungsfähigkeit und einen vergleichsweise guten Gesundheitszustand wiederzugeben, einem Patienten, der trotz der äußerst anstrengenden rigorosen Einschränkungen bei der Ernährung ständig durch eine tödliche Vergiftung bedroht ist."

1924 **Einthoven, Willem** (1860–1927) / Niederlande
„für seine Entdeckung des Mechanismus des Elektrokardiogramms".

Für die Ergänzung der Nobelpreisbegründung sei aus der Laudatio verkürzt hervorgehoben: „Einthoven's Name wird einerseits zusammen mit dem Entwurf eines physikalischen Instruments, des Saitengalvanometers, genannt, andererseits mit dem sogenannten Elektrokardiogramm (EKG), einer Aufzeichnung der Potentialschwankungen von der Körperoberfläche her, die den Herzschlag begleiten. Der Herzschlag ist, wie die Kolbenbewegung einer Dampfmaschine, ein Kreisprozeß, dem ein ähnlicher Prozeß im Herzmuskel zugrunde liegt. Dieser Prozeß, der energetisch als Umwandlung chemischer Energie in andere Energieformen als Wärme betrachtet werden muß, wird von Schwankungen des elektrischen Potentials – dem Aktionsstrom – begleitet. Die betreffenden Potentialschwankungen werden in Millivolt und Hundertstelsekunden gemessen. Die Konstruktion eines selbstschreibenden Meßinstrumentes, das Potentialveränderungen von dieser Größenordnung direkt und unverfälscht aufzeichnet, war das Problem, das Einthoven mit seinem Saitengalvanometer löste (1903)", indem er dieses Instrument mit zwei Stellen des Körpers in Berührung bringt und so ein Elektrokardiogramm aufzunehmen imstande ist.

1925 (nicht verliehen)

1926 (verliehen 1927)
Fibiger, Johannes Andreas Grib (1867–1928) / Dänemark
„für seine Entdeckung des Spiropterakarzinoms".

Fibiger's Weltruf gründete sich auf seine Krebsforschungen, indem es ihm 1913 gelang, den Krebstumor experimentell im Magen von Ratten hervorzurufen. Schon 1907 hatte er in der Magenhöhle von Mäusen einen bisher unbekannten Tumor und zugleich einen Parasiten, eine Madenart (Spiroptera neoplastica), festgestellt. Bei der Verfütterung einer Küchenschabenart, in der sich die Larve der Spiroptera neoplastica entwickelt hatte, konnte er bei Ratten Magen- und Zungenkrebs neben gutartigen Geschwülsten hervorrufen. Es war also möglich geworden, organisch gesunde Zellen experimentell in Krebszellen zu verwandeln. Diese Möglichkeit, den Krebs willkürlich hervorzurufen, gab der Krebsforschung eine unschätzbare Methode in die Hand und zugleich einen neuen mächtigen Anstoß. Fibiger's Entdeckung bedeutet einen Markstein auf dem Wege zur Aufhellung und Bekämpfung dieser furchtbaren Krankheit.

1927 **Wagner-Jauregg, Julius** (1857–1940) / Österreich
„für die Entdeckung der therapeutischen Bedeutung der Malaria-Impfung bei der Behandlung von progressiver Paralyse".

Die progressive Paralyse ist eine Geisteskrankheit syphilitischen Ursprungs und erzeugt gewöhnlich einen Zustand von Blödheit oder Paralyse (Lähmung), die zum Tode führen kann. Vor Wagner-Jauregg war man praktisch ohne jedes Mittel, diese Krankheit zu heilen oder auch nur ihren Verlauf und ihre Folgen grundsätzlich mit einiger Sicherheit zu beeinflussen. W.-J. fand ein solches Mittel. Schon 1887 befaßte er sich mit der Einwirkung von fieberhaften Erkrankungen auf Psychosen (Geistes- oder Nervenkrankheiten) und verfolgte das Thema unausgesetzt. Aber erst 1917 bot sich ihm die Möglichkeit, seine Vorstellungen zu verwirklichen: Er injizierte („den Teufel mit Beelzebub austreibend") neun Patienten, die an Paralyse litten, das infektiöse Blut von Malariakranken. Die Erwartungen des Laureaten erfüllten sich. Die infizierten Patienten bekamen Malaria, ihre Geisteskrankheit wurde positiv beeinflußt, und drei der neun erholten sich praktisch vollständig. W.-J.'s erfolgreiche Experimente wurden in der ganzen Welt nachvollzogen. Tausende unglücklicher Menschen haben den Nutzen dieser Behandlung durch Malariabazillen erfahren.

1928 **Nicolle, Charles Jules Henri** (1866–1936) / Frankreich
„für seine Arbeiten über Flecktyphus".

Nicolle ist eine führende Persönlichkeit auf dem Gebiet der Bakteriologie und der Serumtherapie. Er erzeugte in seinem Institut in großen Mengen vorbeugende Impfstoffe gegen das Fleckfieber (Typhus) und beschäftigte sich selbst wissenschaftlich mit den epidemischen Krankheiten Typhus, Lepra, Masern, Grippe, Scharlach, Keuchhusten usw., mit den Pilzvergiftungen, dem Schleimfluß sowie mit den Mikroben im allgemeinen. Es gibt kaum eine Frage der Pathologie der nordafrikanischen Krankheiten, mit der sich N. nicht beschäftigt hätte. Die Vorbeugung der Diphtherie und der Tuberkulose zählt zu seinen Hauptaufgaben. Er entdeckte die vorbeugende Kraft des Serums der Typhus- und Masernrekonvaleszenten. In Zeiten von Krieg oder Hungersnöten hat, der Laudatio zufolge, die Typhus-Epidemie oft Hunderte oder Tausende von Toten gefordert. Es ist ein Hauptverdienst von Nicolle, daß wir den Typhus heute unter Kontrolle haben und daß er von seinem epidemischen Schrecken zur Infektionskrankheit reduziert worden ist.

1929 **Eijkman, Christiaan** (1858–1930) / Niederlande
„für seine Entdeckung des antineuritischen Vitamins".

Hopkins, Frederick Gowland (1861–1947) / Großbritannien
„für die Entdeckung der wachstumsfördernden Vitamine".

Ejkman entdeckte, daß die Ansteckung mit Beriberi (Krankheit infolge Mangels von Vitamin B_1), einer schweren, im gesamten Fernen Osten weit verbreiteten Krankheit, die durch zu wenig abwechslungsreiche Ernährung (z.B. geschältem Reis) ausgelöst wird, durch einen Zusatz von Reiskleie vermieden werden konnte. Aus vielfach variierten Versuchen konnte er dann schließen, daß in der Kleie ein Schutz- und Heilstoff unbekannter Natur, ein antineuritisches (Neuritis = Nervenentzündung) Prinzip, das später Vitamin genannt wurde, anwesend sein mußte. Diese Entdeckung hat die Verursachung der Beriberis aufgeklärt. Auch ist sie der Ausgangspunkt gewesen für die Erkenntnis des Wesens einer ganzen Gruppe von Krankheiten, wie Skorbut, Rachitis u.a.m. – Hopkins hat zuerst das Vorhandensein lebenswichtiger Ernährungsstoffe neben den schon lange als solchen bekannten Stoffen, dem Eiweiß, Fett, den Kohlehydraten und Salzen, in der pflanzlichen und tierischen Nahrung nachgewiesen. Fehlen diese sogenannten „akzessorischen Nährstoffe", so sind Mangelkrankheiten, wie Rachitis und Skorbut, die Folge. Hopkins konnte sich dabei auf eine von ihm erzielte Tatsache stützen, daß junge Ratten zu wachsen aufhören, sobald man sie auf eine unvollständige synthetische Diät setzte, jedoch weiterwuchsen, sobald der Nahrung kleine Quantitäten Milch hinzugefügt wurden. Abschließend heißt es in der Laudatio: „Die Entdeckung des antineuritischen und wachstumfördernden Vitamins bedeutet einen Grundstein der Vitaminforschung. Bei dem großen Fortschritt auf diesem Feld können wir auf eine zukünftige reiche Ernte hoffen."

1930 **Landsteiner, Karl** (1868–1943) / Österreich
„für die Entdeckung der Blutgruppen des Menschen".

Von überragender Bedeutung innerhalb der vielseitigen wissenschaftlichen Arbeiten Landsteiner's war seine Entdeckung der 4 Blutgruppen, zunächst in ihrer einfachsten Form, die nachher (z.B. durch die Rhesus-Blutgruppe), erweitert wurde, so daß eine Spezialwissenschaft daraus entstand. Die Nobelpreisbegründung wird durch die Laudatio u.a. wie folgt ergänzt: „Die Blutübertragung von Mensch zu Mensch zu therapeutischen Zwecken wurde bereits im 17. Jahrhundert praktiziert. Man fand jedoch, daß solche Transfusionen große Risiken in sich bargen und nicht selten zum Tode des Patienten führten. Die Entdeckung der Blutgruppen machte es nun möglich, zumindest in der Mehrzahl der Fälle, die Ursachen der Gefahren zu erklären und sie gleichzeitig zu vermeiden. Der Blutspender muß in der Tat der gleichen Blutgruppe angehören wie der Patient. Es ist Landsteiner's Entdeckung zu verdanken, daß Bluttransfusionen wieder angewandt werden und viele Menschenleben retten." Darüber hinaus hat die Weiterentwicklung der Bluttransfusion und ihrer Voraussetzungen bestimmte Probleme der Vererblichkeit und Anthropologie (Menschenkunde) geklärt.

1931 **Warburg, Otto Heinrich** (1883–1970) / Deutschland
„für die Entdeckung der Natur und der Funktion des Atmungsferments".

Warburg's Entdeckung betrifft, wie es in der Laudatio heißt, „die intrazelluläre Verbrennung: jenen fundamentalen Lebensprozeß, in welchem Substanzen, die der Zelle direkt zugeführt werden oder in ihr gespeichert sind, unter Sauerstoffverbrauch zu einfacheren Bestandteilen abgebaut werden. Durch diesen Prozeß wird die Energie, die für andere Lebensprozesse erforderlich ist, den Zellen in einer Form zur Verfügung gestellt, die sofort genutzt werden kann". Bei der Erforschung dieses Lernprozesses konnte W. die Grundstruktur eines wichtigen Enzyms genau bestimmen, das in allen Zellen vorkommt und das hauptsächlich einen Einfluß auf den Sauerstoffwechsel der Zellenelemente ausübt. – Warburg förderte wesentlich die Kenntnisse über die Stoffwechselvorgänge in Krebszellen und über Natur und Wirkungsweise des Atmungsferments, was in der Laudatio zu der abschließenden Feststellung führte, daß sich die Forschungen W.'s stets auf Probleme von zentraler Bedeutung konzentrierten.

1932 **Sherrington, Charles Scott** (1857–1952) / Großbritannien
Adrian, Edgar Douglas (1889–1977) / Großbritannien
„für ihre Entdeckungen auf dem Gebiet der Funktionen der Neuronen".

Auf dem Gebiet der Physiologie oder Medizin gibt es, wie die Laudatio eingangs hervorhob, nicht viele Bereiche, die soviel Aufmerksamkeit auf sich gezogen haben wie das Nervensystem, jenes System zur Verbreitung schneller Botschaften unter den verschiedenen Teilen des Körpers, und darüber hinaus die materielle Grundlage des Geistes. – Adrian gelang es, beim Studium der Einwirkung elektrischer Impulse auf eine einzelne Nervenfaser, gewisse Parallelen zwischen dem Grad der Aktivität und der Häufigkeit der Impulse nachzuweisen. Er wies auch die Befähigung der Sinnesorgane, sich der Umgebung anzupassen, nach. – Sherrington hat mehr als jeder andere dazu beigetragen, die Summe unserer Kenntnisse über den grundlegenden Akt des Reflexes bei der Sekretion und manchen unwillkürlichen Bewegungen, die vom Nervenimpuls eines der Sinne ausgelöst werden, zu vermehren. Er studierte sehr genau das Wesen der Reflexe und die Art und Weise, auf die sie unter verschiedenen Bedingungen beeinflußt werden (Hemmung, Erleichterung, Summierung, Rhythmus usw.).

1933 **Morgan, Thomas Hunt** (1866–1945) / USA
„für seine Entdeckungen über die Bedeutung der Chromosomen als Träger der Vererbung".

Morgan lieferte den unbestreitbaren Beweis dafür, daß die Grundlage der Erbanlagen in den Chromosomen, Fasern des Zellkerns, zu suchen war. Sobald die Sexualzellen reifen, erfolgt eine sog. Reifungsteilung ihrer Chromosomen, die deren Zahl verdoppelt. Vereinigen sich männliche und weibliche Zellen, bildet sich eine doppelte Reihe von Chromosomen heraus, aber diesmal geht die Hälfte einer jeden Paarung aus der männlichen und die andere Hälfte aus der weiblichen Zelle hervor. M. gelangte durch weitere Experimente und theoretische Überlegungen zur Lokalisierung der Gene, der Träger der Erbfaktoren, an bestimmten Stellen der Chromosomen. Die Methoden, mit denen er das erreichte, wurden entscheidend für die gesamte nun folgende genetische Forschung.

1934 **Whipple, George Hoyt** (1878–1976) / USA
Minot, George Richards (1885–1950) / USA
Murphy, William Parry (1892– . . . .) / USA
„für ihre Lebertherapie gegen Anämie".

Whipple war der erste der drei Laureaten, der 1920 damit begann, den Einfluß der Ernährung auf die Blutregenerierung, die Neubildung des Blutes, in Fällen von Anämie (Blutarmut) zu untersuchen. Er stellte fest, daß die Regeneration der roten Blutfarbstoffe bei Hunden, die man zur Ader gelassen hatte, viel leichter vonstatten ging, sobald man sie einer reichen Leberdiät unterwarf. Minot und Murphy experimentierten in der Folge mit dem Lebereffekt beim Menschen und entdeckten, daß diese Ernährung Fälle von bösartiger Anämie, einer Krankheit, die bis dahin als unheilbar gegolten hatte, günstig beeinflußt. Diese neue Methode, die Leberbehandlung, hat bereits Tausenden von Menschen das Leben gerettet und darin erfüllt sich augenfällig der Testamentwille Nobels, denjenigen den Preis zu verleihen, die der Menschheit den größten Nutzen gebracht haben.

1935 **Spemann, Hans** (1869–1941) / Deutschland
„für die Entdeckung des Organisator-Effekts im embryonalen Entwicklungsstadium".

Spemann's Entdeckung fällt in den Bereich der sog. Entwicklungsmechanismen (heute zieht man den Begriff Entwicklungsphysiologie vor). Er stellt ein Forschungsgebiet dar, das zu entdecken sucht, auf welche Weise die hauptsächlichen Bestandteile des Embryos vorherbestimmt sind. Spemann beobachtete, daß sich der Prozeß der embryonalen Differenzierung in der Funktion des Faktors „Lage" ausdrückt und von einem organisatorischen Einfluß bestimmt wird, der wahrscheinlich durch Ausstoßung aktiver Substanzen, von spezifischen Organisationszentren (dem Zentralnervensystem) ausgeht. Mit anderen Worten: Die von Spemann untersuchte Entwicklungsmechanik sucht den inneren Kausalzusammenhang zwischen den embryonalen Entwicklungsvorgängen festzustellen. Sie ist erst durch Spemann zu einer wirklich aktuellen Wissenschaft geworden, die die Gesetze enthüllt hat, welche die ganze biologische Welt umspannen.

1936 **Dale, Henry Hallett** (1875–1968) / Großbritannien
Loewi, Otto (1873–1961) / Österreich
„für ihre Entdeckungen bei der chemischen Übertragung der Nervenimpulse".

Die Forschungen Dale's und Loewi's enthüllten, daß im sog. autonomen Nervensystem (das die außerhalb des Willens funktionierenden Organe, z.B. das Herz und die Gedärme mit Nerven versorgt) die nervösen Impulse den betroffenen Organen von spezifischen, von den Nervenenden ausgesandten Substanzen zugeleitet werden; was auch für andere Teile des Nervensystems, wahrscheinlich auch für das Gehirn, gilt. Aus Loewi's Nobelpreisvortrag über „Die chemische Übertragung der Nervenwirkung" ist ein wesentlicher Satz hervorzuheben: „Wir können also, wie Dale es formuliert, nicht mehr sagen, die Nervenstoffe reproduzieren das Wirkungsbild der Nerven, sondern es ist so, daß die Nerven das Wirkungsbild der Stoffe reproduzieren, da sie ja diese frei machen und diese den Wirkungserfolg herbeiführen." Für das Verständnis der Wirkung einer Reihe verschiedener Substanzen auf den Organismus bedeutet, der Laudatio zufolge, die Entdeckung der chemischen Übertragung von Nervenreizen eine große Umwälzung. Sie regte, wie es abschließend die Laudatio hervorhebt, die Forschungen in vielen Teilen der Welt an und bestätigte den internationalen Charakter der Wissenschaft: Die Pharmakologie wurde stark beeinflußt und Physiologie und Medizin in hohem Maße bereichert.

1937 **Szent-Györgyi von Nagyrapolt, Albert** (1893–1986) / Ungarn

„für seine Entdeckungen auf dem Gebiet der biologischen Verbrennungsprozesse, besonders in Beziehung auf das Vitamin C und die Katalyse der Fumarsäure".

Die Formulierung der Preisbegründung weist, so die Laudatio, darauf hin, daß der Mechanismus der biologischen Oxidation über die großen Entdeckungen hinaus, die O. Warburg (NP/Me 1931) und H. Wieland (NP/Ch 1927) gemacht hatten, erforscht wurde. Szent-Györgyi hat, der Laudatio zufolge, unbeugsam sein Ziel verfolgt, die primären und grundlegenden Vorgänge der biologischen Oxidation zu ergründen. Er wurde auf diesem schwierigen Gebiet zum Vorkämpfer, indem er die wirkliche Funktion des Co-Enzyms als wichtiges Glied in der Kette der wasserstoffübertragenden Katalysatoren erklären konnte. S.-G. übernahm 1930 den Lehrstuhl für medizinische Chemie und 1935 auch den für organische Chemie an der Universität Szeged (Ungarn). Dort machte er seine ersten Beobachtungen über die antiskorbutische Aktivität der Askorbinsäure. Paprika erkannte er als reiche Quelle von Vitamin C, so daß es nun in größeren Mengen hergestellt werden konnte. Jetzt erst war die Identität der Askorbinsäure mit Vitamin C endgültig geklärt. 1947 verließ S.-G. Ungarn und wurde in den USA Forschungsleiter des Institutes für Muskelforschung in Woods Hole, (Mass.).

1938 (verliehen 1939)
Heymans, Corneille Jean François (1892–1968) / Belgien
„für die Entdeckung der Rolle des Sinus- und Aortenmechanismus bei der Atemregulierung".

Heymans' Arbeiten galten dem „Herz-Vagus-Zentrum", physiologischen und chemischen Fragen des Blutdrucks und der Atmungszentren. Der Laudatio zufolge hat H. nicht nur die – bis dahin gänzlich unbekannten – Funktionen einiger Organe am Herzen und im Blutkreislauf entdeckt, sondern auch die Erkenntnis des Atmungsvorgangs entscheidend erweitert. In gemeinsamer Arbeit mit seinem Vater hatte Heymans' festgestellt, daß der Mangel an Sauerstoff oder die Häufung von Kohlendioxyd bestimmte chemisch empfindliche Elemente dazu anregt, die Aorta (Hauptschlagader, die aus der linken Herzkammer entspringt) zu verlassen, was den Reflex einer intensivierten Atmung auslöst. In der Folge entdeckte er in den Verästelungen an der Gabelung der Halsschlagader eine ähnliche Funktion. Diese Entdeckung erlaubte es, die Wirkung des Sauerstoffmangels im besonderen und vieler die Chemorezeptoren (Nervenfasern, die auf chemische Reize reagieren) anregender Pharmaka besser zu verstehen.

1939 **Domagk, Gerhard** (1895–1964) / Deutschland
„für die Entdeckung der antibakteriellen Wirkung des Prontosil".

Domagk, der 1939 einem NS-Dekret zufolge den Preis nicht annehmen durfte, hatte beobachtet, daß das Prontosil, eine synthetische Verbindung, die eine aromatische Substanz mit einer Sulfonamidgruppe enthält, eine beachtliche Wirkung gegen viele bakterielle Infektionen im tierischen und menschlichen Körper entfaltet. Mit dem Nobelpreis ist eine Entdeckung belohnt worden, die, der Laudatio zufolge, nichts Geringeres als eine Revolution auf dem Gebiete der Heilkunde bedeutet. In der Folge wurden Sulfonamide in großer Zahl entwickelt, durch die Heilungen bei Streptokokken und ähnlichen Bakterien in weitestem Umfang erfolgten, beispielsweise bei den Krankheiten Hirnhautentzündung, Blutvergiftung, Herzentzündung, bei Colibazillen und zahllosen anderen Krankheiten. Die nach 1939 dem Laureaten gelungenen Entdeckungen führten zur Heilung der Lungentuberkulose, zunächst durch Conteben und dann durch das verbesserte Neoteben. Auch sie haben der Menschheit unendlichen Segen gebracht.

1940 (nicht verliehen)

1941 (nicht verliehen)

1942 (nicht verliehen)

1943 (verliehen 1944)
Dam, Henrik Carl Peter (1895–1976) / Dänemark
„für die Entdeckung des Vitamin K".

Doisy, Edward Albert (1893– . . . .) / USA
„für seine Entdeckung der chemischen Natur des Vitamins K".

Dam und Doisy erhielten gemeinsam den Nobelpreis für ihre sowohl theoretisch als auch praktisch wichtige Entdeckungen auf dem Gebiet der Blutgerinnung oder -koagulation. Dam hatte bei Experimenten mit Hühnern eine Reihe von Blutungen als Folge einer extrem fettarmen Diät beobachtet. Die Symptome konnten durch die bekannten Vitamine nicht beseitigt werden. 1934 fand dann Dam heraus, daß eine Bereicherung des Futters durch Hanfsamen die Blutungen verhinderte, dies mußte durch eine im Hanfsamen enthaltene noch unbekannt Substanz geschehen, die Dam Koagulationsvitamin oder Vitamin K nannte. Er entdeckte außerdem, daß dieses Vitamin nicht nur im Samen von Kohl, Tomaten, Sojabohnen und Luzerne, sondern auch in gewissen tierischen Organen, besonders in der Leber, enthalten war. Der Verdienst, dieses Vitamin K zu isolieren, seine chemische Struktur zu bestimmen und seine Synthese durchzuführen, war ein Verdienst Doisy's. Vitamin K besitzt einen hervorragenden therapeutischen Wert, vor allem für die Neugeborenen, die infolge Mangels an Vitamin K häufig Blutungen ausgesetzt sind, die den Tod herbeiführen können.

1944 **Erlanger, Joseph** (1874–1965) / USA
Gasser, Herbert Spencer (1888–1963) / USA
„für ihre Entdeckungen über die hochdifferenzierten Funktionen der einzelnen Nervenfasern".

Erlanger und Gasser haben weitgehend dazu beigetragen, die bestehenden Kenntnisse von der Physiologie der Nerven zu erweitern. Sie wiesen nach, daß die Nerven aus mehreren Arten von Fasern mit verschiedener Leitfähigkeit zusammengesetzt sind: je dicker ein Nerv ist, mit um so größerer Geschwindigkeit überträgt er die Impulse. Sie klassifizierten die Nerven nicht nur nach deren Leitgeschwindigkeit in drei Hauptgruppen, sondern auch in Anbetracht ihrer schwankenden Erregbarkeit, der wechselnden Stärke der Impulse, der Empfänglichkeit für Asphyxie (Atmungsstillstand) usw. Für beide Laureaten geltend, sagte Erlanger am Ende seines Nobelpreisvortrages über „Beobachtungen zu den Reaktionen einzelner Nervenfasern": „Wir werden diese Arbeiten fortsetzen, da wir glauben, daß durch die Erforschung dieser vergleichsweise einfachen Struktur der Nervenfaser Hinweise für das Verständnis der sehr viel komplizierteren Mechanismen zu finden sind, die das Funktionieren peripherer und zentraler nervöser Mechanismen steuern."

1945 **Fleming, Alexander** (1881–1955) / Großbritannien
Chain, Ernst Boris (1906–1979) / Großbritannien
Florey, Howard Walter (1898–1968) / Großbritannien
„für die Entdeckung des Penicillins und seiner Heilwirkung bei verschiedenen Infektionskrankheiten".

Fleming hat die heute als klassisch geltende Beobachtung gemacht (1928), daß die Kolonien von Staphylokokken (traubenförmige Bakterien) um eine Anhäufung seiner Schimmelkulturen starben und verschwanden. Diese Tatsache bewog ihn, eine Tochtersubstanz des Schimmels, das Penicillin, bis zu einem bestimmten Grade zu konzentrieren; aber es sollte noch ein Jahrzehnt vergehen, bevor Chain und Florey imstande waren, das Penicillin rein genug herzustellen, um seine Heileigenschaft nachzuweisen und mit ihm vielen ansteckenden Krankheiten beizukommen, die zu einem großen Teil den Sulfonamiden widerstanden. Der therapeutische Erfolg, den das Penicillin erzielte, und noch erzielt, ist weltweit bekannt. Es ist zwar kein Allheilmittel (unwirksam u.a. bei Tuberkulose, Typhus, Poliogelitis), jedoch von höchstem Wert bei gewissen Krankheiten (u.a. Syphilis, Tripper, Hirnhautentzündung, Lungenentzündung, allg. Blutvergiftung).

1946 **Muller, Hermann Joseph** (1890–1967) / USA
„für die Entdeckung, daß Mutationen mit Hilfe von Röntgenstrahlen hervorgerufen werden können".

Muller's Hauptforschungsgebiet war die Genetik, ein Bereich, in dem vor ihm T. H. Morgan 1933 den Nobelpreis erhielt. Muller betrieb die Forschung an den verbundenen Genen und dem Gen-Austausch zwischen Chromosomenpaaren. Er konnte die Analyse der variablen durch multiple Faktoren bestimmten Einzelwesen mit Hilfe der Markierungsgene durchführen, damit war die Gültigkeit der Vererbung durch Chromosomen und der Stabilität der Gene gesichert. Von 1918 bis 1926 studierte er die Temperatureinflüsse bei den Mutationen (Veränderungen im Erbgefüge). Ende 1926 gelang ihm der schlüssige Beweis für die Auslösung zahlreicher Genmutationen und chromosomaler Veränderungen durch Röntgenstrahlen. Muller's Beitrag zur modernen Genetik reicht weit über seine preisgekrönte Entdeckung hinaus. Gerade die Vielfalt der Gebiete, die von Muller's Entdeckung berührt werden, ist ein Hinweis für ihre grundlegende Bedeutung. Sie bildet einen der wichtigsten Grundsteine in der komplexen Struktur der modernen Biologie.

1947 **Cori, Carl Ferdinand** (1896–1984) / USA
Cori, Gerty Theresa, geb. Radnitz (1896–1957) / USA
„für ihre Entdeckung des Verlaufs des katalytischen Glykogen-Stoffwechsels".

Houssay, Bernardo Alberto (1887–1971) / Argentinien
„für seine Entdeckung der Bedeutung der Hormone des Hypophysenvorderlappens für den Zuckerstoffwechsel".

C. F. Cori und seine Frau G. Th. Cori haben die Einzelheiten dessen gründlich erforscht, was geschieht, wenn sich das Glykogen (ein in der menschlichen und tierischen Leber gebildetes Kohlenhydrat) in Zucker umwandelt. Sie wiesen die Existenz einer besonderen Kombination von Zucker und Phosphorsäure nach, einer Mittlersubstanz, zur Umwandlung geeignet und zur Zuckerproduktion befähigt. Es ergab sich, daß die Reaktion im umgekehrten Sinne erfolgen konnte, und es gelang, die für die Umwandlung notwendigen Enzyme im reinen Zustand herzustellen. Beide Cori's studierten die therapeutische Wirkung von Insulin und Adrenalin (aus der Nebennierenrinde), ebenso die Glykose (Abbau des Traubenzuckers) bei Tumoren. – Houssay hat fast alle Gebiete der Physiologie in unermüdlichem Schaffen bearbeitet, insbesondere aber die Endokrinologie (Wissenschaft von den Drüsen) und die Kontrolle der Ernährungsvorgänge durch endokrine Drüsen (Drüsen mit innerer Sekretion). Von Anfang an studierte er die Funktionen der Hypophyse (Hirnanhangdrüse), besonders die Beziehung ihres Vorderlappens zu den Funktionen der anderen Drüsen und die Bedeutung der dieses ganze System steuernden Hypophyse. Er trug hervorragend zur Klärung des Mechanismus einer Reihe von Diabetesarten bei. Ferner erforschte er die Ausscheidung von Insulin durch die Bauchspeicheldrüse und die Faktoren, die diese regeln.

1948 **Müller, Paul Hermann** (1899–1965) / Schweiz
„für die Entdeckung der starken Wirkung von DDT als Kontaktgift gegen mehrere Arthropoden".

Die mit dem Nobelpreis (1928) ausgezeichneten „Studien über den exanthematischen (Exanthema = entzündlicher Hautausschlag) Typhus" von Ch. Nicolle erschlossen den Weg für eine wirkungsvolle Prophylaxe

(Vorbeugung). Diese wurde durch P. H. Müller noch weitgehend verbessert. Vier Jahre intensiver Arbeit führten zur Synthese von Dichlor-diphenyl-trichloräthan (DDT). 1940 wurde das grundlegende schweizerische Patent genommen. Müller entdeckte, daß DDT die Insekten auch in einer schwachen Konzentration durch einfachen Kontakt tötete und daß sie zugleich den Vorteil einer für die Menschen und höheren Lebewesen geringen Toxizität (Giftigkeit) besaß. Die Wirksamkeit von DDT erwies sich nicht nur gegen Hausfliegen, sondern auch gegen Ungeziefer wie Läuse, Kartoffelkäfer und Stechmücken. 1942 wurden die beiden DDT-Produkte Gesarol und Neocid auf den Markt gebracht. Diese Mittel wurden im Zweiten Weltkrieg und danach für alle Länder der Erde höchst bedeutsam. DDT wurde in der ganzen Welt das souveräne Mittel der Fleckfieberprophylaxe und diente außerdem der Bekämpfung der Malaria und des Pappataci-Fiebers.

1949 **Hess, Walter Rudolf** (1881–1973) / Schweiz
„für die Entdeckung der funktionalen Organisation des Zwischenhirns für die Koordination der Tätigkeit von inneren Organen“.
Moniz, Egas (1874–1955) / Portugal
„für die Entdeckung des therapeutischen Wertes der präfrontalen Leukotomie bei gewissen Psychosen“.

Die wissenschaftlichen Interessen von W. R. Hess waren, der der Nobelstiftung vorliegenden Biographie zufolge, primär auf die Hämodynamik (Lehre von den Gesetzen der Blutbewegung) und im Anschluß daran auf die Regulierung der Atmung gerichtet. Indem die experimentelle Bearbeitung auf die Thematik der zentralen Koordination vegetativer Organe im allgemeinen erweitert wurde, kam eine zusammenfassende Darstellung der Repräsentation des vegetativen Nervensystems im Zwischenhirn zustande. Obgleich, der Laudatio zufolge, die Funktion des Zwischenhirns als höheres Zentrum des autonomen Nervensystems bekannt war, erhielt man erst durch die Arbeiten von Hess einen genauen Überblick über die Lokalisation von Körperfunktionen im Gehirn. – Die Überlegungen, über die Moniz, der Laudatio entsprechend, zur Entdeckung der präfrontalen Leukotomie kam, beziehen sich in erster Linie auf die Lokalisation bestimmter psychischer Funktionen im Gehirn. M. kam der Gedanke, daß krankhafte psychische Zustände gemildert werden könnten, indem die Stirnlappen oder ihre Verbindung zu anderen Hirnteilen zerstört werden. Mit dieser Vorstellung entwickelte Moniz eine operative Methode, deren Zweck es war, die Verbindungen der Stirnlappen zu den übrigen Teilen des Gehirns zu unterbrechen. Da diese

Verbindungslinien durch die weiße Substanz laufen, wurde diese Operation frontale oder präfrontale Leukotomie genannt. Bald zeigte sich, daß krankhafte Zustände, bei denen emotionale Spannungen einen beherrschenden Teil des pathologischen Bildes ausmachen, durch solche Operationen sehr günstig beeinflußt wurden. Man muß die Leukotomie, trotz bestimmter Einschränkungen der operativen Methode, als eine der wichtigsten Entdeckungen betrachten, die jemals auf dem Gebiet der psychiatrischen Therapie gemacht wurden, da durch ihre Anwendung eine große Anzahl schwerkranker und leidender Menschen wieder hergestellt werden konnten.

1950 **Kendall, Edward Calvin** (1886–1972) / USA
Reichstein, Tadeus (1897– . . . .) / Schweiz
Hench, Philip Showalter (1896–1965) / USA
„für ihre Entdeckungen bei den Hormonen der Nebennierenrinde, ihrer Struktur und ihrer biologischen Wirkungen".

Die Laudatio besagt u.a.: Kendall hat einen wesentlichen Beitrag zur Isolierung und Identifizierung der Cortex-Hormone geleistet und die synthetische Herstellung einiger dieser Substanzen gefördert, außerdem hat er die praktische Anwendung der neuen Entdeckungen angeregt und ermöglicht. – Reichstein verdankt die Wissenschaft die erste Synthese vierer wirksamer Hormone aus der Nebennierenrinde, den Nachweis der Steroidnatur dieser Hormone sowie zahlreiche Einzelheiten der Struktur und der Eigenschaften dieser wichtigen Substanzen. Auf diese Weise wurde der mühsame Weg zur Synthese geebnet und neue Medikamente geschaffen. – Hench hatte hervorragende Untersuchungen über den heilsamen Einfluß von Schwangerschaft und Gelbsucht auf rheumatoide Arthritis angestellt; sie waren der Ausgangspunkt für die ruhmreiche Entdeckung, daß nämlich diese und einige andere Krankheiten durch Hormone der Nebennierenrinde günstig beeinflußt werden. Dadurch wurden neue Wege der Therapie eröffnet und das Wissen über die Natur dieser Krankheiten und über die Rolle der Nebennierenrinde vertieft. – Die drei Laureaten gaben ein ausgezeichnetes Beispiel enger Zusammenarbeit zwischen Physiologen, Biochemikern und klinischen Medizinern sowie zwischen Wissenschaftlern aus verschiedenen Ländern. Wieder einmal zeigte sich der internationale Charakter der wissenschaftlichen Forschung.

1951 **Theiler, Max** (1899–1972) / Südafrika
„für die Erforschung des Gelbfiebers und seiner Bekämpfung".

Theilers frühe Arbeiten befaßten sich mit der Amöbenruhr und dem Rattenbißfieber. Außerdem arbeitete er über das Gelbfieber, das zum Schwerpunkt seiner Arbeit wurde. Gelbfieber ist eine im tropischen Amerika und Afrika verbreitete Viruskrankheit, deren Erreger von der Gelbfiebermücke, einer Stechmücke, übertragen wird. 1927 hatte Theiler nachgewiesen, daß der Verursacher kein Bakterium, sondern eben ein (filtrierbarer) Virus ist. 1930, als Theiler der Rockefeller-Stiftung beitrat, befaßte sich diese intensiv mit dem Problem der Bekämpfung des Gelbfiebers. Hier arbeiteten Theiler und seine Mitarbeiter an Impfstoffen gegen diese Krankheit und entwickelten schließlich einen sicheren, standardisierten Impfstoff, 17 D genannt, dessen Vorteil u.a. war, daß er leicht an eine Massenproduktion angepaßt werden konnte. Von größter Bedeutung ist Theilers Entdeckung vom praktischen Gesichtspunkt aus, da ein wirksamer Schutz gegen das Gelbfieber eine Voraussetzung ist für die Entwicklung der tropischen Regionen – ein wichtiges Problem in der übervölkerten Welt.

1952 **Waksman, Selman Abraham** (1888–1973) / USA
„für die Entdeckung des Streptomycins, des ersten Antibiotikums gegen die Tuberkulose".

Waksman gelang es, aufgrund seiner Erkenntnisse über mikrobiologische Populationen, Schwefeloxydation von Bakterien, Zersetzungsstoffe bei Pflanzen und Tieren, Natur und Ursprung des Humus – die weniger bekannten Mikroorganismen (mit dem Namen Aktinomyzeten = Strahlenpilze) zu studieren und neue Antibiotika, außer Streptomycin auch diesem ähnelnde, zu entdecken. W.' s Nobelpreisvortrag galt dem Streptomycin. Es gehört zur Gruppe der Antibiotika, die von Mikroorganismen produziert werden und andere Mikroorganismen in ihrem Wachstum hemmen oder gar zerstören können. Seit etwa 1940 erkannte und praktizierte man ihre therapeutische Anwendung. Das Ergebnis einer Streptomycinbehandlung hängt von der Früherkennung der tuberkulosen Erkrankung ab. Streptomycin ist kein vollkommen harmloses Medikament, aber mit wachsender Erfahrung mit diesem Antibiotikum wurden Verfahren entwickelt, die seine Fehleinschätzung auf ein Minimum reduzieren.

1953 **Krebs, Hans Adolf** (1900–1981) / USA
„für seine Entdeckung des Zitronensäurezyklus".

Lipmann, Fritz Albert (1899–1986) / USA
„für seine Entdeckung des Koenzyms A und dessen Bedeutung für den Zwischenstoffwechsel".

Krebs und Lipmann erhielten den Nobelpreis für die Entdeckung wesentlicher Prozesse, die mit dem Zellstoffwechsel zusammenhängen. Die Entdeckung des Zitronensäurezyklus durch H. A. Krebs gilt als eine der scharfsinnigsten biochemischen Leistungen. Es handelt sich um einen zyklischen Prozeß, in dessen Verlauf die Zitronensäure durch verschiedene Stadien hindurch (darunter auch den der Rauchsäure), unter Freisetzung von Wasser und Kohlendioxid zerfällt, worauf sie sich wieder zusammensetzt. Die Reaktionen des Zitronensäurezyklus finden sich in allen Lebensformen von einzelnen Bakterien und Protozoen bis zu den höchst entwickelten Säugetieren. – Die im Zitronensäurezyklus enthaltenen Stadien verlangen die Gegenwart einiger spezifischer Enzyme in den Zellen: es blieb festzustellen, auf welche Weise die Azetylgruppe dem Zyklus einverleibt wird (im Verlauf der Wiederherstellung der Zitronensäure). Diese Feststellung gelang Lipmann. Er bewies, daß es in sämtlichen Organen einen die Gärung begünstigten Faktor gibt, dessen Gegenwart für die Wirkung der Enzyme unentbehrlich ist: ein Koenzym. Angesichts der Tatsache, daß die Einverleibung der Azetylgruppe nicht ohne diesen Faktor möglich war, nannte man ihn Koenzym A. Mit ihm wurde ein neuer Weg des Energietransports in der Zelle entdeckt.

1954 **Enders, John Franklin** (1897–1985) / USA
Weller, Thomas Huckle (1915– . . . .) / USA
Robbins, Frederick Chapman (1916– . . . .) / USA
„für ihre Entdeckung der Fähigkeit des Poliomyelitis-Virus, in Kulturen verschiedener Gewebstypen zu wachsen".

Im Verlauf ihrer experimentellen Forschungen an den Poliomyelitis (Kinderlähmung)-Viren fanden Enders, Weller und Robbins heraus, daß Gewebe, die aus Operationen sowohl an Kindern als auch an Erwachsenen gewonnen wurden, gut verwendet werden konnten. Sie entdeckten die Fähigkeit der Poliomyelitis-Viren in Reagenzglaskulturen verschiedener Gewebe zu wachsen. Damit ergab sich die Möglichkeit, P.-Viren in für die Produktion des Impfstoffes ausreichenden Mengen zu kultivieren, und die Virologen hatten ein Werkzeug zur Hand vom selben Rang wie das Zuchtverfahren der Bakteriologen. Seit 1900 sind, der Laudatio zufolge, die Todesfälle an bakteriellen Infektionen um 90% gesunken. Dafür sind aber die Viruskrankheiten stärker in Erscheinung getreten. Es leuchtet ein, warum die Bekämpfung der Viren bislang wenig erfolgreich war. Ihre Kultivierung machte, im Gegensatz zu den Bakterien, weit größere Schwierigkeiten als die der Bakterien. Vor diesem Hintergrund gewinnen die Entdeckungen der drei Laureaten und die daraus gezogenen Folgerungen besondere Bedeutung.

1955 **Theorell, Axel Hugo Theodor** (1903–1982) / USA
„für seine Entdeckungen über Natur und Wirkungsweise der Oxydationsenzyme".

Theorell hat die Natur des von Warburg (NP/ME 1931) entdeckten sog. gelben Enzyms der Atmung enthüllt. Ihm gelang die große klassische Entdeckung der Spaltung und Neubildung des gelben Enzyms. Er synthetisierte als erster dieses Oxydationsenzym im reinen Zustand. „Meister der Enzymforschung" nannte ihn Warburg nach dieser wissenschaftlichen Leistung. Seit dieser Zeit hat Theorell das Verständnis über verschiedene lebensnotwendige Enzyme erleuchtet und geklärt. Er erkannte als die wichtigste aller Aufgaben in der Biologie: Reinigung und Charakterisierung von Enzymen sind wesentliche Voraussetzungen für den Fortschritt in der biologischen Forschung.

1956 **Cournand, André Frédéric** (1895– . . . .) / USA
Forssmann, Werner (1904–1979) / Deutschland
Richards Jr., Dickinson (1895–1973) / USA
„für ihre Entdeckungen zur Herzkatheterisierung und zu den pathologischen Veränderungen im Kreislaufsystem".

In der Diagnostik der Kreislaufkrankheiten wurden neue Fortschritte durch Cournand, Forssmann und Richards Jr. erzielt. Forssmann hatte, indem er sich aufopfernderweise selbst zum Gegenstand des Experimentes machte, nachgewiesen, daß sich durch eine Armvene ein feiner Katheter in das Kreislaufsystem einführen und mit der Spitze in die rechte Herzkammer einbringen ließ; aber man blieb skeptisch, was die praktische Anwendung dieses Experiments anging, solange nicht Cournand und Richars nachwiesen, daß es ein hervorragendes Mittel zur Feststellung der Gesamtblutmenge des Körpers und der Druckbedingungen in der rechten Herzkammer darstellte. Diese Methode erwies sich als äußerst nützlich. Cournand und Richards erforschten die vererbten Herzschäden und die Physiologie von Herzschäden überhaupt, maßen die

Wirkung von Herzheilmitteln, analysierten verschiedene Formen von chronischen Herz- und Lungenleiden und die Reaktionen ohne Behandlungen.

1957 **Bovet, Daniel** (1907– . . . .) / Italien
„für seine Entdeckungen über synthetische Verbindungen, die gewisse Substanzen im Körper wirksam werden lassen, und besonders deren Wirkung auf das Gefäßsystem und die Skelettmuskulatur".

Ausgehend von der neuzeitlichen Vorstellung, derzufolge bestimmte besondere Substanzen normalerweise die Funktion von Übertragern zwischen den Nervenenden und verschiedenen Organen haben, hat Bovet zahlreiche Substanzen synthetisch hergestellt, die diese vermittelnde Funktion verändern können. Das führte zu einer großen Anzahl von Produkten, von denen einige in der Chirurgie zur vollständigen Muskelentspannung Verwendung finden, während andere dem hohen Blutdruck in den Arterien entgegenwirken. Bovet schuf die erste Substanz, die antiallergisch wirken sollte. Ihr ließ er eine Reihe neuer Synthetika folgen, die sich gegen eine ganze Anzahl allergischer Krankheiten (der Haut und ebenso der inneren Organe) als nützlich erwiesen. Abgesehen von der Tragweite der Arbeiten Bovet's für die experimentelle Neuropharmakologie haben seine Beobachtungen einen stark stimulierenden Einfluß auf einen rasch wachsenden Zweig der Pharmakologie ausgeübt: Gemeint ist die Psychopharmakologie. Biogene Amine (Stickstoffverbindungen) sind die Übermittler von Nervenimpulsen in den verschiedenen Zentren des Gehirns, genauso wie sie chemische Wirkstoffe sind, welche die Nervenfasern an die peripheren Organe binden. Mit anderen Worten: Es sollte möglich sein, Arzneimittel zu finden, die die Gehirnfunktion spezifisch beeinflussen.

1958 **Beadle, George Wells** (1903– . . .) / USA
Tatum, Edward Lawrie (1909–1975) / USA
„für ihre Entdeckung, daß die Gene wirksam werden, indem sie bestimmte chemische Vorgänge regulieren".

Lederberg, Joshua (1925– . . . .) / USA
„für seine Entdeckungen über genetische Neukombinationen und Organisation des genetischen Materials bei Bakterien".

„Die experimentelle Erblehre ist", der Laudatio zufolge, „eines jener Fachgebiete der modernen Biologie, auf dem der Fortschritt besonders rapid war. Die Methoden und Gesichtspunkte auf diesem Gebiet wie in dem mit ihm verwandten Disziplinen sind für mehrere Fachrichtungen der heutigen Medizin unentbehrlich. Auf dieser Ebene liegt das Werk der drei Laureaten. Ihre Studien befassen sich mit den Grundlagen der Vererbung und mit der Art und Weise, wie die Gene funktionieren." So demonstrieren Beadle und Tatum, daß einige durch Strahlung erhaltene Arten eines Brotschimmels (Neurospora crassa), ihre Wachstumsfähigkeit bei der üblichen Ernährung einbüßen, sich jedoch weiterentwickeln, wenn man ihren Nährstoffbasen gewisse Substanzen zufügt. Dieser Ausfall erlaubte es, einige interessante Vermittlungsprozesse zu verfolgen, wenn man bedenkt, daß sie auf Mutationen (Veränderungen im Erbgefüge) beruhen, die aus isolierten Genen gewonnen worden waren. Die interessanteste unter Lederberg's Beobachtungen ist vielleicht der Nachweis der Existenz eines sexuellen Zyklus bei den Bakterien. Er entdeckte aber auch, daß sich Bakterien nicht nur auf sexuelle Weise verbinden können. Mit einem Verfahren, das man Überführung oder auch Umwandlung nannte, konnten Partikel genetischer Materie in die Körper der Bakterien eingeführt werden, wo sie sich mit deren Eigenschaften ausstatteten und auf diese Weise neue dauerhafte Erbanlagen schufen.

1959 **Ochoa, Severo** (1905– . . . .) / USA
Kornberg, Arthur (1918– . . . .) / USA
„für ihre Entdeckung des Mechanismus in der biologischen Synthese der Ribonukleinsäure und der Desoxyribonukleinsäure".

Der Laudatio ist u.a. zu entnehmen: „Die Desoxyribonukleinsäuren, die Kronberg synthetisiert hat, kommen hauptsächlich als maßgebende Erbsubstanz in Chromosomen vor. Die Ribonukleinsäuren hingegen, die Ochoa synthetisiert hat, haben andere Funktionen, vor allem jene, bei der Synthese von Proteinen zugegen zu sein. Den Entdeckungen des schwedischen Forschers Torbjörn ist es zu verdanken, daß wir die Beteiligung der Nukleinsäuren an der Protein-Synthese erkannt haben. Insofern als die Nukleinsäuren und Proteine die zwei Hauptprinzipien des Lebens sind, scheint es höchstwahrscheinlich zu sein, daß umgekehrt die Proteine ihrerseits am Wiederaufbau der Nukleinsäuren beteiligt sind. Es scheint dies um so wahrscheinlicher zu sein, als wir wissen, daß Proteine in Form von Enzymen praktisch an jeder chemischen Reaktion in der Welt der Biologie teilhaben. Es ist das dauerhafte Verdienst von Ochoa und Kornberg, diesen grundlegenden Mechanismus aufgeklärt zu haben, indem es ihnen gelang, nukleinsäureaufbauende Proteine im Reagenzglas zu präparieren."

1960 **Burnet, Frank Macfarlane** (1899–1985) / Australien
Medawar, Peter Brian (1915–1987) / Großbritannien
„für die Entdeckung der erworbenen immunologischen Toleranz".

Nach Burnet erwirbt der Mensch die Möglichkeit vollkommener Immunisierung erst einige Zeit nach der Geburt, weil der Organismus nur allmählich erkennen lernt, was ihm eigen ist. Jede während dieser Entwicklungsperiode eingeführte fremde Konfiguration (Verformung) müßte demnach im Organismus ihre Spuren hinterlassen, und, später eingeführt, vom immunologischen System als Eigensubstanz anerkannt und toleriert werden. Diese Theorie wurde experimentell von Medawar bestätigt, welcher nachwies, daß, wenn man Mäuseembryonen Gewebe anderer Rassen injizierte, die so geimpften Mäuse in der Folge von der fremden Rasse kommende Impfstoffe annahmen, während die keiner solchen Behandlung unterworfenen Mäuse den Impfstoff regelmäßig abstießen. Diese Entdeckung eröffnete neue Wege für die therapeutische Transplantation. Das Gebiet der „immunologischen Toleranz" ist aber nicht das einzige Gebiet, auf dem Burnet und Medawar arbeiteten. Sie haben auch der Tumorforschung und der Genetik ein unschätzbares Instrumentarium geliefert, das wichtige Neuentdeckungen ermöglicht hat, wie in der Laudatio festgestellt wurde.

1961 **Békésy, Georg von** (1899–1972) / USA
„für seine Entdeckungen im physikalischen Mechanismus der Erregungen in der Schnecke des Ohres".

Békésy war von 1939–1946 Professor für Experimentalphysik an der Universität Budapest. Während seines Aufenthaltes in Schweden (1946) entwickelte er einen neuen Typus des Audiometers, der vom Patienten bedient wird und auch Anwendung außerhalb des Hörbereiches findet. Seit 1947 arbeitete er in den USA im Psycho-Akustischen Laboratorium der Havard-Universität. Er entwickelte dort ein mechanisches Modell des innern Ohres mit Nervenersatz aus der Haut des Armes. Dieses Modell weist eine derart naturnahe Ähnlichkeit zu Phänomenen des Hörvorganges auf, daß es zu einem nützlichen Werkzeug für die Untersuchung des einen oder anderen spezifischen Problems geworden ist. Die Laudatio betonte die Bedeutung der Forschungen Békésy's für die Lehre von den Hörvorgängen und ihre klinische Anwendung. Die Heilung von Schäden im Ohr hat dadurch große Fortschritte gemacht.

1962 **Crick, Francis Harry Compton** (1916– . . . .) / Großbritannien
Watson, James Dewey (1928– . . . .) / USA
Wilkins, Maurice Hugh Frederick (1916– . . . .) / Großbritannien
„für ihre Entdeckungen über die Molekularstruktur der Nukleinsäuren und ihre Bedeutung für die Informationsübertragung in lebender Substanz".

Der Laudatio ist u.a. zu entnehmen: „Die Entdeckung der dreidimensionalen Molekularstruktur der Desoxyribonukleinsäure (DNS) ist von großer Tragweite, denn sie zeichnet die Möglichkeiten für das Verständnis der molekularen Konfiguration in ihren kleinsten Details vor, welche die allgemeinen und individuellen Eigenschaften der lebenden Materie bestimmen. Die DNS ist die als Trägerin des Erbgutes für höhere Organismen zuständige Substanz. Die DNS ist eine hochpolymere Verbindung, zusammengesetzt aus ein paar Typen von Bausteinen, die überall in großer Menge vorkommen. Diese Bausteine bestehen aus einem Zukker, einem Phosphat und aus stickstoffhaltigen chemischen Basen. Für die Entdeckung der Art und Weise, wie diese Bausteine dreidimensional zusammengefügt sind, wurden Crick, Watson und Wilkins mit dem Nobelpreis ausgezeichnet. Wilkins untersuchte DNS verschiedener biologischer Herkunft mit Hilfe von Röntgenkristallographietechniken. Wilkins röntgenkristallographische Aufzeichnungen machten deutlich, daß die äußerst langen Molekülketten der DNS in Form einer Doppelspirale angeordnet sind. Watson und Crick wiesen nach, daß die organischen Basen in den beiden miteinander verschlungenen Spiralen (Helices) auf spezifische Weise gepaart sind und erkannten die Bedeutung dieser Anordnung. Der in der DNS enthaltene Code wird bei Zellteilung, das heißt, beim normalen Wachstum des Organismus, und ebenso bei der Verschmelzung der Geschlechtszellen, übertragen. Auf diese Weise kann der Code der DNS die Entwicklung eines neuen Individuums in Gang setzen und steuern, das frappante Ähnlichkeiten mit seinen Erzeugern aufweist. Hier sieht die Wissenschaft Möglichkeiten auf sich zukommen, Krankheiten auszurotten, die Wechselwirkungen zwischen Vererbung und Umwelt besser verstehen zu lernen und den Mechanismus der Entstehung von Leben besser zu erfassen."

1963 **Eccles, John Carew** (1903– . . . .) / Australien
Hodgkin, Alan Lloyd (1914– . . . .) / Großbritannien
Huxley, Andrew Fielding (1917– . . . .) / Großbritannien
„für ihre Entdeckungen über den Ionen-Mechanismus, der sich bei der Erregung und Hemmung in den peripheren und zentralen Bereichen der Nervenzellmembran abspielt".

Der Laudatio ist u.a. zu entnehmen: „Die Erkenntnisse der Nobelpreisträger Eccles, Hodgkin und Huxley betreffen die Natur des Nervenimpulses selbst sowie die elektrischen Veränderungen, die er auf Nervenzellkörper verursacht; sie betreffen insbesondere jene zwei fundamentalen Vorgänge, die man Erregung und Hemmung nennt. Ihre Methoden basieren auf der Elektronik. Elektrische Prozesse wurden mit Mikroelektroden aufgezeichnet, etwa millionenfach verstärkt, und dann auf dem Leuchtschirm einer Kathodenstrahlröhre sichtbar gemacht. Die Ionentheorie des Nervenimpulses von Hodgkin und Huxley beinhaltet Prinzipien, die auf die Impulse in Muskeln einschließlich des Elektrokardiogramms (EKG) des Herzmuskels anwendbar sind, ein Faktum von klinischer Bedeutung. Eccles Entdeckungen betreffen die elektrischen Veränderungen, welche die Nervenimpulse auslösen, wenn sie auf eine weitere Nervenzelle treffen. Durch die Aufklärung der Natur der einzigartigen elektrischen Vorgänge im peripheren und zentralen Nervensystem haben die drei Laureaten dem Verständnis des Funktionierens der Nerven zu einem Maße an Klarheit verholfen, das ihre Zeitgenossen zu ihren Lebzeiten nicht erwartet haben."

1964 **Bloch, Konrad** (1912– . . . .) / USA
Lynen, Feodor (1911–1979) / Deutschland
„für ihre Entdeckungen über den Mechanismus und der Regulation des Stoffwechsels von Cholesterin und Fettsäuren".

Der Laudatio ist u.a. zu entnehmen: „Das Wort Cholesterin steht für Gallensteine, und Ursache dieses Namens ist die Isolierung von Cholesterin aus menschlichen Gallensteinen vor fast 200 Jahren. Die Aufklärung seiner chemischen Struktur ist eine der herausragenden Leistungen der organischen Chemie während der ersten zwei Jahrzehnte dieses Jahrhunderts (vgl. NP/Ch 1926/28: Wieland / Windaus). Dank der grundlegenden biochemischen Arbeiten von Bloch und Lynen wissen wir heute bis ins einzelne, wie Cholesterin und Fettsäuren synthetisiert und metabolisiert werden. Diese Prozesse beinhalten Reaktionsfolgen mit einer großen Zahl von Einzelschritten. In vielen Fällen sind Entgleisungen dieses komplizierten Synthesemechanismus und im Stoffwechsel der Lipide für die Entstehung einiger unserer wichtigsten Erkrankungen verantwortlich, speziell auf kardiovaskulärem Gebiet. Um mit diesen medizinischen Problemen auf rationale Weise fertig zu werden, ist eine detaillierte Kenntnis der Mechanismen des Lipidstoffwechsels nötig. Die Bedeutung der Arbeiten Bloch's und Lynen's liegt in der Tatsache, daß wir jetzt die Reaktionen kennen, die im Zusammenhang mit angeborenen

Defekten und anderen Faktoren untersucht werden müssen. Im Rahmen weiterer Untersuchungen auf diesem Gebiet besteht Aussicht, einmal individuelle, spezifische Therapie gegen die Krankheit zu betreiben, die in den zivilisierten Ländern Haupttodesursache sind.

1965 **Jacob, François** (1920– . . . .) / Frankreich
Lwoff, André (1902– . . . .) / Frankreich
Monod, Jacques (1910–1976) / Frankreich
„für ihre Entdeckungen auf dem Gebiet der genetischen Kontrolle der Synthese von Enzymen und Viren".

Die neuen Erkenntnisse von Jacob, Lwoff und Monod bestehen in der Unterscheidung zwischen Strukturgenen und Regulationsgenen. Die ersteren steuern den Aufbau der chemischen Strukturen in den organischen Substanzen, auf denen die Entwicklung des einzelnen Lebewesens beruht; die Regulationsgene dagegen üben eine Art Oberaufsicht aus: Sie lassen Kontrollen anlaufen oder stoppen eine Entwicklung. Sie können in Gruppen, Operonen genannt, auftreten oder ein ganzes System darstellen. Sie sind z.B. dafür verantwortlich, ob ein in ein Bakterium eingedrungener Bakteriophage dieses auflöst oder die Zelle in lysogenem Zustand beläßt, worunter das friedliche Zusammenleben von Bakterien und Bakteriphagen zu verstehen ist. Die entscheidenen Entdekkungen der drei Laureaten, von denen Lwoff die Mikrobiologie, Monod die Biochemie und Jacob die Zellgenetik repräsentiert, wäre, der Laudatio zufolge, ohne Kompetenz und technisches Können auf all diesen Gebieten und ohne weitreichende Zusammenarbeit untereinander nicht möglich gewesen. Ihre Entdeckungen haben einen starken Forschungsimpuls für alle Domänen der Biologie ausgelöst. Sie haben aktiv zu dem Wissen über die fundamentalen Prozesse der lebenden Materie beigetragen, die die Grundlage für Entstehung, Fortpflanzung und Evolution sind.

1966 **Rous, Peyton** (1879–1970) / USA
„für seine Entdeckungen auf dem Gebiet der tumorerzeugenden Viren".

Huggins, Charles Brenton (1901– . . . .) / USA
„für seine Entdeckungen zur Hormonbehandlung von Prostatakrebs".

Rous, der schon am Anfang seiner Laufbahn bei Versuchen mit Hühnern den Beweis dafür lieferte, daß durch Übertragung bestimmter Viren Krebsgeschwüre erzeugt werden können, fand zunächst wenig Beachtung. Dennoch führte seine Erkenntnis in den späteren Jahren zu der nun allgemein anerkannten Tatsache der Krebsentstehung durch Viren

– unbeschadet der Möglichkeit, daß es auch andere Ursachen für diese gibt. Von gleich großer Bedeutung, als methodisches Prinzip, war seine Erkenntnis, daß man tumorauslösende Viren auch außerhalb einer lebenden Substanz, also eines Organismus, auf geeigneten Kulturen züchten kann, und drittens war Rous unter den ersten, die die krebserregende Wirkung chemischer Substanzen erkannten. Huggins, zunächst Professor für Chirurgie, spezialisierte sich auf das Gebiet der Urologie und wurde zum Pionier in der Erforschung des Prostatakrebses. Er fand, daß die Funktion der Prostata völlig von der Produktion der Androgene, der männlichen Sexualhormone, in den Keimdrüsen abhängig ist. Die weiteren Arbeiten führten zu der bedeutungsvollen Erkenntnis, daß Östrogene, weibliche Sexualhormone, Androgenen entgegenwirken, sie neutralisieren und dadurch zu einer Verkümmerung der Prostata führen können. Infolgedessen kann sich der Krebs an ihr nicht mehr entwickeln, und auf diesem Wege kann der bei den Männern häufigsten Form der Krebserkrankung erfolgreich begegnet werden.

1967 **Granit, Ragnar** (1900– . . . .) / Schweden
Hartline, Haldan Keffer (1903– . . . .) / USA
Wald, George (1906– . . . .) / USA
„für ihre Entdeckung auf dem Gebiet der primären physiologischen und chemischen Sehvorgänge im Auge“.

Die Entdeckungen der Laureaten Granit, Hartline und Wald haben, der Laudatio zufolge, unsere Einsicht in die Natur der subtilen Prozesse im Auge vertieft, welche die Grundlage unserer Fähigkeit zur Lichtwahrnehmung und zur Unterscheidung von Helligkeit, Farbe, Form und Bewegung bilden. – Granit entdeckte die Reaktion der neuronalen Netzhautelemente bei der Reizung durch Licht verschiedener spektraler Zusammensetzungen. Ihm gelang es zuerst, durch Ableitung von Impulsen der verschiedenen Nervenelemente von der Netzhaut zu zeigen, wie die Seh-, Sinn-Zellen auf verschiedenartiges Licht reagieren. – Hartline untersuchte die Ableitung der Impulse der individuellen Sinnzellen in einem komplizierten mikroelektrophysiologischen Versuch; er zeigte das Reaktionsmuster im Verhältnis zu der Qualität und Quantität des Lichtes. – Wald hat erfolgreich die Sehpigmente und ihre Vorläufer identifiziert. Als Nebenprodukt dieser Arbeit gelang ihm, die Absorptionsspektren der unserer Farbwahrnehmung dienenden verschiedenen Zapfentypen zu beschreiben. Seine wichtigste Entdeckung, die der primären molekularen Lichtreaktion im Auge, stellt einen ungeheuren Fortschritt an Wissen dar, da diese Reaktion Auslöserfunktion in den Photorezeptoren aller tierischen Lebewesen hat.

1968 **Holley, Robert W.** (1922– . . . .) / USA
Khorana, Har Gobind (1922– . . . .) / USA
Nirenberg, Marshall W. (1927– . . . .) / USA
„für ihre Interpretation des genetischen Code und dessen Funktion bei Protein-Synthesen".

Holley, Khorana und Nirenberg arbeiteten unabhängig voneinander, aber ihre Untersuchungen konvergierten zur Lösung eines gemeinsamen Problems. Nirenberg hat mit einem einfachen aber genialen Versuch das ganze Forschungsfeld eröffnet. Er konnte dabei vor allem die allgemeinen Merkmale des genetischen Schlüssels klären. Khorana und Holley haben in mehrjährigen systematischen Untersuchungen bewiesen und gezeigt, wie der Code in der Zelle für die Neubildung der Proteine benutzt wird. – Die Entschlüsselung des genetischen Code gibt Aufklärung über die Übersetzung einer biologischen „Sprache" in eine andere. Der Code übersetzt die Sprache der Nukleinsäuren in die Sprache der Proteine. Dadurch wird verständlich, wie die Gene, die Träger der Erbmerkmale, die Funktionen einer Zelle lenken.

1969 **Delbrück, Max** (1906–1981) / USA
Hershey, Alfred D. (1908– . . . .) / USA
Luria, Salvador E. (1912– . . . .) / USA
„für ihre Entdeckungen betreffend den Vermehrungsmechanismus und der genetischen Struktur von Viren".

Delbrück, Hershey und Luria haben sich besonders durch die Erforschung der Bakteriophagen, der bakterienzerstörenden Viren, um die allgemeine Biologie verdient gemacht. Ihr Ziel war die Erforschung des grundlegendsten aller Lebensvorgänge – die Replikation. Im Bakteriophagen hofften sie ein Modell zu finden, das einfach genug ist, um dieses Problem erfolgreich zu lösen. Delbrück machte die Bakteriophagenforschung zu einer exakten Wissenschaft. Er analysierte und definierte die Bedingungen für exakte Messungen der biologischen Effekte. Zusammen mit Luria erarbeitete er quantitative Methoden und schuf die statistischen Auswertungskriterien, welche die nachfolgenden weitreichenden Untersuchungen erst möglich machten. Delbrück's und Luria's Domäne ist vielleicht primär die theoretische Analyse, während Hershey zuallererst ein äußerst geschickter Experimentator ist. Die Ergebnisse der Bakteriophagenforschung durch die drei Laureaten, den Physiker Delbrück, den Biochemiker Hershey und den Mediziner Luria (eine umfassende Konstellation) hatten auch für die Genetiker große Bedeutung. Vor allem aufgrund von Untersuchungen an Bakteriophagen ist es möglich gewesen, die Mechanismen der genetischen Kontrolle der Lebensprozesse aufzuklären. Die Bakteriophagenforschung hat nicht zuletzt zu einer besseren Einsicht in das Wesen der Viren verholfen, was für das Verständnis und die Bekämpfung von Viruskrankheiten höherer Lebewesen wichtig ist.

1970 **Katz, Bernard** (1911– . . . .) / Großbritannien
Euler, Ulf von (1905–1983) / Schweden
Axelrod, Julius (1912– . . . .) / USA
„für ihre Entdeckungen der Signalsubstanzen in den Kontaktorganen der Nervenzellen und der Mechanismen für ihre Lagerung, Freisetzung und Inaktivierung".

Nach den Erkenntnissen des Biophysikers Katz, des Neurophysiologen von Euler und des Neuro-Pharmakologen Axelrod übertragen sog. Überleitungs- oder Signalsubstanzen in chemischen Prozessen die von den Nerven herangetragenen Informationen auf die in Bewegung zu setzenden Muskelzellen. Katz hat die Mechanismen erforscht, die den Signalvermittlungen des Nervensystems zugrunde liegen. Von Euler entdeckte das Noradrenalin als Signalsubstanz und zeigte außerdem, wie diese Substanz am Nervenende gelagert wird. Axelrod ergänzte diese Arbeiten mit dem Nachweis, wie die Überleitungssubstanzen an den Nervenausgängen gebildet und zersetzt werden. Der Laudatio ist u.a. zu entnehmen: „Man könnte meinen, daß die beschriebenen Entdeckungen ausschließlich von theoretischem Interesse sind. Ganz im Gegenteil; sie haben zu weitreichenden praktischen Fortschritten mit Auswirkungen auf medizinische Gebiete geführt, die zum großen Teil uns alle angehen. Mittels chemischer Manipulation werden unsere Psyche und geistigen Prozesse mehr und mehr offengelegt. Die Psychopharmakologie hat sich zu einem sehr aktuellen Forschungsgebiet entwickelt. Nervöse Störungen und Geisteskrankheiten sind einer rationalen medikamentösen Behandlung zugänglich geworden."

1971 **Sutherland, Earl W., Jr.** (1915–1974) / USA
„für seine Entdeckungen über die Wirkungsmechanismen von Hormonen".

Der Mechanismus der außerordentlich wichtigen Funktionen verschiedener Hormone war bis vor kurzem ein Geheimnis. Sutherlands Untersuchungen haben dazu geführt, daß wir heute den allgemeinen Wirkungsmechanismus einer großen Anzahl dieser Hormone erklären können. Sutherlands erste Entdeckung war, daß das Adrenalin über eine Aktivierung der Phosphorylase wirkt, des Enzyms, das die Bildung von Glucose aus Glykogen bewirkt. Allmählich kam er zu dem Ergebnis, daß die Aktivierung über eine chemische Substanz von früher unbekanntem Typ abläuft, eine Substanz, die bei dem Vorgang als Vermittler funktioniert. Diese Entdeckung und die chemische Bezeichnung dieses Vermittlers, der von Sutherland „second messenger" (2. Bote) genannt wurde (das Hormon ist der „first messenger"), waren das Schlüsselereignis für das weitere Verständnis des Wirkungsmechanismus des Adrenalins und vieler anderer Hormone. Die neue Substanz stellte sich als ein sog. Nukleotid heraus, das den Namen cyclisches Adenosinmonophosphat oder, kürzer, cyclo-AMP erhielt. Auf welche Weise regt nun das Hormon die Zelle zur Bildung des cyclo-AMP an? Kernpunkt von Sutherlands Auffassung ist, daß verschiedene Hormone nicht in die Zelle eindringen, sondern an der Oberfläche haften. Dort wird die Bildung der cyclo-AMP aktiviert, das dann als „second messenger" in der Zelle verschiedene Stoffwechselprozesse aktiviert oder hemmt.

1972 **Edelman, Gerald M.** (1929– . . . .) / USA
Porter, Rodney R. (1917–1985) / Großbritannien
„für ihre Entdeckungen betreffend der chemischen Struktur der Antikörper".

Immunkörper oder Antikörper sind eine Gruppe von Eiweißstoffen im Blut, die bei der Abwehr gegen Infektionen sowie bei der Entstehung verschiedener Krankheiten eine bedeutende Rolle spielt. Edelman und Porter gingen auf verschiedenen Wegen vor, um die Antikörper (im chemischen Aufbau Riesenmoleküle) zu spalten. Porter versuchte diejenigen Teile des Moleküls abzutrennen, die die Fähigkeit des Antikörpers regeln, in Verbindung mit einer bestimmten fremden Substanz (dem Antigen) auf besondere Art zu reagieren. Er fand, daß sich dies mit dem eiweißspaltenden Enzym Papain verwirklichen ließ. Edelman ging von der Annahme aus, daß die Antikörper, wie die meisten Eiweißstoffe, aus mehreren Kettenstrukturen aufgebaut sind. Er versuchte deshalb – mit Erfolg – nach Methoden, die Querverbindungen zwischen den einzelnen Ketten zu sprengen. Keines dieser Fragmente hatte danach jedoch die besondere Reaktionsfähigkeit des Antikörpers. Später konnten Edelman und Porter zeigen, daß das Antikörpermolekül aus zwei Kettenpaaren aufgebaut ist. Auf der Grundlage dieser Ergebnisse konstruierte Porter ein Modell des Moleküls, das sich später mit überwältigender Wahrscheinlichkeit als richtig herausstellte. Der Laudatio zufolge verbesserten sich damit die Möglichkeiten, Immunreaktionen zu diagnostischen und therapeutischen Zwecken zu verwenden.

1973 **Frisch, Karl von** (1886–1982) / Deutschland
Lorenz, Konrad (1903– . . . .) / Österreich
Tinbergen, Nikolaas (1907– . . . .) / Großbritannien
„für ihre Entdeckungen zur Organisation und Auslösung von individuellen und sozialen Verhaltensmustern".

Der Laudatio zufolge hätten die Arbeiten der drei Preisträger, die sich in erster Linie auf Untersuchungen an Insekten, Fischen und Vögeln erstreckte, letztlich zu einer umfassenden Forschung auf dem Gebiet der Säugetiere geführt. Ihre Resultate seien von großer Bedeutung auch für die Psychiatrie und für die psychosomatische Medizin. Frisch ging in die Wissenschaftsgeschichte als Entdecker der Bienensprache ein. Bienen können sich danach im Schwänzeltanz mit anderen Artgenossen über Lage eines lohnenden Zieles verständigen. Lorenz befaßte sich u.a. mit der Aggression der Korallenfische und mit dem Familienleben der Seewiesener Graugänse. Tinbergen zeichnete sich besonder durch eine exakte Experimentierkunst aus, mit der er die Hypothesen der Forscher über tierische Verhaltensweisen nachprüfen konnte.

1974 **Claude, Albert** (1899–1983) / Belgien
Duve, Christian de (1917– . . . .) / Belgien
Palade, George E. (1912– . . . .) / USA
„für ihre Entdeckungen zur strukturellen und funktionellen Organisation der Zelle".

Die Arbeiten von Claude und Palade trugen nach dem Kriege dazu bei, daß sich die Zellforschung weiter entwickeln konnte, die mit dem Auflösungsvermögen von Lichtmikroskopen damals an die Grenze ihrer Erkenntnismöglichkeiten gelangt war. Claude und Palade schafften die Voraussetzungen dafür, daß Zellen mit Hilfe des damals neuen Elektronenmikroskops erforscht werden konnten. Außerdem führte Palade biochemische Methoden in die Zellforschung ein. Christian de Duve wurde für die Entdeckung der „Verdauungsorgane der Zellen", die sogenannten Lysosomen, geehrt.

1975 **Baltimore, David** (1938– . . . .) / USA
Dulbecco, Renato (1914– . . . .) / USA
Temin, Howard Martin (1934– . . . .) / USA
„für ihre Entdeckungen auf dem Gebiet der Wechselwirkungen zwischen Tumorviren und dem genetischen Material der Zelle".

Der Preis ging an drei Amerikaner, die unsere Kenntnisse von den elementaren biologischen Vorgängen bei der Entstehung von Krebs entscheidend erweitert haben. Dulbecco gelang der Nachweis der Krebsentstehung durch Viren in Gewebekulturen. Er arbeitete vor allem mit den sog. DNS (Desoxyribonukleinsäure)-Tumorviren, die sich in die lebenden Zellen einschleichen und durch Veränderung der Erbanlagen Krebszellen erzeugen. Andererseits stellte Temin seine Versuche mit RNS (Ribonukleinsäure)-Viren an, die den alternativen Typ genetischen Materials enthielten. Gleichzeitig gelang es ihm mit Baltimore 1970 das Vorhandensein eines bestimmten Enzyms in RNS-Tumorviren nachzuweisen. Dieses Enzym, die „reverse Transkriptase“ kann, was seinerzeit als undenkbar galt, RNS in DNS „zurückübersetzen“, d.h. zu einer potentiellen Krebszelle umwandeln. Die reverse Transkriptase ist inzwischen zu einer Art Kainszeichen der Krebsviren allgemein geworden. Durch ihren Nachweis ist es schon in vielen Fällen gelungen, Viren der Beteiligung beim Entstehen verschiedener, auch menschlicher Tumoren zu überführen. Jetzt, da man dem Gegner auf die Spur gekommen ist, wird es vielleicht einmal gelingen, Impfstoffe gegen potentielle menschliche Krebsviren zu entwickeln.

1976 **Blumberg, Baruch S.** (1925– . . . .) / USA
Gajdusek, D. Carleton (1923– . . . .) / USA
„für ihre Entdeckungen von neuen Mechanismen bei der Entstehung und Verbreitung von Infektionskrankheiten“.

Mit Blumberg und Gajdusek wurden zum zweitenmal hintereinander Virusforscher mit dem Nobelpreis geehrt. Virusforschung, ein weitgespanntes Feld, steht heute im Mittelpunkt umfangreicher Bemühungen, sei es für die Aufklärung des Krebses (NP 1975) oder für die Klärung häufiger Nervenkrankheiten. Blumberg entdeckte 1964 das „Australia-Antigen“, sozusagen die Angriffswaffe des Virus der Hepatitis (Leberentzündung) B, des Erregers der Transfusions-Gelbsucht. Die Entdeckung dieses Antigens gab entscheidende Impulse für die Erforschung und für die Vorbeugung der Leberinfektion. Gajdusek arbeitete über eine seltene Gruppe von Krankheiten des Gehirns, die durch sog. „langsame Viren“ hervorgerufen wird und keine Erbkrankheit darstellt. Gegenwärtig ist für etwa ein halbes Dutzend Erkrankungen des zentralen Nervensystems bewiesen, daß die Erreger „langsame Viren“ sind. Die Möglichkeit, daß weitere Krankheiten des Gehirns (Alterungsprozeß, Parkinsonsche Krankheit, Multiple Sklerose) eventuell durch Ansteckstoffe verursacht werden können, wird zur Zeit untersucht. „B. S. Blumberg's und Gajdusek's

Beiträge haben", der Laudatio zufolge, „große Bedeutung in der praktischen Medizin und bei der Vorbeugung gegen Krankheiten. Von weiterer Wichtigkeit ist der Nachweis, daß ansteckende Wirkstoffe ohne das Auftreten erkennbarer Krankheiten aktiv bleiben können."

1977 **Guillemin, Roger** (1924– . . . .) / USA
Schally, Andrew (1926– . . . .) / USA
„für ihre Entdeckungen über die Produktion von Peptidhormonen im Gehirn".

Yalow, Rosalyn (1921– . . . .) / USA
„für die Entwicklung radioimmunologischer Methoden der Bestimmung von Peptidhormonen".

Zwei verschiedene Nachrichtensysteme bestimmen im Körper des Menschen alle Abläufe des Organismus: Das Nervensystem, das mit elektrischen Signalen Kommandos erteilt, und die Hormone, die chemische Reaktionen der Organe auslösen. Für Forschungen in der „chemischen Nachrichtenzentrale", im Zwischenhirn und in der Hirnanhangdrüse sowie für die Grundlagen dieser Arbeiten wurden Guillemin, Schally und Yalow geehrt.

1978 **Arber, Werner** (1929– . . . .) / Schweiz
Nathans, Daniel (1928– . . . .) / USA
Smith, Hamilton O. (1931– . . . .) / USA
„für ihre Entdeckung der Restriktions-Enzyme und der Anwendung dieser Enzyme in der Molekulargenetik".

Mit der Verleihung des Nobelpreises an Arber, Nathans und Smith wurden Arbeiten gewürdigt, die im Bereich der Molekulargenetik wesentliche Zusammenhänge der Vererbung geklärt haben. Die Laudatio besagt: „Die Restriktions-Enzyme stellen ein Werkzeug dar, mit dessen Hilfe man bis ins einzelne den biochemischen Mechanismus der Erbmasse analysieren kann. Auf diesem Gebiet wird gegenwärtig auf der ganzen Welt eine intensive Forschungsarbeit betrieben, die ganz und gar auf die Leistungen der drei Nobelpreisträger gegründet ist."

1979 **Cormack, Allan M.** (1924– . . . .) / USA
Hounsfield, Godfrey N. (1919– . . . .) / Großbritannien
„für ihre Entwicklung der Computer-Tomographie".

Die Computer-Tomographie ist ein auf der Röntgenstrahlung basierendes dreidimensionales Diagnoseverfahren. Sie gilt als die bedeutendste

Erfindung, die seit der Entdeckung der Röntgenstrahlen (1895) gemacht worden ist. Sie ist das Ergebnis der wissenschaftlichen Forschungsarbeiten von A. M. Cormack und Hounsfield, die mit dem Nobelpreis geehrt wurden. Cormack hat als erster Wissenschaftler theoretisch die Voraussetzungen für einen radiographischen Querschnitt durch ein biologisches System analysiert. Hounsfield hat die entscheidenden Initiativen zur Einführung dieser radiologischen Methode in die Medizin ergriffen. – Die Computer-Tomographie ermöglicht im Gegensatz zur Röntgenmethode, die nur Flächenbilder liefert, senkrecht zur Längsachse des Körpers verlaufende Tiefenschichtaufnahmen. Mit dem rechnergestützten Verfahren können Querschnittsbilder angefertigt werden, die als wichtige diagnostische Hilfsmittel Hinweise auf Krankheiten bis zur Feststellung von Geschwülsten liefern. Das Verfahren hat sich als revolutionäre Neuerung in der Röntgendiagnostik und anderen medizinischen Disziplinen erwiesen.

1980 **Benacerraf, Baruj** (1920– . . . .) / USA
Dausset, Jean (1916– . . . .) / Frankreich
Snell, George D. (1903– . . . .) / USA
„für ihre Entdeckungen genetisch bestimmter zellulärer Oberflächenstrukturen, von denen immunologische Reaktionen gesteuert werden".

Für grundlegende Erkenntnisse über den Zusammenhang zwischen den in den Erbanlagen festgelegten Informationen und der körpereigenen Immunabwehr sind die Wissenschaftler Benacerraf, Dausset und Snell mit dem Nobelpreis ausgezeichnet worden. Die drei Wissenschaftler waren bei der Aufklärung bestimmter chemischer Strukturen führend beteiligt, die auf den Oberflächen von Zellen sitzen. Diese sog. Histokompatibilitätsantigene oder „H-Antigene" auf den Zellmembranen werden von den Erbfaktoren bestimmt. Sie sind charakteristisch für jedes Individuum und erlauben damit der körpereigenen Abwehr, zwischen fremden und eignen Substanzen zu unterscheiden. Das kann Bedeutung für die Behandlung der Allergien und die Ausschaltung von nicht erwünschten Abwehrreaktionen bei Gewebe- und Organverpflanzungen haben.

1981 **Sperry, Roger W.** (1913– . . . .) / USA
„für seine Entdeckungen über die funktionelle Spezialisierung der Gehirnhemisphären".

Hubel, David H. (1926– . . . .) / USA
Wiesel, Tosten N. (1924– . . . .) / Schweden
„für ihre Entdeckungen über Informationsbearbeitung im Sehwahrnehmungssystem".

Wie die Akademie der Wissenschaften in ihrer Begründung mitteilte, sei es Sperry „in genialer Weise“ gelungen, den beiden Hälften des Gehirns ihre Geheimnisse zu entlocken und zu zeigen, daß sie streng spezielle Aufgaben erfüllen. Seine Forschungen eröffneten den Weg zur neuchirurgischen Behandlung der schweren Epilepsie. Er begann sein Studium anfangs der 50er Jahre. Zu dieser Zeit war die Bedeutung des Hirnstamms, der die beiden Hirnhälften verbindet und aus hunderten von Millionen Nervenfasern besteht, völlig unbekannt. In Versuchen an Affen erkannte der Wissenschaftler, daß beide Hirnhälften ihre Lernfähigkeit nicht verlieren, auch wenn man die Verbindung zwischen ihnen durchtrennt. – Die Forschungen von Hubel und Wiesel bedeuten, der Laudatio zufolge, „einen Markstein in der Erforschung des Gehirns und seiner Fähigkeit, den Code in den Impulsmitteilungen der Augen zu deuten“. Ihre Studien hatten eine tiefe Einsicht in die Mechanismen ermöglicht, die dem Vorgang des Sehens zugrunde liegen. Hubel und Wiesel konnten durch ihre Forschungen zeigen, daß sich die Fähigkeit der Sehrindenzellen, die Impulsmitteilungen auf der Netzhaut richtig zu deuten, schon sehr früh, nämlich unmittelbar nach der Geburt entwikkelt. Voraussetzung für diese Entwicklung ist der Seheindruck auf das Auge.

1982 **Bergström, Sune K.** (1916– . . . .) / Schweden
Samuelsson, Bengt I. (1934– . . . .) / Schweden
Vane, John R. (1927– . . . .) / Großbritannien
„für ihre bahnbrechenden Arbeiten über Prostaglandine und nahe verwandter biologisch aktiver Substanzen“.

Bergström habe, der Laudatio zufolge, einen entscheidenden Durchbruch in der vor fast 50 Jahren begonnenen Prostaglandin-Forschung erzielt, indem ihm die Reinkultur einer Anzahl von PG und die Darstellung ihrer chemischen Strukturen gelungen sei. Samuelsson habe ein ausführliches Bild des gesamten PG-Systems gegeben und die chemischen Prozesse klargelegt, durch welche die Substanzen, die in dieses System eingehen, aufgebaut oder zerstört würden. Vane habe zu dieser Klarstellung beigetragen durch seine Entdeckung des Prostacyclins, dessen biologische Effekte und Funktion er analysiert habe. – Die Prostaglandine und die mit ihnen verwandten Stoffe bilden ein umfangreiches biologisches System, das bereits heute in der Klinik Verwendung findet, vor allem in der Geburtshilfe und in der Frauenheilkunde; darüber hinaus bei der Behandlung von Kreislaufstörungen und Magengeschwüren sowie zur Schmerzlinderung bei Menstruation, Gallen- und Nierensteinen.

1983 **McClintock, Barbara** (1902– . . . .) / USA
„für ihre Entdeckung der beweglichen Strukturen in der Erbmasse".

Die biologische und medizinische Bedeutung der bereits vor über 30 Jahren in Maispflanzen gemachten preisgekrönten Entdeckung Barbara McClintock's sei erst, der Laudatio zufolge, in den zurückliegenden zehn Jahren deutlich geworden. Ihre Arbeit habe zu neuen Perspektiven über die Bildung von Genen und ihrer Veränderung während der Evolution geführt. Sie vollzog ihre Experimente mit großer Findigkeit und intellektueller Schärfe und enthüllte damit eine ganze Welt bislang unbekannter genetischer Phänomene, die bei der Übertragung des Widerstandes gegen Antibiotika von einer Bakterie auf die andere eine Rolle spielen.

1984 **Jerne, Niels K.** (1911– . . . .) / Großbritannien
„für seine Theorien über den spezifischen Aufbau und die Steuerung des Immunsystems".

Köhler, Georges J. S. (1946– . . . .) / Deutschland
Milstein, César (1927– . . . .) / Argentinien
„für die Entdeckung des Prinzips der Produktion von monoklonalen Antikörpern".

Mit Jerne ist einer der geistigen Väter der modernen zellulären Immunologie geehrt worden, auf dessen Ergebnissen Milstein und sein genialer Schüler Georges Köhler aufbauen konnten. Jerne gilt als der große Theoretiker der Immunologie. In drei Haupttheorien hat er auf intuitive Art zentrale Fragen in bezug auf Spezifität, Entwicklung und Steuerung der Immunreaktion beschrieben. Damit wurde zugleich die Voraussetzung für die Gewinnung monoklonaler Antikörper aus sogenannten Hybridzellen – einer Verschmelzung von Krebszellen und weißen Blutkörperchen – geschaffen. Bisher war es nicht möglich, außerhalb des tierischen oder menschlichen Körpers Antikörper in ausreichender Menge zu produzieren. Das labormäßige Überleben im Reagenzglas ist nur kurz. Köhler und Milstein machten die antikörperproduzierenden Zellen unsterblich, indem sie die ungezügelte Vermehrungswut der Krebszellen nutzten. Sie „verheirateten" Krebszellen mit weißen Blutkörperchen, die einen bestimmten Antikörper bilden. Am 7.8.1975 veröffentlichten sie ihre Arbeit über monoklonale Antikörper. Inzwischen sind bereits einige hundert monoklonale Antikörper auf dem Markt. Sie sind ein bedeutendes diagnostisches Hilfsmittel. Sie werden vor allem zur Bestimmung von seltenen Krebserkrankungen eingesetzt. Die Wissenschaft hofft, monoklonale Antikörper nicht nur in der Diagnostik, sondern auch in der Therapie verwenden zu können.

1985 **Brown, Michael F.** (1941– . . . .) / USA
Goldstein, Joseph L. (1940– . . . .) / USA
„für ihre Entdeckung betreffend die Bestimmung des Cholesterin-Umsatzes“.

Die Entdeckung des Cholesterin-Umsatzes im Organismus, heißt es in der Nobelpreisbegründung, sei eine Forschungsarbeit von hohem Rang. Sie habe die Behandlung von Herz-Kreislaufkrankheiten, die durch abnorm hohe Cholesteringehalte im Blut verursacht werden, revolutioniert. Brown und Goldstein fanden heraus, daß Zellen an ihrer Oberfläche Empfangsorgane (Rezeptoren) für bestimmte Cholesterin-Eiweißkomplexe (LDL) haben, die im Blut zirkulieren. Das LDL-Cholesterin (Lipoproteine von geringer Dichte) gilt als Risikofaktor der Arteriosklerose, krankhafter Veränderung der Arterie. Außer dem LDL-Cholesterin ist noch von dem HDL-Cholesterin, dem Cholesterin von hoher Dichte, zu sprechen. Erhöhte HDL-Cholesterinwerte scheinen mit einem verringerten Risiko für arteriosklerotische Gefäßerkrankungen einherzugehen. Ein erhöhtes Konzentrationsverhältnis scheine dieses Risiko indes zu erhöhen. – Die Entdeckung von Brown und Goldstein, so das Stockholmer Karolingische Institut, habe ein faszinierendes Gebiet für die Forschung der Arteriosklerose eröffnet.

1986 **Levi-Montalcini, Rita** (1909– . . . .) / Italien-USA
Cohen, Stanley (1922– . . . .) / USA
„für ihre Entdeckung des Nervenwachstumsfaktors“.

Die meisten Nachrichten im Körper werden durch chemische Substanzen vermittelt, Botenstoffe, die von „molekularen Antennen“ an der Zellwand empfangen werden, die dann eine komplizierte Signalkette in Gang setzen. Für ihre Verdienste auf dem Gebiete der zellulären Nachrichtenübertragung wurden die Wissenschaftler Levi-Montalcini und Cohen mit dem Nobelpreis ausgezeichnet und als Pioniere der Neurobiologie geehrt. Frau Levi-Montalcini wies eine Botensubstanz (NGF, den nerve growth factor) nach, die das Nervenwachstum fördert. Zu ihrer Arbeitsgruppe stieß 1953 Stanley Cohen, der später ein zweites, biologisch hochaktives Molekül (EGF, den epidermis growth factor) fand, das die Heilung von Wunden beschleunigt. Bis zur Entdeckung des NGF Anfang 1950 verstanden die experimentellen Neurobiologen nicht, auf welche Weise die Entwicklung des Nervensystems reguliert wird, um die Gewebe des Organismus mit Nerven zu versorgen. Heute ist den Neurobiologen klar, wozu der Organismus NGF benötigt und wie es das Wachstum der Nervenfasern anregt: Körperzellen, die einen Anschluß an das weitverzweigte Nervensystem wünschen, senden winzige Mengen NGF aus und regen so entfernt liegende Nervenzellen zu faserigen Auswüchsen an. Haben diese Fasern das Zielgewebe erreicht, bilden sie an der Kontaktstelle sogenannte Synapsen, in denen, Neurotransmitter genannte, chemische Stoffe das Nervensignal auf die Zellen des Zielgewebes übertragen: Die Nachrichtenbahn, beispielsweise von der Fingerspitze bis zum Nerventralorgan, dem Gehirn, ist geschlossen.

Nobelpreisträger für Literatur

Das Recht, Vorschläge zu unterbreiten für die Verleihung der Preise, basierend auf dem Prinzip der Kompetenz und der Vielseitigkeit, sollen für Literatur, den Statuten der Nobelstiftung gemäß, die Folgenden in Anspruch nehmen können:

1. Mitglieder der Schwedischen Akademie und anderer Akademien, Institute und Gesellschaften ähnlich dieser in Bezug auf Mitgliedschaft und Ziele.
2. Professoren für Sprachen und Literaturgeschichte an Universitäten und Universitäts-Colleges, ausgewählt durch die Schwedische Akademie.
3. Nobelpreisträger für Literatur.
4. Präsidenten von Autorenorganisationen, die als Repräsentanten literarischer Tätigkeiten in dem betreffenden Lande fungieren.

Die Vorschläge sind jeweils bei dem auf Seite 39 genannten entsprechenden Nobel-Komitee einzureichen.

Betreffs der Werkverzeichnisse, die den Literatur-Preisträgern beigegeben sind, ist die Erklärung Seite VIII, Ziffer 3 besonders zu beachten.

1901 **Sully Prudhomme, René François Armand** (1839–1907) / Frankreich
„als Anerkennung seiner ausgezeichneten, auch noch in späteren Jahren an den Tag gelegten Verdienste als Schriftsteller und besonders seiner Dichtungen, die hohen Iealismus, künstlerische Vollendung und eine seltene Vereinigung von Herz und Geist bezeugen".

Werkverzeichnis

1883–1909: Œuvres de Sully Prudhomme. 11 Bände. Paris.
(Den einzelnen Titeln wurde eingeklammert die Jahreszahl ihrer Ersterscheinung beigegeben.)

Band 1. Poésies: Stances et Poèmes (1865). Les Épreuves (1866). Les Écuries d'Augias (1869). Croquis italiens (1872). Paris 1883.
Band 2. Poésies: Les Solitudes (1869). Impressions de la Guerre (1872). Les Vaines Tendresses (1874). La France (1874). La Révolte des Fleurs (1874). Poésies diverses (1879). Les Destins (1872). Le Zenith (1876). Paris 1884.
Band 3. Poésies: Lucrèce. De la Nature des choses, 1er livre (1869). La Justice (1878). Paris 1886.
Band 4: Prose: L'Expression dans les Beaux-Arts (1883). Paris 1898.
Band 5. Poésies: Le Prisme (1886). Le Bonheurt (1887). Paris 1897.
Band 6. Prose: Que sais-je? (1896). Sur l'Origine de la Vie terrestre (1896). Le Problème des Causes finales (1902). Paris 1908.
Band 7. Prose: Testament poétique (1901). Trois Études sociologiques (1904). Paris 1904.
Band 8. Prose: La vraie Religion selon Pascal (1905). Paris 1905.
Band 9. Prose: Psychologie du libre arbitre suive de Définitions fondamentales (1907). Paris 1907.
Band 10. Poésies: Épaves (1908). Paris 1909.
Band 11. Prose: Le lien social (1909). Paris 1909.

1911: Lettres à une amie. 1865–1881. 2 Bände. Paris.

1922: Journal intime. Lettres. Pensées. Paris.

Deutsche Übersetzungen:

1903: Sully Prudhomme's Gedichte (Auswahl) in deutschen Versen von J. Schnitzler. Berlin.

1966: Intimes Tagebuch / Gedanken. Erstausgabe in der Nobelpreis-Reihe des Coron-Verlages. Zürich.

Deutsche Sekundär-Literatur:

Karl, Ludwig: Sully Prudhomme.
Eine psychologisch literaturhistorische Studie. Leipzig 1907.
Billigheimer, Samuel: Das religiöse Leben Sully Prudhommes.
Dissertation. Freiburg 1911.
Brangsch, Walter: Philosophie und Dichtung bei Sully Prudhomme.
Dissertation. Berlin 1911.
Koll, Ernst: Der Zwiespalt im Denken und Dichten von Sully
Prudhomme. Dissertation. Bergisch Gladbach 1931.

1902 **Mommsen, Theodor** (1817–1903) / Deutschland
„dem gegenwärtig größten lebenden Meister der historischen Darstellungskunst, mit besonderer Berücksichtigung seines monumentalen Werkes ‚Römische Geschichte'".

Werkverzeichnis

1849: Die Grundrechte des deutschen Volkes mit Belehrungen und Erläuterungen. (Anonym.) Leipzig.
1969: Dasselbe unter Mommsen's Namen. Frankfurt.

Römische Geschichte. 1., 2., 3. und 5. Band.
(Ein 4. Band ist nie geschrieben worden.)
1854: Band 1. Bis zur Schlacht von Pydna. Leipzig.
1855: Band 2. Von der Schlacht bei Pydna bis auf Sullas Tod. Berlin.
1856: Band 3. Von Sullas Tod bis zur Schlacht vor Thapsus. Berlin.
1885: Band 5. Die Provinzen von Caesar bis Diocletian. Berlin.

1858: Die römische Chronologie bis auf Caesar. Berlin.

1860: Geschichte des römischen Münzwesens. Berlin.

1864: Römische Forschungen. Bd. I. Berlin.
1879: Römische Forschungen. Bd. II. Berlin.

1871: Römisches Staatsrecht. Bd. I. Leipzig.
1874: Römisches Staatsrecht. Bd. II., Abt. I. Leipzig.
1875: Römisches Staatsrecht. Bd. II., Abt. II. Leipzig.
1887: Römisches Staatsrecht. Bd. III., Abt. I. Leipzig.
1888: Römisches Staatsrecht. Bd. III., Abt. II. Leipzig.

1889: Römisches Strafrecht. Leipzig.

1905: Reden und Aufsätze. Berlin.

Gesammelte Schriften. 8 Bände.
1905: Band 1. Juristische Schriften I. Berlin.
1905: Band 2. Juristische Schriften II. Berlin.
1907: Band 3. Juristische Schriften III. Berlin.
1906: Band 4. Historische Schriften I. Berlin.
1908: Band 5. Historische Schriften II. Berlin.
1910: Band 6. Historische Schriften III. Berlin.
1909: Band 7. Philologische Schriften. Berlin.
1913: Band 8. Epigraphische und numismatische Schriften I. Berlin. (Ein Band II geplant, aber nicht erschienen.)

1935: Briefwechsel mit U. v. Wilamowitz-Moellendorf. Berlin.
1962: Briefwechsel mit Otto Jahn. Frankfurt.
1966: Briefwechsel mit Theodor Storm. Weimar.

Sekundär-Literatur:

Wickert, Lothar: Theodor Mommsen. Ein Standard-Biographie in 4 Bänden.
Band 1. Lehrjahre. 1817–1844. Frankfurt 1959.
Band 2. Wanderjahre. Frankreich und Italien. Frankfurt 1964.
Band 3. Wanderjahre. Leipzig, Zürich, Breslau, Berlin. Frankfurt 1969.
Band 4. Größe und Grenzen. Frankfurt 1969.

1903 **Björnson, Björnsterne** (1832–1910) / Norwegen
„als ein Beweis der Anerkennung für seine edle, großartige und vielseitige Wirksamkeit als Dichter, die immer durch einmalige Frische der Eingebung und durch eine seltene Seelenreinheit ausgezeichnet war."

Werkverzeichnis

1932: Hundrearsutgave. 13 Bände. Oslo.
Herausgegeben zum 100. Geburtstag Björnstjerne Björnson's.

Deutsche Übersetzungen

Das rein dichterische Werk Björnson's ist nahezu vollständig ins Deutsche übersetzt worden. Eine repräsentative und für das Björnson-Verständnis ausreichend größere Auswahl wurde durch die Publikation „Björnstjerne Björnson. Gesammelte Werke" in 5 Bänden getroffen. Das vorliegende Werkverzeichnis weist deshalb zunächst den Inhalt der 5 Bände nach und vermerkt bei den einzelnen Titeln das Jahr der deutschen und norwegischen Ersterscheinung. Einige wenige Ergänzungen zu der Standard-Auswahl werden im Anhang aufgeführt.

1911: Björnstjerne Björnson. Gesammelte Werke. 5 Bände. Berlin.

Band 1. Gedichte und Erzählungen:
Gedichte. Throndr, 1860 (Trond, 1856). Die gefährliche Freite, 1861 (Ei faarleg Friing, 1856). Synnöve Solbakken, 1859 (Synnøve Solbakken, 1857). Arne, 1860 (Arne, 1858). Ein fröhlicher Bursch, 1861 (En glad gut, 1859). Der Vater, 1865 (Fadersen, 1859).

Band 2. Erzählungen und Romane:
Der Falbe, auch: Blakken, 1880 (Blakken, 1868). Ein Lebensrätsel, 1880 (En livsgåde, 1869). Staub, 1882 (Støv, 1882). Ein scharuiges Erlebnis, auch: Eine häßliche Kindheitserinnerung, 1895 (Et stygt Brandomsminde, 1889). Mutters Hände, 1893 (Mors hænder, 1892). Roman: Es flaggen Stadt und Hafen, auch: Das Haus Kurt und Thomas Randalen, 1886 (Det flager i byen og på havnen, 1884).

Band 3. Romane:
Auf Gotteswegen, auch: Ragni, 1891 (På guds veje, 1889). Mary, 1907 (Mary, 1906).

Band 4: Dramen:
Zwischen den Schlachten, 1866 (Mellem Slagene, 1857). Sigurd der Schlimme, 1866 (Sigurd Slembe, 1862). Die Neuvermählten, 1871 (De nygifte, 1865). Ein Bankrott, auch: Ein Fallissement, 1875 (En fallit, 1874). Der König, 1896 (Kongen, 1877). Leonarda, 1879 (Leonarda, 1879).

Band 5. Dramen und Briefe:
Über die Kraft/I, 1886 (Øver ævne, 1883). Über die Kraft/II, 1896 (Øver ævne, 1895). Geographie und Liebe, 1901 (Geografi og kjærlighed, 1885). Paul Lange und Tora Parsberg, 1899 (Paul Lange og Tora Parsberg, 1898). Laboremus, 1901 (Laboremus, 1901). Briefe Björnsons an seine Tochter Bergliot.

Anhang:

1904: Arnljot Gelline. Epische Dichtung. München.
(Arnljot Gelline, 1870.)

1909: Wenn der junge Wein blüht. Drama. München.
(Når den ny vin blomstrer, 1909.)

1866: Dramatische Werke von Bj. Björnson. Hildburghausen.

1904: Gesammelte Erzählungen. 4 Bände. München.

1910: Ausgewählte Werke. 3 Bände. Berlin.

1904 **Mistral, Frédéric** (1830–1914) / Frankreich
„mit Bezug auf die frische Ursprünglichkeit, das Geistreiche und Künstlerische in seiner Dichtung, die Natur und Volksleben seiner Heimat getreu widerspiegelt, sowie auf seine bedeutungsvolle Wirksamkeit als provençalischer Philologe".

Werkverzeichnis

1859: Mirèio. Provençalisches Epos. Avignon.
Es kennzeichnet den Niedergang der provençalischen Sprache, daß Mistral's Hauptwerk erst in dessen eigener französischen Übersetzung weltweit beachtet und auch mehrmals ins Deutsche übersetzt wurde.
1880: Mireille. Heilbronn.
1905: Mirèio. Übers.: A. Bertuch. Stuttgart.
1906: Mireio. Übers.: F. Steinitz. Halle/S.
1966: Mireille. Übers.: H. Roesch. (Innerhalb der Nobelpreis-Reihe des Coron-Verl.) Zürich.

(Die deutschen bzw. französichen Übersetzungen sind ab hier jeweils in Klammern aufgeführt.)
1867: Calendau. Episches Gedicht. Avignon.
(Calendau. Halle/S. 1909.)
1875: Lis Isclo d'or. Gedichte. Avignon.
(Die Goldinseln. Auswahl in Ausgewählte Werke, Bd. II. Stuttgart 1908.)
1878: Lou Tresor dou Felibrige. 2 Bände. Avignon.
(Neuprovençalisches Wörterbuch.)
In mehr als zwanzigjährigem, unablässigem Sammeleifer hat Mistral sein großes Wörterbuch der neuprovençalischen Sprache zustande gebracht. Dieses unerschöpfliche Nachschlagebuch provençalischer Geschichte und Landeskunde, Denkwürdigkeiten und Redensarten ist ein für die romanische Philologie unschätzbares wissenschaftliches Hilfsmittel.
1884: Nerto. Dichtung über die Papstzeit in Avignon. Paris.
(Nerto. Straßburg/Berlin 1891.)
1890: La Rèino Juno. Tragödie über das Schicksal der schönen Königin Johanna von Neapel und Provence. Paris.
1897: Lou Poèmo dou Rose. (Le Poème du Rhône.) Paris.
1906: Moun Espelido. (Mes Orgines.) Paris.
1906: Memorie e raconte. (Mémoires et récits.) Paris.
(Erinnerungen und Erzählungen. Leipzig 1908.)

1912: Lis Oùlivado. (Les Olivades.) Gedichte. Paris.
(Letzte Ernte. Auswahl. Leipzig 1913.)

1966: Œuvres poétiques complètes. Kritische Erstausgabe sämtlicher poetischer Werke. Aix-en-Provence.

1904 **Echegaray, José** (1832–1916) / Spanien

„mit Bezug auf seine umfassende und geistreiche Verfasserschaft, die auf selbständige und originelle Weise die großen Traditionen des spanischen Schauspiels wiederbelebt hat".

Die Laudatio zur Nobelpreisverleihung enthält das folgende nicht zu übersehende Charakteristikum: „Man kann das allgemeine Aufsehen verstehen, das dieser durch Abhandlungen über analytische Geometrie, Physik und Elektrizität bekannt gewordene Gelehrte erregte, als er (im 42. Lebensjahr) begann, seine unermüdliche Schaffenskraft dem Schreiben von Dramen (über sechzig) zu widmen." Das vorliegende Werkverzeichnis weist zunächst, neben seinen bekanntesten Dramen „Der große Kuppler" und „Wahnsinn oder Heiligkeit", die Dramen nach, die auch ins Deutsche übersetzt worden sind. Ein Anhang weist dann sieben weitere wichtige Publikationen nach.
(Die deutschen Übersetzungen sind jeweils in Klammern aufgeführt.)

Werkverzeichnis

1874: La esposa del vengador. Madrid.
(Die Frau des Rächers. Wien 1883.)

1877: O locura ó santidad. Madrid.
(Wahnsinn oder Heiligkeit. Leipzig 1889.)

1879: En el seno de la muerte. Madrid.
(Im Schoße des Todes. Leipzig 1882.)

1880: La muerte en los labios. Madrid.
(Der Tod auf den Lippen. Erstausgabe in der Nobelpreis-Reihe des Coron-Verl. Zürich 1970.)

1881: El gran Galeoto. Madrid.
(Der große Galeoto oder Der große Kuppler in der Zeitschrift ‚Nord und Süd'. 1886/1887.)

1885: Vida alegre y muerte triste. Madrid.
(Lustiges Leben – trauriger Tod. Halle/S. 1892.)

1886: De mala raza. Madrid.
(Adelina – auch: Von schlechter Rasse. Erstausgabe in der Nobelpreis-Reihe des Coron-Verl. Zürich 1970.)

1892: Mariana. Madrid.
(Mariana. München (1896–1900) o.J.)
1895: Mancha que limpia. Madrid.
(Mathilde oder Der Flecken, der reinigt. München 1898.)
1902: Herencias malas. Madrid.
(Schlechte Erbschaften. Leipzig 1904.)

Anhang:

1874–1898: Obras dramáticas. 9 Bände. Madrid.
1884: Obras dramáticas. Escocidas. 2 Bände. Madrid.
1905: Ciencia popular. Madrid.
(Populärwissenschaftliche Aufsätze.)
1910: Vulgarización cientifica. Madrid.
(Populärwissenschaftliche Aufsätze.)
1917: Recuerdos. 3 Bände. Madrid. (Erinnerungen.)
1957: Teatro escogido. Madrid.
(Diese in einem Dünndruckband neueren Datums zusammengefaßte Auswahl dürfte, einschließlich dem ausführlichen und grundlegenden „Prolog", als eine Standard-Publikation über das Leben und die wichtigsten Schauspiele José Echegaray's anzusehen sein. Sie rechtfertigt eine vollständige Inhaltsangabe:

El Premio Nobel de Literatura de 1904.

Prolog:
„José Echegaray" de Amando Lázaro Ros. Februar 1955.
Duros principios. (Harte Anfänge.)
Echegaray, cientifico. (Echegaray als Wissenschaftler.)
Echegaray, politico. (Echegaray als Politiker.)
Echegaray, literato. (Echegaray als Literat.)
El teatro de Echegaray. Das Theater Echegaray's.)
Romanticismos y románticos.
(Die Romantik und der Romantiker.)
Nace un vocablo y nace una secta literaria.
(Eine Vokabel und eine literarische Sekte.)
La estética dinámica de Echegaray.
(Die dynamische Ästhetik Echegarays.)
Le eterno en el teatro. (Das Ewige im Theater.)
El Comité des Premio Nobel tuvo razon.
(Das Nobelpreis-Komitee hat recht.)
Bibliografica.

Dramen:
El libro talonario. 1874. (Das Schuldbuch.)
La ultima noche. 1875. (Die letzte Nacht.)
En el puno de la Espada. 1875. (Im Griff des Schwertes.)
O locura ó santidad. 1877. (Wahnsinn oder Heiligkeit.)
En el seno de la muerte. 1879. (Im Schoße des Todes.)
La muerte en los labios. 1880. (Der Tod auf den Lippen.)
El gran Galeoto. 1881. (Der große Galeoto o. Der große Kuppler.)
Piensa mal y acertaras. 1884.
(Denk schlecht, und du wirst recht haben.)
De mala raza. 1886. (Adelina – auch: Von schlechter Rasse.)
Sic vos non vobis . . . ô La última limosna. 1892.
(So ihr euch nicht . . . oder Das letzte Almosen.)
Mancha que limpia. 1895. (Mathilde, o. Der Flecken, der reinigt.)
La duda. 1898. (Der Zweifel.)
A fuerza de arrastrarse. 1905. (Je mehr man kriecht.)

Deutsche Sekundär-Literatur:

Zacher, Dr. A.: Don José Echegaray. Berlin 1892.

1905 **Sienkiewicz, Henryk** (1864–1916) / Polen
„auf Grund seiner großartigen Verdienste als epischer Schriftsteller".

Henryk Sienkiewicz ist vor allen Dingen durch seine Romane und Novellen ein bedeutender und international beachteter Vertreter der polnischen Literatur geworden. Aus diesem Grunde beschränkt sich das vorliegende Werkverzeichnis (neben dem Nachweis der polnischen Nationalausgabe sämtlicher Werke S.'s) darauf, alle deutsch übersetzten großen Romane mit dem Jahre ihrer polnischen und deutschen Buch-Erstausgabe nachzuweisen. Von den deutsch übersetzten Novellen werden zwei größere charakteristische Auswahlbände nachgewiesen, deren einzelne Titel mit dem Jahr ihrer deutschen und polnischen Ersterscheinung versehen sind.

Werkverzeichnis

1948–1955: Henryk Sienkiewicz. Dziela. 60 Bände.
Offizielle Nationalausgabe. Warschau.
Bd. 1–56. Das schriftstellerische Gesamtwerk.
Bd. 57. Kalender des Lebens und Schaffens H. Sienkiewicz's.
Bd. 58. Sienkiewicza. Bibliographie.
Bd. 59. Sienkiewicz's Werke in Übersetzungen.
Bd. 60. Schrifttum über Henryk Sienkiewicz.

Bezeichnend für die literaturgeschichtliche Lebenskraft Henryk Sienkiewicz's dürfte es sein, daß die Volksrepublik Polen eine solche Ausgabe überhaupt herausgebracht hat.

1884: Ogniem i mieczem. Roman-Trilogie I. Warschau.
(Mit Feuer und Schwert. 2 Bände. Berlin 1888.)

1886: Potop. Roman-Trilogie II. Warschau.
(Sturmflut. 3 Bände. Leipzig 1900.)

1887: Pan Wolodyjowski. Roman-Trilogie III. Warschau.
(Der kleine Ritter. Leipzig 1902.)

1891: Bez dogmatu. Warschau.
(Ohne Dogma. Stuttgart 1892.)

1895: Rodzina Polaniecki. Warschau.
(Familie Polaniecki. Einsiedeln 1900.)

1896: Quo vadis? Warschau.
(Quo vadis? Lindau 1898.)
(„Quo vadis?" ist nach heutigem Sprachgebrauch bereits um 1900 ein ‚Welt-Bestseller' gewesen, dessen Auflagen die Millionengrenze weit überschritt und der noch bis in unsere Tage deutsche Neuauflagen erlebt.)

1900: Krzyzacy. Warschau.
(Die Kreuzritter. 2 Bände. Einsiedeln 1901.)

1906: Na polu chwaly. Warschau.
(Auf dem Felde der Ehre. Berlin 1906.)

1910: Wiry. Warschau.
(Strudel. Berlin 1910.)

1911: W pustyni i w puszczy. Warschau.
(Durch Wüste und Wildnis. Einsiedeln 1911.)

1916: Legiony. Warschau.
(Die Legionen. München 1917.)

Novellen:

1901: Ums liebe Brot und andere Novellen. Einsiedeln.
Inhalt: Ums liebe Brot, 1892 (Za chlebem, 1880). Die schöne Hania, 1887 (Hania, 1880). Janko, der Musikant, 1881 (Janko Muzykant, 1880). Die Komödie der Irrungen, 1901 (Komedia z Pomylek, 1880). Durch die Steppe, 1901 (Przez stepy, 1880). Orso, 1899 (Orso, 1880). Der Leuchtturmwächter, 1901 (Latarnik, 1882). Tatarische Gefangenschaft, 1882 (Niewola tatarska, 1882). Die Dritte, 1901 (Ta trzecia, 1888). Lux in tenebris lucet, 1894 (Lux in tenebris lucet, 1894.) Folgen wir ihm nach, 1901 (Pójdźmy za nim! , 1894).

1903: Janko, der Musikant u.a. Novellen. Osnabrück.
Inhalt: Janko, der Musikant, 1881) (Janko Muzykant, 1880). Ums Brot, 1892 (Za chlebem, 1880). Der Organist von Ponoklio, 1899 (Organista z Poniklo, 1894). Der alte Diener, 1881 (Stary sluga, 1880). Orso, 1899 (Orso, 1880). Der Engel, 1901 (Jamiol, 1882). Sei gesegnet, 1901 (Badź blogoslawiona, 1894). Durch die Steppe, 1901 (Przez stepy, 1880). Sachem, 1901 (Sachem, 1889). Aus den Erinnerungen eines Posener Lehrers, 1901 (Z pamietnika posnanskiego nauczyciela, 1880). Folget ihm nach, 1901 (Pójdźmy za nim!, 1894). Auf dem Olymp, 1903 Na Olimpie, 1902). Der Traum, 1903 (Sen, 1893).

1906 **Carducci, Giosuè** (1835–1907) / Italien

„nicht nur in Anerkennung seiner reichen Gelehrsamkeit und seiner kritischen Forschungen, sondern vor allem als eine Huldigung für die plastische Energie, die Frische des Stils und die lyrische Kraft, die seine poetischen Meisterwerke auszeichnen".

Das „vor allem" in der Nobelpreis-Begründung ist um so bezeichnender, als von den 30 Bänden der Gesamtausgabe von Carducci's Werken nur 4 Bände „seine poetischen Meisterwerke" umfassen. Das Werkverzeichnis hält es im gegebenen Rahmen für entbehrlich, zahllose Einzeltitel nachzuweisen und beschränkt sich darauf, die große „Edizione Nazionale" und zwei umfangreiche Dünndruckbände sowie als einzigen Einzeltitel den lyrischen Zyklus „Odi barbare" (1877) in dem Werkverzeichnis herauszustellen. „Odi barbare" begründete Carducci's eigentlichen Ruhm als Lyriker und gilt als ein bedeutendes dichterisches Ereignis innerhalb der Geschichte der italienischen Lyrik.

Werkverzeichnis

1877: Odi Barbare. Lyrischer Zyklus. Bologna.
1882: Nuove odi barbare. Bologna.
1889: Terze odi barbare. Bologna.
1901: Poesie 1850–1900. Bologna. (Von Carducci selbst besorgte Gesamtausgabe seiner Verse in einem Dünndruckband.)
1905: Prose 1859–1903. Bologna. (Von Carducci selbst getroffene Auswahl seiner Prosa in einem Dünndruckband.)

1935–1940: Edizione Nazionale delle Opere di Giosuè Carducci.
30 Bände. Bologna.
Band 1. Primi Versi. (Erste Verse.)

Band 2. Jevenilia e Levia Gravia. (Gedichte.)
Band 3. Giambi ed epodie e Rime nuove. (Jamben, Epoden und Neue Reime.)
Band 4. Odi barbare e Rime e Ritmi. (Barbarische Oden und Reime und Rhythmen.)
Band 5–28. Literatur-, sozial-, kunst- und geschichtskritische Arbeiten.
Band 29. Versioni da antichi e da moderni. (Übersetzungen aus antiker und moderner Literatur.)
Band 30. Ricordi autobiografici.

1938–1968: Edizione Nazionale delle Opere di Giosuè Carducci. Lettere. 22 Bände. Bologna.

Deutsche Übersetzungen:

Zehn Gedichte. Übers. von Theodor Mommsen und Ulrich von Wilamowitz-Moellendorf. Berlin 1879.
Ausgewählte Gedichte. Übers.: Bettina Jacobsen. Leipzig 1880.
Ausgewählte Gedichte in Übersetzungen von Paul Heyse in Paul Heyse: Italienische Dichter. Band 4. Stuttgart 1889.
Italienische Dichter. Band 5. Stuttgart 1905.
Ausgewählte Gedichte. Übers.: O. Haendler. Dresden 1905.
Odi barbare (Auswahl). Übers.: F. Sternberg. Heidelberg 1913.
Gedichte (Auswahl). Übers.: F. Fehling. Heidelberg 1914.
Gedichte (Auswahl). Übers.: F. Hefti. Zürich 1937.

1907 **Kipling, Rudyard** (1865–1936) / Großbritannien

„in Anerkennung der Beobachtungsgabe, der ursprünglichen Einbildungskraft sowie der männlichen Stärke in Auffassung und Schilderungskunst, die die Schöpfungen dieses weltberühmten Schriftstellers auszeichnen".

Mit einem Umfang von 673 Seiten erschien 1959 von James Stewart in Toronto „Rudyard Kipling. A biographical catalogue." Dies bezeugt auf seine Art das nicht immer leicht überschaubare umfangreiche literarische Schaffen R. K.'s. Deshalb zielt im hier gegebenen Rahmen das einem allgemeinen Literaturinteresse dienende Bemühen darauf hin, ein begrenztes und trotzdem optimales Werkverzeichnis zusammenzustellen. Dies geschieht durch den vollständigen Inhaltsnachweis der anläßlich von R. K.'s 100. Geburtstag 1965 erschienenen „Gesammelte Werke". In drei Dünn-

druckbänden mit über 3000 Seiten bietet diese Publikation eine charakteristische deutsche Auswahl aus dem Gesamtwerk des Dichters. So weit als möglich wurden die Inhaltstitel dieser drei Bände mit dem Jahr der deutschen und englischen Erstausgabe versehen. Ein Anhang erweitert dieses Werkverzeichnis um zwei deutsche Einzeltitel und die hauptsächlichsten englischen Sammelausgaben, die Kiplings literarische Wirksamkeit überzeugend bestätigen.
Die englischen Ausgaben sind jeweils in Klammern angeführt.

Werkverzeichnis

1965: Rudyard Kipling – Gesammelte Werke. 3 Bände. München.

Band 1. Dschungelwelt.
‚Großer Freund aller Welt' von Carl Zuckmayer.
‚Einführung' von Hans Reisiger.
Kim. (Roman) Berlin 1908. (Kim. London/New York 1901.)
Das Dschungelbuch. Freiburg 1899. (The Jungle Book. London/New York 1894.)
Das neue Dschungelbuch. Freiburg 1899. (The Second Jungle Book. London/New York 1895.)
Dunkles Indien. Ausgewählte Erzählungen.

Band 2. Hart und heiß. Gesammelte Erzählungen.
Kleine Geshichten aus den Bergen / Geschichten aus Simla / Die schönste Geschichte der Welt / In Schwarz und Weiß / Drei Soldaten / Bilanz.

Band 3. Das große Abenteuer.
Brave Seeleute / Fischerjungs. Roman. Berlin 1902.
(Captains Courageous. London / New York 1897.)
Puck von Puchsberg. Geschichten und Gedichte für Kinder. Berlin 1912. (Puck of Pooks Hill. London/New York 1906.)
Lange Latte & Genossen / Staaks & Genossen. Schulgeschichten. Berlin 1909. (Stalky & Co. London/New York 1899.)
Märchenbuch / Das kommt davon. Tiergeschichten für Kinder. Berlin 1903. (Just So Stories. London/New York 1902.)
Wie spricht der Hund? Erzählungen. Leipzig 1931. (The Servant a Dog. London 1930.)
Das Licht erlosch. Roman. Stuttgart 1984. (The Light That Failed. London/New York 1891.)
Balladen aus dem Biwak. Leipzig 1910. (Barrackroom Ballads. London/New York 1892.

Anhang:

1900: Nauhlaka, das Staatsglück. Roman. Stuttgart. (The Naulakh. London / New York 1892.)
1938: Erinnerungen. Autobiographisches. Zürich. (Something of Myself. London / New York 1937.)
1897–1937: The Outward Bound Edition. The Writings in Prose and Verse of R. K. 36 Bände. New York.
1897–1938: Edition de Luxe. The Writings in Prose and Verse of Rudyard Kipling. 38 Bände. London.
1913–1938: The Bombay Edition. 31 Bände. London.
1914–1926: The Seven Seas Edition. 27 Bände. New York.
1937–1939: The Sussex Edition. The Complete Works of Rudyard Kipling. 35 Bände. London.
1941: The Burwash Edition. The Collected Works of Rudyard Kipling. 28 Bände. New York.

1908 **Eucken, Rudolf** (1846–1926) / Deutschland
„auf Grund des ernsten Suchens nach Wahrheit, der durchdringenden Gedankenkraft und des Weitblicks, der Wärme und Kraft der Darstellung, womit er in zahlreichen Arbeiten eine ideale Weltanschauung vertreten und entwickelt hat".

Werkverzeichnis

1874: Über den Wert der Geschichte der Philosophie. (Akademische Antrittsrede an der Universität Jena, an der Eucken zeitlebens wirkte.) Jena.
1878: Geschichte und Kritik der Grundbegriffe der Gegenwart. Leipzig. Später unter den Titeln: Die Grundbegriffe der Gegenwart. – Geistige Strömungen der Gegenwart.
1879: Geschichte der philosophischen Terminologie. Leipzig.
1888: Die Einheit des Geisteslebens in Bewußtsein und Tat der Menschheit. Leipzig.
1890: Die Lebensanschauungen der großen Denker. Leipzig.
1896: Der Kampf um einen geistigen Lebensinhalt. Leipzig.
1901: Der Wahrheitsgehalt der Religion. Leipzig.
1907: Grundlinien einer neuen Lebensanschauung. Leipzig.
1908: Der Sinn und Wert des Lebens. Leipzig.
1908: Einführung in eine Philosophie des Geisteslebens. Leipzig. Später u.d.T.: Einführung in die Hauptfragen der Philosophie.

1911: Können wir noch Christen sein? Leipzig.
1912: Erkennen und Leben. Leipzig.
1915: Die Träger des deutschen Idealismus. Berlin.
1917: Die geistesgeschichtliche Bedeutung der Bibel. Leipzig.
1918: Mensch und Welt. Eine Philosophie des Lebens. Leipzig.
1920: Der Sozialismus und seine Lebensgestaltung. Leipzig.
1921: Lebenserinnerungen. Leipzig.
1924: Ethik als Grundlage des staatsbürgerlichen Denkens. Langensalza.

1909 **Lagerlöf, Selma** (1858–1940) / Schweden
„auf Grund des edlen Idealismus, des Phantasiereichtums und der seelenvollen Darstellung, die ihre Dichtung prägen".

Das schriftstellerische Werk Selma Lagerlöf's ist nahezu vollständig ins Deutsche übersetzt worden. Dokumentiert wird dies durch die Publikation „Gesammelte Werke" in 12 Bänden aus dem Jahre 1928. Das vorliegende Werkverzeichnis hat sich deshalb darauf beschränkt, diese repräsentative Ausgabe mit ihrem vollständigen Inhalt nachzuweisen. Hierbei werden den einzelnen Titeln das Jahr der deutschen und schwedischen Erstausgabe angefügt.

Werkverzeichnis

1928: Selma Lagerlöf. Gesammelte Werke. 12 Bände München.

Band 1. Gösta Berling. Roman. Leipzig 1896. (Gösta Berlings saga. Stockholm 1891.)
Band 2. Die Wunder des Antichrist. Roman. Mainz 1899. (Antikrists mirakler. Stockholm 1897.)
Eine Herrenhofsage. Erzählung. Leipzig 1900. (En herrgårdssägen. Stockholm 1899.)
Band 3. Jerusalem. I.: In Dalerne. Roman. München 1902. (Dalarne. Stockholm 1901.)
Jerusalem II: Im heiligen Land. Roman. München 1903. (I det helige landet. Stockholm 1902.)
Band 4. Liljecronas Heimat. München 1911. (Liljecronas hem. Stockholm 1911.)
Jans Heimweh. Roman. München 1915. (Kejsarn av Portugallien Stockholm 1914.)
Band 5. Das heilige Leben. Roman. München 1919. (Bannlyst. Stockholm 1918.)
Der Fuhrmann des Todes. Erzählung. München 1912. (Körkarlen. Stockholm 1912.)

Band 6. Marbacka. Jugenderinnerungen. München 1923. (Mårbacka. Stockholm 1922.)
Ein Stück Lebensgeschichte. Erzählung. München 1909. (En saga om en saga. Stockholm 1908.)
Band 7. Herrn Arnes Schatz. Erzählung. München 1904. (Herrn Arnes penningar. Stockholm 1903.)
Die Königinnen von Kungahälla. Erzählungen. München 1909. (Drottningar i Kungahälla. Stockholm 1899.)
Unsichtbare Bande. Erzählungen. Leipzig 1897. (Osynliga länkar. Stockholm 1894.)
Band 8. Zacharias Topelius. Eine Lebensgeschichte. München 1921. (Zachris Topelius. Stockholm 1920.)
Christuslegenden. München 1904. (Kristuslegender. Stockholm 1904.)
Band 9. Legenden und Erzählungen. München 1925. (Legender. Stockholm 1899.)
Trolle und Menschen. Erzählungen. München 1915. (Troll och mäniskor. I. Stockholm 1915.)
Die Prinzessin von Babylonien. Erzählungen. München 1922. (Troll och mäniskor. II. Stockholm 1921.)
Band 10. Wunderbare Reise des kleinen Nils Holgersson. München 1907. (Nils Holgerssons underbare resa gnoom Sverige. Stockholm 1906.)
Band 11. Der Ring des Generals. Roman-Trilogie I. München 1925. (Löwensköldska ringen. Stockholm 1925.)
Charlotte Löwensköld. Roman-Trilogie II. München 1926.. (Charlotte Löwensköld. Stockholm 1925.)
Band 12. Anna, das Mädchen aus Dalarne. Roman-Trilogie III. München 1928. (Anna Svärd. Stockholm 1928.)
Leben und Dichtung. Erzählungen und Aufsätze. München 1928.

1910 **Heyse, Paul** (1830–1914) / Deutschland
„als Huldigungsbeweis für das vollendete und von idealer Auffassung geprägte Künstlertum, das er während einer langen und bedeutenden Wirksamkeit als Lyriker, Dramatiker, Romanschriftsteller und Dichter von weltberühmten Novellen an den Tag gelegt hat".

Paul Heyse hat, als er mit 84 Jahren starb, ein aus zahlreichen Novellen, Dramen, Romanen und Gedichten bestehendes umfangreiches Werk hinterlassen. Die Publikation von 1924 „Paul Heyse. Gesammelte Werke.", herausgegeben von Erich Petzet (Begründer des Paul Heyse-Archivs an der Bayerischen Staatsbibliothek München), erschließt repräsentativ das vielgestaltige literarische Schaffen Heyses. Um das vorliegende Werkverzeichnis nicht mit Nachweisungen zahlloser Einzeltitel zu belasten, beschränkt sich dasselbe auf die Inhaltswiedergabe der Gesammelten Werke und vermerkt gegebenenfalls bei einzelnen Titeln das Jahr ihrer Erst-Veröffentlichung. Die einem Novellen-Sammeltitel untergeordneten einzelnen Novellen werden nur durch ihre Anzahl erfaßt.

Werkverzeichnis

1924: Paul Heyse. Gesammelte Werke. Stuttgart.
(III Reihen mit je 5 Bänden. ca. 10.200 Seiten.)

I/1: Kinder der Welt. Roman. 1873.
I/2: Im Paradies. Roman. 1875.
I/3: Italienische Novellen. (17 Novellen)
I/4: Buch der Freundschaft. (6 Novellen)
Novellen. (6 Novellen)
I/5: Moralische Novellen. (11 Novellen)
Einakter: Unter Brüdern. 1884. – Ehrenschulden. 1884. – Die schwerste Pflicht. 1889.
Die Weisheit Salomos. Schauspiel. 5 Akte. 1887.
Maria von Magdala. Drama in 5 Akten. 1899.

II/1: Der Roman der Stiftsdame. 1887.
Merlin. Roman. 1897.
II/2: Über allen Gipfeln. Roman. 1895.
Geschichten aus Italien. (6 Novellen)
Novellen vom Gardasee. (5 Novellen)
II/3: Meraner Novellen. (3 Novellen)
Novellen. (7 Novellen)
II/4: Novellen. (13 Novellen)
II/5: Hans Lange. Schauspiel in 4 Akten. 1866.
Kolberg. Hist. Schauspiel in 5 Akten. 1868.
Novellen in Versen. (13 Novellen)

III/1: Jugenderinnerungen und Bekenntnisse. 1900.
Crone Stäudlin. Roman. 1905.
Gegen den Strom. Eine weltliche Klostergeschichte. 1907.
III/2: Die Geburt der Venus. Roman. 1909.
Weihnachtsgeschichten. (4 Novellen)
Dorfgeschichten. (5 Novellen)
III/3: Troubadour-Novellen. (8 Novellen)
Novellen. (7 Novellen)

III/4: Spukgeschichten und Märchen. (8)
Novellen. (10 Novellen)
Versdichtungen, Romanzen, Balladen.
III/5: Hadrian. Tragödie in 5 Akten. 1865.
Alkibiades. Tragödie in 3 Akten. 1882.
Gedichte.

Anhang

Tagebücher (21.9.1852–19.3.1914)
im Paul Heyse-Archiv der Bayerischen Staatsbibliothek München, handgeschrieben, unveröffentlicht. 10 Hefte.

Briefwechsel (die Titel sind vereinfacht)
1916: Jakob Burckhardt – Paul Heyse. München.
1917: Paul Heyse – Theodor Storm. 2 Bände. München.
1919: Paul Heyse – Gottfried Keller. Hamburg.
1922: Emanuel Geibel – Paul Heyse. München.
1929: Theodor Fontane – Paul Heyse. Berlin.
1972: Theodor Fontane – Paul Heyse. 2 Bände. Weimar.
1969–1974: Theodor Storm – Paul Heyse. Kritische Ausgabe. 3 Bände. Berlin.

Sekundär-Literatur:

Martin, Werner: Paul Heyse-Bibliographie. Erste umfassende Bibliographie. 187 S. Hildesheim 1978.
Moisy, Sigrid v.: Paul Heyse. Münchener Dichterfürst im bürgerlichen Zeitalter. München 1981.
Ian, Annemarie van: Die zeitgenössische Kritik an Paul Heyse 1850 bis 1914. Diss. München/Bamberg 1965.

1911 **Maeterlinck, Maurice** (1862–1949) / Belgien
„auf Grund seiner vielseitigen literarischen Wirksamkeit, besonders seiner dramatischen Schöpfungen, die sich durch Phantasiereichtum auszeichnen und durch einen poetischen Idealismus, der, mitunter in der verschleierten Form des Märchenspiels, tiefe Eingebung offenbart und auf geheimnisvolle Weise Gefühl und Ahnung des Lesers anredet".

Das vorliegende Werkverzeichnis der Hauptwerke Maeterlinck's bringt, der besseren Übersicht wegen, eine Gliederung in Sachgebiete. Es verfährt innerhalb derselben chronologisch und fügt jedem Titel das Jahr der belgischen und der deutschen Erstausgabe hinzu.

Werkverzeichnis

Lyrik:
1889: Serres Chaudes. Paris.
(Im Treibhaus u.d.T. Gedichte. Jena 1906.)
1900: Quince Chansons. Paris.
(Fünfzehn Lieder u.d.T. Gedichte. Jena 1906.)

Dramatisches:
1889: La Princesse Maleine. Gent. (Prinzess Maleine. Berlin 1892.)
1890: L'Intruse. Brüssel. (Der Eindringling. Wien 1892.)
1890: Les Aveugles. Brüssel. (Die Blinden. München 1897.)
1891: Les Sept Princesses. Brüssel. (Die sieben Prinzessinen. Jena 1900.)
1892: Pelléas et Mélisande. Brüssel. (Pelleas und Melisande. Berlin 1897.)
1894: Alladine et Palomides. – Intérieur. – La Mort de Tintagiles. Trois petits drames por marionnettes. Brüssel.
(Alladine und Palomides. Jena 1900. – Daheim. Berlin 1899. – Der Tod des Tintagiles. Berlin 1899.)
1896: Aglavaine et Sélysette. Paris.
(Aglavaine und Sélysette. Leipzig 1900.)
1901: Ariane et Barbe-Bleue. Brüssel.
Blaubart und Ariane. Leipzig 1901.
1901: Sœur Beatrice. Brüssel. (Schwester Beatrix. Leipzig 1901.)
1902: Monna Vanna. Paris. (Monna Vanna. Jena 1903.)
1903: Joyzelle. Paris. (Joyzelle. Leipzig 1903.)
1904: L'Oiseau bleu. Paris. (Der blaue Vogel. Berlin 1910.)
1913: Marie Magdeleine. Paris.
(Maria-Magdalena. Jena 1909. (Vor der Orig.-Ausgabe).)
1919: Le Bourgmestre de Stilmonde. Paris.
(Der Bürgermeister von Stilmonde. Wien 1921.)
1919: Le Miracle de saint Antoine. Paris.
(Das Wunder des heiligen Antonius. Jena 1904. (Vor der Orig.-Ausgabe).)
1922: Les Fiançailles. Paris.
(Die Verlobten. Märchenspiel in 5 Akten. Paris 1922.)
1948: Jeanne D'Arc. Stück in 12 Bildern. Monaco.

Theoretische Prosa:
1896: Le Trésor des humbles. Paris.
(Der Schatz der Armen. Leipzig 1898.)
1898: La Sagesse et la Destinée. Paris.
(Die Weisheit und das Schicksal. Leipzig 1899.)

1901: La Vie des abeilles. Paris. (Das Leben der Bienen. Leipzig 1901.)
1902: Le Temple enseveli. Paris.
(Der begrabene Tempel. Leipzig 1902.)
1904: Le Double Jardin. (Der doppelte Garten. Jena 1904.)
1907: L'Intelligence des fleur. Paris.
(Die Intelligenz der Blumen. Jena 1907.)
1913: La Mort. Paris. (Vom Tode. Jena 1913.)
1917: L'Hôte inconnu. Paris. (Der fremde Gast. Jena 1917.)
1919: Les Sentiers dans la montagne. Paris.
(Pfade im Gebirge. Dresden 1922.)
1921: Le grand secret. Paris. (Das große Rätsel. Jena 1924.)
1927: La Vie des termites. Paris.
(Das Leben der Termiten. Stuttgart 1927.)
1928: La Vie' de l'espace. Paris.
(Die vierte Dimension. Stuttgart 1929.)
1929: La Grande Féerie. Paris.
(Die Geheimnisse des Weltalls. Stuttgart 1930.)
1930: La Vie des fourmis. Paris.
(Das Leben der Ameisen. Stuttgart 1930.)
1934: Avant le grand silence. Paris.
(Vor dem großen Schweigen. Berlin 1935.)
1936: Le Sablier. Paris. (Die Sanduhr. Berlin 1936.)
1936: L'Ombre des ailes. Paris. (Der Flügelschatten.)
1937: Devant Dieu. Paris. (Vor Gott.)
1939: La Grande Porte. Paris. (Die große Tür.)
1942: L'Autre Monde ou Le Cadran stellaire. Paris.
(Die andere Welt oder Das Zifferblatt der Sterne.)

1912: **Hauptmann, Gerhard** (1862–1946) / Deutschland
„vornehmlich für seine reiche, vielseitige, hervorragende Wirksamkeit auf dem Gebiete der dramatischen Dichtung".

Das unvergänglich große dichterische Gesamtwerk Gerhart Hauptmann's ist nach dem Zweiten Weltkrieg in einer repräsentativen und endgültigen Ausgabe neu publiziert. Es ist die anläßlich seines 100. Geburtstages (15.11.1962) vom Berliner Propyläen-Verlag herausgegebene Centenar-Ausgabe in 11 Dünndruckbänden mit ca. 14.000 Seiten. In Würdigung dieser Ausgabe und um das Werkverzeichnis nicht mit zahllosen ausführlich bibliographierten Einzeltiteln zu belasten, erfolgt hier die Beschränkung auf die Inhaltsangabe der Centenar-Ausgabe. Den einzelnen Titeln ist gegebenenfalls das Jahr ihrer ersten Buchausgabe beigegeben. Im Anhang werden die nach der Centenar-Ausgabe herausgegebenen vier wichtigsten Titel angezeigt.

Werkverzeichnis

1962–1974: Gerhart Hauptmann. Sämtliche Werke.
Centenar-Ausgabe. 11 Bände. Berlin.

Band 1. Dramen. Berlin 1966.
Vor Sonnenaufgang. Soziales Drama. 1889. – Das Friedensfest. Eine Familienkatastrophe. 1890. – Einsame Menschen. Drama. 1891. – Kollege Crampton. Komödie. 1892. – De Waber - Die Weber. Schauspiel aus den vierziger Jahren. Dialektausgabe und Übertragung im Paralleldruck. 1892. – Der Biberpelz. Eine Diebeskomödie. 1893. – Hanneles Himmelfahrt. Traumdichtung. 1894. – Florian Geyer. Die Tragödie des Bauernkrieges. 1896. – Elga. Drama. 1905. – Die versunkene Glocke. Ein deutsches Märchendrama. 1897. – Fuhrmann Henschel. Schauspiel. Dialektausgabe und Übertragung im Paralleldruck. 1899. – Schluck und Jau. Komödie. 1900. – Michael Kramer. Drama. 1900.

Band 2. Dramen. Berlin 1965.
Der rote Hahn. Tragikomödie. 1901. – Der arme Heinrich. Eine deutsche Sage. 1902. – Rose Bernd. Schauspiel. 1903. – Und Pippa tanzt! Ein Glashüttenmärchen. 1906. – Die Jungfern vom Bischofsberg. Ein Lustspiel. 1907. – Gabriel Schillings Flucht. Drama. 1912. – Kaiser Karls Geisel. Ein Legendenspiel. 1908. – Griselda. Lustspiel. 1909. – Peter Brauer. Tragikomödie. 1921. – Die Ratten. Berliner Tragikomödie. 1911. – Der Bogen des Odysseus. Drama. 1914. – Festspiel in deutschen Reimen. Zur Erinnerung an den Geist der Freiheitskriege der Jahre 1813, 1814 und 1815, aufgeführt bei der Jahrhundertfeier in Breslau. 1913. – Magnus Garbe. Tragödie. 1942. – Winterballade. Tragödie. 1917. – Der weiße Heiland. Dramatische Phantasie. 1920. – Indipohdi. Dramatisch Dichtung. 1921.

Band 3. Dramen. Berlin 1965.
Veland. Tragödie. 1925. – Festaktus zur Eröffnung des Deutschen Museums in München am 7. Mai 1923. 1925. – Dorothea Angermann. Schauspiel. 1926. – Die schwarze Maske. Schauspiel. 1930. – Hexenritt. Ein Satyrspiel. 1930. – Vor Sonnenuntergang. Schauspiel. 1932. – Die goldene Harfe. Schauspiel. 1933. – Hamlet in Wittenberg. Dramatische Dichtung. 1935. –

Ulrich von Lichtenstein. Komödie. 1939. – Die Tochter der Kathedrale. Dramatische Dichtung. 1939. – Die Atriden-Tetralogie. Tragödie in vier Teilen: 1. Iphigenie in Aulis. 1943. - 2. Agamemnons Tod. 1948. - 3. Elektra. 1948. - 4. Iphigenie in Delphi. 1941. – Anhang: Shakespeares tragische Geschichte von Hamlet, Prinzen von Dänemark. In deutscher Nachdichtung und neu eingerichtet. 1928.

Band 4. Lyrik und Versepik. Berlin 1964.

Lyrik und kleinere Dichtungen: Das bunte Buch. 1888. – Ährenlese. 1939. – Versepik: Promethidenlos. 1885. – Anna. Ein ländliches Liebesgedicht. 1921. – Die blaue Blume. 1927. – Des großen Kampffliegers, Landfahrers, Gauklers und Magiers Till Eulenspiegel Abenteuer, Streiche, Gaukeleien, Gesichte und Träume. 1928. – Mary. 1939. – Der große Traum. 1942.

Band 5. Romane. Berlin 1962.

Der Narr in Christo Emanuel Quint. 1910. – Atlantis. 1912. – Die Insel der Großen Mutter. 1924. – Wanda. 1928. – Im Wirbel der Berufung. 1936.

Band 6. Erzählungen – Theoretische Prosa. Berlin 1963.

Erzählungen: Fasching. 1923. – Bahnwärter Thiel. 1892. – Der Apostel. 1892. – Der Ketzer von Soana. 1918. – Phantom. Aufzeichnungen eines ehemaligen Sträflings. 1923. – Die Hochzeit auf Buchenhorst. 1932. – Die Spitzhacke. Ein phantastisches Erlebnis. 1931. – Das Meerwunder. Eine unwahrscheinliche Geschichte. 1934. – Der Schuß im Park. 1941. – Das Märchen. 1963. – Mignon. 1947. – Parsival. 1914. – Lohengrin. 1913. – Sonnen. Meditationen. 1942.

Theoretische Prosa: Um Volk und Geist. Reden, Ansprachen und Aufrufe. 1932. – Marginalien. 1942. – Tintoretto. Essay. 1963. – Einsichten und Ausblicke. Aufzeichnungen. 1942.

Band 7. Autobiographisches. Berlin 1962.

Griechischer Frühling. 1908. – Buch der Leidenschaft. 1930. – Das Abenteuer meiner Jugend. 1937.

Band 8. Nachgelassene Werke. Berlin 1963.

Fragmente. Nachlese zum dramatischen Werk:

I. Abgeschlossene dramatische Werke: Liebesfrühling. Ein lyrisches Gedicht. 1881. – Hochzeitszug. 1963. – Germanen und Römer. 1963. –– Dramatische Fragmente: Helene. 1963. – Amor und Hermes. 1963. – Frithiofs Brautwerbung. 1962. –

Anfang des Athalarich. 1962. – Verschiedene Lieder und Szenen aus Konradin. 1962. – Das Erbe des Tiberius. 1963.
II. Abgeschlossene dramatische Werke: Christiane Lawrenz. 1963. – Herbert Engelmann. 1952. – Die Finsternisse. Requiem. 1947. –– Größere dramatische Fragmente: Der Mutter Fluch. 1963. – Helios. 1899. – Das Hirtenlied. 1935. – Die Wiedertäufer. 1963. – Besuch bei Familie Kurnick. 1963. – Galahad. 1949. – Der Dom. 1942. – Grönlandtragödie. 1963. – Demeter. Mysterien-Dichtung. 1963. – Die hohe Lilie. 1963.

Band 9. Nachgelassene Werke. Berlin 1969.
Fragmente. Nachlese zum dramatischen Werk:
Kleinere dramatische Fragmente (55 Titel).
Paralipomena (zu 18 vollendeten Dramen).

Band 10. Nachgelassene Werke. Berlin 1970.
Fragmente. Nachlese zum erzählerischen Werk:
Größere erzählerische Fragmente: Der Venezianer. – Die Wiedertäufer. – Berliner Kriegsroman. – Siri. 1967. – Winckelmann. – Der neue Christopherus.

Band 11. Nachgelassene Werke. Berlin 1974.
Fragmente. Nachlese zum erzählerischen Werk:
Kleinere erzählerische Fragmente: Paralipomena. – Nachlese zur Autobiographie. – Nachlese zur Lyrik. – Nachlese zur theoretischen Prosa.

Anhang

Gerhart Hauptmann und Ida Orloff. Dokumentation einer dichterischen Leidenschaft: Gerhart Hauptmanns Tagebuch. G. H.'s Briefwechsel mit Ida Orloff. Berlin 1969.

Italienische Reise. Tagebuchaufzeichnungen. Berlin 1976.

Diarium 1917 bis 1933. Nachwort: Der Dichter der Weimarer Republik von Martin Machatzke. Berlin 1980.

Notiz-Kalender. 1889–1891. Berlin 1982.

1913 **Tagore, Rabindranath** (1861–1941) / Indien
„auf Grund der tiefen und hohen Beziehung sowie der Schönheit und Frische seiner Dichtungen, die auf eine glänzende Weise sein dichterisches Schaffen auch in dessem eigentümlichen englischen Gewand der schönen Literatur des Abendlandes einverleibt".

Rabindranath Tagore gilt als der eigentliche Schöpfer des modernen Bengali, das er durch sein Werk vom bloßen Kommunikationsmittel zu einer der reichsten Literatursprachen Indiens erhoben hat. Dieses Werk umfaßt zahlreiche Erzählungen, Romane, Dramen, Essays und zahllose Gedichte und Lieder. Eine repräsentative Auswahl ist in Deutschland als „Gesammelte Werke" in 8 Bänden erschienen. Ergänzt durch sieben im Anhang nachgewiesene Einzeltitel werden alle Titel der Gesammelten Werke bekanntgegeben. Für das allgemeine Tagore-Verständnis dürfte dies durchaus ausreichend sein. Die nach den von Tagore selbst veranstalteten englischen Ausgaben publizierte deutsche Auswahlausgabe und die Tatsache, daß Tagore einen Teil seiner Arbeiten selbst ins Englische übersetzt hat, läßt es als zweckmäßig erscheinen, den einzelnen Titeln der Gesammelten Werke außer dem Jahr der deutschen Erstausgabe auch das der bengalischen und englischen Erstausgabe beizugeben. (Abkürzungen: E = Englisch; B = Bengalisch.)

Werkverzeichnis

1921: Rabindranath Tagore. Gesammelte Werke. 8 Bände. München.

Band 1. Lyrik.
Der Gärtner. 1914. (E: The Gardener. 1913. Engl. Auswahl aus dem Bengalischen: Kshanika. 1900. – Kalpanā. 1900. – Sonār Tārī. 1895.)
Gītānjali. 1914. (E: Gitanjali. 1912. – B: Gītānjali. 1910.)

Band 2. Lyrik.
Fruchtlese. 1918. (E: Fruit-Gathering. 1916. Engl. Auswahl aus dem Bengalischen: Gītimālya. 1914. – Gītālī, 1914. – Balākā. 1916.)
Der zunehmende Mond. 1915. (E: The Crescent Moon. 1913. – B: Siśu. 1904.)
Die Gabe des Liebenden. 1920; und Zum andern Ufer. 1921. (E: Lover's Gift and Crossing. 1918. Engl. Auswahl aus dem Bengalischen: Balākā. 1916. – Kshanika. 1900. – Kheyā. 1906. u.a.)

Band 3. Dramen.
Sanyasi oder Der Asket. 1920. (E: Sanyasi or The Ascetic. 1917. B: Prakritir Pratisodh. 1885.)
Chitra. 1914. (E: Chitra. 1913. – B: Chitragadā. 1892.)
Der König der dunklen Kammer. 1919. (E: The King of the Dark Chamber. 1914. – B: Rājā. 1910.)
Das Postamt. 1918. (E: The Post Office. 1914. – B: Dākhar. 1912.)

Band 4. Erzählungen.
Die Nacht der Erfüllung. u.a.

Band 5. Roman.
Der Schiffbruch. 1921. (E: The Wreck. 1921. – B: Naukādubi. 1906.)

Band 6. Roman.
Das Heim und die Welt. 1920. (E: The Home and the World. 1919. – B: Ghare-Bāhire. 1918.)

Band 7. Essays.
Sādhanā. Der Weg zur Vollendung. 1921. (E: Sādhanā. The realisation of Life. 1913.)
Nationalismus. (E: Nationalism. 1917.)

Band 8. Essays.
Persönlichkeit. 1921. (E: Personality. 1917.)
Flüstern der Seele. Aphorismen. 1921. (E: Thought Relics. 1921.)
Verirrte Vögel. Aphorismen. 1921. (E: Stray Birds. 1916.)

Anhang

1920: Der Frühlingskreis. Drama in 4 Akten. München.
(E: The Cycle of Spring. 1917. – B: Phālguni. 1916.)

1920: Das Opfer und andere Dramen. München.
Das Opfer. (E: Sacrifice. 1917. – B: Visarjan. 1892.)
Sanyasi oder Der Asket. (E: Sanyasi or the Ascetic. 1917. – B: Prakritir Pratisodh. 1885.)
Malini. (E: Malini. 1917. – B: Mālinī. 1895.)
König und Königin. (E: The King and the queen. 1917. – B: Rājā o Rānī. 1899.)

1924: Gora. Roman in 2 Bänden. München.
(E: Gora. 1924. – B: Gora. 1909.)

1961: Schwingen des Todes. Späte Gedichte. Bern.
(E: Wings of Death. 1960.)
Grenzland. (B: Prāntik. 1938.)
Auf dem Krankenlager. (B: Rogasajyā. 1940.)
Genesung. (B: Arogya. 1941.)
Letzte Gedichte. (B: Sesh Lekhā. 1942.)

1961: Rabindranath Tagore. Eine Anthologie. Freiburg.
(E: A Tagore Reader. 1961.)

1961: Einheit der Menschheit. Essays. Freiburg.
(E: Towards Universal Man. 1961.)

1962: Die Religion des Menschen. Essays. Freiburg.
(E: The Religion of Man. 1956.)

1914 (nicht verliehen)

1915 (verliehen 1916)
Rolland, Romain (1866–1944) / Frankreich
„als eine Huldigung für den erhabenen Idealismus seiner Verfasserschaft sowie für das Mitgefühl und die Wahrheit, mit der er verschiedenste Menschentypen zeichnet".

Romain Rolland, den man im Hinblick auf den ersten Weltkrieg „Das Gewissen Europas" nannte, hat ein umfangreiches und vielseitiges Schriftwerk hinterlassen. Dieses Werk hat von seiner Gegenwartsbezogenheit u.a. auch deshalb nichts eingebüßt, weil man 1967/68 im Auftrag der Bayerischen Staatlichen Bibliotheken in Zusammenarbeit mit der Kulturabteilung der Französischen Botschaft eine Wanderausstellung durchführte, die den bezeichnenden Titel trug: „Romain Rolland – Weltbürger zwischen Frankreich und Deutschland".
Das bibliographische Quellen-Hauptwerk über R. R.'s gesamtes Schrifttum ist "A Critical Bibliography of the Published Writings of Romain Rolland" von W. Th. Starr (Evanston, Illinois 1950). Hier werden, den großen Umfang von R. R.'s Schrifttum bestätigend, 618 Titelnachweisungen verzeichnet. Das vorliegende Werkverzeichnis beschränkt sich darauf, die Werke nachzuweisen, zu denen deutsche Übersetzungen erschienen sind und ist gewiß, damit auch gleichzeitig eine optimale Auswahl getroffen zu haben. Der Nachweis erfolgt unter Benennung des Jahres der französischen und deutschen Erstausgabe. Um das vielseitige Schrifttum besser erkennen zu können, ist das Werkverzeichnis in Sachgebiete aufgeteilt. Innerhalb derselben wird chronologisch verfahren.

Werkverzeichnis

Theater

1898: Aert. (Aert. Drama in 3 Akten. Zürich 1926.)
1898: Les Loups. (Die Wölfe. Revolutionsdrama. München 1914.)
1899: Le triomphe de la raison.
(Der Triumpf der Vernunft. Drama. Zürich 1925.)
1900: Danton. (Danton. Revolutionsdrama. München 1919.)
1902: Le Quatorze Juillet.
(Der 14. Juli. Revolutionsdrama. München 1924.)
1903: Le Temps viendra. (Die Zeit wird kommen. Drama. Wien 1919.)
1919: Liluli. (Liluli. Dramatische Dichtung. Frankfurt 1924.)
1921: La Révolte des machines ou La pensée déchainée.
(Die Revolte der Maschinen oder Der entfesselte Gedanke. Filmmanuskript in Zusammenarbeit mit Frans Masereel. Zürich 1949.)
1925: Le Jeu de l'amour et de la mort.
(Ein Spiel von Liebe und Tod. Zürich 1925.)
1926: Pâques fleuries. (Palmsonntag. Drama. Frankfurt 1929.)
1928: Les Léonides. (Die Leoniden. Drama. Frankfurt 1929.)
1939: Robespierre. (Robespierre. Drama. Berlin 1950.)

Erzählende Prosa

1904–1912: Jean-Christophe. (Johann Christof. Entwicklungsroman.
1. Kinder und Jugendjahre. Frankfurt 1914.
2. Johann Christof in Paris. Frankfurt 1915.
3. Johann Christof am Ziel. Frankfurt 1917.)
1919: Colas Brougnon, bon homme vit encore.
(Meister Breugnon. Ein fröhliches Buch. Frankfurt o.J.)
1920: Clerambault. (Clerambault. Geschichte eines freien Gewissens im Kriege. Frankfurt 1922.)
1920: Pierre et Luce. (Peter und Lutz. Erzählung. Frankfurt 1921.)
1922–1933: L'Ame echantée.
(Verzauberte Seele. München-Zürich 1924–1936.
Roman-Zyklus: Annette und Sylvie. – Der Sommer. – Mutter und Sohn. – Die Verkünderin: 1. Der Tod einer Welt. 2. Die Geburt.)

Theoretische Prosa

1903: Le Théâtre du peuple. (Das Theater des Volkes. Zürich 1926.)
1914: Au-Dessus de la mêlée. (Über den Schlachten)
(in: Der freie Geist. Zürich 1946)

1919: Les Précurseurs. (Der Vortrupp)
(in: Der freie Geist. Zürich 1946)
1936: Compagnons de rote. Essais littéraires.
(Gefährten meines Weges. Literarische Essays. Zürich 1937.)
1946: Das Romain Rolland Buch. Der Mensch und Dichter in eigenen Worten. (Aphorismen, Maximen, Reflexionen) Zürich.

Biographien

1903: Beethoven. Vies des hommes illustres.
(Ludwig van Beethoven. Zürich 1918.)
1906: La Vie de Michel-Ange.
(Das Leben Michelangelos. Frankfurt 1919.)
1910: Haendel. (Das Leben G. F. Händels. Zürich 1922.)
1911: Tolstoi. (Das Leben Tolstois. Zürich 1922.)
1923: Mahatma Gandhi. (Mahatma Gandhi. Zürich 1923.)
1929: Essai sur la mystice et l'action de l'Inde vivante. – La Vie de Ramakrishna. – La Vie de Vivekananda et l'Evangile universel. (Untersuchung über Mystik und Tat des lebendigen Indiens. – Das Leben des Ramakrishna. – Das Leben des Vivekananda. Ramakrishnas und Vivekanandas universelles Evangelium. Zürich 1930.)
1930: Goethe et Beethoven. (Goethe und Beethoven. Zürich 1929.)
1945: Péguy. (Charles Péguy. Tübingen 1951.)

Musikgeschichtliches

1908: Musiciens d'aujourd'hui. (Musiker von heute. München 1925.)
1908: Musiciens d'autrefois. (Musiker von ehedem. München 1927.)
1919: Voyage musical aux pays du passé.
(Musikalische Reise ins Land der Vergangenheit. Frankfurt 1921.)
1928: Beethoven. Les Grandes époques créatrices.
(Beethovens Meisterjahre. Leipzig 1930.)

Autobiographisches

1942: Le Voyage intérieur. (Die Reise nach Innen. Bern 1949.)
1947: Souvenirs de jeunesse.
(Aus meinem Leben (1866–1900). Amsterdam 1949.)
1952: Journal des années de guerre.
(Zwischen den Völkern. Aufzeichnungen und Dokumente 1914–1919. 2 Bände. Stuttgart 1954.)

Romain Rolland hat einen umfangreichen Schriftwechsel mit berühmten Zeitgenossen wie z.B. mit R. Tagore, Mahatma Gandhi, Leo Tolstoi, Richard Strauß, Frans Masereel u.v.a. geführt. Es gibt davon leider nur zwei deutsche Publikationen.

Romain Rolland – Malwida von Meysenburg.
Aus dem französischen übersetzt. Stuttgart 1932.
Französisch: Choix de letters à Malvida de Meysenburg. Paris 1948.

Hermann Hesse – Romain Rolland (1915–1938). Zürich 1954.
(Hierbei sind R. R.'s Briefe nur französisch wiedergegeben.)

1916 **Heidenstam, Verner von** (1859–1940) / Schweden
„als eine Anerkennung seiner Bedeutung als Wortführer einer neuen Epoche in unserer schönen Literatur".

Werkverzeichnis
(Deutsche Übersetzungen in Klammern.)

1888: Från Col de Tenda till Blocksberg. Stockholm.
(Landschaften und Menschen. Reiseskizzen. Straßburg 1901.)
1888: Vallfart och vandringsår. Dikter. Stockholm.
(Wallfahrt und Wanderjahre. Gedichte.)
1889: Endymion. Roman. Stockholm.
(Endymion. Leipzig/Stuttgart 1891.)
1892: Hans Alienus. Roman. Stockholm.
(Hans Alienus. Zwei Bände. München 1904.)
1895: Dikter. Stockholm. (Gedichte. Auswahl. Berlin 1910.)
1897: Karolinerna. Berättelser. Stockholm.
(Carl der XII. und seine Krieger. Erzählung. München 1892.)
1899: Tankar och teckningar. Stockholm. (Gedanken und Ansichten.)
(Kleine Auswahl u.d.T.: Zwei Übersetzungen. Lund 1936.)
1900: Sankt Göran och draken. Berättelse. Stockholm.
(Sankt Georg und der Drachen. Erzählung. Leipzig 1902.)
1901: Heliga Birgittas pilgrimsfärd. Berättelse. Stockholm.
(Die Pilgerfahrt der heiligen Birgitta. Erzählung. Dresden 1903.)
1904: Skogen susar. Berättelser och sagar. Stockholm 1904.
(Der Wald rauscht. Erzählungen und Sagen. München 1913.)
1905–1907: Folkungaträdet. Berättelser: Folke Filbyter. – Bjälboarvet. Stockholm.
(Der Stamm der Folkunger. Folke Filbyter. – Die Erben von Bjälbo. München 1909–1910.)

1908–1910: Svenskarna och deres hövdingar. Berättelser för unga och gamla. 2 Bände. Stockholm.
(Die Schweden und ihre Häuptlinge. Erzählungen für jung und alt. München 1909–1911.)
1909: Dagar och händelser. Tal, inlägg och fantasier. Stockholm.
(Tage und Ereignisse. Ansprachen, Beiträge und Fabeleien.)
1911: Stridsskrifter. Stockholm. (Streitschriften.)
1915: Nya dikter. Stockholm. (Neue Gedichte.)
1914: När kastajerna blommade. Memoiren. Stockholm.
(Als die Kastanien blühten. Frauenfeld 1948.)
1942: Sista dikter. Stockholm. (Letzte Gedichte.)
1943–1945: Samlade verk. 23 Bände. Stockholm. (Ges. Werke.)

1917 **Gjellerup, Karl** (1857–1919) / Dänemark
„für seine vielseitige, reiche und von hohen Idealen getragene Dichtung".

Das vorliegende Werkverzeichnis stellt eine optimale Auswahl der Werke Karl Gjellerup's dar. Hiervon verdienen die Titel „Min Kjærlighedes Bog", 1889 (Das Buch meiner Liebe. Gedichte); „Minna", 1889 (Minna. Roman); „Møllen", 1896 (Die Hügelmühle. Roman); „Pilgrimen Kamanita", 1906 (Der Pilger Kamanita. Legendenroman) und die Tatsache, daß mehrere seiner Dramen aufgeführt worden sind, anerkennende Hervorhebung. Um das schriftstellerische Werk Gjellerup's überschaubarer zu machen, wurde die Bibliographie in Sachgebiete aufgeteilt und innerhalb derselben chronologisch verfahren.
(Die deutschen Übersetzungen sind jeweils in Klammern aufgeführt.)

Werkverzeichnis

Gedichte

1881: Rødtjørn. Sange og Fantasier. Kopenhagen.
(Rotdorn. Gedichte.)
1882: Aaner og Tider. Et Rekviem over Charles Darwin. Kopenhagen.
1889: Min Kjærligheds Bog. Kopenhagen. (Buch meiner Liebe.)
(Ausgewählte Gedichte. Dresden 1914.)
(Neunzehn Gedichte in: Karl Gjellerup, der Dichter und Denker. II. Leipzig 1922.)

Dramen

1884: Brynhild. En Tragedie. Kopenhagen.
1886: Saint-Just. Kopenhagen.
(Saint-Just. Drama in 5 Akten. Leipzig 1925.)

1887: Kampen med Muserne. Dramatisk Digt. Kopenhagen.
1887: Helikon. Kopenhagen. (Forts. von: Kampen med Muserne = Der Kampf mit den Musen.)
1888: Bryllupsgaven. Kopenhagen. (Hochzeitsgabe.)
1889: Hagbard og Signe. En erotisk Tragedie. Kopenhagen.
1891: Hermann Vandel. Sørgespil. Kopenhagen.
1893: Kong Hjarne Skjald. Tragedie. Kopenhagen. (König Hjarnes Dichter.)
1893: Wuthorn. Kopenhagen. (Wuthorn. Trauerspiel. Dresden 1894.)
1895: Hans Excellence. Kopenhagen.
1898: Gift of Modgift. Kopenhagen. (Gift und Gegengift. Komödie.)
1903: Offerildene. Et Legendestykke. Kopenhagen. (Die Opferfeuer. Leipzig 1903.)
1907: Den fuldendtes Hustra. Et Legendedrama. Kopenhagen. (Das Weib des Vollendeten. Frankfurt 1907.)

Erzählende Prosa

1878: En Idealist. Roman. Kopenhagen. (Unter dem Pseudonym ‚Epigonos'.)
1879: Det unge Danmark. Kopenhagen. (Forts. von En Idealist unter dem Pseudonym ‚Epigonos'.)
1880: Antigonos. Kopenhagen. (Antigonos. Erzählung aus dem 2. Jahrh. Leipzig 1921.)
1882: Germanernes Lærling. Kopenhagen. (Ein Jünger der Germanen. Roman. Leipzig 1923.)
1883: Romulus. Kopenhagen. (Der schwarze Romulus. Erzählung. Dresden 1888.)
1883: G-Dur. Kopenhagen. (G-Dur. Eine Kammermusik-Novelle. Dresden 1890.)
1887: En arkadisk Legende. Kopenhagen. (Die Hirtin und der Hinkende. Jena 1911.)
1889: Minna. Roman. Kopenhagen. (Minna. Berlin 1897.) (Später u.d.T.: Seit ich zuerst sie sah.)
1894: Pastor Mors. En underlig Historie. Kopenhagen. (Pastor Mors. Dresden 1894.)
1896: Møllen. Roman. Kopenhagen. (Die Hügelmühle. Dresden 1909.)
1897: Ved Græensen. Roman. Kopenhagen. (An der Grenze. Leipzig 1919.)
1898: Fabler. Kopenhagen. (Das heiligste Tier. Ein elysisches Fabelbuch. Leipzig 1919.)

1906: Pilgrim Kamanita. Legendenroman. Kopenhagen.
(Der Pilger Kamanita. Frankfurt 1907.)
1910: Verdensvandrerne. Kopenhagen.
(Die Weltwanderer. Romandichtung. Jena 1910.)
1913: Rudolph Stens Landpraksis. Roman. Kopenhagen.
(Reif für das Leben. Jena 1916.)
1916: Guds Venner. Roman. Kopenhagen.
(Die Gottesfreundin. Leipzig 1918.)
1917: Den gyldne Gren. Kopenhagen.
(Der goldene Zweig. Erzählungen aus der Zeit des Kaisers Tiberius. Leipzig 1917.)

Theoretische Prosa

1881: Arvelighed og Moral. Kopenhagen. (Erblichkeit und Moral. Eine Preisaufgabe, für die K. G. die Goldmedaille der Universität Kopenhagen erhielt.)
1890: Richard Wagner i hans Hovedværk ‚Nibelungens Ring'. Kopenhagen.
(Richard Wagner in seinem Hauptwerk ‚Der Ring des Nibelungen'. Leipzig 1891.)

Autobiographisches

1885: Vandreaaret. Skildringer og Betragtniger. Kopenhagen.
(Ein klassischer Monat. Ein Auswahl-Titel. Bericht von einer Griechenland-Reise, veröffentlicht in ‚Karl Gjellerup, der Dichter und Denker'. Leipzig 1922.)
1922: Karl Gjellerup der Dichter und Denker.
Sein Leben in Selbstzeugnissen und Briefen. Leipzig.
Band 1. Der Mann und sein Werk. – Selbsterinnerungen. – Ein klassischer Monat.
Band 2. Einleitung. – Briefe. – Gedichte.

1917 **Pontoppidan, Henrik** (1857–1943) / Dänemark
„für seine gehaltvolle Darstellung des heutigen dänischen Lebens".

Das vorliegende Werkverzeichnis berücksichtigt in Anlehnung an die „Geschichte der Dänischen Literatur von H. M. und W. Svendsen (Neumünster 1964) Pontoppidans Hauptwerke unter Einschluß kleinerer Arbeiten, wenn deutsche Übersetzungen vorliegen.

Werkverzeichnis

1881: Stækkede Vinger. Erzählungen. Kopenhagen.
(Auszug: Ein Kirchenraub (Kirkeskuden), zus. mit Junge Liebe (Ung Elskov). Stuttgart 1890.)
1883: Sandinge Menighed. Kopenhagen.
(Die Sandinger Gemeinde. Erzählung. Berlin 1905.)
1883: Landsbybilleder. Dorfbilder. Kopenhagen.
(Auszug: Eine Liebesgeschichte (En Kjærlighedshistorie) zus. mit Beiträgen von Barrera, Austey und Ivo. Stuttgart 1893.
1885: Ung Elskov. Erzählung. Kopenhagen.
(Junge Liebe. zus. mit Ein Kirchenraub. Stuttgart 1890.)
1887: Fra Hytterne. Dorfbilder. Kopenhagen.
(Aus ländlichen Hütten. Berlin 1896.)
1887: Isbjørnen. Kopenhagen.
(Der Eisbär. Eine Liebesgeschichte. Berlin 1903.)
1888: Spøgelser. (Gespenster) Kopenhagen.
(Spuk. Roman. Berlin 1918.)
1890: Skyer. (Wolken) Sieben Erzählungen. Kopenhagen.
1891: Det forjættede Land. Kopenhagen.
(Das gelobte Land. Roman. Jena 1908.)
1894: Nattevagt. Kopenhagen.
(Nachtwache. Erzählung. Dresden 1896.)
1894: Den gamle Adam. Kopenhagen.
(Der alte Adam, zus. mit Das ideale Heim (Det ideale Hjem). Zwei Romane. München 1912.)
1896: Højsang. Kopenhagen.
(in: Der Teufel am Herd. 5 Erzählungen. Jena 1910.)
1898/1904: Lykke-Per. Kopenhagen.
(Hans im Glück. Roman. 2 Bände. Leipzig 1906.)
1900: Det ideale Hjem. Kopenhagen.
(Das ideale Heim, mit Der alte Adam (Den gamle Adam). Zwei Romane. München 1912.)
1900: Lille Rodhætte. Kopenhagen.
(in: Der Teufel am Herd. 5 Erzählungen. Jena 1910.)
1905: Borgmester Hoeck og hans hustra. Kopenhagen.
(in: Der Teufel am Herd. 5 Erzählungen. Jena 1910.)
1907: Det store Spøgelse. Kopenhagen.
(in: Der Teufel am Herd. 5 Erzählungen. Jena 1910.)
1907: Hans Kvast og Melusine. Kopenhagen.
(Hans Quast. Roman. Tübingen 1929.)

1908: Den kongelige Gæst. Kopenhagen.
(in: Der Teufel am Herd. 5 Erzählungen. Jena 1910.)
1912/1916: De døde Rige. Kopenhagen.
(Totenreich. Roman. 2 Bände. Leipzig 1920.)
1927: Mands himmerig. (Des Menschen Himmelreich.) Roman. Kopenhagen.
1930: Samlede Vaerker. I–IX. Kopenhagen.
1943: Undervejs til mig selv. Kopenhagen.
Verkürzte Gesamtausgabe der Erinnerungsbücher.
Drengeaar. 1933. – Hamskifte. 1936. – Arv og gæld. 1938. – Famijeliv. 1940.
1962: Erindringer. (Erinnerungen.) Kopenhagen.

1918 (nicht verliehen)

1919 (verliehen 1920)
Spitteler, Carl (1845–1924) / Schweiz
„im besonderen Hinblick auf sein mächtiges Epos ‚Olympischer Frühling'."

Anläßlich des 100. Geburtstages Carl Spitteler's wurde im Auftrag der Schweizerischen Eidgenossenschaft dessen „Gesammelte Werke" 1945–1948 im Artemis-Verlag, Zürich, publiziert. Diese Centenarausgabe wurde mit Unterstützung des Schweizerischen Nationalfonds zur Förderung der wissenschaftlichen Forschungen herausgegeben. In Würdigung dieser Ausgabe wird auf die chronologisch ausführliche Nachweisung der zahlreichen Einzeltitel verzichtet und statt dessen der Inhalt ihrer 9 Bände wiedergegeben und bei den Inhaltstiteln das Jahr ihrer Erstausgabe vermerkt, ausgenommen bei Sammeltiteln. Den 9 Textbänden, 1945–1949 erschienen, folgten 1958 zwei Geleit- bzw. Kommentarbände.

Werkverzeichnis

1945–1958: Carl Spitteler. Gesammelte Werke. Zehn Bände. Zürich.

1. Prometheus und Epimetheus. Prosa-Dichtung. 1881.
   Prometheus der Dulder. Vers-Dichtung. 1924.
2. Olympischer Frühling. Vers-Dichtung. 1901–1905.
3. Extramundana. Dichtung. 1883.
   Schmetterlinge. Gedichte. 1889.
   Literarischer Gleichnisse. Gedichte. 1892.
   Balladen. 1896.
   Glockenlieder. 1906.

4. Gerold und Hansli, die Mädchenfeinde. Eine Kindergeschichte. 1907.
   Conrad, der Leutnant. Erzählung. 1898.
   Imago. Roman. 1906.
5. Friedel, der Kolderi. Erzählungen. 1891.
   Gustav. Ein Idyll. Erzählung. 1892.
   Das Kässtechen. Erzählung. In GW 1945.
   Hund und Katze. Ein Märchen. In GW 1945.
   Mariquita. Erzählung. In GW 1945.
   Ei Ole. Erzählung. In GW 1945.
   Das Bombardement von Abo. Erzählung. In GW 1945.
   Feodor Karlowitsch. Erzählung. In GW 1945.
   Der Neffe des Herrn Bezenval. Roman. In GW 1945.
6. Autobiographische Schriften.
7. Ästhetische Schriften.
8. Land und Volk. Aufsätze.
9. Aus der Werkstatt. Aufsätze.
10. Geleitband I zum 1.–3. Textband.
    Geleitband II zum 4.–9. Textband.

Sekundärliteratur:

Stauffacher, Werner: Carl Spitteler. Standard-Biographie. 944 S. Zürich 1973.

1920 **Hamsun, Knut** (1859–1952) / Norwegen
„für sein monumentales Werk ‚Segen der Erde'."

Das dichterische Werk Knut Hamsun's, nahezu vollständig ins Deutsche übersetzt, liegt in einer repräsentativen Ausgabe als „Gesammelte Werke" in 17 Bänden vor. Von dieser Ausgabe werden die einzelnen Inhaltstitel mit dem Jahr ihrer deutschen und norwegischen Erstausgabe nachgewiesen. Hierdurch werden die bibliographisch ausführlichen Nachweisungen zahlloser Einzeltitel nicht unbedingt notwendig und wird die Übersicht über das Gesamtwerk K. H.'s erleichtert. Die außerhalb der Gesammelten Werke erschienenen sechs Titel aus der Feder K. H.'s werden zusammen mit sechs wichtigen Titeln zur Sekundärliteratur im Anhang nachgewiesen. Letztere eröffnen ausreichend ein allgemeines Hamsun-Verständnis ohne Anspruch auf eine spezielle literaturwissenschaftliche Vollständigkeit zu erheben.

Werkverzeichnis

1921–1936: Knut Hamsun. Gesammelte Werke. Siebzehn Bände. München.

Band 1.
1891: Hunger. Roman. Berlin. (Sult. Kopenhagen 1890.)
1894: Mysterien. Roman. München. (Mysterier. Kopenhagen 1892.)

Band 2.
1898: Redakteur Lynge. Roman. München. (Redaktör Lynge. Kopenhagen 1893.)
1894: Neue Erde. Roman. München. (Ny Jord. Kopenhagen 1893.)

Band 3.
1895: Pan. Roman. München. (Pan. Kopenhagen 1895.)
1899: Victoria. Roman. München. (Victoria. Kristiania 1898.)
1905: Schwärmer. Roman. München. (Svaermere. Kopenhagen 1904.)

Band 4.
1909: Benoni. Roman. München. (Benoni. Kristiania 1908.)
1909: Rosa. Roman. München. (Rosa. Kristiania 1908.)

Band 5.
1908: Unter Herbststernen. Roman. München. (Under Höststjaernen. Kristiania 1906.)
1910: Gedämpftes Saitenspiel. Roman. München. (En Vandrer spiller paa Sordin. Kristiania 1909.)
1914: Die letzte Freude. Roman. München. (Den sidste Gläde. Kristiania 1912.)

Band 6.
1904: Im Märchenland. Reisebilder. München. (I Aeventyrland. Kopenhagen 1903.)
1906: Unter dem Halbmond. Reisebilder. München. (Under Halvmaanen. Kopenhagen 1906.)
1914: Kinder ihrer Zeit. Roman. München. (Börn av Tiden. Kristiania 1913.)

Band 7.
1916: Die Stadt Segelfoß. Roman. München. (Segelfoss By. Kristiania 1915.)

Band 8.
1918: Segen der Erde. Roman. München. (Markens Gröde. Kristiania 1917.)

Band 9.
1921: Die Weiber am Brunnen. Roman. München. (Konerne ved Vandposten. Kristiania 1920.)

Band 10.
1899: Siesta. Novellen u.d.T. Die Königin von Saba u.a. Novellen. München. (Siesta. Kopenhagen 1897.)
1901: Gestrüpp. Novellen u.d.T. Die Stimme des Lebens u.a. Novellen. München.
1902: u.d.T. Sklaven der Liebe u.a. Novellen. München. (Kratskog. Kopenhagen 1903.)
1905: Kämpfende Kräfte. Novellen. München. (Stridende Liv. Kristiania 1905.)

Band 11.
1895: An des Reiches Pforten. Drama. München. (Ved Rigets Port. Kopenhagen 1895.)
1910: Spiel des Lebens. Drama. München. (Livets Spil. Kopenhagen 1896.)
1904: Abendröte. Drama. München. (Adtenröde. Kristiania 1898.)
1911: Vom Teufel geholt. München. (Livet i Vold. Kristiania 1910.)

Band 12.
1905: Munken Vendt. Drama. München. (Munken Vendt. Kopenhagen 1902.)
1903: Königin Tamara. Drama. München. (Droning Tamara. Kopenhagen 1903.)
1926: Das ewige Brausen. Ausgewählte Gedichte u.d.T. Der wilde Chor. Berlin. (Det vilde Kor. Kopenhagen 1904.)
1909: und u.d.T. Das Sausen des Waldes. Leipzig.

Band 13.
1924: Das letzte Kapitel. Roman. Leipzig. (Sidste Kapitel. Kristiania 1923.)

Band 14.
1928: Landstreicher. Roman. München. (Landstrykere. Oslo 1927.)

Band 15.
1930: August Weltumsegler. Roman. München. (August. Oslo 1930.)

Band 16.
1933: Nach Jahr und Tag. Roman. München. (Men livet Lever. Oslo 1933.)

Band 17.
1936: Der Ring schließt sich. Roman. München. (Ringen slutet. Oslo 1936.)

Anhang

1889: Fra det moderne Amerikas Aandsliv. Essays. Kopenhagen. (Auswahl u.d.T. Drei Amerikaner. München 1959.)
1939: Artikler. Oslo. (Auswahl u.d.T. Nachbarstadt. München 1957; und Etwas über Strindberg. München 1958.)
1949: Pa giengrodde Stier. Tagebuch. Oslo. (Auf überwachsenen Pfaden. München 1950.)
1956: Knut Hamsun som han var. Et udvalg av hans brev ved Tore Hamsun. Oslo. (Knut Hamsun. Briefe. München 1957.)
1960: Paa Turne. Essays. Oslo. (Auswahl u.d.T. Psychologie und Dichtung. Stuttgart 1964.)
1969: Brev til Marie. Oslo. (Briefe an Marie. München 1970.)

Sekundär-Literatur

Berendsohn, Walter A.: Knut Hamsun. Das unbändige Ich und die Gemeinschaft. München 1929.
Hamsun, Tore: Knut Hamsun – mein Vater. München 1953.
Hamsun, Marie: Der Regenbogen. Ein Leben mit Knut Hamsun. (Regnbuen) München 1954.
Hamsun, Marianne: Hamsun. Bildbiographie. München 1959.
Hamsun, Marie: Die letzten Jahre mit K. Hamsun. München 1961.
Sten Sparre Nilson: Knut Hamsun und die Politik. Villingen 1964.

1921 **France, Anatole** (1844–1924) / Frankreich

„als eine Anerkennung seiner glänzenden schriftstellerischen Tätigkeit, geprägt von edler Stilkunst, weitherziger Humanität, von Anmut und französischem Gemüt".

Anatole France ‚Gesammelte Schriften' sind 1919–1926 im Musarion-Verlag München erschienen. Um die bibliographische Nachweisung der vielen Einzeltitel einzusparen (ausgenommen die im Anhang angeführten), wird in der Reihenfolge der Gesammelten Schriften mit dem Werk des Dichters optimal bekannt gemacht und bei den einzelnen Titeln das Jahr der deutschen und französischen Erstausgabe vermerkt.

Werkverzeichnis

1919–1926: Anatole France. Gesammelte Schriften. München. (Romane: 15 Bände. Novellen: 8 Bände)

1. Thais. München 1909. (Thais. Paris 1891.)
2. Die Bratküche zur Königin Pedauque. München 1907. (La Rotisserie de la reine Pédauque. Paris 1893.)

3. Die rote Lilie. München 1899. (Le Lys rouge. Paris 1894.)
4. Die Ulme am Wall. München 1920. (L'orme du Mail. Paris 1897.)
5. Die Probierpuppe. München 1920.
(Le Mannequin d'osier. Paris 1897.)
6. Der Amethystring. München 1920.
(L'Anneau d'Amthyste. Paris 1899.)
7. Professor Bergeret in Paris. München 1921.
(Monsieur Bergeret a Paris. Paris 1901.)
8. Komödiantengeschichte. München 1904.
(Histoire comique. Paris 1903.)
9. Auf dem weißen Felsen. München 1910.
(Sur la pierre blanche. Paris 1905.)
10. Die Insel der Pinguine. München 1909.
(L'Ile des Pingoúins. Paris 1908.)
11. Die Götter dürsten. München 1912.
(Les Dieux ont soif. Paris 1912.)
12. Der Aufruhr der Engel. München 1917. (Les Anges. Paris 1913.)
13. Peter Nozière. München 1923. (Pierre Nozière. Paris 1899.)
14. Die Sehnsucht des Johann Servien. München 1923.
(Les Désires de Jean Servien. Paris 1882.)
15. Die Schuld des Professor Bonnard. Erstausgabe u.d.T. Sylvester Bonnard und seine Verbrechen. Stuttgart 1885.
(Le crime de Sylvestre Bonnard. Paris 1881.)

Novellen

1. Jocaste. München 1924.
2. Der dürre Kater. München 1912.
(Jocaste et Le Chat maigres. Paris 1879.)
2. Clio. Historische Miniaturen. München 1912. (Clio. Paris 1900.)
3. Balthasar und andere Novellen. Erstausgabe u.d.T. Das rote Ei und anderes; und: Bienchen. München 1900.
(Balthasar. Paris 1889.)
4. Die Perlmutterdose und andere Novellen. München 1920.
(L'étuit de Nacre. Paris 1892.)
5. Der Brunnen von Santa Clara und andere Novellen. München 1920.
(Le Puits de Sainte-Claire. Paris 1895.)
6. Blaubarts sieben Frauen und andere wunderbare Geschichten. Berlin 1910. (Les sept Femmes de la Barbe bleue et autres contes merveilleux. Paris 1909.)
7. Die Erzählungen des Jacques Tournebroche. Berlin 1910.
(Les contes de J. Tournebroche. Paris 1908.)

8. Crainquebille und andere nützliche Erzählungen. Erstausgabe u.d.T. Der fliegende Händler und andere nützliche Erzählungen. München 1921. (Crainquebille, Putois, Piquet et plusiers autres récits profitables. Paris 1904.)

(9.) Nützliche und erbauliche Meinungen des Herrn Abbé Jérôme Coignard. München 1912.
(Les Opinions de Monsieur Jérôme Coignard. Paris 1893.)

Anhang

1896: Sammelband der Gedichte u.d.T. Les Poèmes dorées. Paris 1873. – Idylles et Legendes. Paris 1876. Les Noces Corinthiennes. Paris 1876.

1908: Vie de Jeanne Arc. Paris.
(Das Leben der heiligen Johanna. Berlin 1926.)

1912: La Comédie de celui qui épousa une femme muette. Komödie. Abbeville. (Der Mann, der eine Stumme freite. Dresden 1922.)

1918: Le Petit Pierre. Jugenderinnerungen. Paris.
(Der kleine Peter. München 1921.)

1922: La vie en fleur. Jugenderinnerungen. Paris.
(Die Blütezeit des Lebens. München 1923.)

1925–1937: Œuvres complètes. 26 Bände. Paris.

Sekundär-Literatur

Brandes, Georg: „Anatole France" in der Nachdruck-Ausgabe von Komödiantengeschichte. S. I–LXXVI. Leipzig 1917.

Paul Valéry. Rede bei der Aufnahme in die Académie am 23. Juni 1927. (Würdigung des verstorbenen Académie-Mitgliedes A. France, ohne dessen Namen zu nennen.) Leipzig 1928.

1922 **Benavente, Jacinto** (1866–1954) / Spanien
„für die glückliche Weise, in der er die ehrenvollen Traditionen des spanischen Dramas weitergeführt hat“.

Das schriftstellerische Werk Jacinto Benavente's ist repräsentativ in „Obras completas“ (Madrid 1945–1958) publiziert. Diese einzige vollständige Gesamtausgabe enthält in 11 Bänden, auf über 12 000 Seiten, neben Gedichten, Erzählungen, Essays und Übersetzungen, als absoluten Schwerpunkt seines Schaffens, 158 Dramen. Sie umschließen mehr als 50 Jahre spanischen Lebens und bilden ein moralisches und gesellschaftliches Dokument bester Qualität. Aus diesem umfangreichen Werk sind nur wenige Dramen ins Deutsche übersetzt. Die Ausstrahlung in den deutschen Sprachraum ist daher nicht allzugroß gewesen. Dessen ungeachtet gilt das Werk J. B.'s als ein wesentlicher spanischer Beitrag zur Weltliteratur.

Das vorliegende Werkverzeichnis weist die wenigen deutschen Übersetzungen und außerdem die in „Kindlers Literatur-Lexikon“ (dtv-Ausgabe München, Okt. 1974) und in K. Pörtl's Dissertation „Die Satire im Theater Benaventes“ (München 1966) besprochenen Werke nach und glaubt, damit eine vertretbare Auswahl der hauptsächlichen Werke gegeben zu haben. Den einzelnen Titeln ist das Jahr der spanischen und, gegebenenfalls, der deutschen Erstveröffentlichung beigegeben.

Werkverzeichnis

1945–1958: Jacinto Benavente. Obras completas. Madrid.

1896: Gente conocida. (Bekannte Leute. Szenen modernen Lebens in vier Akten.)
1897: El marido de la Téllez. (Der Ehemann der Téllez. Komödienskizze in einem Akt.)
1897: La farándula. (Die Komödiantentruppe. Komödie in 2 Akten.)
1898: La Comida de las fieras. (Der Fraß der wilden Tiere. Komödie in drei Akten und einem Bild.)
1900: La gata de angora. (Die Angorakatze. Komödie in vier Akten.)
1901: Lo cursi. (Das Spießbürgerliche. Komödie in drei Akten.)
1901: Sin querer. (Ungewollt und ohne Liebe. Komödie in einem Akt.) (Ungewollt und ohne Liebe. In dem zweisprachigen Sammelband ‚Kleine Ursachen‘. Ebenhausen 1961.)
1901: La gobernadora. (Die Frau des Gouverneurs. Komödie in drei Akten.)
1902: Amor de amar. (Die Liebe lieben. Komödie in zwei Akten.)

1903: La noche del sábado. (Die Nacht des Samstags. Bühnenroman in fünf Bildern.)

1903: No fumadores. (Nichtraucher. Anekdotische Szene in 1 Akt.) (Nichtraucher. In dem zweisprachigen Sammelband ‚Kleine Ursachen'. Ebenhausen 1961.)

1905: Los malhechores del bien. (Die böswilligen Wohltäter. Komödie in zwei Akten.)

1907: Los intereses creados. (Der tugendhafte Glücksritter. Komödie in zwei Akten.) (Der tugendhafte Glücksritter. Zusammen mit ‚Die frohe Stadt des Leichtsinns' und ‚Das letzte Menuett" in einem Sammelband. München 1919.)

1908: Senora ama. (Die Frau des Hauses. Komödie in drei Akten.)

1908: De pequenas causas. (Kleine Ursachen. Komödienskizze in einem Akt.) (Kleine Ursachen. In dem zweisprachigen Sammelband ‚Kleine Ursachen. Ebenhausen 1961.)

1908: La fuerza bruta. (Die brutale Gewalt. Komödie in einem Akt.) (Liebe bewährt sich im Unglück. Ein Spiel von Großmut und Treue. Luzern 1948.)

1909: El último minué. (Das letzte Menuett. Komödienskizze in einem Akt.) (Das letzte Menuett. Zusammen mit ‚Der tugendhafte Glücksritter' und ‚Die frohe Stadt des Leichtsinns' in einem Sammelband. München 1919.)

1916: La ciudad alegro y confiada. (Die frohe Stadt des Leichtsinns. Komödie in drei Akten und einem Prolog.) (Die frohe Stadt des Leichtsinns. Zusammen mit ‚Der tugendhafte Glücksritter' und ‚Das letzte Menuett' in einem Sammelband. München 1919.)

1928: Pepa Doncel. (Pepa Doncel. Komödie in drei Akten.)

1923 **Yeats, William Butler** (1865–1939) / Irland

„für seine ständig beseelte Dichtung, die in der strengsten künstlerischen Form dem Geiste eines Volkes Ausdruck verleiht."

Der Luchterhand-Verlag in Neuwied hat 1971–1975 die erste große deutsche Auswahlausgabe von Yeats Werken in 6 Bänden publiziert. Über diese Ausgabe sagt der Klappentext u.a.: „Yeats im deutschen Sprachgebiet, dieses bisher kurze und traurige Kapitel abzuschließen, um endlich den Neuansatz zu schaffen für die längst fällige Rezeption, ist das Ziel dieser Edition." Das vorliegende Werkverzeichnis verzichtet deshalb auf die Nachweisung der vor dieser Auswahl-Ausgabe liegenden, für das Yeats-Verständnis völlig unzureichenden zwei Publikationen und gibt das vollständige Inhaltsverzeichnis der 6 Bände (1900 Seiten) bekannt. Den einzelnen englischen Titeln wurde das Jahr ihrer Erstveröffentlichung bzw. Buch-Erstausgabe beigegeben.

Werkverzeichnis

1971–1973: William Butler Yeats. Werke I–VI. Neuwied.

Band I. Ausgewählte Gedichte. (Die Inhaltstitel sind Sammeltitel.)
Aus: Kreuzwege. (Grossways. 1889.) – Die Rose. (The Rose. 1893.) – Der Wind im Ried. (The Wind among the Reeds. 1899.) – In den sieben Wäldern. (In the Seven Woods. 1904.) – Der grüne Helm. (The green Helmet. 1910.) – Verantwortungen. (Responsibilities. 1914.) – Die wilden Schwäne von Coole. (The Wild Swans at Coole. 1919.) – Michael Robartes und der Tänzer. (Michael Robartes and the Dancer. 1921.) – Der Turm. (The Tower. 1928.) – Die Wendeltreppe. (The Winding Stair. 1933.) – Ein voller Mond im März. (A full Moon in March. 1935.) – Letzte Gedichte. (Last Poems. 1936–1939.)

Band II. Erzählungen.
Die geheime Rose - Geschichten von Rot-Hanrahan - Rosa Alchemica. (The secret Rose. 1897.) – Per amica silentia lunae. (Per amica silentia lunae. 1917.)

Band III. Dramen I.
Gräfin Cathleen. (The Countess Cathleen. 1892.) – Das bessere Land. (The Land of Heart's Desire. 1894.) – Cathleen in Houlihan. (Cathleen in Houlihan. 1902.) – Die schattigen Wasser. (The Shadowy Waters. 1900.) – Deirdre. (Deirdre. 1907.) – An der Falkenquelle. (At the Hawk's Well. 1916.) – Der Strand von Baile. (On Baile's Strand. 1903.) – Die einzige Eifersucht von Emer. (The Only Jealousy of Emer. 1919.) – Die Sanduhr. (The Hour-Glas. 1903.)

Band IV. Dramen II.
Das Einhorn von den Sternen. (The Unicorn from the Stars. 1908.) – Die Komödiantenkönigin. (The Player Queen. 1922.) – Das träumende Gebein. (The Dreaming of the Bones. 1919.) – Der Kater und der Mond. (The Cat and the Moon. 1924.) –

Verse auf der Fensterscheibe. (The Words upon the Window-Pane. 1934.) – Ein voller Mond im März. (A Full Moon in March. 1934.) – Der König vom Großen Glockenturm. (The King of the Great Clock Tower. 1935.) – Fegefeuer. (Purgatory. 1939.) – Cuchulains Tod. (The Death of Cuchulain. 1939.)

Band V. Essays.
Gedanken über Gut und Böse. (Ideas of Good and Evil. 1903.) – Das Schneiden eines Achats. (The Cutting of an Agate. 1912.) – Spätere Essays und Einführungen. (Later Essays and Introduction.)

Band VI. Autobiographie.
Betrachtungen über Kindheit und Jugend. – Das Beben des Vorhangs: 1. Vier Jahre 1887–1891. 2. Irland nach Parnell. 3. Hodos Chameliontos. 4. Die tragische Generation. 5. Das Erwachen der Gebeine. – Dramatis Personae 1896–1902. – Entfremdung: Auszüge aus einem Tagebuch von 1909. – Synges Tod: Auszüge aus einem Tagebuch von 1909.

Sekundär-Literatur

Johannes Kleinstück: W. B. Yeats oder Der Dichter in der modernen Welt. Hamburg 1963.

Klaus Peter Jochum: Die dramatische Struktur der Spiele von W. B. Yeats. Diss. Frankfurt 1971.

1924 **Reymont, Wladislaw Stanislaw** (1868–1925) / Polen
„für sein großes Nationalepos ‚Die Bauern'."

Werkverzeichnis

1894: Tomek Baran. Erzählung. (Tomek Baran, in Polnische Bauernnovellen. München 1919.)

1895: Pielgrzymka to Jasnej Góry. Warschau. (Pilgerreise nach Jasnej Góry. Bericht über eine Wallfahrt nach Tschenstochau.)

1896: Komediantka. Roman. Warschau.
(Die Komödiantin. Berlin 1963.)

1897: Fermenty (Gärungen). Roman. Warschau.
(Die Herrin. Forts. von Komödiantin. Berlin 1969.)

1897: Spotkanie. Warschau. (Begegnung. Sammelband der bisher in Zeitungen bzw. Zeitschriften erschienenen Erzählungen.)

1899: Sprawiedliwie. Erzählung. Warschau. (Die Gerechtigkeit, in Polnische Bauernnovellen. München 1919.)
1899: Lodz. Roman. Warschau. (Lotz. Das gelobte Land. München 1916.)
1900: W jesienna noc. Erzählung. Warschau. (In der Herbstnacht,, in Polnische Bauernnovellen. München 1919.)
1904–1909: Chlopi. Roman in vier Teilen: Jesién – Zima – Wiosna – Lato. Warschau.
(Übersetzt in nahezu alle hauptsächlichen Weltsprachen.)
(Die Bauern. Herbst – Winter – Frühling – Sommer. Jena 1912.)
1908: Burza. Erzählung. Warschau. (Der Schneesturm, in Polnische Bauernnovellen. München 1919.)
1910: Z ziemi Chelmskiej. Reisebericht. Warschau. (Im Chelmer Land. Berlin 1918.)
1911: Wampir. Roman. Warschau. (Der Vampir. München 1916.)

Rok 1794. (Das Jahr 1794) Roman-Trilogie.
1913: 1. Band. Ostatni Sejm Rzeczypospolite. Warschau. (Der letzte polnische Reichstag. München 1917.)
1916: 2. Band. Nil desperandum. Warschau. (Nicht verzweifeln. Breslau 1936.)
1918: 3. Band. Insurekcja (Aufstand). Warschau. (Keine deutsche Übersetzung.)

1924: Bunt. Warschau. (Die Empörung. Eine Tiergeschichte vom Aufstand der Tiere. Basel 1927.)

1920–1923: Pisma. Gesammelte Werke in 12 Bänden. Warschau.
1930–1932: Pisma. Gesammelte Werke in 36 Bänden. Warschau.
1949– ....: Pisma. Gesammelte Werke in 19 Bänden. Warschau.
1957: Dziela wybrane. Ausgewählte Werke in 12 Bänden. Krakau.

1925 (verliehen 1926)
Shaw, George Bernard (1856–1950) / Großbritannien
„für seine sowohl von Idealismus als auch von Humanität getragene Verfasserschaft, deren frische Satire sich oft mit einer eigenartigen poetischen Schönheit vereint“.

In E. Mertner's ‚Englische Literatur von der Renaissance bis zur Gegenwart‘ (Heidelberg 1967) findet sich der einleitende Satz: „Er wird mit Hilfe seiner Dramen zu einer geistigen Macht und zu dem einflußreichsten Schriftsteller seiner Zeit.“ Schwerpunkt dieses Werkverzeichnisses ist deshalb die Nachweisung seiner Dramen durch die vollständige Inhaltsangabe der repräsentativen Ausgabe ‚Gesammelte dramatische Werke' in 12 Bänden. Bei den Titeln der einzelnen Dramen wird das Jahr der deutschen und englischen Erstausgabe vermerkt. Unverzichtbar erschien, in einem Anhang die Romane und eine Auswahl der zahlreichen kritischen Schriften nachzuweisen. Bei letzteren werden Shaw's berühmte Vorreden bzw. essayistische Anmerkungen zu den Dramen nicht wiederholt, da sie zum Inhalt der Gesammelten Werke gehören.

Werkverzeichnis

1946–1948: Bernard Shaw. Gesammelte dramatische Werke. 12 Bände. Zürich.

Band 1. Unerquickliche Stücke.
Einleitung: Was ich der deutschen Kultur verdanke. – Vorrede: Hauptsächlich über mich selbst. – Die Häuser des Herrn Sartorius, auch: Heuchler. 1907. (Widowers houses. Komödie. 1893.) Der Liebhaber. 1908. (The philanderer. Komödie. 1898.) – Frau Warrens Gewerbe. 1906. (Mrs. Warrens profession. Drama. 1898.)

Band 2. Erquickliche Stücke.
Vorrede zum zweiten Band. – Helden. 1903. (Arms and the man. Komödie. 1898.) – Candida. 1903. (Candida. Mysterium. 1898.) – Der Mann des Schicksals, auch: Der Schlachtenlenker. 1904. (The man of destiny. Komödie. 1898.) – Man kann nie wissen, auch: Der verlorene Vater. 1906. (You never can tell. Komödie. 1898.)

Band 3. Stücke für Puritaner.
Vorrede: Warum für Puritaner? – Über die Ethik des Teufels. – Besser als Shakespeare? – Der Teufelsschüler, auch: Ein Teufelskerl. 1903. (The devil's disciple. Melodrama. 1901.) – Anmerkungen zum Teufelsschüler. – Cäsar und Cleopatra. 1904. (Caesar and Cleopatra. Historie. 1901.) – Anmerkungen zu Cäsar u. Cleopatra. – Kapitän Brassbounds Bekehrung. 1908. (Captain Brassbound's conversion. Komödie. 1901.) – Anmerkungen zu Kapitän Brassbounds Bekehrung.

Band 4. Mensch und Übermensch.
Eine Komödie und eine Philosophie. – An A. Walkley. – Mensch und Übermensch. 1907. (Man and superman. Komödie. 1903.) – Der Katechismus des Umstürzlers. – Aphorismen für Umstürzler.

Band 5. Komödien des Unglaubens.
Erste Hilfeleistung für Kritiker. – Major Barbara. 1909. (Major Barbara. Komödie. 1907.) – Vorrede über Ärzte. – Der Arzt am Scheideweg. 1909. (The doctor's dilemma. Komödie. 1911.)

Band 6. Komödien des Glaubens.
Vorwort zur Heiligen Johanna. – Die Heilige Johanna. 1924. (Saint Joan. Dramatische Chronik. 1924.) – Die Aussichten des Christentums. – Androklus und der Löwe. 1913. (Androcle and the lion. Märchen. 1916.) – Blanco Posnets Erweckung. 1910. (The shewing-up of Blanco Posnet. Melodramatische Predigt. 1911.)

Band 7. Zurück zu Methusalem.
Vorwort: Die fünf Dezennien des Unglaubens. – Zurück zu Methusalem. 1923. (Back to Methusalah. Ein metabiologischer Pentateuch. 1921.) – Nachwort: 25 Jahre später.

Band 8. Das Inselreich.
Vorwort für Politiker. – John Bulls andere Insel. 1909. (John Bull's other island. Komödie. 1907.) – Vorwort zu Haus Herzenstod. – Haus Herzenstod. 1920. (Heartbreak house. Komödie. 1919.)

Band 9. Die Lustspiele. I.
Vorwort zu Pygmalion. – Pygmalion. 1913. (Pygmalion. Komödie. 1913.) – Vorwort zu Mesallianz: Eltern und Kinder. – Mesallianz. 1910. (Misalliance. Komödie. 1914.) – Der Boxkampf. 1924. (The admirable Bashville. Burleske. 1901.)

Band 10. Die Lustspiele. II.
Vorwort zu Heiraten. – Heiraten, auch: Die Ehe. 1910. (Getting married. Eine Diskussion. 1911.) – Fannys erstes Stück. 1911. (Fanny's first play. Komödie. 1914.) – Es hat nicht sollen sein. 1919. (Overruled. Dramatische Studie. 1915.) – Ländliche Werbung. 1948. (Village wooing. Komödie. 1934.)

Band 11. Gekrönte Häupter.
Vorwort: Der Kaiser von Amerika. – Der Kaiser von Amerika. 1929. (The apple cart. Komödie. 1930.) – Vorwort: Der gute König Karl. – Der gute König Karl. (In good King Charles' golden days. Ein leichtes Spiel mit schweren Dingen. 1939.) – Die große Katharina. 1919. (Great Catherine. Skizze in vier Szenen. 1919.) – Vorwort: Genf. – Genf. 1948. (Geneva. Politische Groteske. 1938.)

Band 12. Die Problemstücke.
Vorwort: Zu wahr um schön zu sein. – Zu wahr um schön zu sein. 1932. (Too true to be good. Komödie. 1934.) – Vorwort: Festgefahren. – Festgefahren. 1934. (On the rocks. Komödie. 1934.) – Vorwort: Die Insel der Überraschungen. – Die Insel der Überraschungen. 1935. (The simpleton of the unexpected isles. Ein Spiel in zwei Akten und einem Prolog. 1934.) – Vorwort: Die Millionärin. – Die Millionärin. 1936. (The millionairess. Komödie. 1936.)

Dramen-Einzelausgabe:
Zu viel Geld. 1948. (Buoyant billions. Komödie. 1947.)

Anhang

Romane:

1887: An unsocial socialist. London.
(Der Amateursozialist. Berlin 1908.)
1886: Cashel Byron's Profession. London.
(Cashel Byrons Beruf. Berlin 1908.)
1905: The irrational knot. London.
(Die törichte Heirat. Berlin 1908.)
1900: Love among the artists. Chicago.
(Künstlerliebe. Berlin 1908.)
1930: Immaturitiy. London. (Junger Wein gärt. Berlin 1933.)
1932: The Adventures of the black girl in her search for God. London.
(Ein Negermädchen sucht Gott. Zürich 1948.)

Kritische Schriften:

1891: The quintessence of Ibsenism. London.
(Ein Ibsenbrevier. Berlin 1908.)
1898: The perfect Wagnerite. A commentary on ‚The ring of the Nibelungs'. London. (Ein Wagnerbrevier. Kommentar zum ‚Ring des Nibelungen'. Berlin 1908.
1914: Common sense about the war. London.
(Der gesunde Menschenverstand im Krieg. Zürich 1919.)
1919: Peace conference hints. London.
(Winke zur Friedenskonferenz. Berlin 1919.)
1928: The intelligent woman's guide to socialism and capitalism. London. (Wegweiser für die intelligente Frau zum Sozialismus und Kapitalismus. Berlin 1928.)
1932: Musik in London. London. (Musik in London. Frankfurt 1964.)

1944: Everybody's political what's what? London.
(Politik für Jedermann. Zürich 1945.)
1971: The Road to Equality. Lectures and Essays. 1884–1918. Boston.
(Der Sozialismus und die Natur des Menschen. Frankfurt 1974.)

Sekundär-Literatur

Shenfiels, Margaret: Shaw. Eine Bild-Biographie. München 1964.
Pearson, Hesketh: Bernard Shaw. Das Leben. Der Mensch. Standard-Biographie. Tübingen 1965.

1926 (verliehen 1927)
Deledda, Grazia (1871–1936) / Italien
„für ihre von hohem Idealismus getragene Verfasserschaft, die mit Anschaulichkeit und Klarheit das Leben ihrer väterlichen Herkunft schildert und allgemein menschliche Probleme mit Tiefe und Wärme behandelt".

Grazia Deledda begründete ihren literarischen Ruf durch zahlreiche Novellen und Romane, von denen ein großer Teil Schicksale aus dem Volksleben ihrer Heimatinsel Sardinien behandelt. Das vorliegende Werkverzeichnis beschränkt sich darauf, den ins Deutsche übersetzten Teil ihres Schrifttums und damit gleichzeitig eine optimale Auswahl ihrer Werke nachzuweisen. Eine Minderung des Deledda-Verständnisses geschieht durch diese für den gegebenen Rahmen vertretbaren Einschränkung nicht. Innerhalb der Nachweisung sind die Romane „Elias Portolu", „Cenere", „Canne al vento", Marianna Sirca", „La madre" und die Autobiographie „Cosima", als für das Schaffen der Dichterin besonders bedeutungsvoll, hervorzuheben. Den einzelnen Titeln der Nachweisung ist das Jahr der italienischen und der deutschen Buch-Erstausgabe beigegeben.

Werkverzeichnis

1895: Anime Oneste. Mailand. (Ehrliche Seelen. München 1911.)
1899: La Giustizia. Turin. (Gerechtigkeit. Wien/Berlin 1908.)
1900: Il Vecchio della montagna. Turin.
(Der Alte vom Berge. Wiesbaden. 1906.)
1903: Elias Portolu. Turin. (Elias Portolu. Stuttgart 1906.)
1904: Cenere. Rom. (Asche. Berlin 1907.)
1906: Nostalgie. Rom. (Heimweh. München 1912.)
1906: L'Edera. Rom. (Der Efeu. Berlin 1907.)

1910: Sino al confine. Mailand. (Bis an die Grenze. München 1910.)
1911: Nel Deserto. Mailand. (In der Wüste. München 1913.)
1912: Colombi e sparvieri. Mailand. (Liebe. München 1912.)
1913: Canne al vento. Mailand.
(Schilfrohr im Winde. Braunschweig 1930.)
1915: Marianna Sirca. Mailand. (Marianne Sirca. München 1938.)
1920: Naufraghi in porto. Mailand.
(Schiffbrüchige im Hafen. Braunschweig 1929.)
1920: La madre. Mailand 1920. (Die Mutter. Leipzig 1922.)
1921: Il Segreto dell'uomo solitario. Mailand.
(Das Geheimnis. Köln 1929.)
1925: La fuga in Egitto. Mailand.
(Die Flucht nach Ägypten. Berlin 1928.)
1927: Annalena Bilsini. Mailand. (Annalena Bilsini. Berlin 1944.)
1928: Il Vecchio e i Fanciulli. Mailand.
(Der Alte und die Jungen. Braunschweig 1929.)
1937: Cosima. Mailand.
(Cosima. Die Jugend einer Dichterin. Mainz 1942.)
1941–1955: Romanzi e novelle. 4 Bände.
Con Introduzione di Emilio Cecchi. Mailand.

Sekundär-Literatur

Remo Branca: Bibliografia Deleddiana. Mailand 1938.
Ruth Diesslin: Gracia Deledda und der italienische Regionalismus. Dissertation. Heidelberg 1948.

1927 (verliehen 1928)
Bergson, Henri (1859–1941) / Frankreich
„als eine Anerkennung für seine reichen und belebenden Ideen und die glänzende Kunst, womit sie vorgetragen werden".

Henri Bergsons umfangreiches philosophisches Schrifttum findet der spezielle Bergson-Interessent in der Publikation von G. Pflug „Henri Bergson" (Berlin 1959, S. 367–389) nachgewiesen. Unter Beifügung des Jahres der französischen und deutschen Erstausgabe erscheint es für ein Allgemeininteresse ausreichend, hier alle deutschen Übersetzungen nachzuweisen, um so mehr, als diese auch seine Hauptwerke erfassen.

Werkverzeichnis

1889: Essai sur les dornées immédiates de la conscience. Paris. (Zeit und Freiheit. Jena 1911.)

1896: Matière et mémoire. Paris. (Materie und Gedächtnis. Jena 1908.)

1900: Le rire. Paris. (Das Lachen. Jena 1914.)

1907: L'évolution créatrice. Paris. (Schöpferische Entwicklung. Jena 1912.

1920: L'énergie spirituelle. Essais. Paris. (Die seelische Energie. Sammelband. Jena 1928.)
Inhalt:
Bewußtsein und Leben. (Life and consciousness. 1911.)
Leib und Seele. (L'âme et le corps. 1913.)
Geisteserscheinung und psychische Forschung. (Fantômes de vivants et recherche psychique. 1914.)
Der Traum. (Le rêve. 1901.)
Die Erinnerung des Gegenwärtigen und das falsche Wiedererinnern. (Le souvenir du présent et la fausse reconnaissance. 1908.)
Die geistige Anstrengung. (L'effort intellectuel. 1920.)
Hirn und Denken: Eine philosophische Illusion. (Le paralogisme psycho-physiologique. 1904.)

1932: Les deux sources de la morale et de la religion. Paris. (Die beiden Quellen der Moral und der Religion. Jena 1933.)

1934: La pensée et le mouvant. Essais. Paris. (Denken und schöpferisches Werden. Meisenheim 1948.)
Inhalt:
Das Mögliche und das Wirkliche. (Prévision et nouveauté. 1930.)
Die philosophische Intuition. (L'intuition philosophique. 1911.)
Die Wahrnehmung der Veränderung. (La perception du changement. 1934.)
Einführung in die Metaphysik. (Jena 1909.) (Introduction à la métaphysique. 1903.)
Die Philosophie von Claude Bernard. (La philosophique Claude Bernard. 1914.)
Über den Pragmatismus von William James. (Vérité et réalité. Vorwort zu William James 'Le Pragmatisme'. 1911.)
Das Leben und das Werk von Ravaisson. (Notice sur la vie et les Oeuvres de Félix Ravaisson-Mollien. 1904.)

1928 **Undset, Sigrid** (1882–1949) / Norwegen
„vornehmlich für ihre mächtigen Schilderungen aus dem mittelalterlichen Leben des (skandinavischen) Nordens".

Innerhalb des vorliegenden Werkverzeichnisses gelten die Romane „Kristin Lavranstochter", „Olav Audunssohn", „Gymnadenia", „Der brennende Busch", „Jenny" und „Frühling" als Undset's Hauptwerke. Die monumentale Roman-Trilogie „Kristin Lavranstochter" gilt als eines der großen Werke der norwegischen Romanliteratur überhaupt.

Werkverzeichnis

1911: Jenny. Roman. Oslo. (Jenny. Berlin 1921.)
1914: Vaaren. Roman. Oslo. (Frühling. Berlin 1926.)
1917: Fru Hjelde. Roman. Oslo. (Frau Hjelde. Berlin 1930.)
1917: Fru Waage. Roman. Oslo. (Harriet Waage. Berlin 1931.)
1920–1922: Kristin Lavransdatter. Roman-Trilogie. Oslo.
(Kristin Lavranstochter. Frankfurt 1925–1927.)
1925–1927: Olav Audunssön. Roman. Oslo.
(Olav Audunssohn. Frankfurt 1928–1929.)
1929: Gymnadenia. Roman. Oslo. (Gymnadenia. Frankfurt 1930.)
1930: Den braendende busk. Forts. von Gymnadenia. Oslo.
(Der brennende Busch. Frankfurt 1931.)
1932: Ida Elisabeth. Roman. Oslo. (Ida Elisabeth. Frankfurt 1934.)
1936: Den trofaste hustru. Roman. Oslo 1936.)
(Das getreue Eheweib. Zürich 1938.)
1936: Ein Fremder u. andere Erzählungen. Deutscher Sammelband.
(Ein Fremder – Simonson – Das glückliche Alter – Frühlingswolken) Berlin.
1937: Norske helgener. Oslo. (Nordische Heilige. Köln 1964.)
1939: Madame Dorthea. Roman. Oslo.
(Madame Dorothe. Zürich 1948.)
1942: Return to the Future. New York.
(Norw.: Tillbake til Fremtiden. Oslo 1945.)
(Deutsch: Wieder in die Zukunft. Zürich 1944. – Bericht von der Flucht vor der deutschen Invasion im Frühjahr 1940 aus Norwegen und die Eindrücke von der Weltlage auf der langen Reise über Schweden, Rußland und Japan nach Amerika.)
1951: Catarina av Siena. Roman-Biographie. Oslo. (Posthum)
(Katharina Benincasa. Bonn 1953.)

1949: Samlede romaner fra nutiden. (Gegenwartsromane) 10 Bände. Oslo.
1949: Middelalderromaner. 10 Bände. Oslo.

Sekundär-Literatur

Karl Jaspers: „Die Antwort an S. Undset“ auf ihren Artikel „Die Umerziehung der Deutschen“. Konstanz 1947.
Alexander Baldus: Sigrid Undset. Leben und Werk. Speyer 1951.

1929 **Mann, Thomas** (1875–1955) / Deutschland
„vornehmlich für seinen großen Roman ‚Die Buddenbrooks‘, der im Laufe der Jahre eine immer mehr sich festigende Anerkennung als ein klassisches Werk der zeitgenössischen Literatur gewonnen hat“.

Das vorliegende verkürzte Werkverzeichnis will vor allem, unter Verzicht auf eine Nachweisung zahlloser Einzeltitel, insbesondere die der theoretischen Prosa, ein übersichtliches Bild von Thomas Mann's schriftstellerischem Gesamtwerk vermitteln. Es beschränkt sich deshalb (außer den im Anhang angeführten Publikationen) darauf, den Inhalt der Repräsentativ-Ausgabe „Thomas Mann. Gesammelte Werke in dreizehn Bänden“ wiederzugeben. Hierbei wird bei den Inhaltstiteln das Jahr ihrer Erstausgabe vermerkt. Davon sind verständlicherweise die Inhalts-Sammeltitel der Bände IX–XIII ausgeschlossen. – Außerhalb dieses Werkverzeichnisses soll an dieser Stelle nicht unerwähnt bleiben, daß der Verlag S. Fischer, Frankfurt, seit 1980ff. eine weitere Ausgabe von Thomas Mann's Werken publiziert: „Thomas Mann. Gesammelte Werke in Einzelbänden. Frankfurter Ausgabe.“ Es ist eine bibliophile kleine Handausgabe.

Werkverzeichnis

1960: Thomas Mann. Gesammelte Werke. XII Bände. Frankfurt.
1975: Dasselbe. Band XIII. Frankfurt.

I. Buddenbrooks. Verfall einer Familie. Roman. 1901.
II. Königliche Hoheit. Roman. 1909.
Lotte in Weimar. Roman. 1939.
III. Der Zauberberg. Roman. 1924.
IV. Joseph und seine Brüder. Roman. (1)
Die Geschichte Jaakobs. 1933.
Der junge Joseph. 1934.
Joseph in Ägypten. (1) 1936.

V. Joseph und seine Brüder. Roman. (2)
Joseph in Ägypten. (2). 1936.
Joseph, der Ernährer. 1943.
VI. Doktor Faustus. Roman. 1947.
VII. Der Erwählte. Roman. 1951.
Bekenntnisse des Hochstaplers Felix Krull. 1954.
VIII. Erzählungen.
Fiorenza. Drama. 1906.
Gesang vom Kindchen. Idylle. 1919.
Gedichte.
IX. Reden und Aufsätze.
X. Reden und Aufsätze. – Huldigungen und Kränze. Einleitungen und Buchbesprechungen. – Miszellen.
XI. Tagebücher und Lebensabriß. – Autobiographisches. – Über eigene Werke. – Miszellen. – Reden zum Zeitgeschehen.
XII. Betrachtungen eines Unpolitischen. – Aufsätze und Bemerkungen zum Zeitgeschehen. 1918.
XIII. Nachträge: Erzählendes. – Essayistisches.

Anhang

Briefe. Hrsg. Erika Mann.
1889–1936. Frankfurt 1962.
1937–1947. Frankfurt 1963.
1948–1955. Frankfurt 1965.
Hermann Hesse / Thomas Mann. Briefwechsel. Frankfurt 1968.
Thomas Mann / Heinrich Mann. Briefwechsel. Frankfurt 1968.
Thomas Mann. Briefwechsel mit seinem Verleger Bermann Fischer. Frankfurt 1973.

Tagebücher. Hrsg. Peter de Mendelssohn.
Tagebücher 1933–1934. Frankfurt 1977.
Tagebücher 1835–1936. Frankfurt 1978.
Tagebücher 1918–1921. Frankfurt 1979.
Tagebücher 1937–1939. Frankfurt 1980.
Tagebücher 1940–1943. Frankfurt 1981.

Sekundär-Literatur

Die Neue Rundschau – Sonderausgabe zu Thomas Mann's 70. Geburtstag. Stockholm 1945.
Erika Mann: Das letzte Jahr. Bericht über meinen Vater. Frankfurt 1957.
Hans Bürgin und Hans-Otto Mayer: Thomas Mann. Eine Chronik seines seines Lebens. Frankfurt 1965.

Walter A. Berendsohn: Thomas Mann. Lübeck 1965.
Heinrich Mann: Mein Bruder. Berlin-Friedenau 1965.
Sonderheft Thomas Mann 1965 zur Wiederkehr seines 90. Geburtstages. Sonderheft der Reihe „Sinn und Form". Berlin 1965.
Klaus Schröter: Thomas Mann im Urteil seiner Zeit. Dokumente 1891–1955. Hamburg 1969.

1930 **Lewis, Sinclair** (1885–1951) / Amerika
„für seine starke und lebendige Schilderungskunst, nebst dem Talent, mit Witz und Humor Typen zu schaffen".

Sinclair Lewis war nicht nur ein hervorragender Romancier, sondern auch Journalist, Redakteur und Verlagslektor. Er produzierte neben bedeutenden Romanen aber auch manches Mittelmäßige. Mark Schorer, der in zehn Jahren eine knapp tausend Seiten umfassende Lewis-Biographie schrieb (Sinclair Lewis. Ein amerikanisches Leben. München 1964), weist in einem Werkverzeichnis 415 Titel nach, die sein gesamtes schriftstellerisches Schaffen erfassen: Romane, Erzählungen, Gedichte, Rezensionen, Artikel, Vorworte. Das vorliegende Werkverzeichnis beschränkt sich darauf, die ins Deutsche übersetzten Romane nachzuweisen, weil insbesondere seine Romane zu der Nobelpreisbegründung führten.

Werkverzeichnis

1914: Our Mr. Wrenn. New York. (Unser Herr Wrenn. Berlin 1931.)
1915: The Trail of the Hawk. A Comedy of the Seriousness of Life. New York. (Falkenflug. Ein optimistisches Buch von der Ernsthaftigkeit des Lebens. Berlin 1933.)
1917: The Job. New York. (Der Erwerb. Wien 1929.)
1919: Free Air. New York. (Die Benzinstation. Wien 1927.)
1920: Main Street. The Story of Carol Kennicott. New York. (Die Hauptstraße. Berlin 1922.)
1922: Babbit. New York. (Babbit. München 1925.)
1925: Arrowsmith. New York. (Dr.med. Arrowsmith. München 1925.)
1926: Mantrap. New York. (Mantrap. Berlin 1928.)
1927: Elmer Gantry. New York. (Elmer Gantry. Berlin 1928.)
1928: The Man who knew Coolidge: Being the Soul of Lowell Schmaltz, Constructive and Nordic Citizen. New York. (Der Mann, der den Präsidenten kannte oder Gemüt und Seele des staatserhaltenden Bürgers Lowell Schmaltz. Berlin 1929.)
1929: Dodsworth. New York. (Sam Dodsworth. Berlin 1930.)

1931: Let's Play King. New York.
(. . . König sein dagegen sehr. Zürich 1938.)
1933: Ann Vickers. New York. (Ann Vickers. Berlin 1933.)
1934: Work of Art. New York. (Das Kunstwerk. Berlin 1934.)
1935: Selected Short Stories. New York.
(Gesammelte Erzählungen. Reinbek 1974.)
1938: Prodigal Parents. New York.
(Die verlorenen Eltern. Zürich 1939.)
1935: It Can't Happen Here. New York.
(Das ist bei uns nicht möglich. Amsterdam 1936.)
1940: Bethel Merriday. New York. (Bethel Merriday. Zürich 1944.)
1943: Gideon Planish. New York.
(Gideon Planish oder Die Verlogenen. Zürich 1946.)
1945: Cass Timberlane. New York. (Cass Timberlane. Zürich 1948.)
1947: Kingsblood Royal. New York.
(Der königliche Kingsblood. Zürich 1951.)
1949: The God-Seeker. New York.
(Der Gottessucher. Übers.: J. N. Lorent. Wien 1951.)
(Der einsame Kämpfer. Übers.: M. H. Larsen. Zürich 1951.)
1951: World So Wide. New York.
(Wie ist die Welt so weit. Zürich 1954.)

1931 **Karlfeldt, Erik Axel** (1864–1931) / Schweden
„Erik Axel Karlfeldts Dichtung".

Erik Axel Karlfeldt, posthum mit dem Nobelpreis geehrt, ist insbesondere durch seine Lyrik hervorgetreten. Sie ist in ihrer Formkunst und der melodischen Sprache unübertroffen, wenn auch nicht immer leicht nachzuempfinden. Karlfeldt entlehnte die Motive seiner Dichtung der nordischen Welt, dem Volksglauben und dem Bauerntum seiner Vorfahren, dem er eng verbunden war. Den Höhepunkt der lyrischen Werke um seine Heimat Dalarne bilden die „Dalmålningar", gereimte Beschreibungen von bäuerlichen Wandgemälden. Karlfeldt wurde einer der meistgelesenen Dichter Schwedens, ohne daß davon eine besonders nachhaltige Ausstrahlung in die Weltliteratur erfolgt wäre.

Das vorliegende Werkverzeichnis beschränkt sich auf das Wesentliche eines an sich geringen Werkumfanges. Für eine wissenschaftliche Erfassung des Gesamtwerkes (die Sekundär-Literatur einbezogen) sei verwiesen auf „Erik Axel Karlfeldts Bibliografi" von Nils Afzelius und Arne Bergstrand, Stockholm 1974.)

Werkverzeichnis

Lyrik:
1895: Vildmarks- och kärleksvisor. Stockholm.
1898: Fridolins visor och andra dikter. Stockholm.
1901: Fridolins lustgard och Dalmålningar på rim. Stockholm.
1906: Flora och Pomona. Stockholm.
1918: Flora och Bellona. Stockholm.
1927: Hösthorn. Stockholm.
1934: Karlfeldts Ungdomdiktning. Stockholm.

Prosa:
1922: Anatole France. Laudatio Karlfeldts zur Nobelpreisverleihung an A.N. am 10.12.1921 in 'Les Prix Nobel en 1921'. Stockholm.
1931: Sinclair Lewis. Laudatio Karlfeldts zur Nobelpreisverleihung an S.L. am 10.12.1930 in 'Les Prix Nobel en 1930'. Stockholm.
1934: Tankar och tal. (Meinungen und Reden) Stockholm.

Deutsche Übersetzungen:
1938: Erik Axel Karlfeldt. Gedichte. Stockholm. (Auswahl aus den o.a. Lyrikbänden. 21 Gedichte.)
1944: Fridolins Lieder. Stockholm. (Auswahl aus: Fridolins visor och andra dikter. 25 Gedichte.)
o. J.: Erik Axel Karlfeldt. Gedichte. In der Nobelpreis-Reihe des Coron-Verlages, Zürich (1969). (Auswahl aus den o.a. Lyrikbänden. 73 Gedichte.)

Sekundär-Literatur

Dr. Gunnar Brandell: Leben und Werk von Erik Axel Karlfeldt. In: Erik Axel Karlfeldt. Gedichte. Zürich (1969) o.J. (Coron-Verlag, Nobelpreis-Reihe. S. 25–44.)

1932 **Galsworthy, John** (1867–1933) / Großbritannien
„für die vornehme Schilderungskunst, die in ‚The Forsyte Saga' ihren höchsten Ausdruck findet".

Werkverzeichnis

Romane:
1898: Jocelyn. London. (u. d. Pseudonym Sinjohn) (Sündenfall. Wien 1977.)
1900: Villa Rubein. London. (u. d. Pseudonym Sinjohn) Villa Rubein. Wien 1931.)

1904: The Island Pharisees. London.
(Auf Englands Pharisäerinsel. Wien 1916.)
1907: The Country House. London. (Das Herrenhaus. Berlin 1913.)
1909: Fraternity. London. (Die Weltbrüder. Berlin 1911.)
1911: The Patrician. London. (Der Patrizier. Wien 1925.)
1913: The Dark Flower. London. (Die dunkle Blume. Wien 1922.)
1915: The Freelands. London. (Die Freelands. Wien 1934.)
1917: Beyond. London. (Jenseits. Zürich 1921.)
1919: A Saint's Progress. London. (Ein Heiliger. Wien 1929.)

Galsworthy's Hauptwerk über die Forsyte (und ihre verwandschaftlichen Verbindungen) umfaßt drei Roman-Trilogien. Sie werden nachfolgend in einheitlicher Übersicht bibliographiert.

1922: I. The Forsyte Saga. London.
(Die Forsyte Saga. Wien 1925.)
1. The Man of Property. London 1906. (Der reiche Mann. Berlin 1910.) – Indian Summer of a Forsyte. London 1918. (Nachsommer. Wien 1925.)
2. In Chancerie. London 1920. (In Fesseln. Wien 1925.) – Awakening. London 1920. (Erwachen. Wien 1925.)
3. To Let. London 1921. (Zu vermieten. Wien 1925.)

1928: II. A Modern Comedy. London.
(Moderne Komödie. Wien 1929.)
1. The White Monkey. London 1924. (Der weiße Affe. Wien 1926.) – A Silent Wooing. London 1927. (Stilles Werben. Wien 1927.)
2. The Silver Spoon. London 1926. (Der silberne Löffel. Wien 1927.) – Passers By. London 1927. (Aneinander vorbei. Wien 1927.)
3. Swan Song. London 1928. (Schwanengesang. Wien 1928.)

1935: III. End of the Chapter. London.
(Das Ende vom Lied. Wien 1935.)
1. Maid in Waiting. London 1931. (Ein Mädchen wartet. Wien 1931.)
2. Flowering Wilderness. London 1932. (Blühende Wildnis. Wien 1932.)
3. Over the River. London 1933. (Über den Strom. Wien 1933.)

Erzählungen:
Viktorianische Miniaturen. Wien 1952. Repräsentativer deutscher Auswahlband mit 37 Erzählungen auf 727 Seiten.

Gedichte:

1912: Moods, Songs and Doggerels. London.
1926: Verses New and Old. London.
(Neue und alte Verse. Auswahl aus den Originalbänden von 1912 und 1926. Wien 1929.)

Dramen:

1909: The Silver Box (in ‚Plays' I). London.
(Der Zigarettenkasten. Berlin 1909.)
1909: Strife (in ‚Plays' I). London.
(Streik. Bühnenmanuskript aus dem Strasseg Verlag. Bad Reichenhall o.J.)
1912: Justice (in ‚Plays' II). London. (Justiz. Berlin 1913.)
1912: The Little Dream (in ‚Plays' II). London.
(Der kleine Traum. Bühnenmanuskript aus dem Verlag Oesterheld & Co. Berlin o.J.)
1912: The Eldest Son (in ‚Plays' II). London. (Der Erbe. Berlin 1913.)
1914: The Pigeon (in ‚Plays' III). London.
(Der Menschenfreund. Berlin 1913.)
1914: The Fugitive (in ‚Plays' III). London.
(Der Flüchtling. Berlin 1914.)
1920: The Skin Game (in ‚Plays' IV). London.
(Bis aufs Messer. Wien 1934.)
1921: The First and the Last (in ‚Six Short Plays'). London.
(Der Erste und der Letzte. Leipzig 1925.)
1922: A Family Man (in ‚Plays' V). London.
1922: Loyalties (in ‚Plays' V). London.
1922: Windows (in ‚Plays' V). London.
(Der Familienvater – Gesellschaft – Fenster (in einem Sammelband. Wien 1927.)
1925: The Forest (in ‚Plays' VI). London. (Urwald. Wien 1924.)
1925: The Show (in ‚Plays' VI). London. (Sensation. Wien 1926.)
1925: Old English (in ‚Plays' VI). London.
(Ein Lebenskünstler. Wien 1929.)
1930: Escape (in ‚Plays' VII). London. (Flucht. Wien 1927.)
1930: The Roof (in ‚Plays' VII). London. (Feuer. Wien. 1930.

Nachbemerkung:
Das vorliegende Werkverzeichnis erfaßt alle deutschen Übersetzungen und damit gleichzeitig den größten Teil von Galsworthy's Gesamtwerk.

1933 **Bunin, Iwan** (1870–1953) / Rußland
„für die strenge Künstlerschaft, womit er die klassische russische Linie in der Prosadichtung vertritt".

Iwan Bunin emigrierte 1920 nach Paris, wo er 1953 verstarb. Er wurde durch die hier nachfolgenden Werk-Ausgaben in der Sowjet-Union rehabilitiert. Ihm wurde der Rang eines „modernen Klassikers" zugesprochen.

Werkverzeichnis

1956: Sobranie sočinenij. (Gesammelte Werke) 5 Bände. Moskau.

1965–1967: Sobranie sočinenij. 9 Bände. Moskau.
Inhaltsverzeichnis (nach der russischen Orig.-Ausgabe übersetzt):
1. Gedichte. 1886–1917. (596 S.)
2. Novellen und Erzählungen. 1890–1909. (528 S.)
3. Novellen und Erzählungen. 1907–1911. (504 S.)
4. Novellen und Erzählungen. 1912–1916. (500 S.)
5. Novellen und Erzählungen. 1917–1930. (544 S.)
6. Das Leben Arsenjews. 1.–5. Buch. (Autobiographischer Roman. Das 1.–4. Buch wurde u.d.T. „Im Abbruch der Tage" und das 5. Buch u.d.T. „Erste Leidenschaft" übersetzt.)
Aus frühen Veröffentlichungen. (320 S.)
7. Dunkle Alleen. (Erzählungen)
Erzählungen. 1931–1952. (400 S.)
8. Gedichte. 1918–1953.
Übersetzungen. – Aus frühen Veröffentlichungen. (472 S.)
9. Theoretische Prosa:
Die Befreiung Tolstois. – Über Tschechow. – Autobiographische Anmerkungen, Tagebücher, Notizbücher, Erinnerungen. – Aus dem Buch ‚Erinnerungen'. – Artikel und Rezensionen. – Frühe Artikel und Interviews. (630 S.)

Deutsche Übersetzungen:

1903: Erzählungen. (10 Erzählungen) München.
1922: Der Herr aus San Francisco. (4 Erzählungen) Berlin.
1925: Mitjas Liebe. Erzählung. Berlin.
1934: Im Anbruch der Tage. (Arsenjews Leben. 1.–4. Buch.) Berlin.
1935: Die Grammatik der Liebe. (9 Erzählungen) Berlin.
1936: Das Dorf. Erzählung. Berlin.
1938: Erste Leidenschaft. (Arsenjews Leben. 5. Buch.) Berlin.
1959: Dunkle Alleen. (25 Erzählungen) Stuttgart.

1960: Ein Herr aus San Franzisko. (11 Erzählungen) München.
1960: Sechs Gedichte in „Neue russische Lyrik. Frankfurt.
1962: Erste Liebe. (4 Erzählungen; Russisch/Deutsch) Ebenhausen.
1964: Ein letztes Wiedersehen. (20 Erzählungen) Berlin.
1973: Grammatik der Liebe. (20 Erzählungen) München.
1976: Das Dorf. (8 Erzählungen) München.

Alle deutschen Sammelbände haben, auch bei gleichem Titel, unterschiedlichen Inhalt.

1934 **Pirandello, Luigi** (1867–1936) / Italien
„für seine kühne und sinnreiche Neuschöpfung von Drama und Bühnenkunst“.

Luigi Pirandello hat ein umfangreiches schriftstellerisches Werk hinterlassen. Es umfaßt insbesondere Novellen und Theaterstücke, außerdem Romane, Gedichte und theoretische Prosa. Die erste Gesamtausgabe seiner Werke erschien 1956–1960 bei A. Mondadori in Mailand als Dünndruckausgabe in sechs Bänden mit über 8000 Seiten. Durch die Beschränkung des Werkverzeichnisses darauf, daß anstelle zahlloser bibliographischer Einzelnachweisungen die Inhaltsverzeichnisse der sechsbändigen Gesamtausgabe wiedergegeben werden, wird eine optimale Übersicht über Pirandello's Gesamtschaffen vorgelegt. Der für das Werkverzeichnis verfügbare Raum ließ es aber nicht zu, die 232 Inhaltstitel der Bände 1 und 2 einzeln anzuführen, so daß die Novellen nur aufgezählt worden sind. Von den Bänden 3–6 dagegen sind die Inhaltstitel einzeln aufgeführt und jeweils das Jahr der Erstveröffentlichung im Original und, gegebenenfalls, in deutsch hinzugefügt. Es erschien zweckmäßig, die deutschen Sammelausgaben, bei denen sich der Inhalt oft überschneidet, gesondert aufzuführen.

Werkverzeichnis

1956–1960: Opere di Luigi Pirandello.
(Dünndruckausgabe in 6 Bänden.) Mailand.

1. Novelle per un anno (I):
118 Novellen (75 ins Deutsche übersetzt)
2. Novelle per un anno (II):
114 Novellen (39 ins Deutsche übersetzt)

3. Tutti i Romani (Romane):
L'esclusa. 1901. (Die Ausgestoßene. 1926. Fortsetzungsroman der ‚Kölnischen Zeitung'.) – Il turno. 1902. (Wer kommt dran?) – Il fu Mattia Pascal. 1904. (Der gewesene Matthias Pascal. 1905. Später u.d.T.: Die Wandlungen des Mattia Pascal.) – Giustino Roncella nato Boggiólo. Früher u.d.T.: Suo Marito. 1911. (Giustino Roncella geborener Boggiólo.) – I vecchi e i giovan. 1909. (Die Alten und die Jungen.) – Quaderni di Serafino Gubbio operatore. Früher u.d.T.: Si gira. 1915. (Kurbeln. 1927.) – Uno, nessuno e centomila. 1925. (Einer, Keiner, Hunderttausend. 1927.)

4. Maschere nude (I):
„Nackte Masken" ist der von Pirandello für seine Theaterstücke selbst gewählte Sammeltitel. Der bei den nachfolgenden Inhaltstiteln gemachte Vermerk „Bm/o.J." (= Bühnenmanuskript ohne Jahr) bedeutet, daß von dem Titel eine deutsche Übersetzung als Bühnenmanuskript vorliegt, diese aber im Buchhandel nicht zu haben ist.
Sei personaggi in cerca d'autore. 1921. (Sechs Personen suchen einen Autor. 1925.) – Ciascuno a suo modo. 1924. (Jeder nach seiner Art. 1925. Später u.d.T.: Jeder auf seine Weise.) – Questa sera si recita a soggetto. 1930. (Heute wird aus dem Stegreif gespielt. 1929.) – Enrico IV. 1922. (Heinrich IV. 1925.) – Diana e la Tuda. 1927. (Diana und die Tuda. Bm/o.J.) – La vita che ti diedi. 1924. (Das Leben, das ich dir gab. 1925.) – L'uomo dal fiore in bocca. 1926. (Der Mann mit der Blume im Mund. Bm/o.J.) – Il giuco delle parti. 1919. (Das Spiel der Parteien. Bm/o.J.) – Il piacere dell'onestà. 1918. (Die Wollust der Anständigkeit. 1925. Später u.d.T.: Das Vergnügen, anständig zu sein.) – L'imbecille. 1926. (Der Dummkopf. Bm/o.J.) – L'uomo, la bestia e la virtu. 1919. (Der Mann, das Tier und die Tugend. 1925.) – Come prima, meglio di prima. 1921. (Besser als früher. 1926. Später u.d.T.: Wie damals – besser als damals.) Vestire gli ignudi. 1923. (Die Nackten kleiden. 1925.) – Come tu mi vuoi. 1930. (Wie du mich willst. Bm/o.J.) – Cosi è se vi pare. 1918. (So ist es – wie sie meinen. 1925. Später u.d.T.: So ist es – wie es ihnen scheint.) – Tutti per bene. 1920. (Alles in Ordnung. Bm/1966.) – La ragione degli altri. 1916. (Recht haben die anderen.)

5. Maschere nude (II):
L'innesto. 1921. (Das Pfropfreis.) – Sogno (ma forse no). 1929. (Ich träume (aber vielleicht auch nicht). Bm/1960.) – L'amica delle mogli. 1927. (Die Freundin der Ehefrauen.) – Na morsa. 1898. (Der Schraubstock. Bm/1953.) – La signora Morli, una e due. 1922. (Die zweifache Frau Morli. Bm/o.J.) – Pensaci, Giacomino!. 1917. (Professor Toti. 1960.) – Lumie di Sicilia. 1911. (Zitronen aus Sizilien. Bm/1962.) – Il berretto a sonagli. 1918. (Die Narrenkappe. 1960.) – La giara. 1925. (Der Krug. Bm/o.J.) – Cecè. 1913. (Cecè. Bm/o.J.) – Il dovere del medico. 1912. (Die Pflicht des Arztes. Bm/o.J.) – Sagra del Signore della Nave. 1924. (Die Kirmes des Herrn des Schiffes.) – Ma non è una cosa seria. 1919. (Heiraten – aber nicht im Ernst. Bm/o.J.) – Bellavita. 1928. (Bellavita. Bm/o.J.) – La patente. 1918. (Das Diplom. Bm/o.J.) – L'altro figlio. 1925. (Der andere Sohn.) – Liolà. 1917. (Liola. Bm/1953.) – O di uno o di nessuno. 1929. (Einem oder keinem.) – Non si sa come. 1935. (Man weiß nicht wie. 1935.) – Trovarsi. 1932. (Zu sich selber finden. Bm/o.J.) – Quando si è qualcuno. 1933. (Wenn man jemand ist.) – All'uscita. 1916. (Am Ausgang. Bm/1961.) – Lannuova colonia. 1928. (Die neue Kolonie.) – Lazzaro. 1929. (Lazarus.) – Opernlibretto: La favola del figlio cambiato. 1938. (Legende vom vertauschten Sohn. 1933.) – I Giganti della Montagna. 1938. (Die Riesen vom Berge. Bm/o.J.)

6. Saggi, Poesie, Scritti varii.
(Essays, Poesie, verschiedene Schriften)

Saggi:
L'umorismu. 1908. (Die Geistigkeit des Humors.) – Arte e scienza. 1908. (Kunst und Wissenschaft.)

Poesie:
Gedichte: Mal Giocondo. 1889. (Heiteres Leid.) – Gedichte: Pasqua di Gea. 1891. (Ostern der Gaia.) – Übersetzungen: Elegie romane di Goethe. 1896. – Gedichte: Elegie renane. 1895. (Rheinische Elegien.) – Gedichte: Zampogna. 1901. (Schalmei.) – Fuori di chiave. (Verstimmtes Instrument.) – Gedichtzyklus: Pier Gudrò. 1894. – Verserzählung: Laòmache. 1960. – Versdrama: Scamandro. 1906. – Poesie varii.

Scritti varii:
I. Articoli, Recensione e Prose varii. – II. Frammenti.

Deutsche Sammelbände:

1925: Der Tod im Rücken. (11 Novellen) Berlin.
1925: Der Zweite. (12 Novellen) Berlin.
1926: Novellen. (17 Novellen) Heidelberg.
1927: Geschichten für ein Jahr. (13 Novellen) Zürich.
1938: Die Pein des Alltags u. a. Novellen. (13 Novellen) München.
1951: Meisternovellen. (12 Novellen) Zürich.
1954: Angst vor dem Glück. (38 Novellen) Heidelberg.
1956: Der Rauch. (3 Novellen) Stuttgart.
1957: Wie ein Tag. (5 Novellen) Ebenhausen.
1956: Humoresken und Satyren. (15 Novellen) Heidelberg.
1959: Die Paduaner Mütze. (11 Novellen) Zürich.

1960: Dramen I. München.
So ist es – wie es ihnen scheint. – Die Narrenkappe. – Das Vergnügen, anständig zu sein. – Sechs Personen suchen einen Autor. – Heinrich IV.
1963: Dramen II. München.
Professor Toti. – Wie damals, besser als damals. – Jeder auf seine Weise. – Die Nackten kleiden.

1961: Der Zug hat gepfiffen. (30 Novellen) Berlin.
1964: Novellen für ein Jahr. I. (15 Novellen) Zürich.
1965: Novellen für ein Jahr. II. (17 Novellen) Zürich.

Standardwerk der Sekundär-Literatur:

Franz Rauhut: Der junge Pirandello oder das Werden eines existentiellen Geistes. München 1964. – Neben der grundlegenden Erfassung des Gesamtwerkes von L. Pirandello (insofern ist der Titel irreführend), kommt dem Buch insofern eine besondere Bedeutung zu, als es erstmals den deutschen Leser mit der Lyrik Pirandellos bekannt macht.

1935 (nicht verliehen)

1936 **O'Neill, Eugene** (1888–1953) / USA
„für seine von Kraft, Ehrlichkeit und starkem Gefühl sowie von selbständiger Auffassung des Tragischen geprägten dramatischen Dichtung".

Eugen O'Neill gilt als einer der bedeutendsten, wenn nicht gar als der bedeutendste Dramendichter der amerikanischen Literatur. Sein Landsmann Tennessee Williams sagt von ihm: „O'Neill hat das amerikanische

Theater geboren und ist für es gestorben." Das vorliegende Werkverzeichnis erfaßt alle ins Deutsche übersetzten Theaterstücke. Das sind nicht nur die vom S. Fischer Verlag, Frankfurt, für den Buchhandel publizierten Titel, sondern auch die von ihm als Bühnenmanuskripte herausgebrachten Titel, über deren Aufführungsrechte er verfügt und die nicht im Buchhandel erhältlich sind. Damit erfaßt das Werkverzeichnis gleichzeitig alle Hauptwerke des Dichters, von denen „Trauer muß Elektra tragen" den größten literarischen Ruhm einbrachte und unbestritten als sein Meisterwerk gilt.

Werkverzeichnis
(Bm/o.J. = Bühnenmanuskript/ohne Jahr)

1916: Bound East For Cardiff. (Einakter) New York.
(Im Nebel von Cardiff. Frankfurt 1963.)
1916: Before Breakfast. (Einakter) New York.
(Vor dem Frühstück. Frankfurt Bm/o.J.)
1917: The Long Voyage Home. (Einakter) New York.
(Die weite Heimreise. Frankfurt Bm/o.J.)
1918: Ile. (Einakter) New York. (Tran. Frankfurt Bm/o.J.)
1918: The Moon of the Caribees. (Einakter) New York.
(Unterm karibischen Mond. Frankfurt 1960.)
1919: In the Zone. (Einakter) New York.
(In der Zone. Frankfurt Bm/o.J.)
1919: Where the Cross is made. (Einakter) New York.
(Dort, wo das Kreuz ist. Frankfurt Bm/o.J.)
1919: The Rope. (Einakter) New York.
(Der Strick. Frankfurt Bm/o.J.)
1920: Beyond the Horizon. (Drei Akte) New York.
(Jenseits vom Horizont. Frankfurt 1963.)
1921: The Emperor Jones. (Einakter) New York.
(Kaiser Jones. Frankfurt 1923.)
1921: The Straw. (Drei Akte) New York.
(Der Strohhalm. Frankfurt Bm/o.J.)
1922: Anna Christie. (Vier Akte) New York.
(Anna Christie. Frankfurt Bm/o.J.)
1922: The Hairy Ape. (Acht Bilder) New York.
(Der haarige Affe. Berlin 1924.)
1924: Welded. (Drei Akte) New York. (Vermählt. Frankfurt Bm/o.J.)
1924: All God's Chillun Got Wings. (Zwei Akte) New York.
(Alle Kinder Gottes haben Flügel. Frankfurt 1963.)

1925: Desire under the Elms. (Drei Teile) New York.
(Gier unter Ulmen. Frankfurt 1963.)
1926: The Fountain. (Elf Szenen) New York.
(Der Quell. Frankfurt Bm/o.J.)
1926: The Great God Brown. New York.
(Der große Gott Brown. Frankfurt 1963.)
1927: Marco Millions. (Acht Akte) New York.
(Marco's Millionen. Frankfurt Bm/o.J.)
1927: Lazarus Laughed. (Vier Akte) New York.
(Und Lazarus lachte. Frankfurt Bm/o.J.)
1928: A Play, Strange Interlude. (Neun Akte) New York.
(Seltsames Zwischenspiel. Emsdetten 1957.)
1929: Dynamo. (Drei Akte) New York. (Dynamo. Frankfurt Bm/o.J.)
1931: Mourning Becomes Elektra. (Trilogie) New York.
(Trauer muß Elektra tragen. Frankfurt 1957.)
1933: Ah, Wilderness! (Drei Akte) New York.
(O Wildnis! Frankfurt Bm/o.J.)
1934: Days Without Ende. (Vier Akte) New York 1934.
(Tage ohne Ende. Frankfurt Bm/o.J.)
1946: The Iceman Cometh. (Vier Akte) New York.
(Der Eismann kommt. Frankfurt 1963.)
1952: A Moon for the Misbegotten. (Vier Akte) New York.
(Ein Mond für die Beladenen. Frankfurt 1958.)
1956: Long Day's Journey Into Night. (Vier Akte) New Haven.
(Eines langen Tages Reise in die Nacht. Frankfurt 1960.)
1957: A Touch of the Poet. (Vier Akte) New Haven.
(Fast ein Poet. Frankfurt 1959.)
1959: Hughie. (Einakter) New Haven. (Hughie. Frankfurt Bm/o.J.)
1964: More Stately Mansions. (Drei Akte) New Haven.
(Alle Reichtümer der Welt. Frankfurt 1965.)

Zusammenfassung der deutschen Buch-Erstausgaben

Einzelausgaben:
1923: Kaiser Jones. Berlin.
1924: Der haarige Affe. Berlin.
1957: Seltsames Zwischenspiel. Emsdetten.
1957: Trauer muß Elektra tragen. Frankfurt.
1958: Ein Mond für die Beladenen. Frankfurt.
1959: Fast ein Poet. Frankfurt.
1965: Alle Reichtümer der Welt. Frankfurt.

Sammelausgaben:
1960: Meisterdramen I. Frankfurt.
(Unterm karibischen Mond. – Kaiser Jones. – Der haarige Affe. – Trauer muß Elektra tragen. – Ein Mond für die Beladenen. – Eines langen Tages Reise in die Nacht.)
1963: Meisterdramen II. Frankfurt.
(Im Nebel von Cardiff. – Jenseits vom Horizont. – Der große Gott Brown. – Alle Kinder Gottes haben Flügel. – Gier unter Ulmen. – Der Eismann kommt. – Fast ein Poet.)

1937 **Martin du Gard, Roger** (1881–1958) / Frankreich.
„für die künstlerische Kraft und Wahrheit, womit er in der Romanserie ‚Les Thibault' menschliche Gegensätze und wesentliche Seiten des gegenwärtigen Lebens darstellte".

Grundlage des vorliegenden Werkverzeichnisses ist die französische Gesamtausgabe der Werke Martin du Gard's „Oeuvres complètes" in zwei Dünndruckbänden mit 1403 und 1433 Seiten. Bei den Inhaltstiteln ist das Jahr der Erstveröffentlichung im Original und, gegebenenfalls, in deutsch vermerkt.

Werkverzeichnis

1955: Oeuvres complètes. Zwei Bände. Paris.
Band 1:
Roger Martin du Gard, préface d'Albert Camus.
Index chronologique.
Souvenirs autobiographiques et littéraires.
Bibliographie.
Résumé historique de l'affaire Dreyfus par J. Bloch-Michel.
Devenir! Roman. Paris 1909.
Jean Barois! Roman. Paris 1913. (Jean Barois. Wien 1930.)
In Memoriam (Marcel Hébert). Paris 1921.

Les Thibault. Die Geschichte einer Familie.
1. Le cahier gris. Paris 1922. (Das graue Heft. Wien 1928/1929.)
2. Le pénitencier. Paris 1922.
(Die Besserungsanstalt. Wien 1928/1929.)
3. La belle Saison. (2 Bände) Paris 1923.
(Sommerliche Tage. Wien 1928/1929.)
4. La consultation. Paris 1928.
(Die Sprechstunde. Wien 1928/1929.)
5. Sorellina. Paris 1928. (Sorellina. Wien 1928/1929.)
6. La mort du père. Paris 1929.
(Der Tod des Vaters. (Wien 1928/1929.)

Band 2:
7. L'Eté 1914. (3 Bände) Paris 1936.
8. Epilogue. Paris 1940. (Sommer 1914 / Epilog. Wien 1951.)

Vieille France. Roman. Paris 1933. (Kleine Welt. Berlin 1935.) (Die kleine Welt des Herrn Joigenau. Im Sammelband „Enge Verhältnisse". Wien 1963.)
Confidence Africain. Paris 1931.
(Afrikanisches Geständnis. Berlin 1930.)
(Das Geständnis. Im Sammelband „Enge Verhältnisse". Wien 1963.
Le Testament du père Leleu. Bauernkomödie. Paris 1920.
La Gonfle. Bauernkomödie. Paris 1928.
Un Taciture. Drama. Paris 1933.
Notes sur André Gide 1913–1951. Paris 1951.

Sekundär-Literatur

Schlobach, Jochen: Geschichte und Fiktion in L'Eté. München-Allach 1965. – Die deutsche Sekundär-Literatur verfügt mit diesem Titel über ein für das MdG-Verständnis unverzichtbares Hauptwerk. Durch den Abschnitt „Martin du Gard und sein Werk" und die umfassenden „Bibliographischen Hinweise" der Seite 261–293 bietet die Arbeit für grundsätzliche Interpretationen weit mehr Anregungen als von dem einschränkenden Titel abzulesen ist.

1938 **Buck, Pearl S.** (1892–1973) / USA
„für ihre reichen und echten epischen Schilderungen aus dem chinesischen Bauernleben und für ihre biographischen Meisterwerke".

Pearl S. Buck hinterließ ein umfangreiches schriftstellerisches Werk. Ihre Bücher gingen in alle Welt und erlebten hohe Auflagen, auch im deutschen Sprachraum. Sie schrieb Romane, Erzählungen, Kinderbücher, Dramen, Gedichte, Biographisches und essayistische Prosa. Das vorliegende Werkverzeichnis verzichtet auf den Nachweis der wenigen Dramen, der Gedichte und Kinderbücher, da diese Pearl S. Buck's Gesamtbeurteilung nicht entscheidend mitbestimmen. Von den biographischen Darstellungen und ihren essayistischen Arbeiten wird eine charakteristische Auswahl nachgewiesen. Mit der Vielzahl ihrer Romane und Erzählungen wird bibliographisch der Schwerpunkt im Schaffen der Laureatin verdeutlicht. Neben der literaturkritischen positiven Beurteilung ihrer Romane, hierunter fallen „Die gute Erde", „Die Mutter" und einige andere Titel, hat es auch an negativer Kritik nicht gefehlt. Sicher ist, daß niemand die amerikanische Literaturgeschichte ab 1930 schreiben kann, ohne auf den Welterfolg und die hohen Auflagen der Romane einzugehen. Genauso wenig wird man übersehen können, daß alle Arbeiten von einer idealistischen Gesinnung getragen sind und daß Pearl S. Buck eine engagierte Philantropin mit Wohltätigkeitsvorhaben in Millionenhöhe gewesen ist. – Bei den folgenden Titelnachweisungen wird lediglich das Jahr der ersten Buchausgabe im Original und in der deutschen Übersetzung vermerkt.

Werkverzeichnis

Romane:

1930: Eastwind – Westwind. New York.
(Ostwind – Westwind. Wien 1934.)
1931: The good earth. New York. (Die gute Erde. Basel 1933.)
1932: Sons. New York. (Söhne. Wien 1933.)
1932: The young revolutionist. New York.
(Der junge Revolutionär. Wien 1933.)
1933: The mother. New York. (Die Mutter. Wien 1934.)
1935: A House divided. New York. (Das geteilte Haus. Wien 1935.)
1938: This proud heart. New York. (Stolzes Herz. Wien 1938.)
1939: The patriot. New York.
(Land der Hoffnung, Land der Trauer. Zürich 1940.)
1940: Other gods, an American legend. New York.
(Wie Götter werden. Zürich 1942.)
1942: Dragon seed. New York. (Drachensaat. Bern 1942.)
1943: The promise. New York. (Das Gelöbnis. Bern 1945.)
1945: Portrait of a marriage. New York. (Eine Liebesehe. Bern 1947.)
1945: Townsman. (By John Sedges, pseud.) New York.
(Und weiter führt der Weg nach Westen. Zürich 1952.)
1946: Pavilion of women. New York.
(Die Frauen des Hauses Wu. Wien 1948.)
1947: Angry wife. (By John Sedges, pseud.) New York.
(Frau im Zorn. Zürich 1954.)
1948: Peony. New York. (Peony. Bern 1949.)
1949: Kinfolk. New York.
(Kinfolk; auch: Fremd im fernen Land. Bern 1950.)
1949: Long love. (By John Sedges, pseud.) New York.
(Die große Liebe. Zürich 1951.)
1951: God's men. New York. (Geschöpfe Gottes. Bern 1951.)
1951: Love and the morning calm. New York.
(Zwei Schwestern. Bern 1958.)

1952: Bright procession. (By John Sedges, pseud.) New York.
(Der Weg ins Licht. Zürich 1956.)
1952: The hidden flower. New York.
(Die verborgene Blume. Bern 1952.)
1953: Come, my beloved. New York.
(Und fänden die Liebe nicht. Wien 1954.)
1955: Imperial women. New York.
(Das Mädchen Orchidee. München 1956.)
1957: Letter from Peking. New York.
(Über allem die Liebe. München 1957.)
1959: Command the morning. New York.
(Gebiete dem Morgen. Bern 1959.)
1962: Satan never sleeps. New York.
(Das Mädchen von Kwantung. Bern 1962.)
1963: The living reed. New York. (Lebendiger Bambus. Bern 1964.)
1967: The time is noon. New York.
Des Lebens ganze Fülle. Bern 1967.)
1968: The new year. New York. (Wo die Sonne aufgeht. Bern 1969.)
1969: The three daughters of Madame Liang. New York.
(Die Töchter der Madame Liang. Bern 1971.)
1970: Mandala. New York. (Mandala. Bern 1973.)
1972: The goddess abides. New York.
(Letzte große Liebe. München 1972.)
1973: All under heaven. New York.
(Alle unter einem Himmel. München 1973.)
1974: The rainbow. New York. (Der Regenbogen. München 1975.)

Erzählungen (Sammelbände):
1933: The first wife and other stories. New York.
(Die erste Frau und andere Novellen. Wien 1935.)
1934: Far and near (Fern und nah). New York.
(Zurück in den Himmel (und anderes). Zürich 1954.)
1965: Fairy tales of the Orient. New York.
(Am Teich der Lotosblüten. Ges. Märchen. Bern 1966.)
1969: The good deed. New York.
(Die chinesische Heirat (und anderes). Bern 1974.)

Ohne Original-Sammeltitel:
1976: Neun bisher unveröffentliche Erzählungen. New York.
(Geheimnisse des Herzens. München 1978.)

Biographisches:

1936: The exile (A study of Miss Buck's mother). New York.
(Die Frau des Missionars. Wien 1936.)

1936: Fighting angel (A portrait of Miss Buck's father). New York.
(Gottes Streiter im fernen Land. Wien 1937.)

1954: My several worlds. New York.
(Mein Leben, meine Welten. München 1955.)

1969: For spacions skies, journay in dialogue. New York.
(Von Morgens bis Mitternacht. Der Roman meines Lebens. Bern 1974.)

Essayistische Prosa:

1939: The Chinese Novel. New York. (Nobel lecture delivered before the Swedish Academie at Stockholm, 12.12.1938.)

1943: What America means to me. New York.
(Was mir Amerika bedeutet. Zürich 1945.)

1947: How is happens. Talk about the German people 1914–1933 with E. von Pustau. New York.
(So kommt's dazu. Gespräche über das deutsche Volk 1914–1933. Wien 1948.)

1970: The Kennedy women. New York.
(Die Frauen des Hauses K. Bern 1970.)

1972: China – past and present. New York.
(China – Gestern und heute. München 1974.)

1939 **Sillanpää, Frans Eemil** (1888–1964) / Finnland

„für die tiefe Auffassung und die erlesene Stilkunst, womit er das Bauernleben und die Natur seines Heimatlandes in ihrem gegenseitigen Zusammenhang schildert".

Grundlage des vorliegenden Werkverzeichnisses sind die „Kootut teokset", das, anstelle von bibliographischen Einzelnachweisungen, die Übersicht über das Gesamtwerk des Dichters erleichtert. Bei den Inhaltstiteln ist das Jahr der Buch-Erstausgabe im Original und, gegebenenfalls, in deutsch vermerkt.

Werkverzeichnis

Kootut teokset. (Gesammelte Werke) 12 Bände.

1932: Band 1–6. Helsinki.

1939: Band 7–10. Helsinki.

1948: Band 11–12. Helsinki.

Band 1:
Elämä ja aurinko. Roman. Helsinki 1916.
(Sonne des Lebens. Zürich 1951.)
Hiltu ja Ragnar. Erzählung. Porvoo 1923.
Band 2:
Hurskas kurjuus. Roman. Porvoo 1919.
(Das fromme Elend. Zürich 1948.)
Raskas isänmaani. Erzählungen. Porvoo 1919.
Band 3:
Ihmislapsia elämän saatossa. Erzählungen. Helsinki 1917.
Enkelten suojatit. Erzählungen. Porvoo 1923.
(Auszug: Die kleine Tellervo u.a. Leipzig 1938.)
Band 4:
Maan tasalta. Erzählungen. Porvoo 1924.
Töllimäki. Erzählungen. Porvoo 1925.
Band 5:
Rippi. Erzählung. Porvoo 1928.
Kiitos hetkistä, Herra . . . Erzählung. Helsinki 1930.
Band 6:
Nuorena nukkunut. Roman. Helsinki 1931.
(Silja, die Magd. Leipzig 1931.)
Band 7:
Miehen tie. Roman. Helsinki 1932.
Eines Mannes Weg. Leipzig 1933.)
Band 8:
Virran pohjalta. Erzählung. Helsinki 1932.
Band 9:
Ihmiset suviyössä. Roman. Helsinki 1934.
(Menschen in der Sommernacht. Leipzig 1936.)
Band 10:
Viidestoista. Erzählung. Helsinki 1936.
Band 11:
Elokuu. Roman. Helsinki 1941.
Band 12:
Ihmiselon ihanuus ja kurjuus. Helsinki 1945.
(Schönheit und Elend des Lebens. Zürich 1947.)

Anhang:
1953: Pola eli elämäässä. Memoiren. Helsinki.
1956: Päivä korkeimmillaan. Memoiren. Helsinki.
1961: Novellit I/II. Gesammelte Erzählungen. Helsinki.

1940 (nicht verliehen)

1941 (nicht verliehen)

1942 (nicht verliehen)

1943 (nicht verliehen)

1944 **Jensen, Johannes V.** (1873–1950) / Dänemark
„für die seltene Kraft und Fruchtbarkeit seiner Dichterphantasie, verbunden mit umfassendem Intellekt und kühner schöpferischer Stilkunst".

Das vorliegende Werkverzeichnis entspricht im Wesentlichen der optimalen Auswahl an besprochenen Haupttiteln von Jensen's literarischem Gesamtschaffen, so wie sie in der „Geschichte der Dänischen Literatur" von H. M. und W. Svendsen (Münster 1964, S. 410–427) nachzulesen ist.

Werkverzeichnis

Romane:
1896: Danskere. (Dänen.) Kopenhagen.
1898: Einar Elkaer. Kopenhagen.
1901: Kongens Fald. Kopenhagen. (Des Königs Fall. Berlin 1912.)
1904: Madame d'Ora. Kopenhagen. (Madame d'Ora. Berlin 1907.)
1905: Hjulet. Kopenhagen. (Das Rad. Berlin 1908.)

Den lange Rejse. Romanfolge in 6 Teilen.
1919: 1. Det tabte Land. Kopenhagen.
(Das verlorene Land. Berlin 1920.)
1908: 2. Braen. Kopenhagen. (Der Gletscher. Berlin 1911.)
1919: 3. Norne Gaest. Kopenhagen. (Norne-Gast. Berlin 1926.)
1922: 4. Cimbrernes Tog. Kopenhagen.
(Zug der Cimbern. Berlin 1925.)
1912: 5. Skibet. Kopenhagen. (Das Schiff. Berlin 1915.)
1921: 6. Christofer Columbus. Kopenhagen.
(Kolumbus. Berlin 1912.)

1935: Dr. Renaults Fristelser. Kopenhagen.
(Dr. Renaults Versuchung. Wien 1936.)
1936: Gudrun. Kopenhagen. (Gudrun. Berlin 1937.)

Gedichte:
1948: Digte. Samlet, revideret Udgave (370 S.) Kopenhagen.

Erzählungen:
Von Jensen sind zahlreiche Erzählungen u.a. unter den Sammeltiteln „Himmerlandshistorier", „Mythen" und „Eksotiske Noveller" erschienen. Da der Inhalt dieser Original-Sammelbände mit dem der deutschen Sammel-Bände in keinem Falle voll übereinstimmt, werden hier nur die deutschen Sammelbände nachgewiesen.

Himmerlandsgeschichten I. Berlin 1907.
Himmerlandsgeschichten II. Berlin 1908.
Exotische Novellen. Berlin 1909.
Mythen und Jagden. Berlin 1910.
Dolores und andere Novellen. Berlin 1914.
Olivia Marianne. Berlin 1916.
Der Monsun. Berlin 1925.

Essays (Sammelbände):
1901: Den gotiske Renaissance. Kopenhagen.
1907: Den ny Verden. Kopenhagen. (Die neue Welt. Berlin 1908.)
1915: Introduktion til vor Tidsalter. Kopenhagen.
(Unser Zeitalter. Berlin 1917.)
1923: Aestetik og Udbikling. Kopenhagen.
1925: Evolution og Moral. Kopenhagen.
1927: Dyrenes Forvandling. Kopenhagen.
(Verwandlung der Tiere. Berlin 1927.)
1928: Aandens Stadier. Kopenhagen.
(Die Stadien des Geistes. Berlin 1929.)

1945 **Mistral, Gabriela** (1889–1957) / Chile
„für die von mächtigen Gefühlen inspirierte Lyrik, die ihren Dichternamen zu einem Symbol für die ideellen Bestrebungen der ganzen lateinamerikanischen Welt gemacht hat".

Das vorliegende Werkverzeichnis ist von bescheidenem Umfang, denn das vornehmlich lyrische Gesamtwerk (in Vers und Prosa) von Gabriela Mistral (d.i. Lucila Godoy y Alcayaga) ist relativ klein und leicht überschaubar. Es wird in der Hauptsache durch fünf Buchpublikationen erfaßt, aus denen ein deutscher Sammelband als optimale und repräsentative Auswahl zusammengestellt ist (1958). Die drei nachfolgenden Titel der Sekundär-Literatur sind für das Mistral-Verständnis um so unentbehrlicher, weil sonst bei nur zwei deutschen Auswahlbänden die literarische Bedeutung der Dichterin unvollkommen erkennbar wäre.

Werkverzeichnis

1922: Desolación (Trostlosigkeit, Verzweiflung). New York.
1924: Ternura (Zärtlichkeit). Madrid.
1938: Tala (Holzschlag. Gedicht-Nachlese). Buenos Aires.
1954: Lagar (Kelter). Santiago de Chile.
1958: Poesias completas. Madrid.

Deutsche Ausgaben

Gabriela Mistral. Gedichte. Darmstadt 1958.
Spürst du meine Zärtlichkeit. Zürich 1960.

Sekundär-Literatur

Hans Rheinfelder: Gabriela Mistral. Motive ihrer Lyrik. München 1955.
Kurt Weis: Zwei Dichter Südamerikas. Gabriela Mistral. Rómulo Gallegos. Berlin 1955.
Hans Flasche: Gabriela Mistral und ihre Sprachkunst. (Aus: Studia Romanica. Gedenkschrift für Eugen Lersch.) Stuttgart 1955.

1946 **Hesse, Hermann** (1877–1962) / Schweiz

„für seine inspirierte Verfasserschaft, die in ihrer Entwicklung neben Kühnheit und Tiefe zugleich klassische Humanitätsideale und hohe Stilwerte vertritt".

Ausgangspunkt des vorliegenden Werkverzeichnisses sind Hesse's „Gesammelte Schriften" in sieben Bänden. Bei den Inhaltstiteln der einzelnen Bände ist das Jahr der ersten Buchausgabe vermerkt. Die bibliographische Zusammenfassung will, anstelle zahlreicher Einzelnachweisungen, eine kurze Übersicht über das Gesamtwerk des Dichters geben, die im Anhang durch einige für das Gesamtbild unentbehrliche Publikationen ergänzt wird.

Werkverzeichnis

1957: Hermann Hesse. Gesammelte Schriften. Sieben Bände. Suhrkamp Verlag. Frankfurt.

Band 1.
Frühe Prosa. Zürich 1948. – Peter Camenzind. Roman. Berlin 1904. – Unterm Rad. Roman. Berlin 1906. – Diesseits. Erzählungen. Berlin 1907. – Berthold. Zürich 1945.

Band 2.
Gertrud. Roman. München 1910. – Kleine Welt. Erzählungen. Berlin 1933. – Rosshalde. Roman. Berlin 1914. – Fabulierbuch. Erzählungen. Berlin 1935.

Band 3.
Knulp. Drei Geschichten aus dem Leben Knulps. Berlin 1915. – Demian. Die Geschichte von Emil Sinclairs Jugend. Berlin 1919. – Märchen. Berlin 1919. – Wanderungen. Aufzeichnungen. Berlin 1920. – Klingsor. Erzählungen. Berlin 1920. – Siddharta. Eine indische Dichtung. Berlin 1922. – Bilderbuch. Schilderungen. Berlin 1926.

Band 4.
Kurgast. Aufzeichnungen von einer Badener Kur. Montagnola 1924. – Die Nürnberger Reise. Berlin 1927. – Der Steppenwolf. Berlin 1927. – Traumfährte. Erzählungen und Märchen. Zürich 1945. – Gedenkblätter. Berlin 1937. (2. erw. Ausgabe: Zürich 1947. / 3. Ausg.: Berlin 1950.) – Späte Prosa. Erzählungen und Erinnerungen. Berlin 1951.

Band 5.
Narziss und Goldmund. Erzählung. Berlin 1930. – Stunden im Garten. Eine Idylle. Wien 1936. – Der lahme Knabe. Eine Erinnerung aus der Kindheit. Zürich 1937. – Die Gedichte. Erste Gesamtausgabe. Zürich 1942. (Erw. Ausgabe: Berlin 1947. / Erw. Neudruck: Berlin 1953.)

Band 6.
Die Morgenlandfahrt. Eine Erzählung. Berlin 1932. – Das Glasperlenspiel. Versuch einer Lebensbeschreibung des Magister Ludi Josef Knecht. Zürich 1943.

Band 7.
Betrachtungen. Gesammelte Aufsätze erschienen in:
Betrachtungen. Berlin 1928. – Eine Bibliothek der Weltliteratur. Zürich 1929. – Dank an Goethe. Zürich 1946. – Krieg und Frieden. Zürich 1946.
Briefe. Frankfurt 1951. – Rundbriefe u.d.T. Beschwörungen. Berlin 1955. – Tagebuchblätter. In: Beschwörungen. Berlin 1955.

Anhang

Prosa aus dem Nachlaß von H. Hesse. Frankfurt 1965.
H. Hesse – Thomas Mann. Briefe. Frankfurt 1968.
H. Hesse – Peter Suhrkamp. Briefe. Frankfurt 1969.
H. Hesse – Romain Rolland. Briefe. Zürich 1954.
Kindheit und Jugend vor Neunzehnhundert. 2 Bände.
1. H. Hesse in Briefen und Lebenszeugnissen. 1877–1895. Frankfurt 1966.
2. H. Hesse in Briefen und Lebenszeugnissen. 1895–1900. Frankfurt 1978.

Sekundär-Literatur

B. Zeller: Eine Chronik. in Bildern. Frankfurt 1960.
„Hermann Hesse. 1877/1977. Stationen seines Lebens, des Werkes und seiner Wirkung". Katalog zur Gedenkausstellung zum 100. Geburtstag. München 1977.

1947 **Gide, André** (1869–1951) / Frankreich

„für seine weitumfassende und künstlerisch bedeutungsvolle Verfasserschaft, in welcher Fragen und Verhältnisse der Menschheit mit unerschrockener Wahrheitsliebe und psychologischem Scharfsinn dargestellt werden".

André Gide's literarisches Gesamtwerk ist in allen seinen wesentlichen Teilen ins Deutsche übersetzt. Diese deutschen Ausgaben bilden die Grundlage des vorliegenden Werkverzeichnisses. Die Übersicht über Gide's Arbeiten wird dadurch erleichtert, daß sie, außer in Einzelausgaben, in fünf unnumerierten sachbezogenen Sammelbänden erfaßt werden. Ausgangspunkt des Werkverzeichnisses sind diese Sammelbände. Bei ihren Inhaltstiteln wird das Jahr der deutschen und französischen Erstausgabe vermerkt. Genau so wird bei allen Einzelausgaben verfahren.

Werkverzeichnis

1963: (1) Sämtliche Erzählungen. Stuttgart.
Die Reise Urians, 1955 (Le Voyage d'Urien, 1893). Paladus, 1905 (Paludes, 1895). Der schlechtgefesselte Prometheus, 1909 (Le Prométhé mal enchaîné, 1899). Die Heimkehr des verlorenen Sohnes, 1914 (Le Retour de l'Enfant Prodigue, 1907). Die enge Pforte, 1909 (La Porte Etroite, 1909). Isabelle, 1926 (Isabelle, 1911). Die Pastoralsymphonie, 1925 (La Symphonie

Pastorale, 1919). Die Schule der Frauen, 1929 (L'Ecole des Femmes, 1929). Robert, 1930 (Robert, 1930. Supplément à Ecole des Femmes). Genoveva oder Ein unvollendetes Bekenntnis, 1950 (Geneviève, 1935. Suite à l'Ecole des Femmes). Theseus, 1949 (Thésée, 1946).

1966: (2) Reisen. Stuttgart.
Kongoreise, 1930 (Voyage au Congo, 1927). Rückkehr aus dem Tschad, 1930 (Le Retour du Tchad, 1928). Zurück aus Sowjetrußland, 1937 (Retour de l'U.R.S.S., 1936). Retuschen zu meinem Rußlandbuch, 1937 (Retouches à mon Retour de l'U.R.S.S., 1937).

1968: (3) Theater. Gesammelte Stücke. Stuttgart.
Philoktet oder der Traktat von den drei Arten der Tugend, 1904 (Philoctète, 1899). König Kandaulus, 1905 (Le roi Candaule, 1905). Saul, 1909 (Saül, 1903). Bathseba, 1908 (Bethsabe, 1903). Oedipus, 1903 (Oedipe, 1931). Persephone, 1937 (Perséphone, 1934). Der dreizehnte Baum, 1968 (Le Treizième arbre, 1935). Der Prozeß, 1947 (Le Procès, 1947).

1969: (4) Selbstzeugnisse. Stuttgart.
Stirb und werde, 1930 (Si le Grain ne meurt, 1920/21). Et nunc manet in te / Intimes Tagebuch, 1952 (Et nunc manet in te / Journal Intime, 1947). So sei es oder Die Würfel sind gefallen, 1953 (Ainsi soit-il, ou Les Jeux sont faits, 1952).

1973: (5) Romane und lyrische Prosa. Stuttgart.
Uns nährt die Erde, 1930 (Les Nourritures Terrestres, 1897). Der Immoralist, 1905 (L'Immoraliste, 1902). Die Verliese des Vatikan, 1922 (Les Caves du Vatican, 1914). Uns nährt die Hoffnung, 1973 (Les Nouvelles Nourritures, 1935).

Einzelausgaben

Kritische Schriften:
1903: Pretextes. Paris.
1911: Nouveaux Pretextes. Paris.
1924: Incidences. Paris.
1931: Divers. Paris.
(Auswahl aus vorstehenden vier Titeln: Europäische Betrachtungen. Stuttgart 1931.)

1923: Dostoievsky. Paris. (Dostojewski. Stuttgart 1952.)
1924: Corydon. Quatre dialogues socratiques. Paris. (Corydon. Stuttgart 1932.)
1926: Les Faux-Monnayeurs. Roman. Paris. (Die Falschmünzer. Stuttgart 1928.)
1926: Le Journal des faux-Monnayeurs. Paris. (Tagebuch der Falschmünzer. Stuttgart 1929.)
1949: Feuillets d'Automne. Essays. Paris.
1952: Les Cahiers et les Poésies d'André Walter. Paris. (Aufzeichnungen und Gedichte des André Walter. Stuttgart 1969.)
1939: Journal 1889–1939. Paris. (Tagebuch 1889–1913. Stuttgart 1950. / Tagebuch 1914–1923. Stuttgart 1951. / Tagebuch 1924–1939. Stuttgart 1954.)
1946: Journal 1939–1942. Paris.
1950: Journal 1942–1949. Paris. (Tagebuch 1939–1949. Stuttgart 1967.)

Correspondance / Briefwechsel

1948: Francis James – André Gide. 1893–1938. Paris. (Francis James – André Gide. Stuttgart 1951.)
1949: Paul Claudel – André Gide. 1899–1926. Paris. (Paul Claudel – André Gide. Stuttgart 1952.)
1952: Rainer Maria Rilke – André Gide. 1909–1926. Paris. (Rainer Maria Rilke – André Gide. Stuttgart 1957.)
1955: Paul Valery – André Gide. Paris. (Paul Valery – André Gide. Würzburg 1958.)

1932–1954: Les Oeuvres complètes. Siebzehn Bände. Paris.

Deutsche Sekundär-Literatur

Klaus Mann: André Gide. Die Geschichte eines Europäers. Zürich 1948.
Renée Lang: André Gide und der deutsche Geist. Stuttgart 1953.
Léon Pierre-Quint: André Gide. Der Mensch und sein Leben. Sein Werk. Gespräche mit Gide und seinen Zeitgenossen. Darmstadt 1956.

1948 **Eliot, Thomas Stearns** (1888–1965) / Großbritannien
„für seine bemerkenswerte Leistung als Bahnbrecher in der heutigen Poesie".

Die hauptsächlichsten dichterischen und essayistischen Arbeiten sind, gesammelt in vier Bänden, bei Suhrkamp in Frankfurt erschienen. Es ist die deutsche Standardausgabe. Unter Verzicht auf eine allzu umfangreiche Nachweisung zahlloser Einzeltitel, geht das vorliegende Werkverzeichnis von dieser Ausgabe aus und vermerkt bei den einzelnen Inhaltstiteln das Jahr der deutschen und englischen Erstausgabe.

Werkverzeichnis

1966–1972: T. S. Eliot Werke. Vier Bände. Frankfurt.

Band 1. Dramen. Frankfurt 1966.

Sweeney Agonistes. Fragmente zu einem aristophanischen Melodram. In: Gedichte. 1964 (Swenney Agonistes, 1932). Mord im Dom, 1946 (Murder in the Cathedral, 1935). Der Familientag, 1949 (The Family Reunion, 1939). Die Cocktail Party, 1950 (The Cocktail Party, 1950). Der Privatsekretär, 1954 (The Confidential Clerk, 1954). Ein verdienter Staatsmann, 1959 (The Elder Statesman, 1959).

Band 2. Essays I. Frankfurt 1967.

Kultur und Religion:
Beiträge zum Begriff der Kultur, 1949 (Notes towards the Definition of Culture, 1948). Gedanken nach Lambeth, 1967 (Thoughts after Lambeth, 1931). Religion und Literatur, 1950 (Religion and Literature, 1950). Katholizismus und die Ordnung unter den Völkern, 1967 (Catholicism and International Order, 1936). Vergil und die christliche Welt, 1958 (Virgil and the Christian World, 1957).

Bildung und Erziehung:
Der Humanismus Irving Babbitts, 1950 (The Humanism of Irving Babbitt, 1928). Nachgedanken zum Humanismus, 1967 (Second Thoughts about Humanism, 1932). Moderne Erziehung und humanistische Bildung, 1958 (Modern Education and the Classics, 1950). Die antike Klassik und der Literat, 1967 (The Classics and the Man of Letters, 1942). Was ist ein Klassiker?, 1950 (What is a Classic?, 1945). Die Ziele der Erziehung, 1967 (The Aims of Education, 1965).

Gesellschaft, Literatur, Kritik:
Tradition und individuelle Begabung, 1950 (Tradition and the Individual Talent, 1920). Der vollkommene Kritiker, 1967 (The Perfect Critic, 1920). Die Funktion der Kritik, 1950 (The Function of Criticism, 1932). Der Nutzen der Dichtung und der Nutzen der Kritik, 1967 (The Use of Poetry and the Use of Criticism, 1933). Was ist geringere Dichtung?, 1967 (What is Minor

Poetry?, 1957). Die gesellschaftliche Funktion der Dichtung, 1958 (The Social Function of Poetry, 1957). Die Literatur der Politik, 1967 (The Literature of Politics, 1965). Die Grenzen der Literaturkritik, 1958 (The Frontiers of Criticism, 1957). Der Kritiker kritisch betrachtet, 1967 (To Criticize the Critic, 1965).

Band 3. Essays II. Frankfurt 1969.

Literaturkritik:

Die drei Stimmen der Dichtung, 1958 (The Three Voices of Poetry, 1957). Vers und Drama, 1952 (Poetry and Drama, 1951). Dante, 1950 (Dante, 1932). Christopher Marlowe, 1958 (Christopher Marlowe, 1932). Hamlet, 1950 (Hamlet and his Problems, 1920). Shakespeare's Verskunst, 1952 (The Development of Shakespeare's Verse, 1949). Ben Jonson, 1950 (Ben Jonson, 1932). Milton, 1950 (Milton, 1957). Samuel Johnson als Kritiker und Dichter, 1958 (Johnson as Critic and Poet, 1957). William Blake, 1950 (William Blake, 1932). Shelley und Keats, 1958 (Shelley and Keats, 1933). Baudelaire, 1950 (Baudelaire, 1932). Yeats, 1958 (Yeats, 1957). Von Poe to Valéry, 1952 (From Poe to Valéry, 1948). Ezra Pound: Seine Metrik und Dichtung, 1969 (Ezra Pound: His Metric and Poetry, 1917). Ulysses, Order und Mythos, 1969 (Ulysses, Order and Myth, 1958). Goethe, der Weise, 1958 (Goethe as the Sage, 1957).

Band 4. Gedichte. Frankfurt 1972.

Die Wiedergabe der Inhaltstitel beschränkt sich nur auf die einzelnen Gedicht-Gruppen und nicht auf jedes einzelne der 90 Gedichte.

Prufrock und weitere Wahrnehmungen, 1972 (Prufrock and Other Observations, 1917). Gedichte, 1972 (Poems / Ara Vos Prec, 1920). Das wüste Land, 1951 (The Waste Land, 1922). Die hohlen Männer, 1964 (The Hollow Men, 1925). Aschermittwoch, 1951 (Ash-Wednesday, 1930). Ariel-Gedichte, 1964 (Ariel Poems, 1936). Unvollendete Gedichte, 1964 (Unfinished Poems, 1936). Minor Poems, 1972 (Minor Poems, 1936). Der Tod des Sankt Narzissus, 1972 (The Death of Saint Narcismus, 1950). Chöre aus 'The Rock', 1964 (Chorusses from 'The 1934). Vier Quartette, 1951 (Four Quartets, 1943). Gelegenheitsgedichte, 1972 (Occasional Poems, 1963). Old Possums Katzenbuch, 1952 (Old Possum's Book of Practical Cats, 1939).

1949 **Faulkner, William** (1897–1962) / USA
„für seine kraftvolle und künstlerisch selbständige Leistung in Amerikas Romanliteratur".

Werkverzeichnis
(Die deutschen Übersetzungen sind jeweils in Klammern aufgeführt.)

Romane:
1926: Soldiers' Pay. New York. (Soldatenlohn. Hamburg 1958.)
1927: Mosquitoes. New York. (Moskitos. Reinbek 1960.)
1929: Sartoris. New York. (Sartoris. Reinbek 1961.)
1929: The Sound and the Fury. New York.
(Schall und Wahn. Zürich 1956.)
1930: As I Lay Dying. New York.
(Als ich im Sterben lag. Zürich 1961.)
1931: Santuary. New York. (Die Freistatt. Zürich 1951.)
1932: Light in August. New York. (Licht im August. Berlin 1935.)
1935: Pylon. New York. (Wendemarke. Berlin 1936.)
1936: Absalom, Absalom! New York.
(Absalom, Absalom! Berlin 1937.)
1936: The Unvanquished. New York. (Die Unbesiegten. Zürich 1954.)
1939: The Wild Palms and Old Man. New York.
(Wilde Palmen und Der Strom. Zürich 1057.)
1940: The Hamlet (Snopes-Trilogie I). New York.
(Das Dorf. Zürich 1957.)
1942: Go Down, Moses. New York.
(Das verworfene Erbe. Zürich 1953.)
1948: Intruder in the Dust. New York.
(Griff in den Staub. Zürich 1951.)
1954: A Fable. New York. (Eine Legende. Zürich 1955.)
1957: The Town (Snopes-Trilogie II). New York.
(Die Stadt. Zürich 1958.)
1959: The Mansion (Snopes-Trilogie III). New York.
(Das Haus. Zürich 1960.)
1962: The Reivers. New York. (Die Spitzbuben. Zürich 1963.)

Erzählungen:
1949: Knight's Gambit. 6 Detektivgeschichten. New York.
(Der Springer greift an. Zürich 1960.)
1950: Collected Stories of W. Faulkner. I–III. New York.
(Erzählungen I. 16 Erzählungen. Zürich 1965.)
(Erzählungen II. 9 Erzählungen. Zürich 1966.)
(Erzählungen III. 17 Erzählungen. Zürich 1967.)

1955: Big Woods. (4 Jagdgeschichten) New York.
(Der große Wald. Zürich 1964.)
1958: New Orleans Sketches. (Skizzen) New York.
(New Orleans. Stuttgart 1962.)

Gedichte:

1933: A Green Bough. New York.
(Ein grüner Zweig. Auswahl. Zürich 1957.)

Dramen:

1951: Requiem for a Nun. New York.
(Requiem für eine Nonne. Zürich 1956.)

Gespräche:

1959: Faulkner in the University. Univ. of Virginia Press.
(Gespräche mit Faulkner. Stuttgart 1961.)

Briefe:

1977: Selected Letters of William Faulkner. New York.
(William Faulkner. Briefe. Zürich 1980.)

Deutsche Sekundär-Literatur

Heinrich Straumann: William Faulkner. (Standardwerk) Frankfurt 1968.

1950 **Russell, Bertrand** (1872–1970) / Großbritannien

„als eine Anerkennung für seine vielseitige und bedeutungsvolle Verfasserschaft, worin er als Vorkämpfer der Humanität und Gedankenfreiheit hervortritt".

Russell, aufrechter Moralist und, in der Formulierung seines Biographen Alan Wood, „Skeptiker aus Leidenschaft", hat, in ständiger Anteilnahme an weltbewegenden Problemen und Tagesfragen, gegen alles protestiert, was ihm falsch oder gefährlich erschien. Hieraus resultierte nicht nur seine große Popularität, sondern auch seine simplifizierte Einengung als „Linker", was gegenüber seiner dominierenden Rolle als Denker des Abendlandes und universeller Geist eine allzu einschränkende Würdigung seines Werkes ergibt, das mit mehr oder weniger Werktitel allein in 42 Sprachen übersetzt worden ist. Russell ist ein Phänomen auf vielen Gebieten der Wissenschaft und Philosophie und hat auf allen Hervorragendes geleistet. Jedes für sich allein hätte genügt, ihn Größe erreichen zu lassen. Russel wandte sich mit seinen Werken nicht nur an Akademiker und Berufsphilosophen, sondern mit vielen seiner im glänzenden Stil geschriebenen populärwissenschaftlichen Büchern auch an interessiertes Laienpublikum. Er war sein ganzes Leben hindurch von zwei mächtigen Impulsen bewegt: zu entdecken, ob sichere Erkenntnis möglich sei, und alles nur mögliche zu tun, um diese Welt glücklicher zu machen.

Werkverzeichnis
der Hauptwerke B. Russel's. (Deutsche Übersetzungen in Klammern.)

1896: German Social Democracy. London.
(Die deutsche Sozialdemokratie. Bonn 1978.)
1897: An Essay on the Foundation of Geometrie. Cambridge.
1900: A Critical Exposition of the Philosophie of Leibniz. Cambridge.
1903: A Free Man's Worship. London. (Was der freie Mensch verehrt, in: Mystik und Logik. Wien 1952.)
1903: The Principles of Mathematics. Cambridge.
1905: On Denoting. Oxford. (Über das Kennzeichen, in: Philosophische und politische Aufsätze. Stuttgart 1971.)
1910: Philosophical Essays. London.
(Auszüge in: Mystik und Logik. Wien 1952.)
(Auszüge in: Philosophische und politische Aufsätze. Stuttgart 1971.)
1910–1913: Principia Mathematica. I–III. Cambridge.
(Auszug aus Band I: Einführung in die mathematische Logik. München 1932.)
1912: The Problems of Philosophie. London.
(Die Probleme der Philosophie. Leipzig 1926.)
1914: Our Knowledge of the External World. London.
(Unser Wissen von der Außenwelt. Leipzig 1926.)
1916: Justice in War-Time. London.
(Auszug in: Politische Schriften. I. München 1972.)
1916: Principles of Social Reconstruction. London.
(Grundlagen für eine soziale Umgestaltung. München 1921.)
1917: Politic Ideals. New York.
(Auszug in: Politische Ideale. Berlin 1922.)
1917: Mysticism and Logic and Other Essays. London.
(Mystik und Logik. Wien 1952.)
1918: Roads to Freedom: Socialism, Anarchism and Syndicalism. London. (Auszüge in: Politische Ideale. Berlin 1922.)
1918: Philosophy of Logical Atomism. Oxford.
(Die Philosophie des logischen Atomismus. München 1976.)

1919: Introduction to Mathematical Philosophy. London.
(Einführung in die mathematische Philosophie. München 1923.)
1920: The Practice and Theory of Bolshevism. London.
(Auszug in: Politische Schriften I. München 1972.)
1921: The Analysis of Mind. London.
(Die Analyse des Geistes. Leipzig 1927.)
1922: The Problem of China. London.
(China und das Problem des fernen Ostens. München 1925.)
1923: The Prospects of Industrial Civilization. New York.
(Die Kultur des Industrialismus und ihre Zukunft. München 1928.)
1923: The ABC of Atoms. New York.
(Das ABC der Atome. Stuttgart 1925.)
1924: Logical Atomism. London. (Der logische Atomismus, in: Philosophische und politische Aufsätze. Stuttgart 1971.)
1924: Icarus or The Future of Science. New York.
(Die Zukunft der Wissenschaft. München 1926.)
1925: What I Believe. New York. (Woran ich glaube, in: Warum ich kein Christ bin. München 1963.)
1925: The ABC of Relativity. New York.
(Das ABC der Relativitätstheorie. München 1928.)
1926: On Education Especially in Early Childhood. London.
(Ewige Ziele der Erziehung unter besonderer Berücksichtigung der ersten Kinderjahre. Heidelberg 1928.)
1927: Why I Am Not A Christian. London.
(Warum ich kein Christ bin. Dresden 1932.)
1927: The Analysis of Matter. New York.
(Die Philosophie der Materie. Leipzig. 1929.)
1927: An Outline of Philosophy. London.
(Mensch und Welt. München 1930.)
1928: Sceptical Essays. New York.
(Wissen und Wahn – Skeptische Essays. München 1930.)
1929: Marriage and Moral. New York. (Ehe und Moral. München 1930.)
1930: The Conquest of Happiness. New York.
(Schlüssel zum Glück. München 1932.)
1931: The Scientific Outlook. New York.
(Das naturwissenschaftliche Zeitalter. Stuttgart 1953.)
1932: Education and the Social Order. London. (Erziehung und Gesellschaft, in: Erziehung ohne Dogma. München 1974.)
1934: Freedom and Organization 1814–1914. London.
(Freiheit und Organisation. Berlin 1948.)
1935: Religion and Science. New York.

1935: In Praise of Idleness and Other Essays. New York.
(Lob des Müßiggangs. Hamburg 1957.)
1936: Which Way to Peace? London.
1937: The Amberley Papers. New York.
1938: Power: A New Social Analysis. New York.
(Macht. Eine sozialkritische Studie. Zürich 1947.)
1940: An Inquiry Into Meaning and Truth. New York.
1945: A History of Western Philosophy. New York.
(Philosophie des Abendlandes. Zürich 1950.)
1948: Human Knowledge: Its Scope and Limits. London.
(Das menschliche Wissen. Zürich 1952.)
1949: Authority and the Individual. London.
(Macht und Persönlichkeit. Stuttgart 1949.)
1950: Unpopular Essays. London.
(Unpopuläre Betrachtungen. Zürich 1951.)
1951: New Hopes for a Changing World. London.
(Neue Hoffnung für unsere Welt. Darmstadt 1952.)
1952: The Impact of Science On Society. London.
(Wissenschaft wandelt das Leben. München 1953.)
1953: Satan in the Suburbs and Other Stories. New York.
(Satan in den Vorstädten. Darmstadt 1953.)
1954: Nightmares of Eminent Persons. Stories. London.
1954: Human Society in Ethics and Politics. London.
(Dennoch siegt die Vernunft. Bonn 1956.)
1956: Logic and Knowledge. London.
(Auszüge in: Philosophische und politische Aufsätze. Stuttgart 1971. – Auszüge in: Die Philosophie des Logischen Atomismus. München 1976.)
1956: Portraits From Memory and Other Essays. London.
(Auszug u.d.T.: Postskriptum, in: Autobiographie III. Frankfurt 1971.)
1957: Why I Am Not a Christian and Other Essays. London.
(Warum ich kein Christ bin. München 1963.)
1959: Common Sense and Nuclear Warfare. London.
(Vernunft und Atomkrieg. München 1959.)
1959: My Philosophical Development. London.
(Philosophie. Die Entwicklung meines Denkens. München 1973.)
1959: Wisdom of the West. London.
(Denker des Abendlandes. Stuttgart 1962.)
1960: Bertrand Russell Speaks His Mind. New York.
(Bertrand Russell sagt seine Meinung. Darmstadt 1976.)

Literatur

1961: The Basic Writings of Bertrand Russel 1903–59. London.
1961: Fact and Fiction. London. (Auszug: Erziehung für eine schwierige Welt, in: Erziehung ohne Dogma. München 1974.)
1961: Has Man a Futur? London.
(Hat der Mensch noch eine Zukunft? München 1963.)
1967: War Crimes in Vietnam. London 1967.)
(Auszug: Krieg und Grausamkeit in Vietnam. Frankfurt 1965. – Verschiedene Auszüge in: Plädoyer für einen Kriegsverbrecherprozeß. Frankfurt 1968.)
1967: Autobiography I. London.
(Mein Leben (Autobiographie I). Zürich 1967.)
1968: Autobiography II. London.
(Autobiographie II. Frankfurt 1970.)
1969: Autobiography III. London.
(Autobiographie III. Frankfurt 1971.)
1969: „Dear Bertrand Russell . . .“ A Selection of His Correspondence with the General Public, 1950–1968. London.
(Briefe aus den Jahren 1950–1968. Frankfurt 1970.)
1972: The Collected Stories of B. Russell. London.
1973: Essays in Analysis. London 1973.

Sekundär-Literatur

Werner Martin: Bertrand Russell. Eine Bibliographie seiner Werke. (Die umfanreiche Einleitung und die Kommentare zu den Hauptwerken sind in deutsch und englisch geschrieben.) XLIII, 332 Seiten. München 1981.

1951 **Lagerkvist, Pär** (1891–1974) / Schweden
„für die künstlerische Kraft und tiefe Selbständigkeit, womit er in seiner Dichtung die Antwort auf die ewigen Fragen des Menschen sucht“.

Von O. Oberholzer erschien 1958 im Universitätsverlag Carl Winter, Heidelberg, „Pär Lagerkvist. Studien zu seiner Prosa und seinen Dramen“. Das Buch bietet als unverzichtbares deutsches Standardwerk einen beglückenden Ausgleich dafür, daß es im deutschen Sprachraum verschwindend wenige Übersetzungen zur Lyrik und essayistischen Prosa sowie zum dramatischen Werk des Dichters gibt. Die meisten seiner Romane jedoch haben eine deutsche Übersetzung erfahren. Oberholzer läßt den Dichter in seinem Buch oft selbst zu Wort kommen und macht ihn uns als Lyriker, Dramatiker, Erzähler und Essayist einfühlsam vertraut.

Werkverzeichnis

Romane:

1925: Gäst hos verkligheten. Stockholm.
(Gast bei der Wirklichkeit. Zürich 1952.)

1950: Barabbas. Stockholm. (Barabbas. Zürich 1950.)

1956: Sibyllan. Stockholm. (Die Sibylle. Zürich 1967.)

1960: Ahasverus död. Stockholm.
(Der Tod des Ahasvers. Zürich 1961.)

1962: Pilgrim på havet. Stockholm.
(Pilger auf dem Meer. Zürich 1963.)

1964: Det heliga landet. Stockholm. (Das heilige Land. Zürich 1965.)

1967: Mariamne. Stockholm. (Mariamne. Zürich 1968.)

Erzählungen und essayistische Prosa:

1949: Prosa I–V (Sammelausgaben). Stockholm.

I. Ångest. Erzählungen. 1916. – Den fordringsfulle gästen. 1920. – Det eviga leendet. Erzählungen. 1920. – Morgonen. Erzählung. 1920. – Onda sagor. Erzählungen. 1924.

II. Gäst hos verkligheten. Erzählung. 1925. – Det besegrade livet. Betrachtungen. 1927.

III. Kämpande ande. Erzählungen. 1930.

IV. Bödeln (Der Henker). Erzählung. 1933. – Den knuta näven. Reise-Essays. 1934. – I den tiden. Erzählungen. 1935. – Den befriade mänisken. Betrachtungen. 1939.

V. Dvärgen (Der Zwerg). Erzählung. 1944.

Deutsche Ausgaben:

Schlimme Geschichten. Tübingen 1928. – Der Henker. Amsterdam 1935. – Der Henker / Der Zwerg. Stockholm 1944. – Sechs Erzählungen. Zürich 1968.

Lyrik:

1948: Dikter (Gesamtausgabe der Lyrik). Stockholm.
Deutsche Auswahl in: Von Welle und Granit. Schwedische Lyrik, hrsg. und übersetzt von Nelly Sachs. Berlin 1947.
In: Pär Lagerkvist. Von Otto Oberholzer. Heidelberg 1958.
Pär Lagerkvist. Gedichte. Wien 1962.

Dramen:

1956: Dramatik I–III (Sammelausgaben). Stockholm.

I. Modern teater. Essay. 1918. – Sista människen (Der letzte Mensch). 1917. – Den svåra stunden (Der schwere Augenblick). Drei Einakter. 1918. – Himlens hemlighet (Geheimnisse des

Himmels). 1919. – Den osynlinge (Der Unsichtbare). 1923. – Han som fick leva om sitt liv (Er, der sein Leben noch einmal leben durfte). 1928.

II. Konungen (Der König). 1932. – Bödeln. Einakter nach der gleichnamigen Erzählung. 1946 (Deutsch: Der Henker. Bühnenmanuskript, nicht im Buchhandel. Wien 1946). – Mannen utan själ (Der Mann ohne Seele). 1936. – Seger i mörker (Sieg im Dunkeln). 1939.

III. Midsommardröm i fattighuset (Mitsommernachtstraum im Armenhaus) 1941 (Deutsch: Hörspielfassung von Lars Madsen. Übers.: Edzard Schaper. Hektographiertes Rundfunkmanuskript o.J. Nicht im Buchhandel). – De vises sten (Stein der Weisen). 1949. – Låt människen leva (Laßt den Menschen leben). 1949. Barabbas. Drama nach dem gleichnamigen Roman. 1952.

Sekundär-Literatur

Otto Oberholzer: Pär Lagerkvist. Studien zu seiner Prosa und seinen Dramen. Heidelberg 1958.

1952 **Mauriac, François** (1885–1970) / Frankreich

„für die durchdringende Seelenkenntnis und künstlerische Intensität, womit er in der Form des Romans das Drama des menschlichen Lebens deutet“.

Das vorliegende Werkverzeichnis geht von der großen Gesamtausgabe der Werke Mauriac's aus (26 Bände), die ein Jahr nach seinem Tode abgeschlossen wurde. Unter Verzicht auf eine allzu umfangreiche bibliographische Nachweisung zahlloser Einzeltitel, beschränkt sich das Werkverzeichnis darauf, die Inhaltstitel dieser Gesamtausgabe nachzuweisen und bei diesen das Jahr der französischen und, gegebenenfalls der deutschen Erstausgabe zu vermerken. Damit wird gleichzeitig die Übersicht über das Gesamtwerk des Dichters erleichtert.

Werkverzeichnis

Les chefs-d'œuvre de François Mauriac. XXVI Bände.
(Die Meisterwerke von François Mauriac.)

1967: Band I–IX. Levallois-Perret.
1968: Band XI–XIV. Levallos-Perret.
1969: Band X, XV, XVI. Levallois-Perret.
1970: Band XVII–XXIV. Evreux.
1971: Band XXV–XXVI. Evreux.

Band I:
La robe prétexte. Roman. Paris 1914.
(Das Gewand des Jünglings. Heidelberg 1953.)
Le baiser au lépreux. Roman. Paris 1922.
(Der Aussätzige und die Heilige. Leipzig 1928.)
Le fleuve de feu. Roman. Paris 1923.
Plongées. Roman. Paris 1938.

Band II:
Génetrix. Roman. Paris 1923.
(Auszug: Der Tod der jungen Frau. Leipzig 1928.)
Destins. Roman. Paris 1928. (Schicksale. Leipzig 1929.)
De désert de l'amour. Roman. Paris 1925.
(Einöde der Liebe. Leipzig 1927.)

Band III:
Thérèse Desqueyroux. Roman. Paris 1927.
Dass. mit: Thérèse chez le docteur, und: Thérèse à l'hôtel. Paris 1956.
(Die Tat der Th. Desqueyroux. Leipzig 1928.)
La fin de la nuit. Roman. Paris 1935.
(Das Ende der Nacht. Heidelberg 1953.)

Band IV:
Ce qui était perdu. Roman. Paris 1930.
Le nœud de vipères. Roman. Paris 1932.
(Natterngezücht. Freiburg 1936.)
Les anges noirs. Roman. Paris 1936.
(Die schwarzen Engel. Graz 1936.)
Le mystére Frontenac. Roman. Paris 1933.
(Das Geheimnis Frontenac. Luzern 1939.)

Band VI:
Les chemins de la mer. Roman. Paris 1939.
(Die Wege des Meeres. München 1969.)
Le mal.Roman. Paris 1924. (Die Sünde. Wien 1953.)

Band VII:
La pharisienne. Roman. Paris 1941. (Die Pharisäerin. Zürich 1946.)
Trois récits. Drei Erzählungen. Paris 1929.
1. Coups de couteau. 1929. – 2. Le démon de la connaissance. 1928.
(Der Dämon der Erkenntnis. Graz 1953. – 3. Un homme de lettres.
1926.

Band VIII:
L'enfant chargé de chaînes. Roman. Paris 1913.
Commencements d'une vie. Autobiographisches. Paris 1932.
Bordeaux, ou L'adolescence. – Orages. Gedichtsammlung. Paris 1925.
Blaise Pascal et sa sœur Jaqueline. Essay. Paris 1931.
L'affaire Favre-Bulle. Essay. Paris 1931.

Band IX:
Dieu et Mammon. Essay. Paris 1929.
Souffrances et bonheur du Chrétien. Essay. Paris 1931.
(Leid und Glück des Christen. Essen 1948.)
La vie et la mort d'un poète (A. Lafon). Paris 1924.
Les maisons fugitives. Essay. Paris 1939.
Hiver. Discours de réception à l'Académie Française. Paris 1934.
(Rede anlässlich der Aufnahme in die Französische Akademie.)
Ce que je crois. Essays. Paris 1962. (Was ich glaube. München 1963.)

Band X:
Asmodée. Drama. Paris 1938. (Asmodi. Berlin 1948.)
Les mal aimées. Drama. Paris 1945. (Keiner wird genug geliebt.)
(Bühnenmanuskript. Nicht im Buchhandel. Berlin 1948.)
Le feu sur la terre. Drama. Paris 1951. (Das Feuer auf der Erde.)
(Bühnenmanuskript. Nicht im Buchhandel. München o.J.)

Band XI:
Journal I–III. Autobiographisches. Paris 1934.

Band XII:
Journal IV–V. Autobiographisches. Paris 1953.
(Auszüge aus: Journal I–II; u.d.T.: Von Tag und Ewigkeit. Heidelberg 1955. – Auszüge aus: Journal IV–V; u.d.T.: Noch ist es Zeit. Heidelberg 1957.)

Band XIII:
La bâillon dénoué. Autobiographisches. Paris . . . .
(Auszug u.d.T.: Noch ist es Zeit. Heidelberg 1957.)
Le fils de l'homme. Essay. Paris 1958.
(Der Menschensohn. München 1962.)

Band XIV:
De Gaulle. Ein Lebens- und Zeitbild. Paris 1964.
(De Gaulle. Berlin 1965.)

Band XV:
Le sagouin. Roman. Paris 1951.
(Denn du kannst weinen. Heidelberg 1953.)
Galigai. Roman. Paris 1952. (Galigai. Heidelberg 1953.)
L'agneau. Roman. Paris 1954. (Das Lamm. Heidelberg 1955.)

Band XVI:
Mémoires intérieurs. Autobiographisches. Paris 1959.
(Das Bild meines Ichs. München 1960.)

Band XVII:
Nouveaux mémoires intérieurs. Paris 1965.
(Die verborgenen Quellen. München 1967.)

Band XVIII:
La vie de Jean Racine. Biographie. Paris 1928.
Le romancier et ses personages. Essay. Paris 1933.
Mes grand hommes. Essay. Paris 1949.
La rencontre avec Barrès. Essay. Paris 1945.
Pascal. Essay. Paris 1949.

Band XIX:
Bloc-notes, 1952–1957. Aufsätze. Paris 1958.

Band XX:
Le nouveau bloc-notes, 1958–1960. Aufsätze. Paris 1961.

Band XXI:
Le nouveau bloc-notes, 1961–1964. Aufsätze. Paris 1968.

Band XXII:
Vie de Jesus. Paris 1936. (Leben Jesu. Freiburg 1947.)
Le Jeudi-Saint. Essay. Paris 1931. (Der grosse Abend. Graz 1934.)
Sainte Marguerite de Cortone. Biographie. Paris 1945.
(Die heilige Margarete von Cortone. Fribourg 1947.)
La pierre d'achoppement. Bekenntnisse. Paris 1951.
(Der Stein des Anstosses. Einsiedeln 1952.)

Band XXIII:
La chair et le sang. Roman. Paris 1920.
Fleisch und Blut. München 1949.)
Préséances. Roman. Paris 1921. (In diesen Kreisen. Düsseldorf 1955.)

Band XXIV:
Passage du Malin. Drama. Paris 1948.
Le pain vivant. Drehbuch. Paris 1955.
(Das Brot des Lebens. Heidelberg 1955.)
Journal d'un homme de trente ans. Paris 1948.
Du côté de chez Proust. Essay. Paris 1947.
Réponse à Paul Claudel à L'Academie Française. (Rede zur Aufnahme Claudel's in die Französische Akademie.) Paris 1947.
Lettres ouvertes. (Offene Briefe.) Monaco 1952.

Band XXV:
Mémoires politiques. Paris 1967.
(Die düsteren Jahre. Stuttgart 1968.)

Band XXVI:
Un adolescent d'autrefois. Roman. Paris 1969.
(Der Jüngling Alain. Wien 1970.)

1953 **Churchill, Winston S.** (1874–1965) / Großbritannien
„für seine Meisterschaft in der historischen und biographischen Darstellung sowie für die glänzende Redekunst, mit welcher er als Verteidiger von höchsten menschlichen Werten hervortritt".

Werkverzeichnis

1898: Story of the Malakland Field Force. London. (Churchill's erstes Buch.)
1899: The River War. London. (Über den Sudankrieg.)
1900: Savrola. London. (Churchill's einziger Roman.)
1900: London to Ladysmith via Pretoria. – Jan Hamilton's March. London. (Zwei Bücher über den Burenkrieg.)
1906: Lord Randolph Churchill. London. (Churchill's Vater. Eine Biographie.)
1909: Liberalismus and the social problem.
1923/1931: The World Crisis. 1911–1918. (Die Weltkrise 1911–1918. Gekürzte und neu durchgesehene Ausgabe in zwei Bänden. Zürich 1947.)
1930: My Early Life. London. (Weltabenteuer im Dienst. Später u.d.T.: Meine frühen Jahre. Leipzig 1931.)
1932: Thoughts and adventures. London.
(Gedanken und Abenteuer. Zürich 1943.)

1933/1938: Marlborough – His Life and Times. London.
(Marlborough. 2 Bände. München 1968/1969.)
1937: Great Contemporaries. London.
(Große Zeitgenossen. Amsterdam 1938.)
1941: Into Battle. London.
(Reden 1938–1940: Ins Gefecht. Zürich 1946.)
1942: The Unrelenting Struggle. London.
(Reden 1940–1941: Der unerbittliche Kampf. Zürich 1947.)
1943: The End of the Beginning. London.
(Reden 1942: Das Ende vom Anfang. Zürich 1948.)
1944: Onwards to Victory. London.
(Reden 1943: Vorwärts zum Sieg. Zürich 1948.)
1945: The Dawn of Liberation. London.
(Reden 1944: Das Morgengrauen der Befreiung. Zürich 1949.)
1946: Victory. London.
(Reden 1945: Endsieg. Zürich 1950.)
1946: Secret Session Speeches. London.
(Geheimreden. Fünf Reden während der Geheimsitzungen des Unterhauses 1940–1942. Zürich 1947.)
1947: A United Europe: One way to stop a New War. London.
1948/1954: The Second World War. 6 Bände. London.
(Der Zweite Weltkrieg. 6 Doppelbände. Bern 1948/1954.)
1956/1958: A History of the English Spaking Peoples. 4 Bde. London.
1. The Birth of Britain. – 2. The New World. – 3. The Age of Revolution. – 4. The Great Democracies.
(Geschichte. 4 Bände. Bern 1956/1958. – 1. Die Geburt Britanniens. 2. Das neue Weltbild. – 3. Das Zeitalter der Revolution. – 4. Die großen Demokratien.

„Die unheilige Allianz." Stalins Briefwechsel mit Churchill 1941–1945. Hrsg.: Manfred Rexin. Reinbek 1964.

Sekundär-Literatur

Lewis Broad: Winston Churchill. Zwei Bände.
1. Band: 1874–1939. London 1941.
(Winston Churchill. 1874–1939. Zürich 1944.)
2. Band: 1939–1945. London 1946.
(Winston Churchill. 1939–1945. Zürich 1947.)
Alan Moorehead: Churchill. A pictorial biography. London 1960.
(Churchill. Eine Bildbiographie (1874–1959). München 1961.)
Sebastian Haffner: Winston Churchill in Selbstzeugnissen und Dokumenten. Reinbek 1967.

1954 **Hemingway, Ernest** (1899–1961) / USA
„für seine kraftvolle und innerhalb der heutigen Erzählkunst stilbildende Meisterschaft, jüngst an den Tag gelegt in 'The Old Man and the Sea'."

Werkverzeichnis
(Die deutschen Übersetzungen sind jeweils in Klammern aufgeführt.)

1926: The Torrents of Spring. Roman. New York
(Die Sturmfluten des Frühlings. Hamburg 1957.)
1926: The Sun Also Rises. Roman. New York.
(Fiesta. Berlin 1928.)
1929: A Farewell to Arms. Roman. New York.
(In einem anderen Land. Berlin 1930.)
1932: Death in the Afternoon. (Über den Stierkampf.) New York.
(Tod am Nachmittag. Hamburg 1957.)
1935: The Green Hills of Afrika. Roman. New York.
(Die grünen Hügel Afrikas. Hamburg 1954.)
1937: To Have and Have not. Roman. New York.
(Haben und Nichthaben. Hamburg 1951.)
1938: The Fifth Column (Drama) and the First Forty-Nine Stories. New York. (Die fünfte Kolonne. Reinbek 1969.)
(49 Stories. – s. Anhang.)
1940: For Whom the Bell tolls. New York.
(Wem die Stunde schlägt. Stockholm 1941.)
1950: Across the River and Into the Trees. Roman. New York.
(Über den Fluß und in die Wälder. Hamburg 1951.)
1952: The Old Man and the Sea. Erzählung. New York.
(Der alte Mann und das Meer. Hamburg 1952.)
1964: A Moveable Feast. Jugenderinnerungen. New York.
(Paris – ein Fest fürs Leben. Reinbeck 1965.)
1967: Selected Articles and Dispatches of four Decades. New York.
(49 Depeschen. Journalistik. Reinbek 1969.)
1969: The Fifth Column (Drama) and Four Stories of the Spanish Civil War. New York. (Die fünfte Kolonne. Reinbek 1969.)
(4 Stories aus dem Spanischen Bürgerkrieg. Reinbek 1979.)
1970: Islands in the Stream. Roman. New York.
(Inseln im Strom. Reinbek 1971.)
1972: The Nick Adams Stories. New York.
(Die Nick Adams Stories. Reinbeck 1973. – Vereinigung der nur verstreut erschienenen Nick Adams Stories, vermehrt um bisher noch nicht veröffentlichte Stories aus dem Nachlaß.)

Anhang

Um eine umfangreiche bibliographische Einzelnachweisung aller Stories zu vermeiden, werden von der deutschen Ausgabe „49 Stories" die Titel hier wiedergegeben und bei ihnen das Jahr der amerikanischen Erstveröffentlichung vermerkt.

Die Ersten und die Letzten.
Das kurze glückliche Leben des Francis Macomber (1936). – Die Hauptstadt der Welt (1936). – Schnee auf dem Kilimandscharo (1936). – Alter Mann an der Brücke (1938). – Oben in Michigan (1923). – Auf dem Quai in Smyrna (1930).

In unserer Zeit.
Indianerlager (1924). – Der Doktor und seine Frau (1924). – Das Ende von Etwas (1925). – Drei Tage Sturm (1925). – Der Kämpfer (1925). – Eine kurze Geschichte (1924). – Soldaten zu Haus (1925). – Der Revolutionär (1924). – Mr. und Mrs. Elliot (1925). – Katze im Regen (1925). – Schonzeit (1923). – Schnee überm Land (1925). – Mein Alter (1923). – Großer doppelherziger Strom. I/II (1925).

Männer ohne Frauen.
Der Unbesiegte (1925). – In einem anderen Land (1927). – Hügel wie weiße Elefanten (1927). – Die Killer (1927). – Che ti dice la patria? (1927). – Um eine Viertelmillion (1927). – Eine einfache Frage (1927). – Zehn Indianer (1927). – Ein Gebirgsidyll (1927). – Eine Verfolgungsjagd (1927). – Heute ist Freitag (1926). – Eine banale Geschichte (1926). – Müde bin ich, geh zur Ruh (1927).

Der Sieger geht leer aus.
Nach dem Sturm (1932). – Ein sauberes, gut beleuchetes Café (1933). – Das Licht der Welt (1933). – Gott hab euch selig, ihr Herren (1933). – Wetterumschwung (1931). – So, wie du niemals sein wirst (1933). – Die Mutter eines Schwulen (1933). – Eine Leserin schreibt (1933). – Huldigung an die Schweiz (1933). Ein Tag warten (1933). – Eine Naturgeschichte der Toten (1932). – Wein aus Wyoming (1930). – Der Spieler, die Nonne und das Radio (1933). – Väter und Söhne (1933).

Sekundär-Literatur

Georges-Albert Astre: Hemingway. Hamburg 1961.
Carlos Baker: Ernest Hemingway. Der Schriftsteller und sein Werk. Rein-Reinbek 1967.

Carlos Baker: Hemingway. Die Geschichte eines abenteuerlichen Lebens. 687 S. München 1971.
Mary Welsh Hemingway: Wie es war. 470 S. Reinbek 1977.
Anthony Burgess: Ernest Hemingway. Eine Bild-Biographie. Hamburg 1980.

1955 **Laxness, Halldór Kilian** (1902– . . . .) / Island
„für seine anschauliche Epik, die die große isländische Erzählkunst erneuert".

Das vorliegende Werkverzeichnis beschränkt sich darauf, aus dem Gesamtschaffen des Dichters die Titel nachzuweisen, die ins Deutsche übersetzt worden sind. Damit wird die größte Anzahl seiner Romane, die als Schwerpunkt seines Schaffens anzusehen sind, erfaßt. Von mehreren Erzählungs- und Essaybänden wird mit drei Titeln eine charakteristische Auswahl gegeben. Summarisch sei vermerkt, daß von den Theaterstücken des Dichters keines ins Deutsche und, bis auf wenige Ausnahmen, auch nicht in andere Sprachen übersetzt worden ist, während von seinen Romanen Übersetzungen in mehr als dreißig Sprachen vorliegen.

Werkverzeichnis

Romane:

1931: Salka Valka. I: Pú vînvidur hreini. Reykjavik.
1932: Salka Valka. II: Fuglinn î fjörunni. Reykjavik.
(Salka Valka I: Du Weinstock, du reiner.
II: Vogel auf'm Strand. Berlin 1951.)
1934/35: Sjálfstaett fólk. Reykjavik.
(Unabhängige Menschen. Reinbek 1962.)
1937/1940: Heimsljós. Reykjavik. (Weltlicht. Berlin 1955.)
1943/1946: Islandsklukkan. Reykjavik.
(Islandsglocke. Frankfurt 1951.)
1948: Atómstödin. Reykjavik. (Atomstation. Berlin 1955.)
1952: Gerpla. Reykjavik. (Gerpla. Berlin 1977.)
1957: Brekkukotsannáll. Reykjavik.
(Das Fischkonzert. Reinbek 1961.)
1960: Paradisarheimt. Reykjavik.
(Das wiedergefundene Paradis. Luzern 1971.)
1968: Kristnihald undir Jökli. Reykjavik.
(Seelsorge am Gletscher. Luzern 1974.)
1970: Innansveitarkronika. Reykjavik.
(Kirchspielchronik. St. Gallen 1976.)
1975: I tuninu heima. Reykjavik.
(Auf der Hauswiese. Frauenfeld 1978.)

Erzählungen:
1933: Fótatak Manna. Akureyri.
1942: Sjö töframenn. Reykjavik.
(Auswahl aus vorstehenden 2 Titeln in: Die gute Jungfrau und andere Erzählungen. Hamburg 1958.)

Essays:
1963: Skaldatimi. Reykjavik. (Zeit zu schreiben. München 1976.)

Sekundär-Literatur

Günter Kötz: Das Problem Dichter und Gesellschaft im Werke von H. K. Laxness. Gießen 1966.

1956 **Jiménez, Juan Ramon** (1881–1958) / Spanien
„für seine lyrische Dichtung, die in spanischer Sprache ein Vorbild von hoher Geistigkeit und künstlerischer Reinheit bildet".

Das schriftstellerische Gesamtwerk des Nobelpreisträgers beinhaltet fast ausschließlich Lyrik und lyrische Prosa. Voraussetzung seiner Lyrik sind Maß und Konzentration. Er hat mit einem Minimum an Wortaufwand ein Maximum an Wirkung erzielt. Uneingeschränkt der Feststellung, daß Lyrik nicht jedermanns Sache ist, hat sein lyrisches Prosabuch „Platero und ich" (lebensphilosophische Betrachtungen mit einem Esel) großen internationalen Erfolg gefunden. In Spanien selbst wurde es zum Volksbuch, das 1965 im 90. Tausend publiziert wurde. Das vorliegende Werkverzeichnis geht von einer spanischen Gesamtausgabe (ausschließlich „Platero y yo") seiner Lyrik aus, die in zwei Bänden bei Aquilar in Madrid erschienen ist. Die hier aufgeführten Inhaltstitel bezeichnen zugleich die einzelnen Gedicht-Publikationen, bei denen das Jahr ihrer Erstausgabe vermerkt wird.

Werkverzeichnis

1959: J. R. Jiménez. Libros de poesia. 2 Bände. Madrid.
(Biblioteca premios Nobel)

Bd. 1: Rimas (Reime), 1902. – Arias tristes (Traurige Arien), 1903. – Jardinos lejanos (Entfernte Gärten), 1904. – Pastorales (Ländliche Idylle), 1905. – Olvidanzas: Las hojas verdes (Vergessene grüne Blätter), 1909. – Baladas de primavera (Frühlingsballaden), 1910. – Elegias puras (Reine Elegien), 1908. – Elegias intermedias (Zwischenzeitliche Elegien), 1909. – Elegias lamentales (Klagende Elegien), 1910. – La soledad sonora (Die tönende

Einsamkeit), 1911. – Poemas mágicos y dolientes (Magische und schmerzende Gedichte), 1911. – Laberinto (Labyrinth), 1913. – Melancolia (Melancholie), 1912.

Bd. 2: Sonetos espirituales (Geistige Sonette), 1917. – Estio (Sommer), 1916. – Diario de un poeta recién casado (Tagebuch eines vermählten Dichters), 1917. – Eternidades (Ewigkeiten), 1918. – Piedra y cielo (Stein und Himmel), 1919. – Belleza (Schönheit), 1923. – Poesia (Poesie), 1923. – La estación total (Die totale Raumzeit), 1935. – Animal de fondo (Tier vom Grund – Wesen der Tiefe), 1949.

1934: Platero y yo. Elegia andaluza. Madrid.
(Platero und ich. Vollständige Erstausgabe in der Nobelpreis-Reihe des Coron-Verlages, Zürich 1969.)

Deutsche Gedichtauswahl:
Herz, stirb oder singe. Zürich 1958.
Wesen der Tiefe (Animal de fondo). Frankfurt 1963.

1957 **Camus, Albert** (1913–1960) / Frankreich
„für seine bedeutungsvolle Verfasserschaft, die mit scharfsichtigem Ernst menschliche Gewissensprobleme in unserer Zeit beleuchtet".

Von Albert Camus sind alle Hauptwerke, einschließlich der in Sammelbänden erschienenen Erzählungen und Essays, ins Deutsche übertragen. Seine nur in Zeitungen und Zeitschriften erschienenen Artikel, die zum größten Teil der Tages-Journalistik zuzurechnen sind, blieben in diesem Werkverzeichnis unberücksichtigt, da sie dem mit den vorliegenden Titel-Nachweisungen zu gewinnenden Gesamtbild des Dichters keine grundlegend neuen Aspekte hinzufügen würden.

Werkverzeichnis

Romane / Erzählungen

1942: L'Etranger. Paris. (Der Fremde. Boppard 1948.)
1947: La Peste. Paris. (Die Pest. Innsbruck 1948.)
1946: La Chute. Paris. (Der Fall. Hamburg 1957.)
1957: L'Exil et le Royaume. Erzählungen. Paris.
(Das Exil und das Reich: Die Ehebrecherin (La Femme adultére). – Der Abtrünnige (Le Renégat). – Die Stummen (Les Muets). – Der Gast (L'Hôtel). – Jonas oder Der Künstler bei der Arbeit (Jonas ou L'Artiste au Travail). – Der treibende Stein (La Pierre qui pousse). – Hamburg 1958.

1971: La Mort heureuse. (Postum veröffentlicht) Paris.
(Der glückliche Tod. Reinbek 1972.)

Dramen:

1944: Caligula, und Le Malentendu. Paris.
(Caligula / Das Mißverständnis, in: Dramen. Hamburg 1959.)
1948: L'Etat de Siège. Paris.
(Belagerungszustand, in: Dramen. Hamburg 1959.)
1950: Les Justes. Paris.
(Die Gerechten, in: Dramen. Hamburg 1959.)
1959: Les Possédés. Paris. (Die Besessenen, in der erw. Ausgabe der: Dramen. Hamburg 1962.)

Tagebücher:

1962: Carnets, mai 1935–février 1942. Paris.
(Tagebuch, Mai 1935 – Febr. 1942. Reinbek 1963.)
1964: Carnets, janvier 1942–mars 1951. Paris.
(Tagebuch, Januar 1942 – März 1951. Reinbek 1967.)
1978: Journaux de voyage. Paris.
(Reisetagebücher. Reinbek 1980.)

Essays:

1937: L'Envers et l'Endroit. Algier.
(Licht und Schatten, in: Literarische Essays. Hamburg 1959.)
1938: Noces. Algier. (Hochzeit des Lichts. Zürich 1950.)
(Dass. in: Literarische Essays. Hamburg 1959.)
1954: L'Eté. Paris. (Heimkehr nach Tipsa. Zürich 1957.)
(Dass. in: Literarische Essays. Hamburg 1959.)
1942: Le Mythe de Sisyphe. Paris.
(Der Mythos von Sisyphos. Boppard 1950.)
1951: L'Homme révolte. Paris 1951.
(Der Mensch in der Revolte. Hamburg 1953.)
1950: Actuelles I. Chronique 1944 –1948. Paris.
1953: Actuelles II. Chronique 1948–1958. Paris.
1958: Actuelles III. Chronique algérienne. 1939–1958. Paris.
(Auszüge aus: Actuelles I–III, in: Fragen der Zeit. Reinbek 1960.)

1958 **Pasternak, Boris** (1890–1960) / UdSSR
„für seine bedeutende Leistung sowohl in der zeitgenössischen Lyrik als auch auf dem Gebiet der großen russischen Erzähltradition".

Werkverzeichnis

Lyrik:

1914: Bliznec v tučach (Zwilling in den Wolken). Moskau.
1917: Poverch bar'erov (Über den Barrieren). Moskau.
1922: Sestra moja žizn' (Meine Schwester – das Leben). Moskau.
1923: Temy i variacii (Themen und Variationen). Moskau.
1927: Devjat'sot pjatyj god (Das Jahr 1905). Versepos. Moskau.
1927: Lejtenant Smidt (Leutnant Schmidt). Versepos. Moskau.
1931: Spektorskij. Autobiographisches Versepos. Moskau.
1932: Vtoroe roždenie (Zweite Geburt). Moskau.
1943: Na rannich poezdach (In den Frühzügen). Moskau.
1945: Zemnoj prostor (Irdische Weite). Moskau.

Deutsche Gedichtauswahl
aus verschiedenen der russischen Publikationen in:
Gedichte, Erzählungen, Sicheres Geleit. Frankfurt 1959.
Bescheidenheit und Kühnheit. Zürich 1959.
Russische Lyrik des 20. Jahrhunderts. Wiesbaden 1959.
Neue russische Lyrik. Frankfurt 1960.
Ausgewählte Gedichte. Zürich 1961.
Museum der modernen Poesie. München 1964.
Initialen der Leidenschaft. Frankfurt 1971.
Meine Schwester – das Leben. Luzern 1976.
Wenn es aufklart. (Gedichte 1956–1959 nach dem Manuskript übersetzt, und: Die Gedichte des Jurij Schiwago.) Deutsche Sonderausgabe. Frankfurt 1960.

Erzählungen:

1922: Detstwo Ljuvers (Ljuvers Kindheit). Moskau.
1922: Pis'ma iz Tuly (Briefe aus Tula). Moskau.
1924: Vozdušnye puti (Luftwege/Wolkenwege). Moskau.
(Alle drei Erzählungen in: Gedichte, Erzählungen, Sicheres Geleit. Frankfurt 1959.)
1937: Iz novogo romano o 1905. Moskau. (Dezembertag 1905, in: Bescheidenheit und Kühnheit. Zürich 1959.)
1974: Istorija odnoj kontroktaravy. Moskau.
(Die Geschichte einer Kontra-Oktave. Frankfurt 1975.)

Autobiographie / Briefe:

1931: Ochranaja gramota. Leningrad.
(Geleitbrief. Köln 1958.)
1959: Vstupitel'nyj očerk. New York.
(Über mich selbst. Frankfurt 1959.)
1966: Pisjma k grusinskim drusjam. Moskau.
(Briefe nach Georgien. Frankfurt 1968.)

Roman:

1958: Doktor Živago. Ann Arbor.
(Doktor Schiwago. Frankfurt 1958.)

Drama:

1969: Slenaja Krasavica. London.
(Die blinde Schönheit. Frankfurt 1969.)

Übersetzungen:
Übersetzen ist ein nachschöpferischer Akt von hohem dichterisch eigenständigen Einfühlungsvermögen. In diesem Sinne ist Pasternaks Faust-Übersetzung ein Höhepunkt.

1957: „Faust" von J. W. von Goethe. Aufl. 25 000. Moskau.

Pasternak übersetzte außerdem, was hier summarisch vermerkt sei:
H. v. Kleist: Der zerbrochene Krug. – Der Prinz von Homburg. (1917). – W. Shakespeare: Hamlet (1941). – Romeo and Juliet (1943). – Anthony and Cleopatra (1944). – Othello (1945). – King Henry IV. (1948). – King Lear (1949). – Macbeth (1951). F. v. Schiller: Maria Stuart (1958).

Gesamtausgabe von Pasternaks Werken:
1961: Sočinenija. Vier Bände. Ann Arbor.

1959 **Quasimodo, Salvatore** (1901–1968)
„für seine lyrische Dichtung, die mit klassischem Feuer das tragische Lebensgefühl der Gegenwart ausdrückt".

Werkverzeichnis

Lyrik:

1930: Acque e terre (Wasser und Erde). Florenz.
1932: Oboe sommerso (Versunkene Oboe). Genua.

1932: Odore di Eucalyptus (Eukalyptusduft). Florenz.
1936: Erato e Apollion (Erato und Apollo). Mailand.
1938: Poesie (Sammelband). Mailand.
1947: Giorno dopo giorno (Tag um Tag). Mailand.
1949: La vita non è sogno (Das Leben ist kein Traum). Mailand.
1956: Il falso e vero verde (Das falsche und das wahre Grün). Mailand.
1958: La terra impareggiable (Die unvergleichliche Erde). Mailand.
1966: Dara e Averse (Geben und Haben). Mailand.

Deutsche Gedichtauswahl
aus verschiedenen der italienischen Publikationen in:

Tag um Tag. (Bücher der Bauhütte. 3) 1950.
Das Leben ist kein Traum. München 1960.
Italienische Gedichte des 20. Jahrhunderts. Frankfurt 1962.
Ein offener Bogen. München 1963.
Insel des Odysseus. Frankfurt 1967.
Unmerklich tanzt die Zeit. Berlin 1967.

Essayistische Prosa:

1960: Il poeta il politica (Der Poet und der Politiker). Mailand.
1961: Scritti Sul Teatro (Essays). Mailand.

Übersetzungen:

1945: Homer: Dall'Odissea (Teil-Übersetzung). Mailand.
1947: Sophokles: Edipo Re (König Ödipus). Mailand.
1949: Aischylos: Le Coefore (Das Totenopfer). Mailand.
1949: Shakespeare: Romeo a Giulieta. Mailand.
1950: Shakespeare: Riccardo III. Mailand.
1952: Shakespeare: Macbeth. Turin.
1952: P. Neruda: Poesie de Pablo Neruda. Turin.
1954: Sophokles: Elettra (Elektra). Mailand.
1956: Shakespeare: La Tempesta (Der Sturm). Turin.
1958: Shakespeare: Othello. Mailand.
1962: Euripides: Ecuba (Hekuba). Urbino.
1966: Euripides: Eracle (Herakles). Mailand.
1966: Shakespeare: Antonio e Cleopatra. Mailand.

Gesamtausgabe:

1965: Salvatore Quasimodo. Tutte le Poesie. 2 Bände. Mailand.

1960 **Saint-John Perse (d.i. Léger, Alexis)** (1887–1975) / Frankreich
„für den hohen Flug und die bildschöpferischen Phantasien seiner Dichtung, die die Zeitlage visionär widerspiegelt".

Saint-John Perse hat ausschließlich lyrische bzw. hymnische Prosa geschrieben. Sein lyrisches Gesamtwerk ist fast ausnahmslos ins Deutsche übersetzt und im Luchterhand-Verlag in Darmstadt erschienen. Alles Nachgewiesene ist zweisprachig.

Werkverzeichnis

1911: ELOGES (Preislieder). Paris.
Pour feter une enfance (Einer Kindheit zur Feier). Paris 1910.
Eloges (Preislieder). Paris 1910.
Images à Crusoé (Bilder für Crusoe). Paris 1909.

1911–1948: LA GLOIRE DES ROIS (Ruhm der Könige). Paris.
Récitation à l'éloge d'une Reine (Anruf zum Preise einer Königin). Paris 1910.
Amitie du prince (Freundschaft des Fürsten). Paris 1924.
Histoire du regent (Geschichte des Regenten). Paris 1910.
Chanson du présomptiv (Lied des Thronerben). Paris 1945.
Berceuse (Wiegenlied). Paris 1945.

1924: ANABASIS (Anabasis). Paris.

1944: EXIL u.d.T.: Quatre Poèms. Chicago.
Exile (Exil). Chicago 1942.
Pluies (Regen). Buenos Aires 1943.
Neiges (Schnee). Buenos Aires 1944.
Poème à l'Etrangère (Gedicht an die Fremde). New York 1943.

1946: VENTS (Winde). Paris.

Deutsche Gesamtausgabe
der vorstehenden Titel ELOGES bis VENTS:

Saint-John Perse. Dichtungen. Darmstadt 1957.
(Die obige Titel-Reihenfolge entspricht der deutschen Ausgabe.)

1957: AMERS. Paris. (Seemarken. Darmstadt 1959.)

1960: CHRONIQUE. Paris. (Chronik. Darmstadt 1960.)

1962: OISEAUX. Paris. (Vögel. Darmstadt 1964.)

1961 **Andrić, Ivo** (1892–1975) / Jugoslawien
„für die epische Kraft, mit der er Motive und Schicksale aus der Geschichte seines Landes gestaltet".

Der Schwerpunkt im dichterischen Schaffen Andrić's liegt in seiner erzählerischen Prosa. Sie ist fast ausnahmslos ins Deutsche übersetzt. Von seinen zahlreichen Erzählungen gibt es neben einigen kleineren deutschen Sammelbänden eine drei Bände umfassende Standardausgabe mit 70 Erzählungen auf mehr als 1200 Seiten. Um das Werkverzeichnis, anstelle zahlreicher Einzelnachweisungen, durch Zusammenfassung zu vereinfachen, wird von dieser Standardausgabe ausgegangen. Bei den einzelnen Inhaltstiteln der drei Bände wird das Jahr der deutschen und jugoslawischen Erstausgabe verzeichnet. Auf die Nachweisung der kleineren Sammelbände wurde, mit Ausnahme von „Jelena", verzichtet, da deren Inhaltstitel in der Standardausgabe verzeichnet sind. Eine absolute Inhaltsgleichstellung jugoslawischer mit deutschen Sammelbänden war nicht gegeben.

Werkverzeichnis

Romane:

1945: Gospodjica. Sarajevo. (Das Fräulein. Leipzig 1958.)
1945: Na Drini čuprija. Beograd.
(Die Brücke über die Drina. Zürich 1953.)
1945: Travnička kronika. Beograd. (Audienz beim Wesir. – Später u.d.T.: Wesire und Konsuln. Berlin 1959.)
1954: Prokleta avlija. Novi Sad.
(Der verdammte Hof. Frankfurt 1957.)
1978: Omer Pasa Latas. (Postum erschienen) Beograd.
(Omer-Pascha latas. München 1980.)

Ivo Andrić. Sämtliche Erzählungen. Drei Bände. (s. Vorbemerkung)

Bd 1. Der Elefant des Wesirs. München 1962.
Bd 2. Im Streit der Welt. München 1963.
Bd 3. Gesichter. München 1964.

Bd 1. Der Elefant des Wesirs.
Die Brücke über die Zepa, 1935 (Most na Žepi, 1925). – Der Weg des Alija Djerzelez, 1947 (Put Alije Djerzelez, 1947). – Geschichte vom Salz, 1962 (Priča o soli, 1960). – Der Tod im Sinankloster, 1936 (Smrt u. Sinanvoj Tekiji, 1936). – Mustafa Magyar, 1960 (Mustafa Madzar, 1923). – In der Klosterherberge, 1939 (U musafirhani, 1923). – Im Kerker, 1930 (U zindanu,

1924). – Die Beichte, 1939 (Ispovijed, 1928). – Am Kessel, 1939 (Kod kazana, 1930). – Der Rumpf, 1961 (Trup, 1937). – In der Wassermühle, 1962 (U vodenici, 1941). – Der Spaß in der Herberge, 1961 (Sale u Samsarinom hanu, 1946). – Das Glas, 1960 (Casa, 1940). – Die Versuchung, 1939 (Napast, 1936). – Das Wunder in Olovo, 1930 (Cudo u Olovu, 1926). – Das Gespräch, 1962 (Razgovar, 1948). – Die Männer von Veletovo, 1961 (Veletovici, 1928). – Anikas Zeiten, 1961 (Anikina vremena, 1931). – Der Elefant des Wesirs, 1961 (Priča o vezirrovom slonu, 1947). – Die Probe, 1962 (Proba, 1954). – Ein unruhiges Jahr, 1962 (Nemirna godina, 1935).

Bd. 2. Im Streit der Welt.
Die Geliebte des Veli Pascha, 1939 (Mara milosnica, 1926). – Olujaci, 1939 (Olujaci, 1936). – Die Geschichte vom Zinsbauern Siman, 1961 (Priča o kmetu simanu, 1948). – Der Teppich, 1963 (Cilim, 1948). – Durst, 1938 (Žedj, 1936). – Die Schlange, 1961 (Zmija, 1948). – Liebe in der Kleinstadt, 1959 (Ljubav u kasabi, 1923). – Corkan, der Einäugige und die Fremde, 1939 (Corkan i Švabica, 1921). – Im Streit mit der Welt, 1963 (U zavadi sa svetom, 1958). – Mila und Prelac, 1939 (Mila i Prelac, 1936). – Die Leute von Osatica, 1963 (Osatičani, 1958). – Die Kinder, 1963 (Deca, 1935). – Das Fenster, 1963 (Prozor, 1953). – Das Buch, 1946 (Knjiga, 1946). – Der Ausflug, 1962 (Izlet, 1953). – Am Ufer, 1960 (Na obali, 1952). – Jagd auf den Auerhahn, 1963 (Lov na tetreba, 1959). – Die Sense, 1962 (Kosa, 1950). – Im Winter, 1962 (Zimi, 1960). – Traum und Wirklichkeit, 1962 (Pod grabićem, 1946). – Auf dem Staatsgut, 1962 (Na državnom imanju, 1959). – Das Fest = Der Feiertag, 1962 (Svečanost, 1960). – Streik in der Teppichweberei, 1963 (Štrajk u tkaonici ćilima, 1950). – Nachbarn, 1961 (Susedi, 1946). – Auf der Sonnenseite, 1963 (Na sunčanoj strani, 1952). – Die Sonne, 1963 (Sunce, 1960). – Die Rzavaer Berge, 1911 (Rzavski bregovi, 1924).

Bd. 3. Gesichter.
Gesichter, 1962 (Lica, 1953). – Hochzeit, 1939 (Svadba, 1936). – Brief aus dem Jahr 1920, 1960 (Pismo iz 1920, 1946). – Worte, 1964 (Reči, 1954). – Die Frau auf dem Stein, 1964 (Žena na kamenu, 1954). – Der Tanz, 1964 (Igra, 1956). – Im Stadion, 1964 (Na stadionu, 1956). – Ferien im Süden, 1964 (Letovanje na jugu, 1959). – Byron in Sinitra, 1964 (Bajron u sintri, 1935).

Der Ausflug, 1964 (Ekskurzija, 1955). – Die Mißhandlung, 1961 (Zlostavljanje, 1946). – Der Spaziergang, 1964 (Šetnja, 1934). – Zeichen, 1960 (Znakovi, 1951). – Djordje Djordjević, 1962 (Djordje Djordjević, 1960). – Ein Familienbild, 1964 (Porodična slika, 1950). – Die verschlossene Tür, 1964 (Zatvorena vrata, 1951). – Buffet 'Titanic', 1960 (Bife 'Titanic', 1950). – Häschen, 1964 (Zeko, 1948). – Holzbündel, 1964 (Snopići, 1948). – Die Autobiographie, 1960 (Autobiografija, 1951). – Panorama, 1964 (Panorama, 1958). – Aska und der Wolf, 1960 (Aska i vuk, 1953).

Jelena (und andere Erzählungen). Recklinghausen 1967.

Jelena, die Frau, die es nicht gibt. Erstausgabe (Jelena žena koje nema, 1962). – Die Frau von Elfenbein. Erstausgabe (Žena od slonove kosti, 1922). – Die Frau auf dem Stein, 1964 (Žena na kamenu, 1954).

1962 **Steinbeck, John** (1902–1968) / USA

„für seine einmalige realistische und phantasievolle Erzählkunst, gekennzeichnet durch mitfühlenden Humor und sozialen Scharfsinn".

Das vorliegende Werkverzeichnis beschränkt sich auf die Werke Steinbeck's, die ins Deutsche übersetzt worden sind. Damit werden gleichzeitig die Hauptwerke nachgewiesen, die die literarische Bedeutung des Nobelpreisträgers im Wesentlichen erkennen lassen.

Werkverzeichnis

Romane:

1929: A Cup of Gold. New York.
(Eine Handvoll Gold. München 1923.)

1932: The Pastures of Heaven. New York.
(Das Tal des Himmels. Zürich 1954.)

1933: To a God Unknown. New York.
Der fremde Gott. Wien 1954.

1935: Tortilla Flat. New York.
(Die Schelme von Tortilla Flat. Zürich 1943).

1936: In Dubious Battle. New York.
(Stürmische Ernte. Zürich 1955.)

1937: Of Mice and Men. New York.
(Von Mäusen und Menschen. Zürich 1940.)

1939: The Grapes of Wrath. New York.
(Früchte des Zorns. Darmstadt 1943.)
1942: The Moon Is Down. New York.
(Der Mond ging unter. Zürich 1943.)
1945: Cannery Row. New York.
(Die Straße der Ölsardinen. Zürich 1946.)
1947: The Wayward Bus. New York.
(Autobus auf Seitenwegen. Zürich 1948.)
1952: East of Eden. New York.
(Jenseits von Eden. Zürich 1953.)
1954: Sweet Thursday. New York.
(Wonniger Donnerstag. Zürich 1955.)
1957: The Short Reign of Pipin IV. New York.
(Laßt uns König spielen. Konstanz 1958.)
1961: The Winter of Our Discontent. New York.
(Geld bringt Geld. Zürich 1964.)

Erzählungen:

1938: The Long Valley. New York.
(Der rote Pony und andere Erzählungen. Zürich 1945.)
1947: The Pearl. New York. (Die Perle. Zürich 1949.)
1950: Burning Bright. New York.
(Die wilde Flamme. Zürich 1952.)

Theoretische Prosa:

1951: The Log from the Sea of Cortez. New York.
(Logbuch des Lebens. Zürich 1953.)
1962: Travels with Charley. New York.
(Meine Reise mit Charley. Zürich 1963.)
1966: America and Americans. New York.
(Amerika und die Amerikaner. Luzern 1966.)
1969: Journal of a Novel: The 'East of Eden' Letters. New York.
(Tagebuch eines Romans. Zürich 1970.)

Die gute alte und die bessere neue Zeit. Zürich 1964.
(Eine Übereinstimmung mit einem amerikanischen Sammelband besteht nicht.)
Zum heiteren Floh. Drei Kurzgeschichten. – Ich hatte mir alles anders gedacht. Erinnerungen. – Mein eigenes Paris. Impressionen. – Meine Revolution. Essays.

1963 **Seferis, Giorgos** (1900–1971) / Griechenland
„für seine hervorragende lyrische Dichtung, inspiriert von tiefem Gefühl für die hellenische Kulturwelt".

Werkverzeichnis

Lyrik:

1931: Strophē (Wendepunkt). Athen.
1932: E Stérna (Die Zisterne). Athen.
1935: Mythistórēma (Mythischer Lebensbericht). Athen.
1936: Gymnopaidìa (Gymnopädie = Lyrische Tänze). Athen.
1940: Tetrádio Gymnasmáton 1928–1937 (Übungsheft). Athen.
1940: Emerológio katastrómatos (Decktagebuch I). Athen.
1945: Emerológio katastrómatos (Decktagebuch II). Athen.
1947: Kichlē (Die Drossel). Athen.
1955: Kýpron, oū m'éthéspisen (Zypern, wo mir prophezeiet ward). Athen.
1966: Tria krypha Poiēmata (Drei geheime Gedichte). Athen.
1977: Poiēmata (Gedichte). 11. Auflage. Athen.
(Diese Gesamtausgabe der Gedichte erfaßt alle vorstehenden Gedichtbände auf 376 Seiten. Bis zur 11. Auflage waren 43.525 Exemplare gedruckt worden.)

Essays:

1981: Dokimes (Essays). II Bände. 4. Auflage. Athen.
I. 1936–1947 (20 Titel)
II. 1948–1971 (21 Titel)
(Delphi. München 1962. – Dieser aus Band II übersetzte Titel ist das einzige ins Deutsche übersetzte Essay.)

Tagebücher:

1972: Cheirographo (Manuskript) September 1941. Athen.
(Manuskript September 1941. München 1981.)

Meres = Tage-(buch).
1975: Meres I (16.02.1925–17.08.1931). Athen.
1977: Meres II (24.08.1931–12.02.1934). Athen.
1977: Meres III (16.04.1934–14.12.1940). Athen.
1977: Meres IV (01.01.1941–31.12.1944). Athen.
1977: Meres V (01.01.1945–19.04.1951). Athen.

1979: Politiko Emerologio I (Politisches Tagebuch). Athen.
(25.11.1935–13.10.1944)

Übersetzungen ins Neugriechische:

1979: T. S. Eliot: E erema chora kai alla poiemata (Das wüste Land und andere Gedichte). 4. Auflage. Athen.

Deutsche Auswahl (Poesie und Prosa):

Delphi. (Essay s.o.) München 1962.
Poesie. (Neugriechisch/Deutsch) Frankfurt 1962.
G. Seferis: Sechzehn Haikus. Frankfurt 1968.
Sechzehn Gedichte. Übers. von G. von der Trenck in dem Sammelband ‚Ruhm und Ehre' (Die Nobelpreisträger für Literatur). Gütersloh (ca.) 1971.
Logbücher I und II. / Manuskript September 1941. (Neugriech./ Deutsch) Übers. von Gisela von der Trenck. München 1981.
P. Tzermias: Der griechische Lyriker G. Seferis. Zürich 1964.

1964 **Sartre, Jean-Paul** (1905–1980) / Frankreich
„in Anerkennung seines schöpferischen schriftstellerischen Schaffens, dessen freiheitlicher Geist und dessen Suche nach Wahrheit einen weitreichenden Einfluß auf unser Zeitalter ausgeübt hat".

Sartre hat es *abgelehnt,* die mit vorstehender Begründung ausgesprochene Verleihung des Nobelpreises *anzunehmen.* Welche Gründe er dafür auch immer geltend gemacht hat, ungeachtet dessen bleibt die literaturgeschichtliche Tatsache der Nobelpreisverleihung und insbesondere ihre Begründung für immer festgeschrieben.

Werkverzeichnis

Erzählende Prosa:

1938: La nausée. Roman. Paris. (Der Ekel. Hamburg 1949.)
(Der Ekel. Neuübersetzung. Enthält die in der französischen Ausgabe von 1938 vom Autor gestrichenen Passagen. Reinbek 1981.)

1939: Le mur. Erzählungen. Paris. (Le mur. – La chambre. – Erostrate. – Intimité. – L'enfance d'un chef.)
(Die Mauer. Hamburg 1950. – Die Mauer. – Das Zimmer. – Herostrat. – Intimität. – Kindheit eines Chefs.)

Les chemins de la liberté. Roman in 3 Bänden.
(Die Wege der Freiheit.)

1945: 1. L'âge de raison. Paris. (Die Zeit der Reife. Reinbek 1949.)
1945: 2. Le sursis. Paris. (Der Aufschub. Reinbek 1950.)
1949: 3. La mor dans l'âme. Paris. (Der Pfahl im Fleisch. Reinbek 1951.)

Autobiographisches:

1964: Les Mots. Paris. (Die Wörter. Reinbek 1965.)
1977: Sartre über Sartre. Deutscher Sammelband. Reinbek. (In diesem Band sind Veröffentlichungen gesammelt, in denen Sartre Auskunft über sich und seine Arbeit gibt.)
1977: Sartre. Un film. Paris. (Sartre. Ein Film. Reinbek 1978.)

Theater:

1969: Gesammelte Dramen. Deutsche Sonderausgabe. Reinbek. (Den Inhaltstiteln ist das Jahr der deutschen und französischen Erstausgabe beigegeben.)
Die Fliegen, 1949 (Les mouches, 1943). – Bei geschlossenen Türen, 1949 (Huis Clos, 1945). – Tote ohne Begräbnis, 1949 (Morts sans sépulture, 1946). – Die ehrbare Dirne, 1949 (La putain respectueuse, 1947). – Die schmutzigen Hände, 1954 (Les mains sales, 1948). – Der Teufel und der liebe Gott, 1951 (Le diable et le bon Dieu, 1951). – Kean, 1954 (Kean, 1954). – Nekrassow, 1956 (Nekrassow, 1956). – Die Eingeschlossenen, 1960 (Les Séquestrés d'Altona, 1960). – Die Troerinnen des Euripides, 1966 (Les Troyennes, 1965).
1947: Les Jeux sont fairs. Film-Drehbuch. Paris. (Das Spiel ist aus. Hamburg 1952.)
1948: L'engrenage. Film-Drehbuch. Paris 1948. (Im Räderwerk. Darmstadt 1954.)
1979: Mythos und Realität des Theaters. Aufsätze und Interviews 1931–1971. Deutscher Sammelband.

Große theoretische Prosa:

1940: L'Imaginaire. Psychologie phénoménologique de l'imagination. Paris. (Das Imaginäre. Phänomenologische Psychologie der Einbildungskraft. Reinbek 1971.)
1943: L'être et le néant. Essai d'ontologie phénoménologique. Paris. (Das Sein und das Nichts. Versuch einer phänomenologischen Ontologie. Hamburg 1962.)
1947: Baudelaire. Paris. (Baudelaire. Hamburg 1953.)
1961: Saint Genet, comédien et martyr. Paris. (Saint Genet, Komödiant und Märtyrer. Reinbek 1982.)
1960: Critic de la raison dialectique. Théorie des ensembles practiques. Paris. (Kritik der dialektischen Vernunft. Theorie der gesellschaftlichen Praxis. Reinbek 1967.) (Diese Übersetzung enthält nicht das Einleitungskapitel „Question de méthode" des Originalwerkes.)

1960: Question de méthode (im vorstehenden Titel). Paris.
(Marxismus und Existentialismus. Reinbek 1964.)

L'Idiot de la famille. Gustave Flaubert de 1821 à 1857.
1971: Volume I. Paris.
1971: Volume II. Paris.
1972: Volume III. Paris.
(Der Idiot der Familie. Gustave Flaubert 1821–1857.
Übersetzung in 5 Bänden. Reinbek 1977–1979.)

Kleine theoretische Prosa:
Um eine umfangreiche bibliographische Nachweisung zahlreicher Einzeltitel einsparen zu können, beschränkt sich dieser Werkverzeichnis-Abschnitt auf die Nachweisung der deutschen Sammelbände, die eine im vorliegenden Rahmen angemessene und charakteristische Auswahl von Sartre's zahlreichen Beiträgen zur Zeit- und Literaturkritik beinhalten.

1950: Drei Essays: Ist der Existentialismus ein Humanismus? / Materialismus und Revolution. / Betrachtungen zur Judenfrage. Zürich.
1958: Was ist Literatur? 4 versch. Inhaltsthemen. Reinbek.
1964: Die Transzendenz des Ego. Drei Essays: Die Transzendenz des Ego. / Über die Einbildungskraft. / Entwurf einer Theorie der Emotionen. Reinbek.
1965: Situationen. 18 versch. Inhaltstitel. Reinbek.
1968: Kolonialismus und Neokolonialismus. 7 versch. Inhaltstitel. Reinbek.
1968: Porträts und Perspektiven. 15 versch. Inhaltstitel. Reinbek.
1974: Mai '68 und die Folgen. I. 17 versch. Inhaltstitel. Reinbek.
1975: Mai '68 und die Folgen. II. 7 versch. Inhaltstitel. Reinbek.
1978: Der Mensch und die Dinge. Aufsätze zur Literatur. 1938–1946. 18 versch. Inhaltstitel. Reinbek.
1979: Was kann Literatur? 15 versch. Inhaltstitel. Reinbek.

Sekundär-Literatur

Arthur C. Danto: Jean Paul Sartre. München 1977.
Simone de Beauvoir: Die Memoiren der Lebensgefährtin Sartre's:
Mémoires d'une jeune fille rangée. Paris 1958.
(Memoiren einer Tochter aus gutem Haus. Reinbek 1960.)
La force de l'âge. Paris 1960.
(In den besten Jahren. Reinbek 1961.)
La force des choses. Paris 1963.
(Der Lauf der Dinge. Reinbek 1966.)
Tout compte fait. Paris 1972. (Alles in allem. Reinbek 1974.)

1965 **Šolochov, Michail** (1905–1984) / UdSSR
„für seine künstlerische Kraft und Ehrlichkeit, womit er in seinem Don-Epos einen geschichtlichen Zeitabschnitt aus dem russischen Volksleben gestaltet hat".

Dieses Werkverzeichnis geht von den „Sobranie sočinenij" (Gesammelte Werke) in acht Bänden aus. Unter Verzicht auf eine allzu umfangreiche bibliographische Nachweisung zahlreicher Einzeltitel und einer besseren Übersicht wegen beschränkt sie sich darauf, die Inhaltstitel der acht Bände wiederzugeben und bei ihnen das Jahr der russischen und, gegebenenfalls, der deutschen Erstausgabe zu vermerken.

Werkverzeichnis

1956–1960: Michail A. Šolochov. Sobranie sočinenij.
(Gesammelte Werke.) Acht Bände. Moskau.
Bd. 1. Rasskazy 1923–1925. (Erzählungen)
(Flimmernde Steppe. Berlin 1958.)
Inhalt: Das Muttermal (Rodinka, 1924). – Der Hirt (Pastuch, 1925). – Der Erfassungskommissar (Prodkomisar, 1925). – Schibaloks Sproß (Sibalkovo, 1925). – Der Feldhüter (Bachčevnik, 1925). – Sturm über der Steppe (Put'-doroženʼka, 1925). – Der Bankert (Nachalenok, 1925). – Der Strudel (Kolovert', 1925). – Der Vorsitzende des revolutionären Kriegsrates einer Republik (Predesedatel' revoensoveta respubliki, 1925). – Der unrechte Weg (Krivaja stežka, 1925). – Die Frau und die zwei Männer (Dvuchmužnjaja, 1925). – Der Todfeind (Smertnyj vrag, 1926). – Der Wurmfraß (Cervotočina, 1926). – Flimmernde Steppe (Lazorevaja step', 1926). – Die Knechte (Batraki, 1926). – Über die Donerfassungskommission und das Mißgeschick ihres Vizekommissars, des Genossen Ptizyn = Der Erfassungskommissar (Prodkomisar, 1925). – Über Koltschak, die Brennesseln und so weiter (O Kolčake krapive i pročem, 1925). – Fremdes Blut (Cužnaja krov', 1926).

(Frühe Erzählungen. Berlin 1965.)
Inhalt: Alle Erzählungen aus: Flimmernde Steppe, und außerdem: Der Familienvater, 1929 (Semejnyj čevolek, 1925). – Das Fohlen, 1957 (Žerebenok, 1926). – Aljoschkas Herz, 1960 (Aleškino serdce, 1925). – Aus dem 8. Band der „Sobranie sočinenij: Die Prüfung (Ispytanie, 1923). – Die Drei (Tri, 1923). – Der Revisor (Revizor, 1924.)

Bd. 2. Tichij Don. Roman. Kniga 1. Moskau 1928.
(Der stille Don. Band 1: Die Zarenzeit. Berlin 1929.)
Bd. 3. Tichij Don. Kniga 2. Moskau 1928.
(Der stille Don. Band 2: Krieg und Revolution. Berlin 1930).
Bd. 4. Tichij Don. Kniga 3. Moskau 1929.
(Der stille Don. Band 3: Bruderkrieg der Donkosaken. London 1934.)
Bd. 5. Tichij Don. Kniga 4. Moskau 1937.
(Der stille Don. Band 4: In den Wirren der Gegenrevolution. Zürich 1948.)
Bd. 6. Podnjataja celina. Roman. Kniga 1. Moskau 1932.
(Neuland unterm Pflug. 1. Teil. Zürich 1934.)
Bd. 7. Podnjataja celina. Kniga 2. Moskau 1955.
(Neuland unterm Pflug. 2. Teil. Berlin 1960.)
Bd. 8. Rasskazy očerki, fel'etony, sta'i, vystuplenija. Moskau 1959.
(Auswahl u.d.T.: Erzählungen und Publizistik. Berlin 1965.)

Außerhalb der „Sobranie sočinenij":
1945: Oni srazalis' za Rodinu. Roman-Fragment. Moskau.
(Sie kämpften für die Heimat. Berlin 1960.)

1966 **Agnon, Samuel Josef** (1888–1870) / Israel
„für seine tiefgründige charakteristische Erzählkunst mit Motiven aus dem jüdischen Volk".

S. J. Agnon galt seit mehr als einer Generation als bedeutendster Schriftsteller Israels und Meister der neuhebräischen Sprache, zu deren Rang als Literatursprache er entscheidend beigetragen hat. Das vorliegende Werkverzeichnis geht einer ordnenden Übersicht wegen und unter Einsparung zahlreicher bibliographischer Einzelnachweisungen von den „Gesammelten Werken" (Kol sipurav) aus und gibt die Inhaltstitel bekannt. Denselben wird das Jahr der israelischen und, gegebenenfalls, der deutschen Erstausgabe beigegeben.

Werkverzeichnis

1931–1952: Kol sipurav. 1. Edition. 11 Bände.
Erscheinungsort:
Bd. 1–6 Berlin
Bd. 7–8 Jerusalem
Bd. 9–11 Jerusalem / Tel Aviv

Bd. 1. Hakhnasat kala. I. Roman (Bräutigamsuche). Berlin 1931.
Bd. 2. Hakhnasat kala. II. Roman (Bräutigamsuche). Berlin 1931. (Auszüge in „Jüdische Rundschau“ u.d.T.: Eine Peßachfeier; und: Die Abreise. 1934.)
Bd. 3. Me'az ume'ata. (28 Erzählungen) Berlin 1931.
Bd. 4. Sipure ahavim. (7 Erzählungen) Berlin 1931.
Bd. 5. Sipur pashut. Roman. Berlin 1935.
(Eine einfache Geschichte. Frankfurt 1967.)
Bd. 6. Beshuva vanahat. (16 Erzählungen) Berlin 1935.
Bd. 7. Ore'ah nata lalun. Roman. Jerusalem 1939.
(Nur wie ein Gast zur Nacht. Frankfurt 1964.)
Bd. 8. Elu ve'elu. (47 Erzählungen) Jerusalem 1941.
Bd. 9. Temol shilshom. Roman. Tel Aviv/Jerusalem 1945.
(Gestern, Vorgestern. Frankfurt 1969.)
Bd. 10. Samuk venir'e. (29 Erzählungen) Tel Aviv/Jerusalem 1951.
Bd. 11. 'Ad hena. (10 Erzählungen) Tel Aviv/Jerusalem 1952.

Nachlaß-Werke (Sonderreihe im einheitlichen Format, aber nicht als Fortsetzungsreihe von „Kol sipurav“.)
Erscheinungsort: Tel Aviv/Jerusalem.

1971: Shira. Roman.
1973: 'Ir umelo'a. Geschichten aus Buczacz.
1974: Behanuto shel Mar Lublin. Erzählung.
1975: Lif'nim min hachoma. (4 Erzählungen)
1976: Miatsmi el Atsmi. Autobiographisches, Aufsätze und Reden zu Fragen der Zeit.
1977: Pit'chey d'varim. (13 Erzählungen)
1978: Sefer, sofor, vesipur. Anthologie und Anekdotisches aus 2000 Jahren hebräischer Literatur.

Anhang
(Die Nachweisung der Erzählungen wurde vorstehend bei „Kol sipurav“ nur summarisch gegeben und erfolgt nachfolgend einzeln, soweit sie in deutschen Einzelausgaben und Sammelbänden erschienen.)

1916: Das Buch von den polnischen Juden. Berlin.
(Anthologie mit drei Beiträgen Agnon's:
1. Regen (Gshem, 1924).
2. Die Wunder des Synagogendieners (Nifle'ot chamash bet hamidrash hayashan, 1919).
3. Das Licht der Tora (Or Tora, 1906).

1935: In der Gemeinschaft der Frommen. Berlin.
Inhalt: Aufstieg und Abstieg (Ma'alot umoradot, 1919). – Die Erzählung vom Kopftuch (Ma'ase bemitpahat). – Die große Synagoge (Bet hakneset hagadol, 1919). – Die Geschichte von Asriel Mosche dem Bücherwart (Ma'ase Ariel Moshe shomer hasefarim, 1923). – Die Betergemeinschaft (. . .). – Sabbat (. . .).

1964: Hebräische Erzähler der Gegenwart. Zürich.
(Anthologie mit zwei Erzählungen Agnon's:
1. Ido und Enam ('Ido ved 'Enam, 1950)
2. Aus dem Feind ward Freund (Me'oyev le'ohev, 1951)

1964: Der Verstoßene. Wiesbaden. (haNidah, 1919)

1965: Der Treueschwur. Frankfurt. (Shevu'at emunim, 1943)

1966: Im Herzen der Meere und andere Erzählungen. Zürich.
Inhalt: Im Herzen der Meere (Bilvav Yamim, 1934). – Zwei Gelehrte, die in unserer Stadt lebten (Shne talmide hakhamim shehayu be'irenu, 1946). – Zwischen zwei Städten (Ben shte 'arim, 1946). – Der Brief (haMikhtav, 1951). – Tehilla (Tehila, 1950). Auf Allzeit ('Ad 'olam, 1954). – Nach dem Ende des Mahles (Le'ahar hase'uda, 1963). – Und das Krumme wird gerade (Vehaya he'akov lemishor, 1912).

1966 **Sachs, Nelly** (1891–1970) / Deutschland
„für ihre hervorragenden lyrischen und dramatischen Werke, die das Schicksal Israels mit ergreifender Stärke interpretieren".

Die Grundlage des vorliegenden Werkverzeichnisses bilden die im Suhrkamp-Verlag, Frankfurt, erschienenen drei Sammelbände, die das dichterische Gesamtwerk der Nobelpreisträgerin erfassen.

Werkverzeichnis

1961: Fahrt ins Staublose. Die Gedichte der Nelly Sachs. I. Frankfurt.
Inhalt:
In den Wohnungen des Todes. Berlin 1947.
Sternverdunkelung. Amsterdam 1949.
Und niemand weiß weiter. Hamburg 1957.
Flucht und Verwandlung. Stuttgart 1959.
Fahrt ins Staublose. Frankfurt 1961.
Noch feiert der Tod das Leben. Frankfurt 1961.

1962: Zeichen im Sand. Die szenischen Dichtungen der Nelly Sachs. Frankfurt.
Inhalt:
Eli. Ein Mysterienspiel. Stockholm 1951.
Abraham im Salz. Ein Spiel für Wort, Mimus, Musik. – Nachtwache. Ein Albtraum in neun Bildern. – Simson fällt durch die Jahrtausende. Ein dramatisches Geschehen in vierzehn Bildern.– Der magische Tänzer. Versuch eines Ausbruchs. – Versteckspiel mit Emanuel. Ein Delirium aus Einsamkeit. – Vergebens an einem Scheiterhaufen. Ein Spiel von der Freiheit. – Was ist ein Opfer? – Beryll sieht in der Nacht. Einige Szenen aus der Leidensgeschichte der Erde. – Abschieds-Schaukel – Viermal Galaswinte. – Der Stumme und die Möwe. – Eine Scheidelinie wird weiter hinausgezogen.

1971: Suche nach Lebenden. Die Gedichte der Nelly Sachs. II. Frankfurt.
Inhalt:
Glühende Rätsel. I–IV. Frankfurt 1968.
Die Suchende. Frankfurt 1966.
Teile dich, Nacht. Frankfurt 1961.

Sekundär-Literatur

Das Buch der Nelly Sachs. Hrsg.: Bengt Holmquist. Frankfurt 1968. (Essays über das Werk der Dichterin mit einer kleinen Auswahl aus ihren Werken.)

Walter A. Berendsohn: Nelly Sachs. Eine Einführung in das Werk der Dichterin jüdischen Schicksals. Darmstadt 1974. (Mit 30 Briefen von Nelly Sachs.)

1967 **Asturias, Miguel Angel** (1899–1974) / Guatemala
„für seine in volkstümlicher Eigenart und indianischen Traditionen (Lateinamerikas) verwurzelten farbenreichen Dichtung".

Werkverzeichnis

Lyrik:

1948: Sien de Alondra. Gedichtsammlung. Buenos Aires.

1951: Ejecicios Poésticos en Forma de Soneto sobre temas de Haracio. Buenos Aires.

1952: Alto es el Sur. Canto a la Argentina. La Plata.

1955: Bolívar. Canto al Libertador. El Salvador.
1958: Messages Indiens. Paris.
1964: Sien de Alondra. Erweiterte Ausgabe von 1948. Madrid.
1965: Clarivigilia Primaveral. Buenos Aires.
1965: Sonetos de Italia. Mailand.
Deutsche Gedichtauswahl aus vorstehenden Gedichtsammlungen in: Miguel Angel Asturias. Porträt (von G. W. Lorenz) und Poesie. Neuwied 1968.

Erzählungen:

1930: Leyendes de Guatemala. Madrid.
1967: Leyendes de Guatemala. Mexiko.
(Legenden aus Guatemala. Frankfurt 1973.)
1956: Week-end en Guatemala. Buenos Aires.
(Weekend in Guatemala. Berlin 1962.)

Romane:

1946: El senor presidente. Mexiko.
(Der Herr Präsident. Genf 1957.)
1949: Hombres de maiz. Buenos Aires.
(Die Maismänner. Hamburg 1956.)
1949: Viento fuerte. Trilogia Bananera I. Guatemala.
(Der Sturm. Neuwied 1967.)
1954: El Papa verde. T.B. II. Buenos Aires.
(Der grüne Papst. Neuwied 1968.)
1960: Los ojos de los enterrados. T.B. III. Buenos Aires.
(Die Augen der Begrabenen. Berlin 1971.)
1961: El Alhajadito. Autobiogr. Roman. Buenos Aires.
(Don Nino. Neuwied 1969.)
1963: Mulata de tal. Buenos Aires.
(Mulata de tal. Genf 1964.)
1969: Maldrón. Buenos Aires.
(Der böse Schächer. Frankfurt 1981.)

Dramen:

1964: Obras completas de teatro. Buenos Aires.
Soluna, 1955. – Chantaje, 1964. – Dique seco, 1964. – La audencia de los confines, 1957.

Gesamtausgabe:

1955–1966: Obras escogida. Drei Bände. Madrid.
(Romane, Gedichte, Erzählungen)

1968 **Kawabata, Yasunari** (1899–1972) / Japan
„für seine Erzählkunst, die mit feinem Gefühl japanisches Wesen und dessen Eigenart ausdrückt".

Es ist naheliegend, daß sich nur eine gelehrte Minderheit der japanischen Literatur und damit auch dem dichterischen Werk des Nobelpreisträgers in der Originalsprache nähern kann. Das vorliegende Werkverzeichnis beschränkt sich deshalb nur darauf, alle deutschen Übersetzungen nachzuweisen. Darüber hinaus sei an dieser Stelle vermerkt, daß der Shufunotomo-Verlag in Tokio von dem Pariser Verlag Rombaldi die Lizenz für die Reihe „Nobelpreisträger der Literatur" erwarb. Für den in dieser Reihe publizierten japanischen Kawabata-Auswahlband (der dem französischen und dem deutschen Auswahlband von 1968 entspricht) hat der japanische Kawabata-Experte Izumi Hasegawa eine umfassende Bibliographie (Chosaku – mokuroku) zusammengestellt und Katsuhiko Takeda den wichtigen Beitrag „Kawabata-bungaku, kaigai no hankyo" (Kawabata-Literatur, ihr Echo im Ausland) geschrieben.

Werkverzeichnis

1964: Mond auf dem Wasser (Suigetsu, 1953) in: Eine Glocke in Fukagawa, Japan in Erzählungen. Herrenalb.

1965: Der erste Schnee auf dem Fuji-Berg (Fuji no hatsuyuki, 1958) in: Der Kirschblütenzweig, japanische Liebesgeschichten. München.

1968: Yasunary Kawabata. Ausgewählte Werke. München.
Inhalt: Die Tänzerin von Izu, 1942 (Izu no odoriko, 1926). – Tausend Kraniche, 1956 (Sembazura, 1951). – Schneeland, 1957 (Yukiguni, 1947/48). – Kyoto, 1965 (Kyoto, 1962).

1969: Tagebuch eines Sechzehnjährigen. München.
Inhalt: Ihre zweite Ehe (Saikonsha, 1952). – Die Tänzerinnen (Maihime, 1951). – Tagebuch eines Sechzehnjährigen (Jûrokusai no nikki, 1914, 25, 48). – Die Geschichte mit dem Strohhut und Vorwinter (Beide Skizzen aus: Tanagokoro no shosetu, 1930).

1969: Ein Kirschbaum im Winter. München.
(Yama no oto = Der Laut in den Bergen, 1954, zweite Version.) Der Roman, dessen Übersetzungstitel frei gewählt ist, besteht aus einer Reihe leicht gefügter Einzelszenen, die durch ein Netz vielfach verschlungener Motive verbunden sind.

1973: Träume in Kristall. München.
Inhalt: Träume in Kristall (Suishō-gensō, 1931). – Der Schatten der älteren Schwester (Yume to ane, 1933). – Ein Arm (Kataude, 1965). – Das Mal auf der Schulter (Hokuro no tegami, 1940). – Von Vögeln und Tieren (Kinjū, 1933).

1969 **Beckett, Samuel** (1906– . . . .) /Irland
„für eine Dichtung, die in neuen Formen des Romans und des Dramas, die künstlerische Aufrichtung des Menschen aus seiner Verlassenheit erreicht".

Das vorliegende Werkverzeichnis geht einer ordnenden Übersicht wegen und unter Einsparung zahlreicher bibliographischer Einzelnachweisungen von der fünfbändigen Sammelausgabe der Werke S. Beckett's aus, die im Suhrkamp-Verlag erschienen ist. Bei den Inhaltstiteln wird das Jahr der deutschen und französischen bzw. englischen Erst-Ausgabe vermerkt. Beckett hat seine Originalarbeiten teils französisch, teils englisch geschrieben; dem entspricht das vorangestellte „F" oder „E".

Werkverzeichnis

1975: Samuel Beckett. Werke. Band I–IV. Frankfurt.
1978: Samuel Beckett. Werke. Band V. Frankfurt.

Band I. Dramatische Werke.

1. Theaterstücke:
Warten auf Godot, 1953 (F: En Attendant Godot, 1952). – Endspiel, 1957 (F: Fin de Partie, 1957). – Das letzte Band, 1960 (E: Krapp's Last Tape, 1959). – Glückliche Tage, 1962 (E: Happy Days, 1961). – Spiel, 1963 (E: Play, 1964). – Kommen und Gehen, 1966 (E: Come and Go, 1966). – Atem, . . . (. . .). – Nicht ich, 1974 (E: Not I, 1973).
2. Hörspiele:
Alle, die da fallen, 1957 (E: All that Fall, 1957). – Aschenglut, 1963 (E: Embers, 1959). – Worte und Musik, 1964 (E: Words and Music, 1962). – Cascando, 1963 (F: Cascando, 1963).
3. Pantomime, Film, Fernsehspiel:
Akt ohne Worte 1, 1957 (F: Acte sans Paroles I, 1957). – Akt ohne Worte 2, 1963 (F: Acte sans Paroles II, 1961). – Film, 1967 (E: Film, 1965). – He, Joe, 1968 (E: Dis Joe, 1967).

Band II. Romane.
Murphy, 1959 (E: Murphy, 1938). – Watt, 1953 (E: Watt, 1953). Mercier und Camier, 1972 (F: Mercier et Camier, 1970).

Band III. Romane.
Molloy, 1954 (F: Molloy, 1951). – Malone stirbt, 1958 (F: Malone meurt, 1951). – Der Namenlose, 1959 (F: L'Innomable, 1953). – Wie es ist, 1961 (F: Comment C'est, 1961).

Band IV. Erzählungen.
Dante und der Hummer, 1975 (E: Dante and the Lobster, 1934). Erste Liebe, 1971 (F: Premier Amour, 1970). – Der Ausgestoßene, 1962 (F: L'Expulsé, 1955). – Das Beruhigungsmittel, 1962 (F: Le Calmant, 1955). – Das Ende, 1962 (F: La Fin, 1955). – Texte um Nichts, 1962 (F: Textes pour rien, 1955). – Schluß jetzt, 1967 (F: Assez, 1966). – Ausgeträumt träumen, 1966 (F: Imagination morte imaginez, 1965). – Bing, 1967 (F: Bing, 1966). – Der Verwaiser, 1971 (F: Le Dépeupleur, 1970). Losigkeit, 1970 (F: Sans, 1969).

Band V. Erzählungen (Supplementband).
Mehr Prügel als Flügel. Sammelband von 10 Erzählungen, 1978. (E: More Pricks than Kicks, 1934).

Anhang:

1959: Samuel Beckett. Gedichte. Wiesbaden.
1982: Flötentöne (Kurzgedichte). Frankfurt.
(F: Mirlitonnades, 1978.)

1978: Stücke und Bruchstücke. Frankfurt 1978.

Stücke:
Nicht ich, 1974 (E: Not I, 1973). – Damals, 1976 (E: That Time, 1974). – Tritte, 1976 (E: Footfalls, 1975). – Geister-Trio, 1978 (E: Ghost Trio, 1976). – . . . nur noch Gewölk . . ., 1978 (E: but the clouds, 1977).

Bruchstücke:
Bruchstück I, 1978 (F: Fragment de Théâtre I, 1974). – Bruchstück II, 1978 (Fragment de Théâtre II, 1976). – Hörspiel-Skizze I, 1978 (F: Esquisse radiophonique, 1973). – Hörspiel-Skizze II, 1978 (F: Pochade radiophonique, 1975).

1970 **Solsjenitsyn, Alexander** (1918– . . . .) / UdSSR
„für die ethische Kraft, mit der er die unveräußerliche Tradition der russischen Literatur weitergeführt hat".

Werkverzeichnis

Erzählungen:

1962: Odin den' Ivana Denisoviča. Moskau.
(Ein Tag im Leben des I. Denissowitsch. Berlin 1963.)
1963: Matrenin dvor. Moskau. (Matrjonas Hof. München 1964.)
Die nachfolgenden Titel sind als Übersetzung enthalten in dem deutschen Sammelband „Im Interesse der Sache". Neuwied 1970.
1963: Slučaj na stancii Krečetovka. Moskau.
(Zwischenfall auf der Station K.)
1963: Dlja pol'zy dela. Moskau. (Im Interesse der Sache.)
1964: Etjudi i Krochotnye rasskazy. Frankfurt.
(. . . den Oka-Fluß entlang.)
1966: Zachar-Kalitá. Moskau. (Sachar mit der großen Tasche.)
1968: Pravaja kist'. New York. (Die rechte Hand.)
1969: Paschal'nyj krestnyj chod. Paris. (Die Osterprozession.)

Romane:

1968: Rakovyj korpus I/II. Frankfurt.
(Krebsstation I/II. Neuwied 1968/1969.)
1968: V kruge pervom. Frankfurt. (Der erste Kreis der Hölle.)
1971: Avgust četyrnadcatago. Paris.
(August Vierzehn. Neuwied 1972.)

Dramen:

1968: Olen'i šalašovka. London.
(Nemow und das Flittchen. Neuwied 1971. – Neubearbeitung u.d.T.: Die Republik der Arbeit. Neuwied 1977.)
1968: Sveča na vetru. London. (Kerze im Wind. Neuwied 1977.)

Epische Dichtung:

1974: Prusskie noči. Paris. (Ostpreußische Nächte. Neuwied 1976.)

Theoretische Prosa:

1973–1976: Gulag ohavet 1918–1956. Bd. I–III. Paris.
(Der Archipel Gulag. I–III. Bern 1974–1976.)

1975: Bodalja telenok s dubom. Paris.
(Die Eiche und das Kalb. Skizzen aus dem literarischen Leben. Neuwied 1975.)
1975: Lenin v Cjuriche. Paris. (Lenin in Zürich. Bern 1977.)

Sekundär-Literatur

Über Solschenizyn. Aufsätze, Berichte, Materialien.
(Erste wissenschaftlich fundierte umfassende Darstellung von Leben und Werk des russischen Nobelpreisträgers.) Neuwied 1973.

1971 **Neruda, Pablo** (1904–1973) / Chile
„für eine Poesie, die mit der Wirkung einer Naturkraft Schicksal und Träume eines Kontinents lebendig macht".

Nerudas umfangreiches Gesamtwerk besteht fast ausschließlich aus Lyrik, deren große Bildkraft unerschöpflich scheint. Es ist erstaunlich, wie dies in denvorliegenden sehr geglückten deutschen Übersetzungen auch von dem nachempfunden werden kann, der der spanischen Sprache unkundig ist. – Das Werkverzeichnis geht einer guten Übersicht wegen und unter Einsparung zahlreicher bibliographischer Einzelnachweisungen von den 1973 bei Losada in Buenos Aires erschienenen „Obras completas" (3 Bände, 4. Auflage) aus. Von dieser Gesamtausgabe werden die zyklischen Inhaltstitel mit dem Jahr ihres ersten vollständigen Erscheinens wiedergegeben. Wenn nichts anderes vermerkt, handelt es sich stets um Gedichte. In einem Anhang werden die Titel nachgewiesen, die als Nachlaß-Werk außerhalb der „Obras completas" erschienen sind. Die deutschen Übersetzungen erfassen in Auswahl- und Gesamtpublikationen den weitaus größten Teil der Werke des Dichters und werden abschließend zusammengefaßt. Bei den Inhaltstiteln von I, II, III und Anhang wurde eine deutsche Übersetzung nur dann zusätzlich angegeben, wenn Original- und Übersetzungsband vollinhaltlich übereinstimmten.

Werkverzeichnis

1973: Obras completas. 4. ed., Bd. I–III. Buenos Aires.

Bd. I Crepusculario, 1923 (Morgen- und Abenddämmerung). – Veinte Poema de amor y una cancion desesperada, 1924 (Zwanzig Liebesgedichte und ein Lied der Verzweiflung). – Tentativa del hombre infinito, 1926 (Versuch des unendlichen Menschen). –

El habitante y su esperanza (Novelle), 1926 (Der Einwohner und seine Hoffnung). – Anillos (Prosaskizzen), 1926 (Ringe). – El hondero entusiasta, 1933 (Der begeisterte Schleuderer). – Residencia en la tierra I/II, 1935 (Aufenthalt auf Erden). – Tercera residencia, 1947 (Dritter Aufenthalt). – Canto General. XV Gedichtzyklen. 1950. (Der große Gesang. Nerudas Hauptwerk. 1953.) – Las uvas y el viento, 1954 (Die Trauben und der Wind.)

Bd. II Los versos del Capitán, 1952 (Die Verse des Kapitäns). – Odas elementales, 1954 (Elementare Oden). – Nuevas Odas elementales, 1956 (Neue elementare Oden). – Tercer Libro de las odas, 1957 (Drittes Buch der Oden). – Viajes (Prosa), 1955 Estravagario, 1958 (Extravaganzen). – Navigaciones y regresos, 1959 (Seefahrt und Rückkehr). – Cien sonetos de amor, 1959 (Hundert Liebessonette). – Les piedras de Chile, 1961 (Chiles Steine). – Cantos ceremoniales, 1961 (Zeremonielle Gesänge). – Plenos Poderes, 1962 (Vollmachten). – Memorial de Isla Negra I–V, 1966 (Memorial von Isla Negra, 1976.)

Bd. III Arte de pájaros, 1966 (Kunst der Vögel). – Una casa en la arena, 1966 (Ein Haus im Sand). – La Barcarola, 1967 (Das Schiff-Das Gondellied). – Fulgor y muerte de Joaquin Murieta (Drama), 1967 (Glanz und Tod des Joaquin Murieta. 1972). – Comiendo en Hungria (Poesie und Prosabeiträge zus. mit M. A. Asturias, Barcelona 1969 (Ein Land das schmeckt. Budapest 1970). – La Manos del dia, 1968 (Die Hände des Tages). – Aún, 1969 (Noch). – Fin de mundo, 1969 (Ende der Welt). – La espada encendida, 1970 (Das brennende Schwert). – Las Piedras del cielo, 1970 (Die Steine des Himmels). – Geografia infructuosa, 1972 (Unfruchtbare Geographie). – Poesia y Prosa no incluidas en libro. – Traducciones – Bibliografia, von Hernán Loyala y Alfonso M. Escudero.

Anhang (Nachlaßwerke)

1973: La Rosa separada (Die abgetrennte Rose). Buenos Aires.
1974: Confieso que he vivido. Memoires. Buenos Aires.
(Ich bekenne, ich habe gelebt. Neuwied 1979.)
1974: Jardin de inviermo (Wintergarten). Buenos Aires.
1974: 2000 (2000). Buenos Aires.
1974: Corazón amarillo (Das gelbe Herz). Buenos Aires.
1974: Libro de las preguntas (Buch der Fragen). Buenos Aires.
1974: Elegia (Elegie). Buenos Aires.

1974: El Mar y las campanas (Das Meer und die Glocken). Buenos Aires.
1974: Defectos escogidos (Ausgewählte Mängel). Buenos Aires.
1978: Para nacer he nacido. Reisenotizen, Prosagedichte, Artikel und andere Prosa. Barcelona.
(Um geboren zu werden. Ges. Prosa. Neuwied 1980.)

Deutsche Übersetzungen

1953: Der große Gesang. (Vollständige Ausgabe) Berlin.
1955: Die Trauben und der Wind. (Vollständige Ausgabe) Berlin.
1967: Dichtungen, Band I und II. (Große Auswahlausgabe aus den vorstehend unter I und II angeführten Titeln.) Neuwied.
1970: Ein Land das schmeckt. Eine Ungarnreise. Budapest.
1972: Glanz und Tod des Joaquin Murieta. Drama. Berlin.
1975: Elementare Oden, I–III. (Vollständige Ausgabe) Berlin.
1975: Letzte Gedichte. (Auswahl aus den 1973/74 erschienenen Nachlaß-Gedichten.) Neuwied.
1976: Memorial von Isla Negra. (Vollständige Ausgabe) Berlin.
1979: Aufenthalt auf Erden (I–III) und frühe Gedichte. Berlin.
1979: Ich bekenne, ich habe gelebt. Memoiren. Neuwied.
1980: Um geboren zu werden. Ges. Prosa. Neuwied.

1972 **Böll, Heinrich** (1917–1985) / Deutschland

„für eine Dichtung, die durch ihre Verbindung von zeitgeschichtlichem Weitblick und liebevoller Gestaltungskraft erneuernd in der deutschen Literatur gewirkt hat".

Anläßlich seines 60. Geburtstages erschien 1977 bei Kiepenheuer & Witsch in Köln „Heinrich Böll. Werke." in 10 Bänden. Das vorliegende Werkverzeichnis geht von dieser Gesamtausgabe aus, wodurch zahlreiche bibliographische Einzelnachweisungen eingespart werden und eine gute Übersicht geschaffen wird. Bei den einzelnen Inhaltstiteln wird das Jahr der Erstveröffentlichung bzw. Bucherstausgabe vermerkt. Bei Band 7–10 erfolgt nur eine summarische Angabe des Inhalts, um das Werkverzeichnis nicht allzusehr auszuweiten.

Werkverzeichnis

1977: Heinrich Böll. Werke. 10 Bände. Köln.

Bd. 1. Vorwort von B. Balzer: „Anarchie und Zärtlichkeit."
Romane und Erzählungen 1947–1951:
Aus der ‚Vorzeit', 1947. – Die Botschaft, 1947. – Der Angriff, 1947. – Kumpel mit dem langen Haar, 1947. – Der Mann mit

den Messern, 1948. – Wiedersehen in der Allee, 1948. – Wir Besenbinder, 1948. – Mein teures Bein, 1948. – Auch Kinder sind Zivilisten, 1948. – An der Brücke, 1949. – In der Finsternis, 1949. – Der Zug war pünktlich, 1949. – Kerzen für Maria, 1950. – Über die Brücke, 1950. – Steh auf, steh doch auf! 1950. – Damals in Odessa, 1950. – Wanderer, kommst du nach Spa, 1950. – Trunk in Petöcki, 1950. – Unsere gute, alte Renée, 1950. – Abschied, 1950. – Aufenthalt in X, 1950. – Wiedersehen mit Drüng, 1950. – Die Essenholer, 1950. – Lohengrins Tod, 1950. – Geschäft ist Geschäft, 1950. – An der Angel, 1950. – Mein trauriges Gesicht, 1950. – Abenteuer eines Brotbeutels, 1950. – Aschermittwoch, 1951. – Wiedersehen mit dem Dorf, 1951. – Das Abenteuer, 1951. – Die schwarzen Schafe, 1951.– Wo warst du, Adam? Roman. 1951. – Besichtigung, 1951. – Der Zwerg und die Puppe, 1951. – Mein Onkel Fred, 1951.

Bd. 2. Romane und Erzählungen 1951–1954:
Nicht nur zur Weihnachtszeit, 1951. – Krippenfeier, 1952. – Der Engel, 1952. – Der Lacher, 1952. – Die Waage der Baleks, 1952. – Husten im Konzert, 1952. – Die Decke von damals, 1952. – Schicksal einer henkellosen Tasse, 1952. – Die unsterbliche Theodora, 1953. – Die Postkarte, 1953. – Und sagte kein einziges Wort. Roman. 1953. – Bekenntnis eines Hundefängers, 1953. – Erinnerungen eines jungen Königs, 1953. – Der Tod der Elsa Baskoleit, 1953. – Ein Pfirsichbaum in seinem Garten stand, 1953. – Meines Bruders Beine, 1953. – Im Lande der Rujuks, 1953. – Hier ist Tibten, 1953. – Haus ohne Hüter. Roman. 1954. – Unberechenbare Gäste, 1954. – Daniel, der Gerechte, 1954. – Die Suche nach dem Leser, 1954. – Die Kunde von Bethlehem, 1954. – So ward Abend und Morgen, 1954.

Bd. 3. Romane und Erzählungen 1954–1959:
Irisches Tagebuch. Reiseskizzen. 1957. – Der Geschmack des Brotes, 1955. – Das Brot der frühen Jahre, 1955. – Doktor Murkes gesammeltes Schweigen, 1955. – Monolog eines Kellners, 1955. – Es wird etwas geschehen, 1956. – Wie in schlechten Romanen, 1956. – Eine Kiste für Kop, 1956. – Undines gewaltiger Vater, 1957. – Hauptstädtisches Journal, 1957. – Im Tal der donnernden Hufe, 1957. – Der Wegwerfer, 1957. – Der Bahnhof von Zimpern, 1958. – Billard um halb zehn. Roman. 1959.

Bd. 4. Romane und Erzählungen 1961–1970:
Als der Krieg ausbrach, 1961. – Als der Krieg zu Ende war, 1962. – Keine Träne um Schmeck, 1962. – Ansichten eines Clowns. Roman. 1963. – Entfernung von der Truppe, 1964. – Die Kirche im Dorf, 1965. – Warum ich kurze Prosa wie Jacob Maria Hermes und Heinrich Knecht schreibe, 1966. – Ende einer Dienstfahrt, 1966. – Er kam als Bierfahrer, 1969. – Veränderungen in Staech, 1969. – Epilog zu Stifters Nachsommer, 1970.

Bd. 5. Romane und Erzählungen 1971–1977:
Gruppenbild mit Dame. Roman. 1971. – Die verlorene Ehre der Katharina Blum, 1974. – Berichte zur Gesinnungslage der Nation, 1975. – Erwünschte Reportage, 1975. – Bis daß der Tod Euch scheidet, 1976. – Höflichkeit bei verschiedenen unvermeidlichen Gesetzesübertretungen, 1977. – Du fährst zu oft nach Heidelberg, 1977.

Bd. 6. Hörspiele, Theaterstücke, Drehbücher, Gedichte:
Gedichte 1965–1972.

Hörspiele, Theaterstücke, Drehbücher 1952–1978:
Die Brücke von Berczaba, 1952. – Das Lächeln, 1953. – Ein Tag wie sonst, 1953. – Wir waren Wimpo, 1953. – Dialog am Drahtzaun, 1953. – Mönch und Räuber, 1953. – Der Klub seltsamer Berufe: I. Die Abenteuer des Major Brown. II. Der Besuch des Landpfarrers. III. Der Zusammenbruch eines großen Rufes. IV. Das eingezogene Leben der alten Dame. 1954. – Zum Tee bei Dr. Borsig, 1955. – Chesterton über Dickens, 1956. – Die Spurlosen, 1957. – Bilanz, 1957. – Eine Stunde Aufenthalt, 1957. – Eugénie Grandet, 1958. – Klopfzeichen, 1960. – Irland und seine Kinder, 1961. – Ein Schluck Erde, 1961. – Sprechanlage, 1961. – Konzert für vier Stimmen, 1962. – Dunkel ist deine Stätte unter dem Rasen, 1966. – Hausfriedensbruch, 1969. – Fedor M. Dostojewski und Petersburg, 1969. – Aussatz, 1969. – Die verschobene Antigone, 1978.

Bd. 7. Essayistische Schriften und Reden 1952–1963:
127 Beiträge zum Zeitgeschehen.

Bd. 8. Essayistische Schriften und Reden 1964–1972:
124 Beiträge zum Zeitgeschehen.

Bd. 9. Essayistische Schriften und Reden 1973–1978:
121 Beiträge zum Zeitgeschehen.

Bd. 10. Interviews 1961–1978:
58 Interviews (Grundsatz- und Überblicksgespräche, Selbstinterpretationen wichtiger Werke, politische und literarische Kontroversen).

Anhang

1979: Fürsorgliche Belagerung. Roman. Köln.
1982: Das Vermächtnis. Erzählung. Bornheim-Merten.

Sekundär-Literatur

Marcel Reich-Ranicki (Hrsg.): In Sachen Böll. Ansichten und Einsichten. (Beiträge von 42 Schriftstellern) München 1971.
Werner Martin: Heinrich Böll. Eine Bibliographie seiner Werke. 236 S. Hildesheim 1975.
„Eine deutsche Erinnerung." Interview mit René Wintzen. 172 S. Köln 1979.

1973 **White, Patrick** (1912– . . . .) /Australien
„für seine epische und psychologische Erzählkunst, durch die der Literatur ein neuer Erdteil zugeführt worden ist".

Werkverzeichnis

1935: The Ploughman and Other Poems. Gedichte. Sydney.
1939: Happy Valley. Roman. London.
1941: The Living and the Dead. Roman. New York.
1948: The Aunt's Story. Roman. London.
1955: The Tree of Man. Roman. New York.
(Zur Ruhe kam der Baum des Menschen nie. Köln 1957.)
1957: Voss. Roman. New York. (Voss. Köln 1958.)
1961: Riders in the Chariot. Roman. New York.
(Die im feurigen Wagen. Köln 1969.)
1964: The Burnt Ones. Kurzgeschichten. London.
Inhalt: Dead Roses, 1964. – Willy-Wagtails by Moonlight, 1962. A Glass of Tea, 1964. – Clay, 1963. – The Evening at Sissy Kamara's, 1964. – A Cheery Soul, 1962. – Being Kind to Titinia, 1962. – Miss Slattery and her Demon Lover, 1963. – The Letters, 1962. – The Woman who wasn't Allowed, 1962. – Down at the Dump, 1963 (Drunten auf der Müllkippe, Stuttgart, 1963).
1965: Fours Plays. Vier Spiele. London.
Inhalt: The Ham Funeral, 1961. – The Season at Sarsaparilla, 1962. – A Cheery Soul, 1963. – Night on Bald Mountain, 1964.

1966: The Solid Mandala. Roman. London.
(Die ungleichen Brüder. Düsseldorf 1978.)
1970: The Vivisector. Roman. London.
(Der Maler. Düsseldorf 1972.)
1973: In the Eye of the Storm. Roman. London.
(Im Auge des Sturms. Düsseldorf 1974.)
1976: A Fringe of leaves. Roman. London.
(Der Lendenschurz. Düsseldorf 1982.)

Sekundär-Literatur

Ingmar Björkstén: Patrick White – epikern från Australien. Stockholm 1973. (Patrick White – Die Stimme Australiens. Düsseldorf 1973.)

1974 **Johnson, Eyvind** (1900–1976) / Schweden
„für seine Kunst des Erzählens, die, weit über Länder und Zeiten blickend, im Dienste der Freiheit steht".

Werkverzeichnis

Romane:

1925: Timans och rättfärdigheten. (Timans und Gerechtigkeit) Stockholm.
1927: Stad i mörker. (Stadt im Dunkel) Stockholm.
1928: Stad i ljus. (Stadt im Licht) Stockholm.
1928: Minnas. (Sich erinnern) Stockholm.
1929: Kommentar til ett stjärnfall. (Kommentar zu einer Sternschnuppe) Stockholm.
1930: Avsked till Hamlet. (Abschied von Hamlet) Stockholm.
1932: Bobinack. (Bobinack) Stockholm.
1933: Regn i gryningen. (Regen im Morgengrauen) Stockholm.

Romanen om Olof.
1934: 1. Nu var det 1914. Stockholm.
1935: 2. Här har du ditt liv! Stockholm.
1936: 3. Se dig inte om! Stockholm.
1937: 4. Slutspel i ungdomen. Stockholm.
(Hier hast Du Dein Leben. Hamburg 1951.
1. Es war 1914. – 2. Hier hast du dein Leben! – 3. Sieh dich nicht um! 4. Schlußspiel der Jugend.)

1938: Nattövning. (Nachtübung) Stockholm.
1940: Soldatens aterkomst. (Rückkehr des Soldaten) Stockholm.

Krilon. (Ein Roman vom Wahrscheinlichen)
1941: 1. Grupp Krilon. (Die Gruppe Krilon) Stockholm.
1942: 2. Krilons resa. (Krilons Reise) Stockholm.
1943: 3. Krilon själv. (Krilon selbst) Stockholm.

1946: Strändernas svall. Stockholm.
(Die Heimkehr des Odysseus. Berlin 1948.)
1949: Drömmar om rosor och eld. Stockholm.
(Träume von Rosen und Feuer. Düsseldorf 1952.)
1951: Lägg undan solen. Stockholm.
(Fort mit der Sonne. Düsseldorf 1953.)
1953: Romantisk berättelse. (Romantische Geschichte) Stockholm.
1955: Tidens gång. (Der Zeiten Gang) Stockholm.
1957: Molen över Metapontion. Stockholm.
(Wolken über Metapont. Berlin 1964.)
1960: Hans nådes tid. Stockholm.
(Eine große Zeit. Berlin 1966.)
1964: Livsdagen lång. (Ein Leben lang) Stockholm.
1968: Favel ensam. (Favel einsam) Stockholm.
1973: Några steg mot tystnaden. Stockholm.
(Reise ins Schweigen. Berlin 1975.)

Drama:

1948: Strändernas svall. (Die Heimkehr des Odysseus. Dramatisierter Roman.) Stockholm.

Essayistische Prosa:

1949: Dagbok från Schweiz. 1947–1949. Stockholm.
(Notizen aus der Schweiz. Frauenfeld 1976.)
1955: Vinterresa i Norrbotten. Stockholm.
(Winterreise in Norrbotten. Rostock 1968.)
1957: Nils Ahnlund. (Antrittsrede als Mitglied der Schwedischen Akademie.) Stockholm.
1959: Vägar över Metaponto. (Wege nach Metaponto) Stockholm.
1961: Spår förbi Kolonos. (Spuren vorbei an Kolonos) Stockholm.

Erzählungen (Sammelbände):

1924: De fyra främlingarna. (Die vier Fremdlinge) Stockholm.
1932: Natten är här. (Nacht ist hier) Stockholm.
1934: Än en gång, kapten. (Noch einmal Kapitän) Stockholm.
1940: Den tryga världen. (Die gesicherte Welt) Stockholm.
1946: Pan mot Sparta. (Pan gegen Sparta) Stockholm.
1965: Stunder, vågor. (Stunden, Wellen) Stockholm.

Deutsche Auswahlbände:

1960: Zeit der Unruhe. München.
Inhalt: Burell verliert die Kraft. – Vallberg. – Zeit der Unruhe. – Aufenthalt im Sumpfgebiet. – Gabriel zur Linken. – Männer mit langen Bärten. – Feuerspender. – Die gesicherte Welt. – Erinnerungen an einen See. – Im Unwirklichen.

1974: Erzählungen. Rostock.
Inhalt: Vallberg. – Schwere Augenblicke. – Kinder im Kampf. – Hinterhofmusikanten. – Jünglinge im Krieg. – Aufenthalt im Sumpfgebiet. – Die gesicherte Welt. – Auf ein Neues, Kapitän. – Pan gegen Sparta. – Kimon. – Baino. – Ein Mann aus Aitolien. – Glückliche Tage. – Auf neuer Straße. – Frühjahr 38. – September 38. – Advent. – Der Kartoffelschlag.

1974 **Martinson, Harry** 1904–1978) / Schweden
„für ein dichterisches Werk, das den Tautropfen einfängt und den Kosmos widerspiegelt".

Werkverzeichnis

Lyrik:

1929: Spökskepp. (Gespensterschiff) Stockholm.
1931: Nomad. (Nomade) Stockholm.
1934: Natur. (Natur) Stockholm.
1945: Passad. (Passat) Stockholm.
1952: Dikter. (Gedichte) Stockholm.
1953: Cikada. (Zikade) Stockholm.
1958: Gräsen i Thule. (Das Gras in Thule) Stockholm.
1960: Vagnen. (Der Wagen) Stockholm.
1961: Dikter. (Gedichte) Stockholm.
1964: Bestiarium. (Bestiarium) Stockholm.
1965: Vildbuketten. (Wildblumen) Stockholm.
1971: Dikter om ljus och mörker. (Gedichte von Licht und Schatten) Stockholm.
1973: Tuvor. (Rasenstücke) Stockholm.

Deutsche Gedichtauswahl:

1962: Harry Martinson. Gedichte. Wien.
1973: Die Henker des Lebenstraums. Berlin.

Epische Dichtung:

1956: Aniara. En revy om Mäniksan i tid och rum. Stockholm. (Aniara. Eine Revue vom Menschen in Zeit und Raum. München 1961.)

Erzählende Prosa:

1932: Resor utan mål. Reiseerzählungen. Stockholm. (Reisen ohne Ziel. [Zusammen mit ‚Kap Lebewohl'] Hamburg 1949.)

1933: Kap Farväl. Reiseerzählungen. Stockholm. (Kap Lebewohl. [Zusammen mit ‚Reisen ohne Ziel'] Hamburg 1949.)

1935: Nässlorna blomma. Roman. Stockholm. (Die Nesseln blühn. Frankfurt 1967.)

1936: Vägen ut. Roman. Stockholm. (Der Weg hinaus. Frankfurt 1969.)

1937: Svärmare och harkrank. (Schwärmer und Hasenfüße) Naturschilderungen. Stockholm.

1938: Midsommardalen. (Mitsommertal) Naturschilderungen. Stockholm.

1939: Det enkla och det svåra. (Das Einfache und das Schwere) Naturschilderungen. Stockholm.

1941: Den förlorade jaguaren. (Der verlorene Jaguar) Roman. Stockholm.

1948: Vägen till Klockrike. Roman. Stockholm. (Der Weg nach Glockenreich. München 1953.)

1956: Förlorade sonen och andra berättelser. (Der verlorene Sohn und andere Erzählungen) Stockholm.

Essayistische Prosa:

1940: Verklighet till döds. (Wirklichkeit und Tod) Reportage. Stockholm.

1949: Elin Wägner. (Antrittsrede als Mitglied der Schwedischen Akademie) Stockholm.

1963: Utsikt från en grästuva. (Blick von einem Rasenstück) Essays. Stockholm.

Dramen:

1947: Lotsen från Moluckas. (Der Lotse von Moluckas) Hörspiel. Stockholm.

1964: Tre knivar från Wei. (Drei Messer von Wei) Drama. Stockholm.

1975 **Montale, Eugenio** (1896–1981) / Italien
„für seine besonders geprägte Dichtung, welche mit großer künstlerischer Feinfühligkeit menschliche Werte als Ausdruck einer illusionsfreien Lebensanschauung deutet".

Werkverzeichnis

Lyrik:
1925: Ossi di seppia. (Knochen des Tintenfisches) Turin.
Poesie I, 1920–1927.
1939: Le occasioni. (Gelegenheiten) Turin.
Poesie II, 1928–1939.
1956: La bufera e altro. (Der Sturmwind und anderes) Venedig.
Poesie III, 1940–1954.
(Glorie des Mittags. Auswahl aus den drei vorgenannten Titeln. München 1960.)
1971: Satura. Mailand.
1973: Diario del '71 del '72. Mailand.
(Satura / Diario. Auswahl aus den zwei vorgenannten Titeln. München 1976.)

Erzählungen:
1956: Farfalla di Dinard. (Schmetterling von Dinard). Venedig.

Deutsche Auswahlbände:
Die Straußenfeder. München 1971.
Inhalt: Die Erzählungen eines Unbekannten. – Die Regatta. – Der große Merlin. – Laguzzi & Co. – Das Haus mit den zwei Palmen. – Die bärtige Frau. – Das Schöne kommt danach. – Der Erfolg. – Die Straußenfeder. – Die Feinde des Herrn Fuchs. – Herr Stapps. – Dominico. – Die Stürmische. – Die hellen Augen. – In einem Florentiner Keller. – Slow. – Die Fledermaus. – Das Engelchen. – Reliquien. – Der russische Prinz. – Würdest du tauschen mit ...? – Der Mann im Schlafanzug. – Am Strand. – Aufenthalt in Edinburgh. – Die Angst. – Der Engländer. – Der Flug des Sperbers. – Der Schneemann. – Papillon jaune.

Der Sturmwind und anderes in der Nobelpreis-Reihe des Coron-Verlages, Zürich (1976) o.J.
Inhalt: Gedichte. – Alle Erzählungen aus „Die Straußenfeder" und außerdem: Im Baßschlüssel. – Besuch vom Alastor. – Frauen vom ‚Karma'. – Tänzer im ‚Roten Teufel'. – Die roten Pilze. – Fallende Asche. – Der Regisseur. – Die Witwen. – Der Schuldige. – Es gibt keine Poesie. – Die Bilder im Keller. – Festmahl in der Sylvesternacht.

Essayistische Prosa:

1966: Auto da fé. Mailand.
1969: Fuori di casa. Mailand.
1972: Nel nestro tempo. Mailand.
1973: Trentadue Variazioni. Mailand.

1976 **Bellow, Saul** (1915– . . . .) / USA
„für das menschliche Verständnis und die subtile Kulturanalyse, die in seinem Werk vereinigt sind".

Werkverzeichnis

Romane:

1944: The Dangling Man. New York.
(Mann in der Schwebe. Köln 1969.)
1947: The Victim. New York. (Das Opfer. Köln 1966.)
1953: The Adventure of Augie March. New York.
(Das Abenteuer des Augie March. Köln 1956.)
1959: Henderson the Rain King. New York.
(Der Regenkönig. Köln 1960.)
1964: Herzog. New York. (Herzog. Köln 1965.)
1970: Mr. Sammlers Planet. New York.
(Mr. Sammlers Planet. Köln 1971.)
1975: Humboldt's Gift. New York.
(Humboldts Vermächtnis. Köln 1976.)
1982: The Dean's December. New York.
(Der Dezember des Dekans. Köln 1982.)

Erzählungen:

1956: Seize the Day. Vier Kurzgeschichten und ein Einakter. New York.
Inhalt: Seize the Day, 1956 (Das Geschäft des Lebens, Köln 1962). – A Father-to-Be, 1955. – Looking for Mr. Green, 1951. – The Gonzaga Manuscripts, 1956. – The Wrecker (Einakter), 1956.
1968: Mosby's Memoirs & Other Stories. New York.
(Mosbys Memoiren u. a. Erzählungen. Köln 1973.)
Inhalt: Auf der Suche nach Mr. Green (Looking for Mr. Green, 1951). – Gonzagas Manuskript (The Gonzaga Manuscript, 1956). – Ein künftiger Vater (A Father-to-Be, 1955). – Hinterlassung des gelben Hauses (Leaving the Yellow House, 1957). –

Das alte System (The Old System, 1967). – Mosbys Memoiren (Mosby's Memoirs, 1968).

Drama:

1965: The Last Analysis. New York.
(Die letzte Analyse. Köln 1968.)

Essayistische Prosa:

1976: To Jerusalem and back. Reisebericht. New York.
(Nach Jerusalem und zurück. Köln 1977.)

1977 **Aleixandre, Vicente** (1898–1984) / Spanien
„für seine schöpferische Dichtung, die die Verhältnisse des Menschen im Kosmos und in der heutigen Gesellschaft beleuchtet und gleichzeitig die Erneuerung der traditionellen spanischen Poesie zwischen den Kriegen repräsentiert".

Das dichterische Gesamtwerk Aleixandre's besteht fast ausschließlich aus Lyrik. Ihr Wesen ist „weitgebreitete Innigkeit". Als sein Hauptwerk, das in vollständiger deutscher Übersetzung vorliegt, gilt „La destrución o el amor" (Die Zerstörung oder die Liebe), wobei notwendigerweise zu erklären ist, daß bei Aleixandre die Konjunktion „o" keine Alternative, sondern stets Verbindung bedeutet, denn die Erfüllung der Liebe ist die Aufhebung des Ichs.

Werkverzeichnis

Lyrik:

1928: Ambito (Umkreis). Madrid.
1932: Espadas como labios (Schwerter wie Lippen). Madrid.
1935: Passion de la tierra (Leiden der Erde). Mexiko.

1935: La destrución o el amor. Madrid.
(Die Zerstörung oder die Liebe. Stuttgart 1978.)

1944: Sombra del paraiso (Schattenseite des Paradieses). Madrid.
1950: Muno a solas (Die Welt allein). Madrid.
1952: Poemas paradisiacos (Paradiesische Gedichte). Málaga.
1953: Nacimiento último (Letzte Geburt). Madrid.
1954: Historia del corazón (Geschichte des Herzens). Madrid.
1956: Mis poemas mejores (Meine schönsten Gedichte). Madrid.
1960: Poemas amorosos (Liebesgedichte). Buenos Aires.

1960: Poesias completas (Sämtliche Gedichte). Madrid.
(Auswahl u.d.T.: Nackt wie der glühende Stein. Hamburg 1963.)
1961: Antigua casa madrilena (Altes Madrider Haus). Santander.
1962: En un vasto dominio (In einem weiten Gebiet). Madrid.
(Auswahl u.d.T.: Nackt wie der glühende Stein. Hamburg 1963.)
1965: Presencias (Gegenwart). Barcelona.
1965: Retratos con nombre (Bilder mit Namen). Barcelona.
1967: Dos vidas (Zwei Leben). Málaga.
1968: Poema de la consumación (Gedichte der Vollendung). Barcelona.
(Auswahl u.d.T.: Gesicht hinter Glas. München 1978.)
1972: Sonido de la guerra (Kriegslärm). Valencia.
1974: Diálogos del conocimiento (Dialoge der Erkenntnis). Barcelona.
(Auswahl u.d.T.: Gesicht hinter Glas. München 1978.)
1976: Antologia total (Vollständige Gedichtsammlung). Barcelona.

Theoretische Prosa:

1950: En la vida del poeta: El amor y la poesia. (Im Leben des Dichters: Die Liebe und die Dichtkunst). Madrid.
1955: Algunos caracteres de la nueva poesia espanola. (Einige Merkmale der neuen spanischen Poesie). Madrid.
1958: Los encuentros (Die Begegnungen) 1954–1958. Madrid.
1968: Nuevos encuentros (Neue Begegnungen) 1959–1967. Madrid.

Gesamtausgabe:

1968: Vicente Aleixandre. Obras completas. I. Poesia. II. Prosa. Madrid.

1978 **Singer, Isaac Bashevis** (1904 – . . . .) / USA

„für seine eindringliche Erzählkunst, die mit ihren Wurzeln in einer polnisch-jüdischen Kulturtradition universale Bedingungen des Menschen lebendig werden läßt".

Singer gilt als der größte lebende Dichter jiddischer Sprache, einer Verschmelzung des Mittelhochdeutschen mit starken hebräischen und slawischen Zusätzen. Hierbei darf allerdings nicht übersehen werden, daß es sich um eine im Aussterben begriffene Sprache handelt, die nur noch verhältnismäßig wenigen literaturwissenschaftlich interessierten Menschen zugänglich ist. Singers literarische Bedeutung wäre deshalb ohne die Übersetzung seiner Werke aus dem Jiddischen ins Englische, an der er sich selbst beteiligt, schwer vorstellbar. Das vorliegende Werkverzeichnis beschränkt sich deshalb nur auf die englischen Erstausgaben und fügt lediglich dem englischen Titel in Klammern das Jahr der jiddischen Erstveröffentlichung hinzu.

Werkverzeichnis

Romane:

1950: The Family Moskat. New York. (J: 1945–48)
1955: Satan in Goray. New York. (J: 1934)
(Satan in Goraj. Reinbek 1969.)
1960: The Magician of Lublin. New York. (J: 1959)
(Der Zauberer von Lublin. Reinbek 1967.)
1962: The Slave. New York. (J: 1961)
(Jakob, der Knecht. Reinbeck 1965.)
1967: The Manor. New York.
(Das Landgut. München 1979.)
1972: Enemies, a Love Story. New York. (J: 1966)
(Feinde, die Geschichte einer Liebe. München 1974.)
1978: Shosha. New York.
(Shosha. München 1980.)
1979: The Estate. New York.
(Das Erbe. München 1981.)

Erzählungen:
Nachgewiesen werden alle ins Deutsche übersetzten Erzählungen, die gleichzeitig eine optimale charakteristische Auswahl bieten.

1957: Gimpel the Fool and Other Stories. New York.
(Gimpel der Narr. Auswahl. Reinbek 1968.)
1961: The Spinoza of Market Street. New York.
(Gimpel der Narr. Auswahl. Reinbek 1968.)
1964: Short Friday and Other Stories. New York.
(Gimpel der Narr. Auswahl. Reinbek 1968.)
1966: Zlateh the Goat and Other Stories. New York.
(Zlateh die Geiß u. a. Geschichten. Aarau 1976.)
1967: Mazel and Schlimazel. New York.
(Massel und Schlamassel. Aarau 1969..)
1968: When Shlemiel Went Warsaw and Other Stories. New York.
(Als Schlehmil nach Warschau ging und andere Geschichten. Aarau 1970.
1973: The Fools of Chelm and Their History. New York.
(Die Narren von Chelm und ihre Geschichte. Aarau 1975.)
1973: A Crown of Feathers and Other Stories. New York.
(Der Kabbalist vom East Broadway. Auswahl. München 1976.)

1975: Passions and Other Stories. New York.
(Leidenschaften. Auswahl. München 1977.)

Autobiographisches:

1966: In My Father's Court. New York. (1956)
(Mein Vater, der Rabbi. Reinbek 1971.)
1969: A Day of Pleasure; Stories of a Boy Growing in Warsaw. New York. (Ein vergnügter Tag, Geschichten von einem in Warschau aufgewachsenen Jungen.)
1976: A Little Boy in Search of God. Garden City/NY.
(Ein kleiner Junge sucht Gott.)
1978: A Young Man in Search of Love. Garden City/NY.
(Ein junger Mann sucht Liebe.)

1979 **Elytis, Odysseus** (1911– . . . .) / Griechenland
„für seine Poesie, die, in der griechischen Tradition fußend, mit sinnlicher Kraft und intellektueller Klarsicht den Kampf eines modernen Menschen für die Freiheit gestaltet".

Das dichterische Werk von Elytis ist dem Umfange nach leicht überschaubar. Es besteht zum großen Teil aus Lyrik. Sein Hauptwerk „To Axion Esti" (Gepriesen sei) will das Schicksal seiner Heimat, das er als sein eigenes empfindet, in drei Stadien erfassen: in der „Genesis", der „Passion" und einer Zukunft, deren Vision („Gepriesen sei") den Übergang aus dem Reich des Leidens ins Reich der Freiheit, Reinheit und Gerechtigkeit (1959) vorwegnimmt. Über sein lyrisches Schaffen sagt der Dichter selbst: „Ich betrachte die Lyrik als eine Quelle kämpferischer Unschuld, die ich in meinem Bewußtsein gegen eine schuldige Welt richte, um diese unter ständigen Verwandlungen so umzuformen, daß sie mit meinen Träumen in Einklang steht."

Werkverzeichnis

Lyrik:

1940: Prosanatolismoi (Orientierungen). Athen.
(Körper des Sommers. Auswahl. St. Gallen 1960.)
(Ausgewählte Gedichte. Frankfurt 1979.)
1943: Ilios o protos (Sonne die erste). Athen.
(Körper des Sommers. Auswahl. St. Gallen 1960.)
(Ausgewählte Gedichte. Frankfurt 1979.)

1945: Asma iroiko kai penthimo gia ton chameno anthipolochago tis Alwanias (Hohelied und Klage für den in Albanien gebliebenen Leutnant). Athen.
(Ausgewählte Gedichte. Frankfurt 1979.)
1959: To Axiom Esti. Athen.
(To Axiom Esti. Gepriesen sei. Hamburg 1979.)
1960: Exi kai mia tipseis gia ton urano (Sechs und einmal Gewissensbisse für den Himmel). Athen.
(Körper des Sommers. Auswahl. St. Gallen 1960.)
(Ausgewählte Gedichte. Frankfurt 1979.)
1971: O ilios o iliatoras (Sonne die Allmächtige). Athen.
1971: To fotodentro kai i dekati tetarti omorfia (Der Lichtbaum und die vierzehnte Schönheit). Athen.
(Ausgewählte Gedichte. Frankfurt 1979.)
1971: To monogramma (Das Monogramm). Athen.
1972: Ta rho tu erota. Athen.
(Lieder der Liebe. Frankfurt 1981.)
1974: Ta eterothali (Die Halbgeschwister). Athen.
(Ausgewählte Gedichte. Frankfurt 1979.)
1978: Maria Nepheli. Athen.
(Ausgewählte Gedichte. Frankfurt 1979.)

Theoretische Prosa:

1973: O Sografos Theofilos (Der Maler Theofilos). Athen.
1974: Anoichta charia (Offene Karten). Aufsätze. Athen.

Übersetzungen:
Als Übersetzer vertrat Elytis die Ansicht, daß eine Übersetzung in erster Linie eine freie poetische (also ein nachschöpferischer Akt) sein soll und keine bloß exakte philologische. Bezeichnenderweise führen seine gesammelten Lyrik-Übersetzungen den Titel „Elytis zweite Schrift“.

1957: O kiklos me tin kimolia. Athen.
(Brecht: Der kaukasische Kreidekreis.)

1976: O. Elytis defteri grafi (O. Elytis zweite Schrift). Athen.
(Lyrik-Übersetzungen von Rimbaud, Eluard, Lorca, Lautréamont, P. J. Jouve, Ungaretti, Majakowski.)

1980 **Milocz, Czeslaw** (1911– . . . .) / USA
„der mit kompromißloser Klarsicht der Stellung des Menschen in einer Welt von schweren Konflikten Ausdruck verleiht".

Werkverzeichnis

Lyrik:

1933: Poemat o czasie zastglym (Gedichte von der erkalteten Zeit). Wilna.
1936: Trzy zimy (Drei Winter). Wilna.
1940: Wiersze (Gedichte). Heimliche Publikation unter dem Pseudonym Jan Syruć. Warschau.
1945: Ocalenie (Befreiung) Gesammelte Gedichte. Warschau.
1955: Swiatlo dzienne (Tageslicht). Paris.
1957: Traktat poeticki (Poetische Abhandlung). Paris.
1962: Król Popiel i inne wiersze (König Popiel und andere Gedichte). Paris.
1965: Gucio zaczarowany (Gustl, der Verzauberte). Paris.
1969: Miasto bez imienia (Stadt ohne Namen). Paris.
1974: Gdzie wschodzie slońce i kedy zapada (Wo die Sonne aufsteigt und untergeht). Paris.
1977: Utwory poetyckie (Gesammelte Gedichte. 401 S.). Ann Arbor, Mi.
1978: Bells in Winter (Glocken im Winter) Späte Gedichte. New York.

Deutsche Auswahlbände aus verschiedenen Original-Ausgaben:

1966: Lied vom Weltende. Köln.
1979: Zeichen im Dunkel. Frankfurt.
1982: Gedichte. 1933–1981. Frankfurt.

Romane:

1953: Zdobycie wladzy (Ergreifung der Macht). Paris.
(Das Gesicht der Zeit. Stuttgart/Zürich 1953.)
1955: Dolina Issy. Autobiographischer Roman. Paris.
(Tal der Issa. Köln 1957.)

Theoretische Prosa:

1953: Zniewolony umsyl (Versklavtes Denken). Paris.
(Verführtes Denken. Essays. Köln 1953.)
1958: Kontynenty (Kontinente) Übersetzungen und Essays. Paris.
1958: Rodzinna Europa (Heimatliches Europa). Paris.
(West- und Östliches Gelände. Autobiographisches. Köln 1961.)

1969: Widzenia nad Zatoka San Francisco (Ansichten aus San Francisco) Essays. Paris.
1969: The History of Polish Literature. New York.
(Geschichte der Polnischen Literatur. Köln 1981.)
1972: Prywatne obowiazki (Private Verbindlichkeiten) Essays. Paris.
1977: Ziemia Ulro (Das Land Ulro). Paris.
(Ziemia Ulro, das als ein Hauptwerk von Milosz angesehen werden kann, soll nach Ansicht eines polnischen Kritikers „die unglückliche Gespaltenheit, die verlorene innere Einheit“ erörtern, die den „abendländischen Menschen seit der Aufklärung kennzeichne“.)
1977: Emperor of the Earth: Modes of Eccentric Vision (Kaiser der Erde: Formen überspannter Vision). Essays. Berkeley, CA.

1981 **Canetti, Elias** (1905– . . . .) / Großbritannien
„für sein schriftstellerisches Werk, geprägt von Weitblick, Ideenreichtum und künstlerischer Kraft“.

Elias Canetti, 1905 im bulgarischen Rustschuk geboren, lebt seit 1939 in England. Er schreibt ausschließlich in Deutsch. In der Laudatio zur Verleihung des Nobelpreises wurde u.a. hervorgehoben: „Der exilierte und kosmopolitische Schriftsteller Canetti hat eine Heimat, und das ist die deutsche Sprache (obgleich ihm auch Bulgarisch, Spanisch und Englisch keine Fremdsprache bedeutet). Ihr ist er treu geblieben, und oft hat er seine Liebe zu den Meisterwerken der klassischen deutschen Kultur gezeigt.“

Werkverzeichnis

1935: Die Blendung. Roman. Wien. (4. Auflage. München 1980.)
1960: Masse und Macht. Philosophisches Werk. Hamburg.
(Neuausgabe. Hamburg 1978.)
1964: Dramen. Sammelband. München. (2. Auflage. München 1976.)
Inhalt: Hochzeit, 1932. – Komödie der Eitelkeit, 1950. – Die Befristeten, 1964.
1973: Die Provinz des Menschen. Aufzeichnungen 1942–72. München.
1974: Der Ohrenzeuge. Fünfzig Charaktere. München.
(2. Auflage. München 1981.)
1977: Die gerettete Zunge. Geschichte einer Jugend 1905–21. München.
(Sonderausgabe. München 1980.)
1976: Das Gewissen der Worte. Essays. München 1976.

1978: Die Stimmen von Marrakesch. Aufzeichnungen nach einer Reise. München.
1980: Die Fackel im Ohr. Lebensgeschichte 1921–1931. München.

1982 **Garcia Márquez, Gabriel** (1928– . . . .) / Kolumbien
„für seine Romane und Erzählungen, in denen sich das Phantastische und das Realistische in einer vielfacettierten Welt der Dichtung vereinen, die Leben und Konflikt eines Kontinents widerspiegeln".

Nach dem Erscheinen des Romans „Cien anos de soledad" (Hundert Jahre Einsamkeit) im Jahre 1967, der als sein Hauptwerk anzusehen ist, gilt Carcia Márquez als brillanter Vertreter des in Lateinamerika geprägten magischen Realismus, ja als einer der besten Romanciers spanischer Zunge in diesem Jahrhundert.

Werkverzeichnis

Romane:

1955: La hojarasca. Bogota. (Laubsturm. Köln 1975.)
1958: El coronel no tiene quien le escriba. Bogotá.
(Kein Brief für den Oberst. Zürich 1971.)
(Der Oberst hat niemand, der ihm schreibt. Köln 1976.)
1962: La mala hora. Madrid.
(Unter dem Stern des Bösen. Hamburg 1970.)
(Die böse Stunde. Köln 1979.)
1967: Cien años de soledad. Buenos Aires.
(Hundert Jahre Einsamkeit. Köln 1970.)
1975: El Otoño del patriarca. Barcelona.
(Der Herbst des Patriarchen. Köln 1978.)
1981: Crónica de una muerte anunciada. Bogotá.
(Chronik eines angekündigten Todes. Köln 1981.)

1970: Realato de un náufrago. Bogotá.
(Bericht eines Schiffbrüchigen. Köln 1982.)

Erzählungen:

1974: Ojos de perro azul. 11 Erzählungen. Buenos Aires.
1962: Los Funerales de la Mamá Grande. 8 Erzählungen. Mexiko.
1972: La increible y triste Historia de la cándida Eréndira y de su abuele desalmada. 7 Erzählungen. Barcelona.
1975: Todos los cuentos de G. G. Márquez. Barcelona.

Zusammenfassung aller Erzählungen der Ausgaben von 1974, 1962 und 1972. Alle 26 Erzählungen sind in den nachfolgenden zwei Sammelbänden ins Deutsche übersetzt.

1982: Augen eines blauen Hundes. Köln.
Inhalt:
Die dritte Entsagung (La tercera resignación, 1947). – Die andere Rippe des Todes (La otra costilla de la muerte, 1948). – Eva ist in ihrer Katze (Eva está dentro de su gato, 1948). – Bitterkeit für drei Schlafwandler (Amargura para tres sonámbulos, 1949). – Zwiesprache des Spiegels (Diálogo del espejo, 1949). – Augen eines blauen Hundes (Ojos de perro azul, 1950). – Die Frau, die um sechs kam (La mujer que llegaba a las seis, 1950). – Nabo. Der Neger, der die Engel warten ließ (Nabo, el negro que hizo esperar a los ángeles, 1951). – Jemand bringt diese Rosen in Unordnung (Alguien desordena esta rosas, 1952). – Die Nacht der Rohrdommeln (La noch de los alcaravanes, 1953). – Isabels Monolog beim Betrachten des Regens in Macondo (Monólogo de Isabel viendo llover en Macondo, 1955).

1974: Das Leichenbegängnis der Großen Mama. Köln.
Inhalt:
Nabo. Der Neger, der die Engel warten ließ (Nabo, el negro que hizo esperar a los ángeles, 1951). – Isabels Monolog beim Betrachten des Regens in Macondo (Monólogo de Isabel viendo llevar en Macondo, 1955). – An einem dieser Tage (Un dia de estos, 1962). – In diesem Dorf gibt es keine Diebe (En esto pueblo no jay ladrones, 1962). – Die Witwe Montiel (La viuda de Montiel, 1962). – Ein Tag nach dem Samstag (Un dia después del sabado, 1962). – Künstliche Rosen (Rosas artificiales, 1962). Das Meer der verlorenen Zeit (El mar del tiempo perdido, 1962). Das Leichenbegängnis der Großen Mama (Los funerales de la Mamá Grande, 1962). – Dienstag mittag (La siesta del martes, 1963). – Baltazars wundervoller Nachmittag (La prodigiosa tarde de Baltazar, 1963). – Blacamán der Gute, Wunderverkäufer (Blacamán el bueno, vendedor de milagros, 1968). – Der schönste Ertrunkene von der Welt (El ahogado mas hermoso del mundo, 1968). – Die letzte Reise des Gespensterschiffs (El ultimo viaje del buque fantasma, 1968). – Ein sehr alter Herr mit riesengroßen Flügeln (Un senor muy viejo con unas alas enormas, 1968). – Beständiger Tod über die Liebe hinaus (Muerte constante más allá del amor, 1968). – Die unglaubliche und traurige

Geschichte von der einfältigen Eréndira und ihrer herzlosen Großmutter (La increible y triste historia de la candida y de su abuela desalmada, 1972).

Sekundär-Literatur

Margaret Eustella Fau: Gabriel Garcia Márquez. An annotated bibliography 1947–1979. X, 198 S. Westport, Conn. 1980.

1983 **Golding, William Gerald** (1911– . . . .) / Großbritannien
„für seine Romane, die mit der Anschaulichkeit realistischer Erzählkunst und der vieldeutigen Allgemeingültigkeit des Mythos menschliche Bedingungen in der heutigen Welt beleuchten".

Werkverzeichnis

1935: Poems. Gedichte. London.
1954: Lord of the Flies. Roman. London.
(Herr der Fliegen. Frankfurt 1956.)
1955: The Inheritors. Roman. London.
(Die Erben. Frankfurt 1964.)
1956: Pincher Martin. Roman. London.
(Der Fels des zweiten Todes. Frankfurt 1960.)
1958: The Brass Butterfly. Drama. London.
1959: Free Fall. Roman. London.
(Freier Fall. Frankfurt 1963.)
1964: The Spire. Roman. London.
(Der Turm der Kathedrale. Frankfurt 1966.)
1965: The Hot Gates and Other Occasional Pieces. Essays. London.
1967: The Pyramid. Roman. London.
(Oliver. Düsseldorf 1972.)
1971: The Scorbion God. Drei Erzählungen: The Scorbion God. – Clonk Clonk. – Envoy Extraordinary. – London.
Der Sonderbotschafter. (Der Skorpion Gott. – Clonk Clonk. – Der Sonderbotschafter. – Düsseldorf 1974.)
1979: Darkness Visible. Roman. London.
(Das Feuer der Finsternis. München 1980.)
1980: Rites of Passage. Reisebericht. London.
(Äquatortaufe. Gütersloh 1983.)
1982: A Moving Target. Essays. London 1982.

1984 **Seifert, Jaroslav** (1901–1986) / Tschechoslowakei
„für seine Dichtung, die mit frischer Sinnlichkeit und reicher Erfindungsgabe ein befreiendes Bild menschlicher Unbeugsamkeit und Vielfalt gibt".

In rund dreißig Gedichtsammlungen profiliert sich J. Seifert als der bedeutendste tschechische Lyriker der Gegenwart, dokumentiert durch die nachfolgende Auswahl seiner Werke.

Werkverzeichnis

1921: Město v slzách (Stadt in Tränen).
1923: Samá láska (Lauter Liebe).
1925: Na vlnách TSF (Auf den Wellen der Telegraphie sans fil).
1926: Slavik zpiva špatně (Die Nachtigall singt schlecht).
1929: Poštovni holup (Die Brieftaube).
1933: Jablko s klina (Der Apfel von deinem Schoß).
1937: Jaro sbohem (Leb wohl, Frühling).
1937: Osm dni (Acht Tage).
1938: Zhasněte světla (Lösch die Lichter).
1944: Kamenný most (Die steinerne Brücke).
1945: Přilba hliny (Helm mit Lehm).
1950: Pisěn o Viktorce (Das Lied von Viktorka).
1954: Maminka (Mutter).
1956: Chlapec a hvězdy (Der Junge und die Sterne).
1965: Konzert na ostrově (Konzert auf einer Insel).
1967: Halleyova kometa (Der Halleysche Komet).
1967: Odlévání zvonu (Der Glockenguß).
1979: Deštnik z Picadilly (Der Regenschirm von Picadilly).
1981: Morovy sloup (Die Pestsäule).
1983: Vsecky krasy sveta (Alle Schönheit dieser Erde). Memoiren.

Deutsche Gedichtauswahl:

1982: Im Spiegel hat er das Dunkel. Waldbrunn (PL 8702).

Sekundär-Literatur

Mariánková, Jana: Jaroslav Seifert. Vý běrová bibliographie. Kladno: Kraj. knihovna. 1971.

1985 **Simon, Claude** (1913– . . . .) / Frankreich

„. . . der in seinen Romanen das Schaffen eines Dichters und Malers mit vertieftem Zeitbewußtsein in der Schilderung menschlicher Grundbedingungen vereint".

Simon erhielt den Preis als ein keineswegs leicht lesbarer Autor. Seinen Lesern wird ein geduldiges Einfühlungsvermögen auferlegt. Simon weiß, daß die künstlerische Form seines Schreibens (in Anlehnung und Weiterführung der schriftstellerischen Diktion Faulkners, Prousts u.a.) zwar zunächst befremdend wirkt, sich aber dennoch den Lesern, die ihr Lesebedürfnis durch keine traditionelle Erzählweise einengen, auf eine indirekte vertiefte Weise erschließt. – Simon über sein Schreiben selbst: „Bevor ich Zeichen zu Papier bringe, gibt es nichts außer einem formlosen Magma aus mehr oder weniger konfusen Empfindungen, einer Menge mehr oder weniger genauer Erinnerungen und einem vagen, sehr vagen Plan. Erst beim Schreiben entsteht etwas aus sich selbst. Das Faszinierende für mich ist, daß dieses Etwas immer unendlich reicher ist als das, was mir vorschwebte.

Werkverzeichnis

1945: Le Tricheur (Der Falschspieler). Paris.
1947: La Corde raide. Paris. (Das Seil. Frankfurt 1964.)
1952: Gulliver (Gulliver). Paris.
1954: Le sacre du printemps (Die Frühlingsweihe). Paris.
1957: Le Vent. Paris. (Der Wind. München 1959.)
(Dass. als Taschenbuchausgabe: Reinbek 1969.)
1958: L'Herbe. Paris. (Das Gras. Neuwied 1970.)
(Dass. als Taschenbuchausgabe: Neuwied 1981.)
1960: La Route des Flandres. Paris.
(Die Straßen in Flandern. München 1961.)
1962: Le Palace. Paris. (Der Palast. München 1964.)
1963: La Séparation (Die Trennung). Ein wenig erfolgreiches Theaterstück. Geschrieben 1963.
1966: Femmes (69 Betrachtungen zu 23 Bildern Jean Mirós). Paris.
1967: Histoire (Geschichte). Paris.
1969: La Bataille de Pharsale. Paris.
(Die Schlacht bei Pharsalos. Neuwied 1972.)
1970: Orion aveugle (Der blinde Orion). Genf.
1971: Les Corps conducteurs. Paris. (Die Leitkörper. Neuwied 1974.)
1973: Triptyque (Triptychon). Paris.
1975: Leçon de choses (Anschauungsunterricht). Paris.
1981: Les Georgiques (Georgica). Paris.

1968: The Forest of a Thousand Daemons. London.
(Freie Übersetzung des Romans „Og boju ode ninu Igbo Irunmale“ von D. O. Fagunwa. Neuauflage 1982.)
1969: Poems from Prison. Gedichte. London.
1971: Madmen and Specialists. Drama. London.
1972: The Man Died. Prison Notes of Wole Soyinka. London.
(Der Mann ist tot. Zürich 1980.)
1972: A Shuttle in the Crypt. Gedichte. London.
1973: The 'Bacchae' of Euripides. London.
(W. S. wählte von den Tragödien des Euripides zur freien Nachdichtung ins Englische die „Bakchen“, über die in E. Laaths „Geschichte der Weltliteratur“ nachzulesen ist: „Euripides gewaltigstes Werk, die von Goethe und G. Hauptmann gerühmten ‚Bakchen‘.“)
1973: Season of Anomy. Roman. London.
(Zeit der Gesetzlosigkeit. DDR-Berlin 1977.)
(Die Plage der tollwütigen Hunde. CH-Olten 1979.)
1973: Jero's Metamorphosis. Drama. London.
1973: Camwood on the Leaves. Drama. London.
1973: The Jero Plays. London.
(Inhalt: The Trials of Brother Jero. Jero's Metamorphosis.)
1974: Collected Plays. II Bände. London.
(Inhalt: I. The Swamp Dwellers. A Dance of the Forests. The Strong Breed. The Road. – II. The Lion and the Jewel. The Trials of Brother Jero. Kongi's Harvest. Madmen and Specialists. Jero's Metamorphosis.)
1975: Death and the King's Horseman. Drama. London.
1975: Poems of Black Africa. London.
(Anthologie. 378 p. hrsg. von Wole Soyinka.)
1976: Myth, Literature and the African World. Essays. Cambridge.
(Vorlesungen an der Universität Ife.)
1979: (oder später) Der Häftling. (Deutsch) Hörspiel im Rundfunk. Köln und Berlin.
1981: Opera Wonyosi. Drama. London.
1981: Aké. The Years of Childhood. London.
(Aké – eine Kindheit. Zürich 1986.)
(Kindheitserinnerungen 1934–1944.)
1984: A Play of Giants. Drama. London.
1984: Six Plays. London.
1985: A Requiem for a Futurologist. Drama. London.

1986 **Soyinka, Wole** (1934 – . . . .) / Nigeria

„. . . der in breiter kultureller Perspektive und mit poetischen Obertönen das Drama des menschlichen Seins gestaltete".

Wole Soyinka, englisch schreibender nigerianischer Schriftsteller, wurde am 13. Juli 1934 in Abeokuta unweit von Ibadan im westlichen Nigeria geboren. Er ist ein Nachkomme des traditionsreichen Yoruba-Stammes, dessen mythisches Erbe ihm lebendig geblieben ist und der in England mehrere Jahre sehr spezifisch Europas Geschichte und Kultur studierte. Die weitere Begründung der Schwedischen Akademie besagt, daß sich Akinwande Oluwole Soyinka (wie er mit vollem Namen heißt) in einem äußerst fruchtbaren Schaffensprozeß befindet sowie auf ein umfangreiches vielfaches literarisches Werk (Gedichte, Dramen, Romane und Essays) zurückblicken kann. Seit 1975 ist er Professor für Vergleichende Literaturwissenschaft und Leiter des Departments of Dramatic an der Universität Ife in Nigeria.

Werkverzeichnis

1958: The Swamp Dwellers. Drama. London.
1959: The Lion and the Jewel. Komödie. London.
(Der Löwe und die Perle. DDR-Berlin 1973.)
1959: A Quality of Violence. Roman. London.
1960: A Dance of the Forests. London.
(Ein Theaterstück für die Unabhängigkeitsfeiern Nigerias: Eine Art afrikanischer „Sommernachtstraum" mit Geistern und Göttern.)
1960: (und später) Mitherausgeber der nigerianischen Literaturzeitschrift „Black Orpheus". London.
1961: The Trials of Brother Jero. London.
(Satyrisches Theaterstück über die Volksverdummer, die am Strande von Lagos predigen.)
1962: The Strong Breed. Drama. London.
1964: Five Plays. London.
(Inhalt: The Swamp Dwellers. The Lion and the Jewel. A Dance of the Forests. The Trials of Brother Jero. The Strong Breed.)
1965: The Interpreters. Roman. London.
(Ausgezeichnet mit dem Campbell-Preis für Commonwealth-Literatur.)
(Der Ausleger. CH-Olten 1983.)
1965: The Road. Drama. London.
1965: Before the Blackout. Drama. London.
1965: Kongi's Harvest. Drama. London.
1967: Idanre and Other Poems. Gedichte. London.

Nobelpreisträger für Frieden

Das Recht, Vorschläge zu unterbreiten für die Verleihung der Preise, basierend auf dem Prinzip der Kompetenz und der Vielseitigkeit, sollen für Frieden, den Statuten der Nobelstiftung gemäß, die Folgenden in Anspruch nehmen können:

1. Aktive und ehemalige Mitglieder des Norwegischen Nobel-Komitees und deren Berater, ernannt von dem Norwegischen Nobel-Institut.
2. Mitglieder der Nationalversammlungen und Regierungen der verschiedenen Staaten und Mitglieder der Interparlamentarischen Union.
3. Mitglieder des Internationalen Schiedsgerichtshofes in Den Haag.
4. Mitglieder der Kommission des Ständigen Internationalen Friedensbüros.
5. Mitglieder und beigeordnete Mitglieder des Internationalen Institutes für Recht.
6. Universitätsprofessoren für politische und Rechtswissenschaft, Geschichte und Philosophie.
7. Nobelpreisträger für Frieden.

Die Vorschläge sind jeweils bei dem auf Seite 39 genannten entsprechenden Nobel-Komitee einzureichen.

Das norwegische Nobelpreiskomitee gibt in den Verleihungsurkunden keine Nobelpreisbegründung, wie es durch die vier schwedischen Komitees geschieht.

1901 **Dunant, Jean Henri** (1828–1910) / Schweiz
Passy, Frédéric (1822–1912) / Frankreich

H. Dunant beobachtete 1859 in der Schlacht von Solferino (Italien) persönlich das Elend der Kriegsverwundeten und den völlig ungenügenden Sanitätsdienst. Seine in dem Buch „Un Souvenir de Solferino" (1862) festgehaltenen Erfahrungen und Vorschläge gaben den unmittelbaren Anlaß zur „Genfer Konvention" (GK) von 1864, einem Abkommen zum Schutze der Verwundeten und Gefangenen im Krieg, das mehrfach, zuletzt 1949, erweitert wurde. Gleichzeitig ist in diesem Zusammenhange durch Dunant's Anregungen 1863 das „Rote Kreuz" gegründet worden. Es erhielt durch die GK internationalen Schutz und erstreckt sich heute auf alle zivilisierten Länder, in denen sich auch eigene Verbände des RK bildeten. – Frédéric Passy, zunächst mit sozialen und ökonomischen Studien beschäftigt, widmete seine Arbeitskraft nahezu ausschließlich der Friedensbewegung in Frankreich. Er gründete 1867 die erste französische Friedensgesellschaft, die seit 1889 den Namen „Société française pou l'arbitrage entre nations" führt und deren Spiritus Rector er jahrelang war. Er gründete im Jahre 1889 gemeinsam mit William Randall Cremer (NP/Fr 1903), mit Sitz in Genf, die „Interparlamentarische Union für internationale Schiedsgerichtsbarkeit", eine Vereinigung von Parlamentariern verschiedener Staaten, die durch persönliche Fühlungnahme um Beilegung zwischenstaatlicher Streitigkeiten bemüht war.

1902 **Ducommun, Elie** (1833–1906) / Schweiz
Gobat, Charles Albert (1843–1914) / Schweiz

E. Ducommun begann sehr früh für die Friedensbewegung zu arbeiten. Er nahm lebhaften Anteil an der 1867 gegründeten „Ligue internationale de la paix et de la liberté" und an den seit 1889 regelmäßig stattfindenden Friedenskongressen. Auf dem 1891 in Rom abgehaltenen 3. Kongreß wurde das „Internationale Ständige Friedensbüro in Bern" gegründet und D. sein Generalsekretär. Ihm oblag die mühevolle Arbeit, die Verbindung zwischen den Friedensvereinigungen der einzelnen Länder zu festigen. – Gobat, ständig in Fragen des Friedens und der Schiedsgerichtsbarkeit tätig, war 1892 Präsident der 4. Interparlamentarischen Konferenz. Damals wurde das Zentralbüro der Interparlamentarischen Union gegründet, deren Leitung er übernahm. Nach dem Tode Ducommun's (1906) übernahm er als Direktor das „Ständige Internationale Friedensbüro in Bern". – Durch die verschiedenen Institutionen, in denen Dunant, Ducommun und Gobat mitwirkten, und durch entsprechende Nachfolgeeinrichtungen bis auf den heutigen Tag, ist die Schweiz zu einem Mittelpunkt der internationalen Friedensarbeit geworden.

1903 **Cremer, William Randal** (1838–1908) / Großbritannien

W. R. Cremer, von Beruf Tischler, war führend in der Arbeiterbewegung und für den Pazifismus tätig. Durch seine Arbeit auf internationaler Ebene angeregt, gründete er 1870 „The Workmen's Peace Association", die sich später „International Arbitration League" nannte, und deren Sekretär er war. Als einfacher Arbeiter kam er auf viele Jahre ins englische Parlament und war dort ein energischer Verfechter der Friedensbewegung und Schiedsgerichtsbarkeit. Mit F. Passy (NP/Fr 1901) gründete er 1889 die „Interparlamentarische Union für Internationale Schiedsgerichtsbarkeit". Er konnte im Nobelpreisjahr auf eine beachtliche Zahl von Schiedsgerichtsverträgen zwischen europäischen und überseeischen Ländern hinweisen.

1904 **Institut de Droit International**

Im Jahre 1873 wurde das „Institut de droit international" (Institut für Völkerrecht) in Gent (Belgien) unter Anwesenheit von Vertretern aus Belgien, Argentinien, Deutschland, Holland, Italien, der Schweiz und USA gegründet. Sein Zweck: Die Fortschritte des internationalen Rechts wissenschaftlich und praktisch zu verfolgen, dasselbe zu kodifizieren (die Rechtsnormen eines Sachgebietes in planvoll gegliederte Gesetzesvorschriften zusammenzufassen) und die Schwierigkeiten, die sich seiner Anwendung entgegenstellen können, zu studieren sowie für den Frieden und, solange es Kriege gibt, für die Einhaltung der im Kriege geltenden Gesetze (Genfer Konvention des RK) zu wirken. Für die erste 1899 in Haag abgehaltene internationale Schiedsgerichtskonferenz und den dort gegründeten „Ständigen Haager Schiedsgerichtshof" hatte das preisgekrönte Institut wesentliche Vorarbeit geleistet. Die Nachfolgeeinrichtung unserer Tage ist der „Internationale Gerichtshof" in Haag. Mitglieder sind alle der UNO angehörenden Staaten, die dort über rechtliche Fragen Gutachten einholen können.

1905 **Suttner, Bertha von** (1843–1914) / Österreich

B. v. Suttner erregte weltweites Aufsehen mit ihrem Roman „Die Waffen nieder" (1889), einer in vielen Sprachen übersetzten Kundgebung der Friedensbewegung, für die sie mit ihrem Roman-Titel ein wirkungsvolles Schlagwort lieferte. Sie gründete 1891 in Wien den „Verein der Friedensfreunde" und war Vizepräsidentin des „Internationalen Friedensbüro in Bern". Sie war viel auf Reisen und warb unermüdlich in Vorträgen und Artikeln für die Friedensidee. Mehrere Staatsoberhäupter gewährten ihr Audienzen, bei denen sie ebenso gefühlvoll wie energisch für Frieden und Abrüstung eintrat. 1892 traf sie sich, anläßlich einer Friedenskonferenz in Bern, mit Alfred Nobel, dessen eigene Interessen an Friedensfragen sich mit den ihren, trotz einiger Meinungsunterschiede, zusammenfanden.

1906 **Roosevelt, Theodore** (1858–1919) / USA

Th. Roosevelt wurde 1901 zum Präsidenten der USA gewählt, und ergriff als solcher 1902 die Initiative zur Eröffnung des „Internationalen Schiedsgerichtshof im Haag", der 1899 auf der ersten Haager Friedenskonferenz gegründet worden war. Vor diesem Tribunal wurde erstmals ein alter Streit zwischen den USA und Mexiko geschlichtet. 1905 bemühte sich Roosevelt um die Beendigung des Russisch-Japanischen Krieges, die durch den Friedensvertrag von Portsmouth (USA) besiegelt wurde. Unablässig setzte sich R. auch für die Ausbreitung der Schiedsgerichtsbarkeit in der westlichen Hemisphäre ein. Im Grunde standen weder Roosevelts politische Karriere noch seine Vermittlung in Beziehung zur Friedensbewegung, aber sein vielfaches Eingreifen in die Weltereignisse im Sinne einer Friedenspolitik wurde als preiswürdig hervorgehoben.

1907 **Moneta, Ernesto Teodoro** (1833–1918) / Italien
Renault, Louis (1843–1918) / Frankreich

E. T. Moneta hatte als Herausgeber (1870–1896) der berühmten Zeitung „Il Socolo" großen Anteil an der Friedensarbeit. 1887 gründete er die italienische Friedensgesellschaft „Unione Lombarda", deren ständiger Leiter er war. Seit 1895 vertrat er Italien bei den Friedenskongressen. Mit Eifer vertrat er eine französisch-italienische Annäherung und bebemühte sich intensiv um ein gutes Verhältnis mit Österreich. Sein Hauptwerk erschien 1903 unter dem Titel „Le guerre, le insurrezioni e la pace nel secolo decimono“ (Der Krieg, die Aufstände und der Friede im 19. Jahrhundert). – L. Renault galt als der beste Kenner des Völkerrechts. Seit 1875 war er Mitglied des „Instituts für internationales Recht“. Ihm ist weitgehend die Neufassung der Konvention (Abkommen) des RK von 1906 zu verdanken. Er war ein leidenschaftlicher Verteidiger der Schiedsgerichtsverfahren, bei welchen er auch als Richter tätig war. Er vertrat Frankreich 1899 und 1907 bei den Haager Friedenskonferenzen, wo er entscheidend an den Beschlüssen mitwirken konnte.

1908 **Arnoldson, Klas Pontus** (1844–1916) / Schweden
Bajer, Fredrik (1837–1922) / Dänemark

K. P. Arnoldson, der für ein praktisches „Christentum der Tat“ eintrat, quittierte 1881 seinen Eisenbahndienst und widmete sich fortan ganz der Sache des Friedens. 1883 gründete er die „Schwedische Gesellschaft für Schiedsgerichte und Frieden“. Bereits 1890 veranlaßte er das norwegische Storting, offiziell für internationale Schiedsgerichtsbarkeit einzutreten. In zahlreichen Vorträgen und journalistisch wirkte er in Schweden und Norwegen für die Sache des Friedens, die internationale Schiedsgerichtsbarkeit und insbesondere für die friedliche Beilegung der schwedisch-norwegischen Spannungen. – Bajer widmete sich nach 1864 dem Studium fremder Sprachen und wurde auf diesem Wege zum Pazifisten. Er trat mit der von Passy 1867 gegründeten französischen Friedensgesellschaft in Verbindung und gründete 1882 den dänischen Friedensverein, dessen Präsident er von 1884–1891 war. Er organisierte wiederholt internationale Kongresse der Friedensgesellschaften und der Interparlamentarischen Union. Maßgebend war er an der Schöpfung des „Internationalen Ständigen Friedensbüro in Bern“ beteiligt. 1907 gründete er eine spezielle skandinavische interparlamentarische Vereinigung.

1909 **Beernaert, Auguste Marie François** (1829–1912) / Belgien
D'Estournelles de Constant, Baron Paul (1852–1924) / Frankreich

A. Beernaert war seit 1899 als Delegierter Belgiens Mitglied der Friedenskonferenz im Haag. Vor dem Haager Gerichtshof vertrat er Mexiko im Streit mit den USA. Dieser Streit wurde im gegenseitigen Einvernehmen geschlichtet. 1907 trat B. im Haag für die Unverletzlichkeit feindlichen Eigentums ein. 1908 wurde er zum Präsidenten des Interparlamentarischen Rates gewählt, und als solcher Mitglied des Exekutivkomitees, das die Interparlamentarische Union verwaltete. – P. d'Estournelles de Constant vertrat sein Vaterland seit 1899 auf den Haager Friedenskonferenzen. Von da an widmete er sich ausschließlich der Schiedsgerichtsbarkeit und Friedenssicherung. Hierin wurde er von Präsident Roosevelt unterstützt. 1905 gründete er ein „Komitee zur Verteidigung der nationalen Interessen und der internationalen Aussöhnung". Er setzte sich leidenschaftlich für die französisch-englische und französisch-deutsche Annäherung ein.

1910 **Bureau International Permanent de la Paix**

Das „Internationale Ständige Friedensbüro in Bern" wurde 1891 gegründet (Siehe NP/Fr 1902/Ducommun). 1892 nahm das Büro offiziell seine Arbeiten auf zu dem Zweck, Fragen und Anträge auszuarbeiten, die vor die Friedenskongresse zu kommen haben, die Kongresse selbst zu organisieren und die Durchführung ihrer Beschlüsse zu veranlassen. Ferner hatte es die Aufgabe, Verbände und Persönlichkeiten miteinander in Verbindung zu bringen, die sich für die Friedensidee einsetzten. Das Büro wurde 1919 von Bern nach Genf verlegt.

1911 **Asser, Tobias Michael Carel** (1838–1913) / Niederlande
Fried, Alfred Hermann (1864–1921) / Österreich

Asser war 1873 einer der Mitbegründer des „Institut de droit international", das 1904 den Friedensnobelpreis zugesprochen erhielt. A. beschäftigte sich im wesentlichen mit der Entwicklung des internationalen Privatrechtes. Auf seine Initiative hatte die holländische Regierung 1893, 1894, 1900 und 1904 vier Konferenzen über das internationale Privatrecht einberufen, auf denen man bemüht war, allgemeine internationale Regeln für das Privatrecht aufzustellen, damit die Sicherheit in den internationalen Beziehungen verstärkt werde. Auf dem Gebiete des Völkerrechts trat A. besonders in den Verhandlungen über die Neutralisierung des Suezkanals hervor. – Fried, erst Buchhändler und dann Journalist, wurde durch B. v. Suttner für die pazifistischen Ideen gewonnen. Er gründete 1891 mit ihr die Zeitschrift „Die Waffen nieder", die er dann 1899 u.d.T. „Die Friedenswarte" als eine der bedeutendsten Zeitschriften innerhalb der Friedensliteratur weiterführte. 1892 gründete er die erste deutschsprachige Friedensgesellschaft und hatte einen beachtlichen Einfluß auf die deutsche Fassung des internationalen Rechts. Sein 1911–1913 in zwei Bänden neuaufgelegtes „Handbuch der Friedensbewegung" enthält reichhaltiges statistisches und historisches Material. Es ist ein unverzichtbares Quellenwerk über alle Fragen der Friedensbewegung, ihre Organisationen und Aktivitäten.

1912 (Verliehen 1913)
Root, Elihu (1845–1937) / USA

Elihu Root, von 1905–1909 Roosevelt's Außenminister, reiste in dieser Eigenschaft nach Südamerika, wo er den 3. panamerikanischen Kongreß in Rio de Janeiro besuchte und sich als eifriger Förderer der panamerikanischen Bewegung bekundete. 1907 bereiste er Mexiko und wieder war es sein Streben, auszugleichen zwischen den Ansprüchen der romanischen und angelsächsischen Republiken Amerikas. Ein mittelamerikanischer Friedenskongreß in Washington wurde 1907 von ihm organisiert, 1908 ein ständiger Schiedsgerichtshof für die mittelamerikanischen Staaten in Cartago (Costa Rica). Root's Verdienst es vor allem, daß 1906, in dem hart an den Rand eines Krieges getriebenen Konflikt der USA mit Japan über die Frage der japanischen Einwanderungen nach Kalifornien, eine friedliche Lösung durch das Einwanderungsgesetz von 1907 ermöglicht wurde. Seit Root's Rücktritt vom aktiven politischen Leben widmete er sich ausschließlich der Friedensarbeit und war Präsident der amerikanischen Gesellschaft für Völkerrecht (1906 gegründet); sie hatte die Aufgabe, „das Studium des Völkerrechts zu verstärken und die Errichtung internationaler Beziehungen auf der Grundlage von Gesetz und Recht zu fördern". Root's war außerdem Präsident der großen Carnegie-Friedens-Stiftung.

1913 **La Fontaine, Henri** (1854–1943) / Belgien

La Fontaine, Professor für internationales Recht, ist seit 1885 als Vorkämpfer für den Frieden tätig, vornehmlich seit 1889 als Generalsekretär der Belgischen Gesellschaft für Schiedsgerichtsbarkeit und Frieden. 1908 zum Präsidenten des „Internationalen Ständigen Friedensbüro in Bern" gewählt, nahm er auch an den Arbeiten der Interparlamentarischen Union teil. 1912 wurde er in Genf zum Berichterstatter der Kommission für internationale Rechtsprechung gewählt. Unter seinen Publikationen gilt als Hauptwerk eine Geschichte der Dokumente über internationale Schiedsgerichte, die „Pasicrisie internationale". Das Werk umfaßt die Zeit von 1794–1900 und beinhaltet bedeutendes historisches Quellenmaterial. Es erschien 1902 in Bern.

1914 (nicht verliehen)

1915 (nicht verliehen)

1916 (nicht verliehen)

1917 **Comité International de la Croix-Rouge**

Nachdem in den Kriegsjahren 1914, 1915 und 1916 kein Friedenspreis vergeben wurde, entschloß man sich, ihn 1917 dem „Roten Kreuz“ zu verleihen. Das RK wurde 1863 gegründet mit der Aufgabe, die Ideen zu verwirklichen, die ein Jahr zuvor Henry Dunant in seinem Buch „Un souvenir de Solferino“ ausgesprochen hatte (s. NP/Fr 1901/Dunant).

1918 (nicht verliehen)

1919 (verliehen 1920)
Wilson, Thomas Woodrow (1856–1924) / USA

Wilson, 1912 zum Präsidenten der USA gewählt, bestand bei Ausbruch des ersten Weltkrieges auf einer Politik absoluter Neutralität. Auf einem Bankett in Washington am 27.5.1916 entwarf er ein Bild seiner Ideen zur Friedenssicherung. Die Hauptsache sei, einen alles umfassenden Völkerbund mit einer gemeinsamen Militärmacht ins Leben zu rufen, die den Frieden global sichern könnte. Am 18.12.1916 schlug er den in Europa streitenden Völkern einen Friedensschluß vor. Als aber von deutscher Seite der uneingeschränkte U-Boot-Krieg erklärt wurde, führte er im April 1917 die USA an der Seite der Entente in den Krieg gegen Deutschland. Sein Friedensprogramm verkündete er in seiner Senatsbotschaft vom 8.1.1918 („Vierzehn Punkte“). 14. Punkt: Bildung eines allgemeinen Verbandes der Staaten zur gegenseitigen Sicherung der politischen Unabhängigkeit und territorialen Unverletzlichkeit. Nach der Kapitulation Deutschlands (11.11.1918) nahm Wilson persönlich an der Pariser Friedenskonferenz teil. Er unterzeichnete den Versailler Vertrag (28.6.1919) und nahm seine Unzulänglichkeiten in Kauf, um die Errichtung eines Völkerbundes zu ermöglichen.

1920 **Bourgeois, Léon Victor August** (1851–1925) / Frankreich

Bourgeois war der erste Delegierte, den Frankreich 1899 und 1907 zu den Friedenskonferenzen nach dem Haag entsandte, auf denen er mit Entschiedenheit die Verpflichtung der Nationen ansprach, sich dem Schiedsgericht zu unterwerfen und aufrichtig um die Lösung internationaler Streitigkeiten bemüht zu sein. Man bewunderte die Klarheit seines Geistes, seinen diplomatischen Takt und seine hohe Begabung, gegensätzliche Meinungen zu versöhnen. 1919 wurde er der erste Vorsitzende des Völkerbundrates und blieb darin fortan der ständige Delegierte Frankreichs. Er stellte einige Grundsätze des Völkerbundes auf, von denen die wesentlichsten die Schiedsverpflichtung und Bereitschaft waren, internationale Abmachungen durch Sanktionen diplomatischer, juristischer, wirtschaftlicher und – notfalls militärischer Art Respekt zu verschaffen, ohne daß eine internationale Armee geschaffen wurde, aber indem man eine internationale Kommission ins Leben rief, die jeden Augenblick bereit sein sollte, militärische Pläne zu verwirklichen.

1921 **Branting, Karl Hjalmar** (1860–1925) / Schweden
Lange, Christian Lous (1869–1938) / Norwegen

Branting war überzeugter Sozialist und ein eifriger Förderer der 1889 gegründeten sozialdemokratischen Arbeiterpartei Schwedens. Er übernahm bald ihre Führung. 1896 wurde er Reichstagsabgeordneter und 1920 erster sozialistischer Ministerpräsident in der Geschichte Schwedens. Er nahm von 1920–1922 als Delegierter Schwedens an den Versammlungen des Völkerbundes (Sociéte des Nations) in Paris teil, und als 1922 Schweden Sitz und Stimme im Völkerbundrat erhielt, wurde Branting ab 1923 der Vertreter seines Vaterlandes in dieser Versammlung. B. konnte sich auf kein aufsehenerregendes und konkretes Resultat seiner Bemühungen im Völkerbund berufen. Die Anstrengungen, die er im Hinblick auf eine internationale Abrüstung unternommen hatte, waren auf große Hindernisse gestoßen, und deshalb muß man den verliehenen Preis vor allem als eine Aufforderung ansehen, ungeachtet aller Rückschläge in den unternommenen Bemühungen fortzufahren, und gleichzeitig als ein Zeichen der Achtung für ein dem Frieden gewidmetes Leben. – Lange hatte Englisch, Französisch und Geschichte studiert und wurde Lehrer. Das Feld internationaler Verständigung betrat er, als er 1899 zum Sekretär der 9. interparlamentarischen Konferenz in Oslo bestimmt wurde. Dabei bewies er so überragende Eigenschaften, daß führende Pazifisten des Storting seine Wahl zum Sekretär des norwegischen Komitees für den Friedensnobelpreis durchsetzten. 1909 wurde er als Nachfolger Gobat's (NP/Fr 1902) zum Generalsekretär der Interparlamentarischen Union in Brüssel gewählt. Durch den Ersten Weltkrieg zerbrach die Union, das Büro in Brüssel mußte geschlossen werden. Aber Lange hielt es mit allen Mitteln notdürftig aufrecht und erweckte 1921 die Union zu neuem Leben. Schon während des Krieges war er für einen „dauernden Frieden“ eingetreten, den die Pazifisten in den neutralen Ländern fordern sollten.

1922 **Nansen, Fridtjof** (1861–1930) / Norwegen

Nansen, als Nordpolforscher wie als Menschenfreund und Mann von Tatkraft und Überzeugung gleichermaßen berühmt, genoß weltweites Ansehen. Er war ein glühender Verteidiger des Völkerbundes und wurde Präsident der norwegischen Gesellschaft für den Völkerbund. 1920 wurde er vom Völkerbundrat mit der Organisation der Rückführung der Kriegsgefangenen betraut, eine Aufgabe, die er in Zusammenarbeit mit dem Internationalen Komitee des Roten Kreuzes großartig erfüllte. In der Folge wurde er in das Amt des Völkerbundkommissars für die Flüchtlinge berugen, schuf den sog. Nansenpaß und half, die Flüchtlinge in neuen Ländern anzusiedeln. Der schwerste Auftrag in Erfüllung seiner Aufgaben fiel ihm auf Bitten Gorkis mit der Organisierung der internationalen Hilfe für die hungernden Völker Rußlands zu. Er konnte Millionen von Menschen das Leben retten. Mit besonderem Eifer setzte er sich für den Eintritt Deutschlands in den Völkerbund (1926) ein, er erreichte auch die persönliche Fühlungnahme zwischen Stresemann und Briand (NP/Fr 1926) und trug so ein Wesentliches dazu bei, daß das deutsche Volk aus seiner politischen Isolierung befreit wurde. Nansen war auch für die internationale Schiedsgerichtsidee tätig. Seit 1927 war er der Vertreter Norwegens im Abrüstungsausschuß des Völkerbundes.

1923 (nicht verliehen)

1924 (nicht verliehen)

1925 (verliehen 1926)
Chamberlain, Joseph (1863–1937) / Großbritannien
Dawes, Charles Gates (1865–1951) / USA

Als Führer der britischen Außenpolitik hatte Chamberlain eifrig für die Sicherung friedlicher Beziehungen zwischen den früheren Streitmächten gearbeitet. Er bemühte sich insbesondere bei den Beratungen über den Reparationsplan der Dawes-Kommission, die Meinungsverschiedenheiten auf geschickte Weise zu beseitigen, und seine vermittelnde Arbeit in der europäischen Politik förderte besonders den Abschluß des Locarnopaktes vom Jahre 1925 zwischen Deutschland, Frankreich, Belgien, Großbritannien und Italien. Seinem bedächtigen und zielbewußten Eintreten ist es zum großen Teil zu danken, daß Deutschland der Eintritt in den Völkerbund ermöglicht wurde. – Dawes, amerikanischer Privatrechtler und Advokat, war von 1921–1922 Direktor des Budgetbüros in Washington, wobei er auch mit den Fragen der Reparationen auf Grund des Versailler Vertrages vertraut wurde. 1923 und 1924 präsidierte er der internationalen Sachverständigenkommission, die den nach ihm benannten „Dawesplan" zur Tilgung der deutschen Kriegsschulden entwarf. Für diese unpolitische und leidenschaftslose Lösung der schwierigen Frage, die auf die wirkliche Zahlungsfähigkeit Deutschlands Bedacht nahm und den Weg zum Locarnopakt anbahnte, erhielt er zusammen mit Chamberlain den Friedensnobelpreis 1925.

1926 **Briand, Aristide** (1862–1932) / Frankreich
Stresemann, Gustav (1878–1929) / Deutschland

Briand kam über den Journalismus in die Politik. Nachdem er allmählich von der Partei der radikalen Sozialisten zu den Sozialrepublikanern übergegangen war, trat er insbesondere den pazifistischen Bewegungen näher. Er war der erste Delegierte Frankreichs bei der Abrüstungskonferenz in Washington. Im eigenen Lande arbeitete B. eifrig auf eine Vereinigung aller fortschrittlichen Kräfte der Nation hin. Er vertrat einen weitherzigen Liberalismus und war ein Feind doktrinärer Maßnahmen in der Politik. Er vertrat ferner durchaus die Interessen Frankreichs, glaubte aber an die Notwendigkeit der Zusammenarbeit der Völker, um die Kriegswunden zu heilen. Daraus resultierte die berühmte Begegnung mit Stresemann am Genfer See, die zu dem Friedenspakt von Locarno 1925 führte, der hauptsächlich ein Verdienst der beiden Laureaten ist. Es war ein Höhepunkt seiner glänzenden Beredsamkeit, als B. dann 1926 den Eintritt Deutschlands in den Völkerbund begrüßte. – Die mutige und beharrliche Politik Stresemann's verfolgte zunächst das Ziel, das Verhältnis Deutschlands zu seinen ehemaligen Gegnern zu regeln. Dies gelang ihm dadurch, daß er in schwieriger und heftig bekämpfter Arbeit den Dawes-Plan durchsetzte. Den zweiten, für den Wiederaufstieg und die Weltgeltung Deutschlands noch wichtigeren Schritt tat er, indem er seinem Vaterlande durch den Friedensvertrag von Locarno seinen Platz innerhalb der internationalen Staatengemeinschaft sicherte. Daß Deutschland in den Völkerbund und seine Vertreter in den Rat des Völkerbundes aufgenommen wurden, ist in erster Linie seiner, mit Zähigkeit und Klugheit verfolgten Zusammenarbeit mit Briand zu verdanken.

1927 **Buisson, Ferdinand** (1841–1932) / Frankreich
Quidde, Ludwig (1858–1941) / Deutschland

Buisson wurde für die Friedensideen gewonnen, als er 1967 in Genf weilte. Er nahm dort an der Gründung der Internationalen Liga für Frieden und Freiheit teil und war einer der treuesten Anhänger der Friedens bewegung. Die 1898 in Paris gegründete Liga für Menschenrechte machte ihn 1914 zu ihrem Präsidenten. Den Völkerbund begrüßte er als eine wichtige Tat der Friedensbestrebungen, was ihn jedoch nicht hinderte, den Versailler Vertrag einer strengen Kritik zu unterziehen. Die Aussöhnung zwischen Frankreich und Deutschland lag ihm besonders am Herzen. 1924 unternahm es der 83jährige, noch selbst nach Deutschland zu reisen und an der Gründung einer deutschen Zweigstelle der Liga für Menschenrechte teilzunehmen. – Quidde schloß sich 1891 den Friedensbestrebungen B. v. Suttner's (NP/Fr 1905) an und gründete 1894 in München einen Friedensverein. Er nahm an Weltfriedenskongressen teil und war auf dem Internationalen Kongreß 1905 in Luzern der beauftragte deutsche Sprecher bei der Verhandlung über die deutsch-französische Verständigung. Gemeinsam mit Passy (NP/Fr 1901) begründete er die vereinbarte Resolution und verstand es, Empfindungen und Empfindlichkeiten der Deutschen wie der Franzosen taktvoll auszugleichen. 1907 organisierte er den Münchener Weltfriedenskongreß. Trotz seiner Schwächen erklärte er den Völkerbund für den größten Sieg der Friedenssache. 1924 wurde Quidde vorübergehend inhaftiert, weil er deutlich vor heimlichen militärischen Vorbereitungen gewarnt hatte. Seine pazifistischen Bestrebungen unterstützte er durch zahlreiche Publikationen.

1928 (nicht verliehen)

1929 (verliehen 1930)
Kellogg, Frank Billings (1856–1937) / USA

Briand (NP/Fr 1926) richtete, angeregt durch den Amerikaner Butler (NP/Fr 1931), einen Appell an Frankreich und die USA, die Initiative zu ergreifen und die Staaten zum Abschluß eines Vertrages zu bewegen, in dem auf den Krieg als Instrument der Politik verzichtet wird. Für diese edle Absicht waren viele Anstrengungen und großes diplomatisches Geschick erforderlich, um die verschiedenen Gesichtspunkte in Einklang zu bringen, und die Ehre des endgültigen Erfolges kam zum Großteil dem damaligen amerikanischen Außenminister F. B. Kellogg zu. Der Vertrag wurde am 27.8.1928 in Paris abgeschlossen. In ihm verpflichteten sich 15 Staaten, denen sich bis 1938 weitere 48 anschlossen, den Krieg als Werkzeug der nationalen Politik zu ächten; Verteidigungskriege waren ausgenommen. Der „Kellogg-Pakt", immer wieder verletzt, wird als Ausdruck der großen Friedenssehnsucht der Menschen im Buch der Geschichte festgeschrieben bleiben.

1930 **Söderblom, Lars Olof Nathan** (1866–1931) / Schweden

In christlichen Kreisen war der Wille, den Begriff weltweiter Brüderlichkeit im Gewissen der Menschen zu verankern, deutlich spürbar. Eine der angesehensten Persönlichkeiten, die sich darum bemühten, war der Erzbischof von Schweden, N. Söderblom. Als Haupt der schwedischen Kirche war er führend in der ökumenischen Bewegung tätig. 1925 leitete er die bekanntgewordene Stockholmer Ökumenische Tagung (Weltkirchenkonferenz) aller evangelischen Kirchen und Freikirchen (über 200) auf der Erde, mit denen sich dann auch die griechisch-orthodoxe Kirche verband. Er rieb sich auf in seiner vielseitigen, von Religiosität, Achtung und Liebe zu den Menschen gleicherweise geprägten internationalen Tätigkeit. Er starb mit 65 Jahren, dem Nobeljahrbuch zufolge: „Schmerzlich betrauert vom ganzen schwedischen Volk, von den Christen in aller Welt und von allen wirklichen Freunden der ökumenischen Bewegung und des Friedens."

1931 **Addams, Jane** (1860–1935) / USA
Butler, Nicholas Murray (1862–1947) / USA

Die zweite Frau, die nach B. v. Suttner (NP/Fr 1905) mit dem Friedensnobelpreis ausgezeichnet wurde, war die Amerikanerin J. Addams (ihr folgten 1946, 1977 und 1979 weitere Nobelpreisträgerinnen). Sie arbeitete anfangs für die Verbesserung sozialer Bedingungen, hielt Konferenzen über Pazifismus ab und gründete 1915 die „Friedenspartei der Frauen" (Women's Peace Party). Sie war Präsidentin der aus kriegführenden und neutralen Staaten zusammengerufenen Frauenkonferenz im Haag (28.4.–1.5.1915). Man gründete dort das „Internationale Frauenkomitee für einen dauernden Frieden" und sandte Delegationen zu maßgebenden Staatsmännern neutraler Staaten mit der Bitte um Friedensvermittlung. 1919 wurde, ebenfalls unter dem Präsidium von Addams, die „Internationale Frauenliga für Frieden und Freiheit" (IFFF) in Zürich gegründet. Sie leistete leidenschaftliche Beiträge, um die Nachkriegsatmosphäre zu entgiften. – Butler setzte sich intensiv für die internationale Zusammenarbeit ein und arbeitete für Carnegie den Plan aus, der bald in Form der Carnegie Foundation für den Frieden verwirklicht wurde. 1907 wurde er Präsident der Gesellschaft für Internationale Verständigung, die d'Estournelles (NP/Fr 1909) gegründet hatte. 1907 bis 1912 war er Präsident der amerikanischen Konferenzen für die Vorbereitung des Internationalen Schiedsgerichtshofes. 1928 sprach ihm Briand, als dem wirksamsten Förderer des fortschrittlichen Kellogg-Paktes (NP/Fr 1929), seine Hochachtung aus.

1932 (nicht verliehen)

1933 (verliehen 1934)
Angell, Norman (1874–1967) / Großbritannien

Angell, ein englischer Journalist (Deckname: Ralph Lane), wandte sich gegen die chauvinistische Northcliff-Presse (Northcliff: Zeitungsverleger, 1865–1922). Berühmt wurde Angell durch sein Buch „Die große Illusion“ (1909), das in rund 20 Sprachen übersetzt wurde und als ein Standardwerk des Friedens gilt. Er versuchte durch eine Reihe weiterer Bücher, die öffentliche Meinung des In- und Auslandes gegen nationalistische Einflüsse widerstandsfähiger zu machen. Er wies darauf hin, daß der Krieg niemanden, nicht einmal den Siegern, Nutzen bringe, und kaum jemals auf wirtschaftlicher Ebene. A. beteiligte sich an der Gründung der „Union für demokratische Kontrolle“, in der tätiger Friede und offene Diplomatie gefordert wurden. Während der Vorbereitungen des Friedensschlusses Ende 1918 war er in Paris und 1919 in Bern auf dem zweiten Kongreß der Sozialistischen Internationale. 1929 kam er ins englische Parlament, 1931 wurde er geadelt. Tatkräftig suchte er auch die internationalen Wirtschafts- und Finzanzbeziehungen zu verbessern. Sein Nobelpreisvortrag trug den bezeichnenden Titel „Der Friede und das öffentliche Bewußtsein“.

1934 **Henderson, Arthur** (1863–1935) / Großbritannien

Henderson, zeitweilig Führer der Labour-Fraktion des Parlaments und 23 Jahre lang Sekretär der Labour Party war eine von Würde und Geschlossenheit geprägte Persönlichkeit. Er war prominentes Mitglied der Methodistenkirche und Temperenzbewegung. Er gehörte zu den Führern der typisch englischen Brotherhood-Bewegung (Brüderlichkeit in allen Lebenslagen und Lebensbereichen) und war 1914/15 deren Präsident. 1915–1917 gehörte er der Regierung an, war 1924 Innenminister und 1929–1931 Außenminister. Auch während des Ersten Weltkrieges hat Henderson das Ziel der Einheit Europas und das Ende der Feindseligkeiten zwischen den Völkern Europas nicht aus dem Auge verloren. Darum wurde er eine der stärksten Stützen des Völkerbundes. Für seine Tätigkeit als Vorsitzender der Abrüstungskonferenz in Genf (1932) wurde er zwei Jahre später mit dem Friedensnobelpreis geehrt. Für seinen Nobelpreisvortrag wählte er das Thema „Wesentliche Elemente eines allgemeinen und dauerhaften Friedens“.

1935 (verliehen 1936)
Ossietzky, Carl von (1889–1938) / Deutschland

Ossietzky war ein aktiver und glühender Pazifist und schrieb für viele Zeitungen und Zeitschriften (z.B. „Tagebuch" und „Weltbühne") kluge und glänzende Artikel im Sinne einer Versöhnungspolitik und im besonderen gegen Deutschlands Wiederaufrüstungspolitik, was ihm 1931 eine Gefängnisstrafe von 18 Monaten einbrachte. Im Februar 1933 hielt er im privaten Kreis deutscher Schriftsteller eine Konferenz ab, auf der er die Möglichkeiten der Bildung einer gemeinsamen Front gegen die Nationalsozialisten diskutierte. Er wurde in der Nacht des Reichstagsbrandes (27.2.1933) verhaftet und in das Konzentrationslager gebracht. Er starb am 4.5.1938, kurz nach seiner auf internationalem Druck erfolgten Entlassung, aufgrund von schweren KZ-Mißhandlungen. Er durfte den 1936 verliehenen Nobelpreis nicht annehmen, weil Hitler allen Reichsdeutschen die Annahme des Nobelpreises verbot. Der Laudatio zufolge ist die Frage, ob der Einsatz Ossietzky's für den Friedensgedanken preiswürdig genug sei, insofern zu bejahen, als Ossietzky ein Symbol für den Kampf um den Frieden darstellt.

1936 **Saavedra Lamas, Carlos** (1878–1959) / Argentinien

Saavedra Lamas erhielt den Nobelpreis während er von 1932–1938 Außenminister Argentiniens war. Die Chronik seiner Aktivitäten macht die Preiswürdigkeit deutlich. 1924: Internationale Vorträge auf dem Gebiet des Sozialwesens. 1928: Anläßlich der Friedenskonferenz in Washington Einbringung der argentinischen Auffassung der Schiedsgerichtsbarkeit und der Intervention. 1933: Delegierter zum 7. Panamerikanischen Kongreß in Montevideo. – Der von Saavedra Lamas erarbeitete „Antikriegsvertrag" wird von 6 südamerikanischen Staaten und später von anderen amerikanischen und europäischen Staaten unterzeichnet. 1932–1935: Im sogenannten Gran-Chaco-Krieg zwischen Bolivien und Paraguay spielte S.-L. bei den Friedensverhandlungen eine wichtige Vermittlerrolle. 1936: Wahl zum Präsidenten des Völkerbundes.

1937 **Cecil of Chelwood, Viscount** (1864–1958) / Großbritannien

Cecil of Chelwood, dritter Sohn des Marquis von Salisbury (1886 bis 1892 britischer Ministerpräsident), begann seine politische Laufbahn 1886 als Privatsekretär seines Vaters, der die Bildung einer der Friedensliebe und Ehrenhaftigkeit verpflichteten Schule britischer Diplomaten anstrebte. C. of Ch. wurde dann Advokat und (1899) königlicher Berater. Bei der konkreten Ausarbeitung der Völkerbundsvereinbarungen über ein System internationaler Gerechtigkeit, regelmäßiger Zusammenarbeit unter den Nationen und einer gegenseitigen Verantwortung leistete er Wilson (NP/Fr 1919) unschätzbare Hilfe. Ihm ist es mehr als jedem anderen zu verdanken, daß die britische Regierung im Völkerbund auch ihre Friedensziele erkannte. Chelwood war Englands für den Völkerbund verantwortlicher Minister und konnte daher als Regierungsmitglied einen unmittelbaren, energischen Einfluß auf den Völkerbund ausüben. Er war der Schöpfer des Plans, durch welchen der Völkerbund (unabhängig von der Tatsache, daß er ein politisches Organ darstellte) dazu aufgerufen war, die internationalen Bemühungen im humanitären, sozialen und ökonomischen Bereich zu koordinieren und zu lenken.

1938 **Office International Nansen pour les Réfugiés**

Das Internationale Nansen-Amt als Hilfsorganisation für Flüchtlinge wurde 1921 von Nansen (NP/Fr 1922) ins Leben gerufen. Der Präsident des norwegischen Friedens-Nobelkomitees, Friedrich Stang, begrüßte den Präsidenten des Nansen-Amtes, Michael Hannson, dem es oblag, den Preis in Empfang zu nehmen. Ihm, so Stang, gebühre der Dank dafür, daß er nach Nansen's Tod das auf dessen Initiative vom Völkerbund geschaffene und erhaltene Werk weitergeführt habe. Hanson's Nobelpreisvortrag schloß mit der Feststellung, daß die Arbeit des Nansen-Amtes für Flüchtliche, wenn sie auch schwer, ja kaum zu bewältigen sei, unter keinen Umständen aufgegeben werden dürfe.

1939 (nicht verliehen)

1940 (nicht verliehen)

1941 (nicht verliehen)

1942 (nicht verliehen)

1943 (nicht verliehen)

1944 (verliehen 1945)
Comité International de la Croix-Rouge

Als Präsident des Roten Kreuzes nahm Max Huber den Preis in Empfang. Gunnar Jahn sprach die Begrüßungsworte, erwähnte die erste Verleihung des Friedenspreises an das Rote Kreuz im Jahre 1917, also noch vor dem Ende des Ersten Weltkrieges, wie denn auch diese zweite Verleihung noch während des Zweiten Weltkrieges geschah. Jahn skizzierte die Arbeit des Roten Kreuzes und die Ideen, die sie veranlaßten. Die Aktivität des RK habe zwar auch in diesem Zweiten Weltkrieg den gleichen Charakter wie ehedem, sie sei aber doch erweitert worden und erstrecke sich auf neue Arbeitsgebiete, wie z.B. Gefangenenfürsorge und Gefangenenaustausch (oder in der Nachkriegszeit der Kindersuchdienst u.a.m.).

1945 **Hull, Cordell** (1871–1955) / USA

Hull wirkte als Außenminister Roosevelts (NP/Fr 1906) entscheidend am Frieden mit. Er war auf die Praxis einer Politik der guten Nachbarschaft, im besonderen mit den Staaten Südamerikas, bedacht und widersetzte sich mit einer Reihe von Handelsverträgen den in aller Welt so deutlich fühlbaren Tendenzen eines wirtschaftlichen Chauvinismus. Schon 1917 trat er für Welthandel unter Ausschaltung unfairer internationaler Handelsmethoden ein. In immer neuen Stellungen war er international tätig, auch bei der interamerikanischen Konferenz zur Aufrechterhaltung des Friedens in Buenos Aires 1936. Ein Leitmotiv seiner ganzen Arbeit war, den internationalen Frieden auf einer unparteiischen Basis zu sichern. Seine größte Tat hatte darin bestanden, daß er die Grundlagen für die Vereinten Nationen legte, wenn er auch an der Verwirklichung dieses Projekts nicht beteiligt war.

1946 **Balch, Emily Greene** (1867–1961) / USA
Mott, John Raleigh (1865–1955) / USA

In der Laudatio für E. G. Balch wird das Wort des kolumbianischen Professors Simkoovitsch zitiert: „Ich bin vorher nie einem Menschen begegnet wie dieser Frau, die von Jahrzehnt zu Jahrzehnt jede Minute ihres Lebens der Arbeit an der Sicherheit des Friedens unter den Völkern gewidmet hat.“ Eine Zeitlang nannte sie sich Sozialistin, aber wichtiger noch als der Sozialismus war ihr das Friedensproblem, wie es auf den Haager Konferenzen von 1899 und 1907 diskutiert wurde, und besonders die Schiedsgerichtsbarkeit. Sie war eine der Gründerinnen der

Gewerkschaftlichen Frauenliga in Amerika und legte einen Plan zur internationalen Kolonialverwaltung vor, ähnlich dem später in den Versailler Vertrag (1919) aufgenommenen Mandatssystem. E. G. Balch arbeitete zusammen mit Jane Addams (NP/Fr 1931) u.a. in der nach dem Ersten Weltkrieg gegründeten „Internationalen Frauenliga für Frieden und Freiheit", deren Leitung sie nach dem Tode von J. Addams (1935) übernahm. Immer standen die Liga und ihre Arbeit im Mittelpunkt ihrer hingebenden Tätigkeit. – Mott begann sich sehr früh mit internationalen Fragen zu beschäftigen. Er war von 1895–1929 Generalsekretär des von ihm gegründeten Christlichen Studentenweltbundes und von 1915 bis 1928 der „International Collegiate Young Men's Christian Association" (Y.M.C.A.), die in mehr als dreißig Ländern vertreten war und die er veranlaßte, die Bemühungen im Interesse des Friedens und des weitgehend anerkannten Schiedsrechts zu unterstützen. 1948 wurde Mott Ehrenpräsident des Ökumenischen Rates. Als einer der fünf Präsidenten des in Genf residierenden Komitees des Weltkirchenrates hat er durch persönlichen Einsatz Menschen aller Rassen und Nationalitäten zur Mitarbeit an überkonfessionellen Aufgaben bewegen können.

1947 **QUÄKER**
The Friend's Service Council, London/Großbritannien
The American Friend's Service Committee, Washington/USA

Die „Quäker" (The Quakers) nennen sich „Gesellschaft der Freunde". Sie wurde als religiöse Gemeinschaft Mitte des 17. Jahrhunderts von George Fox in England gegründet und in Nordamerika von William Penn ausgebaut. Der Präsident des norwegischen Friedens-Nobelkomitees, Gunnar Jahn, hob nach einem historischen Rückblick hervor, daß die Quäker 1810 die erste Friedensgesellschaft gegründet haben, und er erwähnte einige große Gestalten aus ihrer Geschichte, die von echter Menschlichkeit erfüllt waren und weithin zum Vorbild wurden. Die großen Leistungen der Quäker, mit einer Gesamtzahl von etwa 170.000 eine verhältnismäßig kleine Gruppe, sind in internationalen Hilfswerken während der beiden Weltkriege und in Katastropheneinsätzen weitgerühmt gewesen. – Für die englischen Quäker hielt Margaret Backhouse ihren Nobelpreisvortrag über das Thema „Der internationale Dienst der Gesellschaft der Freunde". Für die amerikanischen Quäker wählte Henry Cadbury für seinen Nobelpreisvortrag das Thema „Die Quäker und der Friede".

1948 (nicht verliehen)

1949 **Boyd Orr of Brechin, John** (1880–1971) / Großbritannien

Boyd Orr's, der akademische Grade in Naturwissenschaft und Medizin erwarb, wirkte als bedeutender Fachmann in Ernährungsfragen. In seinem Buch „Food, Health and Income" (Nahrung, Gesundheit und Einkommen), 1936 publiziert, wies er nach, daß die Ernährung der wirtschaftlich schwachen Klassen Großbritanniens unzureichend war. Er wurde Mitglied des Nationalen Komitees zur Ausarbeitung eines Reports über die für die Gesundheit erforderliche Nahrung. Die Bedeutung seiner Überlegungen zeigte sich auch auf internationaler Ebene. Er erkannte, „der Friede kann nur durch Befreiung der Menschheit vom Hunger und der Furcht vor dem Hunger erhalten werden", und hat seine Bemühungen immer als ein Programm für den Frieden angesehen. Er wurde 1945 Generaldirektor des Welternährungsamtes der UNO, der „United Nations Organization for Food and Agriculture", war Präsident des Internationalen Friedensrates und des Weltbundes der Friedensorganisationen.

1950 **Bunche, Ralph** (1904–1971) / USA

Bunche, der Anthropologie (Völkerkunde) und Kolonialpolitik studierte, kam 1941 als erster Neger in das Außenministerium der USA. Er wurde für seine Lösung des Palästinaproblems ausgezeichnet, das sich zu einem offenen Konflikt zwischen dem neuen israelischen Staat und den arabischen Nachbarländern ausgewachsen hatte. Die Einstellung der Feindseligkeiten wurde mit Unterstützung des Sicherheitsrates von F. Bernadotte erreicht. Nach dessen Ermordung (17.9.1948) übernahm die Rolle des Vermittlers Bernadottes engster Mitarbeiter, der Amerikaner R. Bunche, ein Mann von großer politischer Erfahrung, der unter vielen Schwierigkeiten den Abschluß eines Waffenstillstandes zwischen Israel und seinen Nachbarn ermöglichte. In Anerkennung seiner großen Leistungen und seines starken Glaubens – „Die UNO ist berechtigt zu dem Glauben und bekennt sich zu ihm, daß es in den menschlichen Beziehungen keine unlösbaren Probleme gibt und daß diese alle mit friedlichen Mitteln gelöst werden können." – wurde ihm 1954 das Amt eines der beiden Untersekretäre der UNO übertragen, und zwar das für politische Angelegenheiten.

1951 **Jouhaux, Léon** (1879–1954) / Frankreich

L. Jouhaux nahm als Arbeiterkind frühzeitig an der französischen Gewerkschaftsbewegung aktiven Anteil und wurde 1909 Generalsekretär der „Confédération générale du Travail". Schon 1919 war er Vizepräsident der Fédération Syndicale Internationale. 1920 war er Mitglied der französischen Delegation beim Völkerbund. Jouhaux hatte sich persönlich engagiert, um die Sache der Abrüstung voranzutreiben, hatte die Schließung der privaten Industrien von Kriegsmaterial und die internationale Kontrolle des Waffenhandels vorgeschlagen. Der Untergrundkämpfer wurde im Zweiten Weltkrieg 1943 nach Deutschland deportiert, nahm aber seine Arbeit für den Frieden nach dem Kriege wieder auf, im besonderen als Leiter der Internationalen Arbeiterorganisation (Confédération Internationale des Syndicats Libres). 1946 war er Mitglied der französischen Delegation in der UNO. In seinem Nobelpreisvortrag zeichnete er u.a. das Bild eines neuen Europa, das sich nicht isolieren darf, und den internationalen Fragen mit dem Prinzip voller sozialer Gerechtigkeit begegnen müsse. Es müsse mehr Türen und Fenster als Mauern haben.

1952 (verliehen 1953)
Schweitzer, Albert (1875–1965) / Frankreich

Der Name Albert Schweitzer ist weltberühmt und seine humanitären Leistungen in Lambarene in Französisch Kongo (seit 1958 Republik Gabun), wo er Spitäler für die Eingeborenen gebaut hat, um ihnen dringend notwendige ärztliche Hilfe geben zu können, sind weltbekannt. Mit diesen humanitären Leistungen, die sich damit keineswegs erschöpften, mit seiner allgemeinen menschlichen Haltung und seiner Auffassung der Zivilisation hat er im höchsten Sinne zur Brüderlichkeit der Völker und des Friedens beigetragen. Der Theologe, Philosoph und Urwaldarzt war ein weitgereister und vielgereister Apostel des Friedens, geleitet von seiner Grundidee der „Ehrfurcht vor dem Leben". Aus seinem Nobelpreisvortrag über „Das Problem des Friedens in der Welt" seien zwei charakteristische Sätze hervorgehoben: „Alle Menschen, auch die primitiven und halbzivilisierten, tragen die Fähigkeit zur Humanitätsgesinnung in sich, sie ist ihnen als Brennstoff mitgegeben, der darauf wartet, durch eine hinzukommende Flamme entzündet zu werden." – „Das Ziel, auf das von jetzt bis in alle Zukunft der Blick gerichtet bleiben muß, ist, daß die Entscheidung in völkerenzweienden Fragen nicht mehr Kriegen überlassen bleibt, sondern friedlich gefunden werden muß."

1953 **Marshall, George Catlet** (1880–1959) / USA

Marshall's Hauptverdienst um den Frieden liegt in dem während seiner Amtszeit als Außenminister der USA konzipierten „Marshall-Plan", der am 3.4.1948 in Kraft trat, um Europa vor einer wirtschaftlichen Katastrophe zu bewahren, die die politische Anarchie mit sich gebracht hätte. Durch die aufgrund des Marshall-Plans geschaffene ERP-Hilfe (European Recovery Program = Europäisches Wiederaufbau-Programm) wurden in Europa (16 europäische Länder und die drei westlichen Besatzungszonen Deutschlands) die Erzeugungsanlagen wiederhergestellt und die Wirtschaft durch großzügige Lieferung von Rohstoffen und amerikanischen Maschinen auf eine neue Grundlage gestellt. Die Laudatio für Marshall hob u.a. hervor, daß die unermüdliche Arbeit an einer Besserung des Loses der Menschheit, resultierend aus der durch Kriege, Hungersnöte und Zerstörungen gekennzeichneten jüngsten Geschichte, der sich der kriegserfahrene General in vielen führenden Stellungen widmete, ein Vorbild für alle Menschen sei.

1954 (verliehen 1955)
Office of the United Nations' High Commissioner for Refugees
(Amt des Hochkommissars für Flüchtlinge bei der UNO, Genf)

Das Amt des Hochkommissars ist die Nachfolgeorganisation der 1943 gegründeten UNRRA (United Nations Relief and Rehabilitation Administration) und der 1947 gegründeten ITO (International Refugee Organization) und setzte deren Arbeit fort, die Not der Flüchtlinge zu lindern. Der Holländer van Heuven-Goedhart nahm als Sprecher des Flüchtlings-Komitees den Friedenspreis in Empfang. Sein Nobelvortrag galt dem Thema „Flüchtlingsprobleme und deren Lösungen". H.-G. zog im Verlauf seines Vortrages Verbindungslinien von B. v. Suttner (NP/Fr 1905) und F. Nansen (NP/Fr 1922), als den Vorkämpfern der Menschlichkeit, zu den erschütternden Ereignissen im Flüchtlingswesen während der beiden Weltkriege und deren Beendigung, einbeziehend die sich ergebenden Aufgaben der Flüchtlingsorganisationen. H.-G. berührte auch die Flüchtlingsprobleme für die deutsche Bundesrepublik, Indien und Pakistan und hob hervor, daß das Amt für Flüchtlingshilfe bisher 40 Millionen ausgegeben hat.

1955 (nicht verliehen)

1956 (nicht verliehen)

1957 **Pearson, Lester Bowles** (1897–1972) / Kanada

Pearson hatten die Jahre seines Wirkens in hohen Regierungsämtern große Erfahrungen in internationalen Fragen eingebracht. Er nutzte sie in vielen der Erhaltung des Friedens dienenden Aktivitäten. Er war seit 1928 Mitarbeiter im Außenministerium, später Botschafter in den USA und von 1948–1957 Außenminister. 1951/52 war er Vorsitzender des NATO-Rates und für die 7. Sitzungsperiode der UNO 1952/53 deren Präsident, als der er durch den Friedensnobelpreis, und damit auch die UNO selbst, geehrt wurde. Er leitete 1952 die schwierige Diskussion über das koreanische Problem und 1956 war er an einer zufriedenstellenden Lösung des Suezkonflikts maßgebend beteiligt.

1958 **Pire, Georges** (1910–1969) / Belgien

Pire, Dominikanermönch, studierte Soziale und Politische Wissenschaften. Seine privaten Initiativen erbrachten weitreichende humanitäre Leistungen. 1938 gründete er zwei karitative Verbände: den Service d'Entr' Aide Familiale (Freie Hilfe für Familien in Not) und die Stations de pleine Air (Hilfsstationen im Freien) in Huy (Belgien). Im Mai 1949 besuchte Pire österreichische Altersheime und Flüchtlingslager, in denen damals 60.000 „Displaced Persons" untergebracht waren. Unter dem Namen „Sponsorship" (Patenschaft) setzte Pire eine Hilfsaktion in Gang, die sich sehr rasch entfaltete und den Flüchtlingsfamilien materielle und seelische Hilfeleistungen gewährte. Daraus entstand 1950 die Organisation „Hilfe für heimatlose Ausländer und deren Europadörfer". Die Aktion „Europäische Dörfer" sollte den Flüchtlingen eine neue Heimat bieten. In Deutschland entstanden 1956–1958 fünf solcher Dörfer, von denen eines „Nansen-Dorf" und ein anderes „Albert-Schweitzer-Dorf" benannt wurde. 1959 gründete P. den Verband „Die Welt des offenen Herzens", der alle Menschen guten Willens in der gemeinsamen Bemühung, nationale, konfessionelle, soziale, sprachliche und andere Barrieren zu überwinden, vereinen sollte.

1959 **Noel-Baker, Philip J.** (1889–1982) / Großbritannien

Die auszugsweise Chronik der Aktivitäten Noel-Baker's machen seine Nobelpreiswürdigkeit deutlich. 1914: Gründung und Leitung der Quäker-Stiftung für das Sanitätswesen (Friends Ambulance). Während der Versailler Friedensverhandlungen Assistent von Cecil of Chelwood (NP/Fr 1937). Dann Assistent Fridtjof Nansen's (NP/Fr 1922) in dessen

Hilfswerk für Gefangene und Flüchtlinge. 1922–1924: Sekretär der britischen Delegation beim Völkerbund. 1929–1931: Britischer Delegierter bei der Tagung des Völkerbundes. 1932/33: Assistent Henderson's (NP/Fr 1934), der der Abrüstungskonferenz präsidierte. Auch Noel-Baker ging es vor allem um die Abrüstung und er übte harte Kritik an der privaten Kriegsindustrie. Als Minister für die Beziehungen zum Commonwealth führte er die Verhandlungen mit Indien, Irland und Neufundland, als es das Statut, das diese Länder im Rahmen des Commonwealth erhalten sollten, zu bestimmen galt.

1960 (verliehen 1961)
Lutuli, Albert John (1899–1967) / Südafrika

Lutuli war bestrebt, die Doktrin der menschlichen Gleichberechtigung, die er getreu und überzeugt verfocht, im eignen Land mit friedlichen Mitteln durchzusetzen. Er bekämpfte die Politik der Apartheid, wenn die Regierung auch alles tat, um ihm Schwierigkeiten zu bereiten. Lutuli, der als Präsident der 1960 verbotenen Negerorganisation „Afrikanischer Nationalkongreß" verhaftet worden war, erhielt nach seiner Freilassung Reise- und Versammlungsverbot. Man gestattete ihm jedoch, bei einer Ausreisefrist von 10 Tagen, den Nobelpreis in Oslo persönlich in Empfang zu nehmen. Im Hinblick auf die Apartheid-Politik Südafrikas, finden wir in seinem Nobelpreisvortrag den inhaltsschweren Satz: „In dieser Lage neutral zu bleiben, in der die Landesgesetze in der Tat Gott verurteilen, daß er farbige Menschen geschaffen hat, das könnte ich nicht, und ich konnte es als ein Christ nicht tolerieren."

1961 **Hammarskjöld, Dag Hjalmar Agne Carl** (1905–1961) / Schweden

Als Hammarskjöld in diplomatischer Mission im Kongo-Gebiet tätig war, fand er beim Absturz seines Flugzeuges am 18.9.1961 den Tod. Das norwegische Friedensnobelkomitee verlieh ihm postum den Friedensnobelpreis. H. war von 1953 bis zu seinem tragischen Tod 1961 Generalsekretär der UNO. Während dieser Zeit hatte er sich größte Verdienste um den Frieden erworben, besonders bei den vielen Krisen im Vorderen Orient, wie der am Suezkanal, in Jordanien, im Libanon und später im Kongo. Seine Anstrengungen waren darauf gerichtet, dem Amt des Generalsekretärs Unabhängigkeit zuzusichern, wodurch er die Wirksamkeit der UNO erhöhte.

1962 (verliehen 1963)
Pauling, Linus Carl (1901– . . . .) / USA

Pauling, dem 1954 der Nobelpreis für Chemie verliehen wurde, begann unter dem Eindruck der ersten amerikanischen Atombombe auf Hiroshima (am 6.8.1945 = 260.000 Tote, 163.000 Verwundete und Vermißte, 60% Zerstörung) für die Ächtung des Krieges zu wirken. Dieses Engagement wurde verstärkt durch seine Verbindung mit Einstein und sieben anderen Wissenschaftlern in dem Emergency Committee der Atomwissenschaftler. Seine Frau, Helen Pauling, war ihm in der Friedensarbeit, auch mit Vorträgen behilflich, die ihn in die meisten Staaten der USA und 25 andere Länder führte. Er publizierte etwa 100 Aufsätze über Weltfrieden und verwandte Themen und ein Buch „No more War" (Nie mehr Krieg). Sein Nobelpreisvortrag „Wissenschaft und Frieden", in dem er im einzelnen seine Tätigkeit für den Frieden von 1945 an schildert, gipfelte in den Worten: „Nun fühlen wir uns verpflichtet, die Spuren des prähistorischen Barbarismus, diesen Fluch der menschlichen Rasse, für immer auszulöschen."

1963 **Comité International de la Croix-Rouge**
(Internationales Komitee des Roten Kreuzes)
Ligue des Sociétés de la Croix-Rouge
(Liga der Rot-Kreuz-Verbände)

Mit dem Internationalen Komitee des Roten Kreuzes und der Liga der Rot-Kreuz-Verbände, die sich den Preis zu teilen hatten, wurde die Gesamtorganisation ausgezeichnet, die im Dienst der leidenden Menschheit steht. Das Rote Kreuz, das den Preis anläßlich der 100jährigen Wiederkehr seiner Gründung (und damit zum dritten Mal) erhielt, wurde als „eines der großen Wunder in der Geschichte der Menschheit" geehrt. M. Léopold hielt für das Rote Kreuz und M. John MacAulay für die Liga der RK-Verbände den Nobelpreisvortrag. Als unmittelbare Folge der vor 100 Jahren erfolgten Initiative Dunant's (NP/Fr 1901) entstanden und entwickelten sich neben dem RK weitere nationale in der Liga zusammengeschlossene Verbände, wie Roter Halbmond, Roter Löwe, Rote Sonne. Die opfervolle Hingabe und innere Verbundenheit dieser Menschen aller Nationalitäten, Rassen und Ideologien ist die notwendige Voraussetzung für das Werk der Liga. Es beschränkt sich keineswegs auf die Hilfe für Kriegsverwundete. Kranken, denen Blut übertragen werden muß, Kindern, die vor Hungersnot zu bewahren sind, Flüchtlingen, die eine Bleibe suchen, will die Liga Helfer und Retter sein.

1964 **King, Martin Luther** (1929–1968) / USA

Martin Luther King war Pastor der Ebenezer Baptist Church. In einer kritischen Phase der amerikanischen Bürgerrechtsbewegung gelang es ihm, die Massen der schwarzen Minderheiten, die hinter ihm standen, vom gewaltlosen Widerstand gegen Benachteiligung und Unterdrückung zu überzeugen, so geschehen im Jahre 1955 bei einer Demonstration von etwa 5000 Negern. Den gewaltlosen Widerstand predigte und befolgte King in vielen seiner Aktivitäten für Frieden und Versöhnung sowie gegen Rassendiskriminierung. Ihm wurde bis 1964 bereits vierzehnmal der Doktortitel h.c. verliehen. Am 4.4.1968 wurde er ermordet. Den anläßlich der Nobelpreisverleihung bekundeten Glauben: „Ich glaube, daß sich die Menschheit eines Tages vor den Altären Gottes beugen und über Krieg und Blutvergießen triumphieren wird und daß das gewaltlose und versöhnende Gute die Regel sein wird" – ließ er als unzerstörbare Hoffnung zurück.

1965 **United Nations Children's Fund (UNICEF)**
(Kinderhilfsfond der Vereinten Nationen)

Seit 1946 arbeitet die UNICEF an „einer schöneren, gesünderen und glücklicheren Welt für eine halbe Milliarde notleidender Kinder". Sie wirbt und sammelt u.a. durch UNICEF-Kinderkarten, die in über 100 Ländern verkauft werden. Z.Zt. sind es 48 Millionen Karten jährlich. Berühmte Maler wie Picasso haben Werke hierfür kostenlos zur Verfügung gestellt. In den mehr als 100 Ländern werden Krankheiten bekämpft, oder es wird vorbeugend geimpft (besonders gegen Tuberkulose). Oder die Kinder erhalten pasteurisierte Milch – jährlich bis 2.750.000 Kinder. Die höchsten jährlichen Zuschüsse erhält die UNICEF von den USA; es folgen England, Schweden und Westdeutschland. Die Staaten, die Hilfe beanspruchen, müssen die gleiche Summe, die sie erhalten, auch selbst aufbringen – es sei denn, daß neu gegründete Staaten oder unterentwickelte Länder dazu nicht in der Lage sind. 1965 befaßte sich die UNICEF mit mehr als 500 Einzelprojekten in 119 Staaten und Territorien. Für UNICEF nahm deren Repräsentant, Henry R. Labouisse, den Preis in Empfang.

1966 (nicht verliehen)

1967 (nicht verliehen)

1968 **Cassin, René** (1887–1976) / Frankreich

Der 81jährige Präsident des Europäischen Gerichtshofes für die Menschenrechte in Straßburg, wurde wegen seiner Verdienste in dieser Funktion mit dem Friedensnobelpreis ausgezeichnet. Das berühmteste Kind des Professors der Rechte ist die Deklaration der Menschenrechte, die 1948 von der UNO angenommen wurde. Cassin, damals französischer UN-Delegierter, war der Hauptautor des Textes. Er hatte bereits 1924 Frankreich beim Völkerbund vertreten. 1940 folgte er General de Gaulle ins Exil und wurde nach Kriegsende Frankreichs UN-Vertreter. Der Erklärung des norwegischen Nobelkomitees zufolge hat Cassin die vergangenen 20 Jahre seines Lebens mit der Arbeit verbracht, die Menschenrechtserklärung in der ganzen Welt und vor allem in Europa zu verwirklichen.

1969 **International Labour Organization (ILO)**

Die anläßlich ihres 50jährigen Bestehens mit dem Friedensnobelpreis ausgezeichnete Internationale Arbeitsorganisation (ILO) wurde 1919 im Rahmen des Völkerbundes mit Sitz in Genf gegründet. 1946 wurde die Verbindung zu den Vereinten Nationen hergestellt. Als Sonderorganisation der UNO bemüht sie sich um Förderung der sozialen Gerechtigkeit und Verbesserung der Arbeitsbedingungen sowie der wirtschaftlichen und sozialen Sicherheit.

1970 **Borlaug, Norman** (1914– . . . .) / USA

Die Laufbahn des Agrarwissenschaftlers Borlaug begann 1937 mit einem forstwirtschaftlichen Projekt in Massachusetts. Nach kurzer Tätigkeit in der Privatwirtschaft schloß sich Borlaug im Jahre 1944 der Rockefellerstiftung an und übersiedelte nach Mexiko-Stadt, wo die Stiftung das Internationale Mais- und Weizenverbesserungszentrum aufbaute, dessen Leiter er 1966 wurde. Er erhielt den Friedensnobelpreis für seine Arbeiten auf dem Gebiet der Züchtung und Veredelung neuer Weizensorten. Das habe zu besseren Ernten vor allem in Indien, Pakistan und Mexiko geführt. Borlaug hat damit eine einzigartige Leistung vollbracht, um die Ernährungssituation in der Welt zu verbessern. Als Initiator der „grünen Revolution“ hat er den Entwicklungsländern eine Möglichkeit gegeben, einen Teil der Ernährungssorgen zu überwinden und damit einen wichtigen Beitrag zur Erhaltung des Friedens geleistet. (Aussagegleich mit Boyd Orr, NP/Fr 1949.)

1971 **Brandt, Willy** (1913– . . . .) / Deutschland

Deutlicher als manches politische Ereignis markiert die Ehrung des Bundeskanzlers Willy Brandt mit der Verleihung des Friedensnobelpreises den Wandel in der Einstellung der Welt gegenüber einem Land, von dessen Boden aus einer der schrecklichsten Kriege der Geschichte geführt wurde. Ungeachtet der politischen Einstellung, kann die Entscheidung des norwegischen Nobelkomitees von allen Deutschen deshalb nur mit Genugtuung aufgenommen werden. Dem Wortlaut der Nobelpreisbegründung ist als Auszug zu entnehmen: „Das politisch ungelöste Deutschlandproblem stellte in der ganzen Nachkriegszeit eine latente Gefahr für den Frieden dar. Viele gute Kräfte sind in diesen Jahren am Werke gewesen in dem Versuch, Entspannung in dieses gefährliche Spannungsfeld zu bringen. Das Nobelkomitee des norwegischen Storting hat heute den Friedens-Nobelpreis für 1971 Bundeskanzler Willy Brandt zuerkannt. Es hat Gewicht darauf gelegt, daß Willy Brandt als Außenminister seit 1966 und ebenso als Bundeskanzler seit 1969 konkrete Initiativen ergriff, die zu einer solchen Entspannung führen.“ Bei der Ehrung durch den Bundestag erklärte Willy Brandt abschließend: „Ich werde den Friedensnobelpreis am 10. Dezember 1971 in Verbundenheit mit allen, an welcher Stelle auch immer, annehmen, die sich mit der ihnen gegebenen Kraft bemühen, die Welt von Kriegen zu befreien und ein Europa des Friedens zu organisieren.“

1972 (nicht verliehen)

1973 **Kissinger, Henry A.** (1923– . . . .) / USA
Le Duc Tho (1910– . . . .) / Democratic Republic of Viet Nam

Der Friedensnobelpreis 1973 wurde an Kissinger und Le Duc Tho vergeben, die in zähem diplomatischen Ringen eine Beendigung des Blutvergießens in Vietnam durch den Waffenstillstand vom 23.1.1973 erhofften. Diese Hoffnung sollte sich nicht erfüllten. Die Verleihung des Preises war, wie die „New York Times“ schrieb, verfrüht, denn der friedlose blutige Zustand zwischen Nord- und Südvietnam ging weiter, bis die USA ihr militärisches Engagement für Süd-Vietnam endgültig aufgeben mußten. – Die Preisverleihung war von vornherein sehr umstritten gewesen. In den Kommentaren der internationalen Presse wurden zwar die Bemühungen der beiden Politiker um eine Beendigung des Vietnamkrieges positiv gewürdigt, jedoch zugleich betont, daß Kissinger und Le Duc Tho (der die Annahme des Preises abgelehnt hatte) Vertreter von Staaten mit einer aggressiven Vietnampolitik seien.

1974 **Mac Bride, Séan** (1904 – . . . .) / Irland
Sato, Eisaku (1901 –1975) / Japan

Mac Bride leitete die Organisation „Amnesty International" seit ihrer Gründung im Jahre 1961. Er gab die Leitung dieser von London aus operierenden Vereinigung, die sich vor allem um politische Gefangene bemühte, in andere Hände, als er 1974 zum UNO-Kommissar für Namibia (Südwestafrika) ernannt wurde. Er erhielt den Preis für seine jahrelangen Bemühungen, in aller Welt Menschenrechte durchzusetzen und zu schützen. – E. Sato, Jurist und Liberaldemokrat, war japanischer Ministerpräsident von 1964 –1972. Er verpflichtete sein Land zur Absage an Atomwaffen. Das Nobelkomitee würdigte ihn für seinen Kampf gegen die Ausbreitung von Atomwaffen, seine Versöhnungspolitik und Befriedigung des pazifischen Raumes.

1975 **Sacharow, Andrei** (1921– . . . .) / UdSSR

Das norwegische Komitee erkannte dem russischen Atomphysiker und Systemkritiker Prof. Sacharow den Preis zu, weil er „kompromißlos gegen alle Formen der Verletzung der Menschenwürde und ebenso stark für die Idee des Rechtsstaates kämpfte". Weiter heißt es in der Begründung: „Auf überzeugende Art hat Sacharow unterstrichen, daß die unverletzbaren Rechte des Menschen die einzige sichere Grundlage für eine aufrichtige und langfristige zwischenstaatliche Zusammenarbeit sind." Dabei hat er „unter schwierigen Verhältnissen die Achtung vor den Werten gestärkt, um die sich alle wahren Friedensfreunde sammeln".

1976 (verliehen 1977)
Williams, Betty (1943– . . . .) / Nordirland, Großbritannien
Corrigan, Mairead (1944 – . . . .) / Nordirland, Großbritannien

„Betty Williams und Mairead Corrigan handelten", wie es in der Begründung des Nobelkomitees heißt, „aus der tiefen Überzeugung heraus, daß der einzelne Mensch durch ein konstruktives Versöhnungswerk einen bedeutenden Beitrag für den Frieden leisten kann. Die von ihnen (1976) ins Leben gerufene Friedensbewegung hat zum Ziel, der Gewalt in Nordirland ein Ende zu setzen, die die tragische Spaltung Nordirlands gekennzeichnet und so viele unschuldige Menschenleben gefordert hat. Ihre Initiative öffnete den Weg für einen kraftvollen Widerstand, wie er in breiten Kreisen der Bevölkerung vorhanden war, die am aktivsten für Frieden und Brüderlichkeit gearbeitet haben."

1977 **Amnesty International**, London

Die 1961 in London gegründete „Amnesty International" (vgl. NP/Fr 1974/Mac Bride) erhielt den Friedensnobelpreis mit der Begründung, daß „in den beinahe 30 Jahren, die seit der Verabschiedung der Menschenrechtsdeklaration durch die UNO vergangen sind, positive Kräfte in vielen Ländern dafür gekämpft haben, diesen Idealen nachzukommen. ‚Amnesty International' hat seine Kräfte dafür eingesetzt, den Wert des menschlichen Lebens zu schützen. ‚A.I.' hat den Menschen, die wegen ihrer Rasse, Religion oder politischen Überzeugung eingekerkert wurden, seine praktische humanitäre und unparteiische Unterstützung gegeben."

1978 **El Sadat, Mohamed Anwar** (1918–1981) / Ägypten
Begin, Menachem (1913– . . . .) / Israel

In der Begründung des Nobel-Komitees zur Preisverleihung an Sadat und Begin heißt es, daß im Verlauf der letzten 30 Jahre die Bevölkerung im Nahen Osten viermal vom Krieg heimgesucht worden ist. Durch den historischen Besuch Sadat's in Jerusalem sei eine „Bresche in die psychologische Mauer geschlagen worden, die für eine ganze Generation die Verständigung und den menschlichen Kontakt zwischen Ägyptern und Israelis versperrt hatte". Weiter meinte das Komitee, man habe die beiden Politiker nicht nur für eine vollzogene Tat im Dienste des Friedens auszeichnen, sondern auch „zu praktischen Lösungen" anregen wollen, die zu einem dauerhaften Frieden im Nahen Osten führen könnten.

1979 **Mother Teresa** (1910– . . . .) / Kalkutta, Indien

Den Friedensnobelpreis 1979 erhielt die weltweit unter dem Namen Mutter Teresa bekannte Albanerin Agnes Bojaxhiu. Sie betrachte, sagte die katholische Ordensschwester, die Auszeichnung als eine Würdigung der Armen, „denen wir dienen". „Das, was ihre Arbeit kennzeichnet, ist der Respekt vor dem Wert und der Würde des einzelnen Menschen", stellte das Nobel-Komitee fest. „Die Einsamsten, Elendesten und die Sterbenden haben Mitgefühl ohne Herablassung bekommen, gegründet auf die Ehrfurcht vor dem Menschen." Diese Grundhaltung sei fest im christlichen Glauben Mutter Teresas verankert. Besonders hob das Komitee die große Ausstrahlung hervor, die von der Persönlichkeit und vom Wirken Mutter Teresas ausgegangen sei. Seit sie 1950 mit Erlaubnis des Papstes den Orden „Missionare der Nächstenliebe" gründete, haben sich ihr viele Mitarbeiter und Mitarbeiterinnen, auch von anderen Glaubensgemeinschaften, angeschlossen. Heute sind 1800 Nonnen und 300 Mönche „Missionare der Nächstenliebe", und das weit über Indien hinaus.

1980 **Perez Esquivel, Adolfo** (1931– . . . .) / Argentinien

Perez Esquivel, Jurist, Architekt und Bildhauer, engagierte sich seit Ende der 60er Jahre für die Respektierung der Menschenrechte nicht nur in seiner Heimat, sondern auch in anderen Ländern Südamerikas. 1968 gründete er als Dachorganisation für alle gewaltlosen Menschenrechtsgruppen in Lateinamerika den „Servicio pas y justicia" (Dienst für Frieden und Gerechtigkeit) und widmete sich seit 1974 vollberuflich der Leitung dieser Friedensorganisation. Sie steht den sozial und politisch engagierten Kirchenkreisen Lateinamerikas nahe und bemüht sich besonders um Rechtshilfe. Im Frühjahr 1977 wurde Perez Esquivel ohne Anklageschrift 14 Monate eingesperrt. Während dieser Zeit der willkürlichen Gefangenschaft betreute ihn „Amnesty International". Nach seiner Freilassung war seine Bewegungsfreiheit sehr eingeschränkt. Der deutliche Hinweis in der Nobelpreisbegründung auf den früheren Preisträger Sacharow (NP/Fr 1975) belegt, was das Komitee ehren wollte: den friedlichen Kampf für die Menschenrechte mit den Mitteln des Rechts und des persönlichen Mutes.

1981 **Office of the United Nation's High Commissioner for Refugees**
(Amt des Hochkommissars für Flüchtlinge bei der UNO, Genf)

„Im Namen der Flüchtlinge in aller Welt" hatte der UNO-Hochkommissar für Flüchtlinge, der Däne P. Hartling den Friedenspreis entgegen genommen. In Genf, dem Sitz des Hochkommissariats, erklärte Hartling „Für uns alle bedeutet der Preis, daß die Stimmen von Millionen von Flüchtlingen in der Welt gehört und anerkannt worden sind." Die Preisverleihung sei auch eine „Bestätigung der grundlegenden humanitären Prinzipien und des Rechts von uns allen, vor allem der Flüchtlinge, in Frieden und Würde zu leben". Noch im Jahr 1954 (damals war ebenfalls das UNO-Hochkommissariat mit dem Friedenspreis ausgezeichnet worden) war der Einsatz auf die Flüchtlinge der Nachkriegszeit beschränkt gewesen, heute dagegen kenne das Problem der schätzungsweise 18 Millionen Flüchtlinge in der Welt keine politischen, geographischen oder menschlichen Grenzen. In der Begründung des Nobel-Komitees heißt es u.a., daß „das Hochkommissariat trotz vieler politischer Schwierigkeiten, mit denen es zu kämpfen hatte, einen sehr bedeutenden Beitrag zur Flüchtlingshilfe geleistet hat". Dieses Wirken diene „der Menschlichkeit wie dem Frieden".

1982 **Myrdal, Alva** (1902–1986) / Schweden
Garcia Robles, Alfonso (1911– . . . .) / Mexiko

Alva Myrdal, die 80jährige „große alte Dame der schwedischen Politik“, ließ für sich am liebsten die Bezeichnung Friedensforscherin gelten, wenngleich sie mehr als das war: Schriftstellerin, Diplomatin, Politikerin und Abrüstungsministerin. A. Myrdal wurde für ihr Engagement für die atomare Abrüstung mit dem Friedensnobelpreis geehrt. Nach der Rückkehr von ihrem Botschafterposten 1961 in Indien widmete sie sich der Abrüstung. Ein Jahr später glänzte sie mit profunder Sachkenntnis als schwedische Chefdelegierte und einzige Frau in den Genfer Abrüstungsverhandlungen. Daneben war sie 1966 bis 1973 Ministerin für Abrüstungsfragen. Ihre Gedanken und Initiativen hat die 80jährige in mehreren Büchern niedergeschrieben. – Bevor Garcia Robles 1975/76 mexikanischer Außenminister wurde, vertrat er sein Land 1971 als Botschafter bei den Vereinten Nationen in New York und wurde 1977 zum ständigen Vertreter bei den Genfer Abrüstungsverhandlungen ernannt. Sein Name ist vor allem verbunden mit der UNO-Sonderkonferenz über Abrüstung, die erstmals 1978 stattfand. Der mexikanische Politiker und Diplomat wurde damals mit der Aufgabe betraut, die verschiedenen Meinungen und Vorschläge in einer gemeinsamen Erklärung zusammenzufassen. Es ist größtenteils sein Verdienst, daß sich die Versammlung auf ein Programm zur Abrüstung einigen konnte, obwohl dieser Erfolg auf der diesjährigen UNO-Sonderkonferenz nicht wiederholt werden konnte.

1983 **Walesa, Lech** (1943– . . . .) / Polen

Das Nobel-Komitee des norwegischen Parlaments verlieh Lech Walesa, dem Führer der verbotenen polnischen Gewerkschaftsbewegung „Solidarität“, den Friedensnobelpreis als „Symbol für die aktive Sehnsucht nach Frieden und Freiheit“. Diese Sehnsucht wohne „unbesiegt in den Völkern der Erde“, auch wenn diese unter ungleichen Bedingungen leben, meint das fünfköpfige Nobelkomitee. Walesa habe bedeutende persönliche Opfer gebracht, um den Arbeitern das Organisationsrecht zu sichern. „Dies ist“, wie weiter begründet wird, „von größter Bedeutung für die weitere Arbeit für ein weltweites Organisationsrecht – ein Recht, das die UN-Charta als Menschenrecht definiert.“ Walesa habe Polens Probleme durch Verhandlung und Zusammenarbeit und ohne Gewaltanwendung zu lösen gesucht. Das Komitee habe schon mehrmals festgestellt, daß Arbeit für Menschenrechte Arbeit für Frieden ist. Walesa’s

Versuche, friedliche Lösungen zu finden, könne zur internationalen Entspannung beitragen. Der Einsatz Walesa's sei „Inspiration und Vorbild".

1984 **Tutu, Desmond Mpilo** (1931– . . . .) / Südafrika

Der schwarze südafrikanische Anglikaner-Bischof Desmond Tutu ist für seine „Rolle als Führer und Einiger der Bewegung zur Lösung der Apartheid-Probleme in Südafrika" mit dem Friedensnobelpreis ausgezeichnet worden. Er kämpft leidenschaftlich und beharrlich gegen das Apartheidsystem und benutzt dabei immer wieder die Bibel als stärkste Waffe. Apartheid sei, so hört Tutu nicht auf öffentlich zu erklären, gottlos. Weder Festnahmen noch Morddrohungen, weder Paßentzug noch Gerichtsverfahren, konnten Desmond Tutu zum Schweigen bringen. Sein energisches gewaltloses Auftreten gegen die Rassendiskriminierung haben ihm internationale Achtung und Anerkennung gebracht. Er nannte seine Auszeichnung mit dem Friedensnobelpreis eine „enorme politische Stellungnahme", die im Kampf gegen die Rassentrennung helfen könne. Die neue südafrikanische Verfassung bezeichnet er als „Schwindel, um die internationale Gesellschaft zu täuschen". Die internationale Gemeinschaft sei gefordert, vor allem wirtschaftlichen Druck auf die südafrikanische Regierung auszuüben, um sie an den Verhandlungstisch zu bringen. Der Preis werde, so Tutu, dazu beitragen, die Aufmerksamkeit der Welt auf Südafrika zu lenken.

1985 **International Physicians for the Prevention of Nuclear War (IPPNW)**
(Internationale Ärzte für die Verhütung des Atomkrieges)

Die von dem amerikanischen Herzspezialisten Bernhard Lown und seinem sowjetischen Fachkollegen Jewgeni Tschasow 1980 in Genf gegründete Vereinigung erhielt für ihre Aufklärungsarbeit über die Gefahren eines Atomkrieges den Friedensnobelpreis für 1985. Das Nobel-Komitee erklärte, der Beitrag der IPPNW, die ihren Sitz in Boston hat und auch in der Bundesrepublik tätig ist, könne neue Perspektiven für eine „Umorientierung der Ressourcen von militärischen zu gesundheitlichen und anderen Entwicklungsaufgaben" eröffnen. Außerdem sei die Organisation dazu geeignet, den Druck der öffentlichen Meinung auf die Regierungen zu einer Nichtweitergabe von Atomwaffen zu erhöhen und die Hinwendung zu gesundheitlichen und humanitären Problemen zu beschleunigen. Die IPPNW gibt an, sie habe mittlerweile 145.000 Mitglieder in 40 Ländern; in der Bundesrepublik sollen es 3000 sein. Nach Meinung des Nobel-Komitees hat die Arbeit der Ärztevereinigung durch „sachkundige Information das Bewußtsein über die katastrophalen Folgen eines Kernwaffenkrieges" geschärft.

1986 **Wiesel, Elie** (1928– . . . .) / USA

In der Begründung zur Verleihung des Friedens-Nobelpreises an den jüdischen Schriftsteller Elisha (so sein richtiger Vorname) Wiesel heißt es, der Preis wurde verliehen an einen der bedeutendsten geistigen Führer und Wegweiser seiner Zeit, in der das Bild der Welt immer noch von Gewalt, Unterdrückung und Rassismus geprägt wird. Wiesels Engagement gründe sich auf seine eigene, persönliche Erfahrung totaler Demütigung und äußerster Mißachtung der Menschlichkeit in den Todeslagern Hitlers. Er sei ein Mahner der Menschheit für Frieden, Versöhnung und Menschenwürde. – E. Wiesel wurde am 30. September 1928 in Sighet im deutsch-jüdisch-rumänisch-ungarischen Sprachraum an der sowjetischen Grenze geboren. Mit 15 Jahren wurde er mit seiner Familie und mehr als 10.000 Glaubensbrüdern aus der jüdischen Gemeinde nach Auschwitz verschleppt. Dort wurden seine Mutter und jüngste Schwester umgebracht. Später kam er nach Buchenwald, wo er den Vater verlor. Nach der Befreiung Buchenwalds ging Wiesel nach Paris und studierte an der Sorbonne. 1956, als er sich um die amerikanische Staatsbürgerschaft bewarb, erschien in Buenos Aires sein erstes Buch „Und die Welt hat geschwiegen". Bis heute folgten 25 andere literarische Werke (Romane, Essays, Legenden). In ihnen, sowie in zahlreichen Vorlesungen, Artikeln und Vorträgen, sind Menschenrechtsthemen sein ständiges Anliegen. Wiesel, der seit Anfang der 60er Jahre in New York lebt, ist Vorsitzender der „United States Holocaust Memorial Council" und übernahm eine Reihe anderer Ehrenämter in universitären Einrichtungen und Hilfsorganisationen. Er ist so etwas wie eine nationale Institution geworden und auch eine moralische Instanz. Die Liste seiner Ehrungen umfaßt inzwischen 25 Ehrendoktorate und zahlreiche Literaturpreise.

Preisträger für den Nobel-Gedenkpreis für Wirtschaftswissenschaft

Das Recht, Vorschläge zu unterbreiten für die Verleihung der Preise, basierend auf dem Prinzip der Kompetenz und der Vielseitigkeit, sollen für Wirtschaftswissenschaft, gemäß den 1968 ergänzten und ab 1969 wirksamen Statuten der Nobelstiftung, die Folgenden in Anspruch nehmen können:

1. Schwedische und ausländische Mitglieder der Königlichen Akademie der Wissenschaften.
2. Mitglieder des Preis-Komitees für den Alfred-Nobel-Gedenkpreis für Wirtschaftswissenschaft.
3. Empfänger des Preises für Wirtschaftswissenschaft.
4. Ständige Professoren in entsprechenden Lehrfächern an den Universitäten und Colleges in Schweden, Dänemark, Finnland, Island und Norwegen.
5. Inhaber entsprechender Lehrstühle an wenigstens sechs Universitäten oder Colleges, ausgewählt von der Akademie der Wissenschaften im Hinblick darauf, eine angemessene Verteilung zwischen verschiedenen Ländern und den Lehrstühlen zu gewährleisten.
6. Andere Wissenschaftler, die die Akademie für qualifiziert hält, Vorschläge einzubringen.

Die Vorschläge sind jeweils bei dem auf Seite 39 genannten entsprechenden Nobel-Komitee einzureichen.

Seit 1969 wird der Nobel-Gedenkpreis für hervorragende Leistungen auf dem Gebiete der Wirtschaftswissenschaft verliehen. Er wird, von der Schwedischen Reichsbank anläßlich ihres 300jährigen Bestehens gestiftet, in der jeweiligen Höhe der anderen Preise vergeben.

1969 **Frisch, Ragnar** (1895–1973) / Norwegen
Tinbergen, Jan (1903– . . . .) / Niederlande
„für Entwicklung und Anwendung dynamischer Modelle zur Analyse von Wirtschaftsprozessen".

In der Begründung zur Preisverleihung an Frisch und Tinbergen bezeichnete die schwedische Akademie der Wissenschaften die Verwendung mathematisch-statistischer Präzisierungen von Zusammenhängen durch Modellsysteme als den bemerkenswertesten Vorgang in der nationalökonomischen Entwicklung der letzten Jahrzehnte. Am sichtbarsten wurde diese moderne Richtung wirtschaftlicher Forschung in der Konjunktur- und Wachstumsanalyse sowie in der Theorie der Wirtschaftspolitik. Die beiden Preisträger haben auf diesem Gebiet ihre bahnbrechenden Forschungen betrieben, die nicht zuletzt große Bedeutung für die wirtschaftliche Planung in den Entwicklungsländern erlangt haben. Eine schrittweise Verminderung der Wachstumsraten in den Industrieländern zugunsten eines schnelleren Wachstums in den Entwicklungsländern könne verhindern, daß die weltweite Ungleichheit zwischen den armen und den reichen Nationen noch größer werde.

1970 **Samuelson, Paul** (1915– . . . .) / USA
„für wissenschaftliche Arbeiten, durch welche er eine statische und dynamische wirtschaftliche Theorie entwickelte und aktiv zur Hebung des Niveaus der Analyse in der Wirtschaftswissenschaft beitrug".

Samuelson schuf in seinem heute schon klassisch gewordenen Werk „The Operational Significance of Economic Theory" ein methodisches Rüstzeug, das heute zum festen Bestand der wirtschaftstheoretischen Analyse gehört. Er untersucht und beschreibt darin in mathematischer Form die grundlegenden „Gesetze" der Marktwirtschaft. Ausgehend von der Theorie der Nachfrage und des Angebots in der reinen Wettbewerbswirtschaft stößt S. zu den Regeln einer am besten funktionierenden Marktwirtschaft vor. Darüber hinaus entwickelte er in diesem Werk u.a. das „Prinzip der Korrespondenz", das Verbindungsglied zwischen statischer und dynamischer Analyse. Es gilt als eines der großen Verdienste von S., die dynamische (den Zeitablauf berücksichtigende) Theorie mit den Lehrsätzen der statischen (der zeitpunktbezogenen) Theorie verbunden zu haben. Seine zahlreichen Aufsätze, in denen er zu allen Teilgebieten der Wirtschaftswissenschaft Stellung nimmt, sind in den dreibändigen „Collected Scientific Papers" (1966–72) zusammengefaßt worden.

1971 **Kuznets, Simon** (1901–1985) / USA
für seine erfahrungsmäßig gefundenen Erklärungen von wirtschaftlichem Wachstum, welche zu neuen und vertieften Einsichten in die wirtschaftlichen und sozialen Strukturen und Entwicklungsprozesse führten".

Den größten Teil seiner Forschungsarbeit leistete Kuznets als Mitglied des „National Bureau of Economic Research" (1927–1960). K. habe, der Laudatio zufolge, mehr als jeder andere Wissenschaftler das Wirtschaftswachstum während des vergangenen Jahrhunderts durch Fakten erhellt und durch Analyse erklärt. Er habe hervorragende Arbeiten auf dem Gebiet der Input-Output-Analyse (siehe auch bei Leontief, NP/Ww 1973) und der volkswirtschaftlichen Gesamtrechnung geleistet. Die schwedische Akademie hob hervor, daß ein von K. 1966 veröffentlichtes Werk über modernes Wirtschaftswachstum „Modern Economic Growth" und die 1971 erschienene Publikation „Economic Growth of Nations" neues Material, originäre (ursprüngliche) Interpretationen und wichtige internationale Vergleiche des Produktionszuwachses und der Einkommensentwicklung enthielten. K. hat der empirischen Wirtschaftsforschung (ein langwieriger und mühsamer Weg, mit Hilfe statistischer Verfahren diejenigen Gesetzmäßigkeiten herauszufinden, die sich im Lichte der praktischen Erfahrung als brauchbar erweisen) sein ganzes Forscherleben gewidmet.

1972 **Hicks, John R.** (1904– . . . .) / Großbritannien
Arrow, Kenneth J. (1921– . . . .) / USA
„für ihre bahnbrechenden Arbeiten zur allgemeinen Theorie des ökonomischen Gleichgewichts und zur Wohlfahrtstheorie".

In der Begründung zur Preisverleihung hob die schwedische Akademie der Wissenschaften hervor, daß die Preisträger nicht nur auf dem Gebiet der Gleichgewichtstheorie, sondern auch auf anderen Gebieten wichtige Arbeit geleistet hätten. Hicks in der Geldtheorie und Arrow in der Wachstums- und Entscheidungstheorie. Während die Gleichgewichtstheorie zuvor hauptsächlich den Charakter einer formalen Analyse hatte, gab ihr Hicks mit seinem 1939 erschienenen Werk „Value and Capital" eine stärkere wirtschaftliche Relevanz. Von A. erschien 1951 das berühmte Buch „Social Choice and individual Values". Seine Verdienste liegen in erster Linie auf dem Gebiet der Wohlfahrtstheorie. Es ist eine über die Preistheorie hinausgehende umfassende Theorie der marktwirtschaftlichen Lenkung, die die Möglichkeit sucht, die individuellen Wünsche der Bürger in eine logische widerspruchsfreie Rangordnung mit denen der gesamten Gesellschaft zu bringen.

1973 **Leontief, Wassily** (1906– . . . .) / USA
„für die Ausarbeitung der Input-Output-Methode sowie für ihre Anwendung bei wichtigen wirtschaftlichen Problemen".

Leontief sei, der Laudatio zufolge, der unumstrittene Gründer der „Input-Output-Methode" (Einsatz-Ausstoß-Methode), mit der systematisch die Ströme von Rohstoffen, Halbfabrikaten und Dienstleistungen zwischen verschiedenen Produktionssektoren untersucht werden können. Mit ihr kann in marktwirtschaftlichen und auch in planwirtschaftlichen Systemen gearbeitet werden. Leontief ist nicht nur durch diese Methode weltweit bekannt geworden, sondern auch durch eine Reihe anderer Beiträge zur Methodologie der Wirtschaftswissenschaften und vor allem zur Theorie des internationalen Handels.

1974 **Myrdal, Gunnar** (1898–1987) / Schweden
Hayek, Friedrich August von (1899– . . . .) / Großbritannien
„für ihre bahnbrechenden Arbeiten auf dem Gebiet der Geld- und Konjunkturtheorie und ihre tiefgründigen Analysen der wechselseitigen Abhängigkeit von wirtschaftlichen, sozialen und institutionellen Verhältnissen".

Myrdal und Hayek hätten zwar, der Laudatio zufolge, in den 20er Jahren mit der Konjunktur- und Geldtheorie begonnen, sind aber mit ihren Arbeiten weit über den Rahmen der reinen Nationalökonomie hinausgegangen. Dies dokumentiert allein schon eine Titelauswahl ihrer Publikationen. Von G. Myrdal erschien 1930 „The Political Element in the Development of Economic Theory"; 1944 „An American Dilemma. The Negro Problem and Modern Democracy"; 1968 „Asian Drama. An inquiry into the Poverty of Nations". – Von Hayek erschien 1929 „Geldtheorie und Konjunkturtheorie"; 1931 „Prices and Production"; 1940 „The Pure Theory of Capital"; 1944 „The Road to Serfdom"; 1960 „The Constitution of Liberty". Weltweite Verbreitung fand „The Road of Serfdom" (Der Weg zur Knechtschaft); es wurde ins Chinesische, Dänische, Französische, Deutsche, Holländische, Italianische, Japanische, Norwegische, Portugiesische, Spanische und Schwedische übersetzt.

1975 **Kantorovich, Leonid** (1912–1986) / UdSSR
Koopmans, Tjalling (1910–1985) / USA
„für ihren Beitrag zur Theorie der optimalen Ressourcen-Verwendung".

Der 65 Jahre alte Amerikaner Koopmans und sein zwei Jahre jüngerer russischer wissenschaftlicher Kollege Kantorovich beschäftigten sich seit Jahrzehnten mit den Zusammenhängen zwischen vorhandenen Produktionsmitteln, Produktion und Preisen. In ihren Arbeiten erneuerten, verallgemeinerten und konkretisierten sie die Methodik zur Analyse des klassischen volkswirtschaftlichen Problems: wie man bei der Produktion von Waren und Dienstleistungen die produktiven Reserven am besten ausnutzt. Das Problem umfaßt u.a., welche Waren hergestellt und welche Produktionsmethoden angewendet werden sollen.

1976 **Friedman, Milton** (1912– . . . .) / USA
„für seinen Beitrag zur Verbrauchsanalyse, zur Geldgeschichte und -theorie, sowie seine Klarlegung der Komplexität der Stabilisierungspolitik".

Milton Friedman glaubte fest an seine Theorie, daß sich Preisniveau und Beschäftigung mittel- und langfristig in die Richtung entwickeln, in die die Geldmenge weist. Diese Theorie steht im Gegensatz zu der von J. M. Keynes (1883–1946) vertretenen Ansicht, daß die Verbindung zwischen Geld und Güterbereich allein durch den Zinssatz hergestellt wird. Dieser theoretische Gegensatz hatte praktische Folgen. Friedman wurde unter der Präsidentschaft von Nixon ein einflußreicher wirtschaftspolitischer Berater, während Nixon's Vorgänger John F. Kennedy und Johnson von Keynesianern beraten worden sind. Friedman galt als einer der führenden Köpfe der „Chicago-Schule", die dem Staat eine geringere Rolle bei der Gestaltung und Beeinflussung des Wirtschaftsprozesses zuweist. Sie vertrauen auf die selbstregulierenden Kräfte des Marktes.

1977 **Ohlin, Bertil** (1899–1979) / Schweden
Meade, James (1907– . . . .) / Großbritannien
„für ihre bahnbrechenden Arbeiten auf dem Gebiet der Theorie des internationalen Handels und der internationalen Kapitalbewegung".

Der 78 Jahre alte B. Ohlin wurde durch seine Arbeit „Interregionaler und internationaler Handel" (1933) bekannt. Die von ihm entwickelte Theorie zeigt, welche Faktoren den Außenhandel und die internationale Arbeitsteilung bestimmen sowie den Einfluß des Außenhandels auf Rohstoffnutzung, Preisverhältnisse und Einkommensverteilung. Ohlin, von 1929–1965 Wirtschaftsprofessor an der Stockholmer Handelshochschule, stellte auch Ähnlichkeiten und Unterschiede zwischen internationalem und regionalem Handel sowie den Zusammenhang zwischen

Außenhandel und Standortmustern dar. – Der 70 Jahre alte Meade, der von 1957–1968 in Cambridge lehrte, hat hauptsächlich durch sein Werk „Die Theorie der internationalen Wirtschaftspolitik" (1951/1955) den Einfluß der Wirtschaftspolitik auf den Außenhandel und die Probleme der Stabilisierungspolitik in „offenen" Wirtschaften erhellt. Als „offene" Wirtschaften gelten solche mit starker Abhängigkeit vom Ausland. Meade analysierte die Voraussetzungen des Gleichgewichts der einheimischen Wirtschaft und der Auslandsaktionen und zeigte, wie eine Stabilisierungspolitik unter Berücksichtigung der Gesamtnachfrage sowie der Preis- und Kostenverhältnisse gestaltet werden müsse.

1978 **Simon, Herbert A.** (1916– . . . .) / USA
„für seine bahnbrechende Erforschung der Entscheidungsprozesse in Wirtschaftsorganisationen".

Simon's Name ist vorwiegend mit Arbeiten über die Struktur und Beschlußfassung von Wirtschaftsorganisationen, ein verhältnismäßig neues Gebiet wirtschaftlicher Forschung, verknüpft. Seine wissenschaftliche Bedeutung geht weit über seine Fachgebiete hinaus. Er hat u.a. Beiträge innerhalb der Wissenschaftstheorie geleistet und Mathematik, Statistik, Operationsanalyse, Volkswirtschaft und Betriebswirtschaft angeregt. In den 30er Jahren hatte man begonnen, die Struktur und Beschlußfassung der Unternehmen auf neue Weise zu betrachten. Für diese neue Entwicklung sind die Arbeiten Simon's von entscheidender Bedeutung geworden. In seiner bahnbrechenden Untersuchung „Administratives Verhalten" von 1947 und in einer Reihe späterer Schriften beschreibt er das Unternehmen „als ein anpassungsfähiges System physischer, persönlicher und sozialer Bestandteile".

1979 **Schultz, Theodore W.** (1902– . . . .) / USA
Lewis, Arthur (1915– . . . .) / USA
„für ihre bahnbrechenden Arbeiten in der Erforschung der wirtschaftlichen Entwicklung, unter besonderer Berücksichtigung der Probleme der Entwicklungsländer".

Die Verleihung des Nobel-Gedenkpreises an Schultz und Lewis kann als ein Appell zum Kampf gegen Hunger und Armut in der dritten Welt gewertet werden. Mit der Analysierung der Probleme der Entwicklungsländer haben sie wichtige Erkenntnisse und damit die Voraussetzungen zur Hilfe geliefert. Das Nobelkomitee in Stockholm hob das starke Engagement der beiden Wirtschaftswissenschaftler hervor, Wege aus der

Unterentwicklung zu finden. In ihren Analysen seien gemeinsame Züge festzustellen, zum Teil ergänzten sie einander. Charakteristisch für die Untersuchungen von Schultz ist es, die Landwirtschaft nicht isoliert, sondern als integrierenden Bestandteil der Gesamtwirtschaft zu betrachten. Lewis hat sich auf den Nord-Süd-Handel und Planungsfragen der unterentwickelten Länder spezialisiert. Nach seiner Ansicht ist die geringe Produktivität der Landwirtschaft ausschlaggebend für die Armut der Entwicklungsländer und hemmt den Zuwachs im Handel mit den Industrieländern.

1980 **Klein, Lawrence R.** (1920– . . . .) / USA
„für die Konstruktion ökonometrischer Konjunkturmodelle und deren Verwendung bei Analysen der Wirtschaftspolitik".

Klein begann seine Laufbahn damit, als er 1950 erstmals Versuche präsentierte, um an Hand verschiedener Modelle die Entwicklung der amerikanischen Wirtschaft zu untersuchen. Das von ihm geschaffene „Wharton-Modell" zur Konjunkturanalyse hat einen sehr guten Ruf und wird regelmäßig zu Voraussagen von Konjunkturschwankungen des Bruttosozialprodukts, des Exports, der Investitionen und des Konsums herangezogen. Ein Ende der 60er Jahre gestartetes Link-Projekt, bewog viele Länder zur Anwendung wirtschaftlicher Modelle zum Zwecke der Prognose und Analyse. Hierbei spielte Klein eine zentrale Rolle. Es wurden Konjunkturmodelle verschiedener Länder verknüpft, um u.a. die Entwicklung des internationalen Handels zu analysieren. Durch Klein's Einsätze ist die empirische volkswirtschaftliche Forschung stark beeinflußt worden. Ökonometrische Modelle werden heute nicht nur in wissenschaftlichen Institutionen, sondern auch in der Verwaltung, bei Organisationen und Großunternehmen verwendet.

1981 **Tobin, James** (1918– . . . .) / USA
„für seine Analyse der Finanzmärkte und deren Auswirkungen auf Ausgabenbeschlüsse und damit auf Beschäftigung, Produktion und Preisentwicklung".

Als Wirtschaftswissenschaftler zählt Tobin zu den Anhängern J. M. Keynes (1883–1946) und befindet sich mit seinen Thesen im Gegensatz zu jenen von Milton Friedman (NP 1976). Während Friedman der Veränderung der Geldmenge die größten Wirkungen auf Wirtschaftswachstum und -schrumpfung einräumt, also der Quantität, geht es Tobin mehr um die Qualität, d.h. um die Analyse der Zusammensetzung und der daraus folgenden Entwicklung dieser Geldmenge. Tobin untersuchte vor allem das Geld-Verwendungsverhalten der im Wirtschaftsprozeß Beteiligten gegenüber den zu erwartenden Zinsen in verschiedenen Bereichen.

1982 **Stigler, George** (1911– . . . .) / USA
„für seine bahnbrechenden Studien der Funktionsweise und der Strukturen von Märkten sowie der Ursachen und Wirkungen von Regelungen der öffentlichen Hand".

In der Begründung zur Preisverleihung an G. Stigler wird u.a. seine Feststellung hervorgehoben, daß es „in der Praxis nicht möglich ist, von gewöhnlichen Kostendaten klare Schlußfolgerungen über die Vorteile des Großbetriebes zu ziehen und davon ausgehend zu entscheiden, welche Unternehmensgröße die optimale ist". In einer anderen Arbeit bestätigt Stigler die traditionelle Theorie, daß Ertragsunterschiede rasch dadurch verschwinden, daß Kapital und Arbeitskraft von Niedrig- zu Hochertragsunternehmen abwandern. In seiner Untersuchung über die Auswirkungen staatlicher Regelungen kam Stigler zu dem Schluß, daß sie nicht selten mehr den Unternehmen oder einzelnen Berufsgruppen helfen als der Allgemeinheit, für die sie ursprünglich gedacht waren.

1983 **Debreu, Gerard** (1921– . . . .) / USA
„für die Einführung neuer analytischer Methoden in die volkswirtschaftliche Theorie und für eine rigorose Neuformulierung der Theorie des allgemeinen Gleichgewichts der Märkte".

Debreu erklärte einmal in San Francisco seine Arbeit mit den Worten: „Ein Wirtschaftssystem besteht aus einer großen Anzahl Handelnder, Konsumenten und Produzenten, die ihre Entscheidungen unabhängig voneinander treffen. Mein Ziel ist, zu erklären, wie sie für das Wirtschaftssystem insgesamt ein Gleichgewicht bilden. Um dies peinlich genau zeigen zu können, benötigt man eine mathematische Theorie." Er konstruierte zusammen mit K. Arrow (NP 1972) ein mathematisches Modell der Marktwirtschaft, in dem verschiedene Unternehmen ihre Produktion von Waren und Dienstleistungen und damit auch ihre Nachfrage nach Produktionsfaktoren so planten, daß ihr Gewinn maximiert wurde. Weil sie außerdem Prämissen über das Verhalten der Verbraucher aufstellten, konnten sie auch Nachfragezusammenhänge herleiten. In seinem allgemeingültigen Standardwerk „Theory of value" integriert er in seine allgemeine Gleichgewichtstheorie zudem die Verteilungstheorie, die Kapitaltheorie und die Theorie des Verhaltens bei Unsicherheit. In seinen weiteren Forschungen untersuchte Debreu auch die Frage, ob es sich für einzelne lohnen kann, aus der Marktwirtschaft auszubrechen. Er verneinte dies in einer Wirtschaft mit vielen einzelnen Verbrauchern.

1984 **Stone, Richard** (1913– . . . .) / Großbritannien
„für seine bahnbrechenden Leistungen bei der Entwicklung von volkswirtschaftlichen Gesamtrechnungssystemen, wodurch er die Grundlage empirischer Wirtschaftsanalyse radikal verbessert hat".

Stone hat, als ausgezeichneter Analytiker, mit der Weiterentwicklung der Volkswirtschaftlichen Gesamtrechnung den Weg zum internationalen Vergleich nationaler Volkswirtschaften geebnet. Begriffe wie Bruttosozialprodukt oder Volkseinkommen, mit denen wir heute so selbstverständlich umgehen, sind nicht zuletzt auf jene Gesamtrechnungssysteme zurückzuführen, für deren Entwicklung Sir Richard Stone den entscheidenden Beitrag geleistet hat. Auf die Praxis bezogen bedeutet die vorangestellte Nobelpreisbegründung, daß Stone Rechnungssysteme entwikkelt hat, die von Regierungen und Notenbanken zur Beurteilung der jeweiligen wirtschaftlichen Verfassung und des Schuldenstandes ihres Landes relativ einfach angewendet werden können. Insbesondere ist die Weltbank von den Gesamtrechnungssystemen des Cambridge-Professors, der 1980 in den Ruhestand trat, begeistert. So soll sie von Entwicklungsländern deren Anwendung verlangen, wenn es um die Entscheidung von Kredit-Vergaben geht.

1985 **Modigliani, Franco** (1918– . . . .) / USA
„für seine bahnbrechende Analyse über das Sparverhalten der Finanzmärkte".

Zu den bahnbrechenden Arbeiten zählt Modiglianis Lebenszyklus-Theorem aus dem Jahre 1954 mit den darin enthaltenen Hypothesen über das Sparverhalten privater Haushalte und deren Verbrauch. Modigliani kommt zu dem Schluß, daß, obwohl jeder einzelne seine Ersparnisse im Laufe seines Lebens aufzehrt, die Volkswirtschaft trotzdem einen positiven Sparbeitrag leistet, wenn die Bevölkerung zunimmt. Im Jahre 1958 legten Modigliani und der amerikanische Wirtschaftswissenschaftler Merton Miller mit dem Modigliani-Miller-Theorem die entscheidende Grundlage für die Theorie der Finanzanalyse von Unternehmen. Ihre Erkenntnisse eröffneten nicht nur ein neues Gebiet der Wirtschaftswissenschaft – die Betriebswirtschaft (corporate finance) –, sondern schufen auch die Möglichkeit der Bewertung eines Unternehmens und seiner Entscheidungen, wie z.B. Investitionsbeschlüsse etc.

1986 **Buchanan, James McGill** (1919– . . . .) / USA
„für die Entwicklung der kontrakttheoretischen und konstitutionellen Grundlagen der ökonomischen und politischen Beschlußfassung".

Man muß das Verhalten der Politiker, aber auch der politischen Parteien in eine Wirtschaftstheorie einbinden; d e n n: warum sollten Politiker uneigennützig handeln, wenn sie als Verbraucher auf den Märkten doch sehr eigennützig sind und danach streben, so viele Stimmen wie möglich zu gewinnen, um dadurch Machtpositionen aufzubauen oder einen möglichst großen Anteil am Staatshaushalt zu erhalten. Das etwa sind die im Grenzbereich von Volkswirtschaft und Staatswissenschaft liegenden Überlegungen des amerikanischen Wissenschaftlers, für die er den Nobelpreis der Wirtschaftswissenschaften erhalten hat. Nach Ansicht der preisverleihenden Schwedischen Akademie der Wissenschaften haben die Arbeiten Buchanans mit dazu beigetragen, daß heute unter Wirtschaftswissenschaftlern das Interesse an Rahmenbedingungen und allgemeinen Regeln wieder größer geworden sei. Heute werde es wieder als wichtige Aufgabe anerkannt, eine bessere Koppelung zwischen Steuern und öffentlichen Ausgaben herzustellen, während man vor zwanzig Jahren noch bestrebt gewesen sei, den politischen Beschlußprozeß so wenig wie möglich zu behindern. Buchanan gab wesentliche Impulse zur Entwicklung einer „demokratischen" Finanzwissenschaft. Ausgangspunkt dieser neuen Finanzwissenschaft ist nicht mehr der Regent, sondern der Regierte, der einzelne (mündige) Bürger. Ökonomie müsse wieder als politische Ökonomie betrieben werden. Die Kompetenz des Staates müsse durch Verfassungsregeln begrenzt werden. In der herkömmlichen Wirtschaftstheorie habe, so die schwedische Akademie, im wesentlichen Maße eine selbständige Theorie für den Staat und für die politischen Entscheidungsprozesse gefehlt.

A N H A N G

nach Redaktionsschluß der 2. Auflage:

DIE NOBELPREISTRÄGER 1987

unter dankbarer Verwendung
des offiziellen Informationsmaterials
der Nobel-Stiftung

1987 **Bednorz, J. Georg** (1950– . . . .) / Deutschland
Müller, K. Alexander (1927– . . . .) / Schweiz
„. . . für ihre bahnbrechende Entdeckung von Supraleitung in keramischen Materialien."

Der diesjährige Nobelpreis in Physik wurde Dr. Georg Bednorz und Prof. Dr. K. Alex Müller, beide Forscher am IBM Zürich Research Laboratory, Schweiz, für ihre Entdeckung eines neuen supraleitenden Materials verliehen.
Supraleitung ist eines der aufsehenerregendsten Phänomene der Physik und ist seit 1911 bekannt. Supraleitung entsteht, wenn supraleitendes Material bis zur sog. kritischen Temperatur, nahe dem absoluten Nullpunkt, heruntergekühlt wird. Ein elektrischer Strom fließt da plötzlich ohne den geringsten Widerstand.
Kennzeichnend für Bednorz und Müller war, daß sie die „konventionellen" Materialien aufgaben, d.h. Metallegierungen mit verschiedener Zusammensetzung. Seit 1983 stellten sie sich auf Oxydmaterial ein, das außer Sauerstoff Kupfer und eines oder einige sog. Bodenartmetalle enthält. Die neue Idee war, daß die Kupferatome in einem solchen Material veranlaßt werden konnten, Elektronen zu transportieren, die stärker mit Kristallen zusammenwirken, als es sonst in gewöhnlichen elektrischen Leitern geschieht. Um chemisch stabiles Material zu erhalten, setzten sie Kristallen von Lanthan-Kupfer-Oxyd Barium zu und erhielten ein keramisches Material, das der erste gelungene „Hochtemperatur"-Supraleiter wurde.
Bednorz und Müller stehen klar als die Entdecker dieses besonderen Supraleiters da; sie haben andere Forscher dazu inspiriert, Stoffe zu synthetisieren, die bei mehr als viermal höheren Temperaturen (vom absoluten Nullpunkt –273° C an gerechnet) supraleitend sind. Die Entwicklung wird mit gespanntem Interesse von denen verfolgt, die mit Elektrotechnik und Mikroelektronik arbeiten, und von den Physikern, die sich neue, spannende meßtechnische Verwendungen vorstellen.

1987 **Cram, Donald J.** (1919 – . . . .) / USA
Lehn, Jean-Marie (1939 – . . . .) / Frankreich
Federsen, Charles J. (1904 – . . . .) / USA
„. . . für ihre Entwicklung und Verwendung von Molekülen mit strukturspezifischer Wechselwirkung von hoher Selektivität."

Die Preisträger sind dafür belohnt worden, daß sie niedrigmolekulare organische Verbindungen mit sehr speziellen Eigenschaften hergestellt haben. Die Moleküle in diesen Verbindungen sind besonders konstruiert, so daß sie vor allem Kationen (positive Ionen) binden, aber auch Anionen (negative Ionen) und neutrale Moleküle auf eine spezifische und selektive Weise. Die drei Forscher haben chemische und physikalische Eigenschaften dieser Komplexe studiert und die Eigenschaften untersucht, welche die Fähigkeit der Moleküle bestimmen, sich zu erkennen und in einander zu passen wie der Schlüssel in ein Schloß. Moleküle, welche die Wirkungsweise von Enzymen imitieren, sind hergestellt worden. Die Forschung der Preisträger hatte große Bedeutung für die Entwicklung der Koordinationschemie, der organischen Synthese, der analytischen Chemie sowie der bioorganischen und der bioanorganischen Chemie. Die belohnten Forscher haben damit den Grund für das querchemische Forschungsgebiet gelegt, das heute als Wirt-Gast-Chemie oder supramolekulare Chemie bezeichnet wird.

1987 **Tonegawa, Susumu** (1939– . . . .) / Japan
„. . . für seine Entdeckung der genetischen Grundlage für das Entstehen des Variationsreichtums der Antikörper."

Jener phantastische Variationsreichtum ist seit ein paar Jahrzehnten bekannt. Der genetische Hintergrund dafür war jedoch ein Rätsel. Der Aufbau der Antikörper wird von Erbanlagen bestimmt. Nachdem jedoch die menschliche Erbmasse nur ungefähr 100.000 Anlagen enthält, erschien es unwahrscheinlich, daß dies die Urheber für vielleicht eine Milliarde verschiedener Antikörper sein könnten.
Der japanische Forscher Susumu Tonegawa ist derjenige, der dieses Mysterium aufgeklärt hat. In einer bahnbrechenden Arbeit – veröffentlicht 1976 – konnte Tonegawa mit Hilfe einer Reihe von genialen Experimenten zeigen, wie Teile der Erbmasse der Zelle (DNA) im Laufe ihrer Entwicklung von einer embryonalen Zelle zum antikörperproduzierenden B-Lymphozyt umgelagert werden. Während der darauf folgenden zwei Jahre war Tonegawa völlig dominierend auf diesem Forschungsgebiet. Er konnte in immer größeren Einzelheiten klarlegen, wie der Teil der Erbmasse, der die Antikörper bildet, so umdirigiert wird, daß jeder B-Lymphozyt seinen einzigartigen Antikörper produzieren kann.
Tonegawa's Entdeckungen haben unsere Kenntnisse bezüglich des Ausbaus der Immunverteidigung gesteigert. Sie zeigen auch Möglichkeiten, eine gewünschte Immunreaktion gegen krankheitshervorrufende Mikroorganismen durch Impfung zu verstärken – gleichzeitig wie sie dazu beitragen können, unerwünschte Immunreaktionen zu verhindern.

1987 **Brodsky, Joseph** (1940– . . . .) / USA (UdSSR)
„. . . für ein literarisches Schaffen von umfassender Breite, geprägt von gedanklicher Schärfe und dichterischer Intensität."

Der diesjährige Nobelpreisträger für Literatur ist in Leningrad geboren und lebt in New York. Ein Zeichen für die Ausstrahlung seines Werkes ist die Tatsache, daß es schon in ein gutes Dutzend Sprachen übersetzt worden ist. Brodsky ist vor allen Dingen Lyriker und Essayist. Die religiöse Dimension seines Werkes ist konfessionsloser Natur. Metaphysische und ethische Fragen stehen im Vordergrund. Für ihn ist das Gedicht ein göttliches Geschenk.
1958 begann er Lyrik zu schreiben. Seine Gedichte wurden durch private Leseabende bekannt oder in Samizdat-Publikationen verbreitet. Sein Ruhm begann zu wachsen. Obwohl man ihn in keiner Weise als politischen Dichter charakterisieren könnte, wurde er dennoch im Februar 1964 verhaftet und im März desselben Jahres wegen „Parasitismus" zu einer fünfjährigen Strafe in einem Arbeitslager nördlich des Polarkreises verurteilt. Während dieser Zeit erschien seine erste Gedichtsammlung im Westen, und auf Grund von Petitionen aus dem Westen und von einflußreichen Intellektuellen im Lande erlaubte man ihm, nach eineinhalbjähriger Verbüßung seiner Strafe nach Leningrad zurückkehren, wo er weiterhin schrieb.
1972 durfte er sein Land verlassen. Er ließ sich in den USA nieder, wo er an verschiedenen Universitäten wirkte. Seit Oktober 1977 ist er Bürger der Vereinigten Staaten und wohnhaft in New York. 1978 wurde er Ehrendoktor der Yale-Universität und in die American Academy of Arts and Sciences gewählt.
Der Wechsel des sprachlichen Milieus nach Verlassen der Sowjetunion 1972, bedeutete natürlich auch eine enorme Belastung für den Dichter. Trotzdem befindet er sich mitten in einer reichhaltigen Produktion auf russisch. Gleichzeitig nimmt er aktiv teil an den Übersetzungen seiner Werke ins Englische und schreibt teilweise auch direkt in dieser Sprache, und zwar mit großer Wirkung.
Alle Literatur handelt eigentlich von dem, was die Zeit aus den Menschen macht, hat Brodsky einmal gesagt. Die Dichtung hilft uns, ja ist die einzige Möglichkeit, den Druck des Daseins auszuhalten.

Werkverzeichnis

Russisch:
1965: Stichotvorenija i poemy. New York.
1970: Ostanovka v pustyne. Stichotvorenija i poemy. New York.
1977: Konec prekrasnoj epochi: stichotvorenija 1964–1971. Ann Arbor.

1977: Cast' reci: stichotvorenija 1972–1976. Ann Arbor.
1982: Rimskie elegii. New York.
1983: ovye stansy k Avguste: (Stichi k M.B., 1962–1982). Ann Arbor.
1984: Mramor. Ann Arbor.
1987: Uraniia: novaja kniga stichow. Ann Arbor.

Englisch:
1967: Elegy to John Donne, and Other Poems. London.
1973: Debut. Ann Arbor.
1973: Selected Poems. New York / London.
1980: A Part of Speech. New York / London.
1980: Verses on the Winter Campaign 1980. London.
1984: Gorbunov and Gorchakov. In: 'The Paris Review', No. 93, pp. 102–145. Paris.
1985: Marbles. A Play. In: 'Comparative Criticism', Vol. 7, pp. 199–245.
1986: Less Than One: Selected Essays. New York.
1986: History of the Twentieth Century. (A Roadshow). In: 'Partisan Review', 3, pp. 327–344.
1986: Lithuanian Nocturne. In: 'Cross Currents', Vol. 5, pp. 183–191.

Deutsch:
1965: „Große Elegie für John Donne". 2001 Frankfurt. Bd. 3, 62–65, 12. Jg. 1965 Heft 5, S. 388–393. „akzente"
1966: Ausgewählte Gedichte. Bechtle Verlag, München.
1978: Einem alten Architekten in Rom. Piper, München.
1985: Römische Elegien und andere Gedichte. Hanser, München.
1987: „Erinnerungen an Leningrad". Autobiographische Erzählungen. Hanser, München.

1987 **Arias Sanchez, Oscar** (1941– . . . .) / Costa Rica

Der Friedensnobelpreis 1987 ist Arias Sanchez, Präsident des mittelamerikanischen Landes Costa Rica, zuerkannt worden. Unter Hinweis auf den am 7. August 1987 in Guatemala von Costa Rica, Guatemala, Nicaragua, El Salvador und Honduras unterzeichneten Friedensplan hieß es in der Begründung des Nobelkomitees: „Als wichtigster Architekt des Friedensplanes leistete Präsident Arias einen herausragenden Beitrag für die mögliche Rückkehr von Stabilität und Frieden in einer Region, die lange von Streit und Bürgerkrieg zerrissen war." In einem vom Weißen Haus in Washington veröffentlichten Glückwunsch heißt es, Arias verdiene den Preis, „weil er Mittelamerika auf den Weg zum Frieden geschickt hat".

1987 **Solow, Robert M.** (1924 – . . . .) / USA

„. . . für seine Arbeiten über wirtschaftliche Wachstumstheorien."

Das Studium der Faktoren, die Produktionszuwachs und Wohlstandssteigerung ermöglichen, ist seit langem ein zentrales Thema der Wirtschaftsforschung. Die Verleihung des Nobel-Gedenkpreises an Robert M. Solow fußt auf seinen außerordentlich bedeutenden Leistungen innerhalb dieses Gebietes.

Es klingt plausibel, sich vorzustellen, daß eine gesteigerte Pro-Kopf-Produktion in einem Lande daran liegen kann, daß man mehr Maschinen und Fabriken zur Verfügung hat, d.h. einen größeren Realkapitalstock. Produktionserhöhung kann aber auch auf einer Verbesserung und einem höheren Wirkungsgrad von Maschinen und Produktionsmethoden, d.h. auf technischer Entwicklung beruhen. Auch verbesserte Ausbildung und neue Wege der Produktionsorganisation können zu Produktionssteigerung führen. Schließlich können auch Entdeckungen von Naturressourcen oder die verbesserte Lage eines Landes auf dem Weltmarkt seinen Bürgern die Möglichkeit bieten, einen höheren Lebensstandard zu erreichen. Innerhalb dieser Probleme hat Solow seine großen Leistungen vollbracht, indem er zum einen den theoretischen Rahmen geschaffen hat, innerhalb dessen die Faktoren für den Wirtschaftszuwachs quantitativ und theoretisch diskutiert werden können und zum andern den Rahmen dafür benutzt, empirische Messungen des Beitrages verschiedener Faktoren zum Wirtschaftswachstum durchzuführen.

INDEX DER PREISTRÄGER

Ph = Physik
Ch = Chemie
Me = Medizin
Li = Literatur
Fr = Frieden
Ww = Wirtschaftswissenschaft

Index-Schlüssel:

Addams . . . . Fr 31/325 = Nobelpreis für Frieden 1931/S. 325
Adrian . . . . Me 32/135 = Nobelpreis für Medizin 1932/S. 135

INSTITUTIONEN

CHRONOLOGISCHE PREISÜBERSICHT